1冊でマスター

大学の統計学

ISHII TOSHIAKI
石井俊全 著

技術評論社

はじめに
（または　この本の使い方）

　この本は，大学で統計学の**単位を取るための本**です．しかし，大学生以外の方に読んでいただいても構いません．大学の講義を受けていない人でもこの本だけを読んで統計学がムリなく学べるように工夫しましたので，社会人のリスタディにも向いていると思います．

　この本の特徴は，統計学の手法だけでなく，その理論的背景が読んで分かるように書かれていることです．統計学には実用的な面がありますから，その理論的背景は理解せずに統計手法だけを使いこなしている社会人の方もいらっしゃることでしょう．実際，統計学の実用面だけを捉えた社会人向けの統計学の本が数多く存在しています．

　しかし，私が数学科出身のせいでしょうか，個人的には統計学を単なる便利な道具・ブラックボックスにしたくはありません．なぜこのような計算処理をすると統計的な結論を得ることができるのか，その仕組みまで分かりやすく説明し，多くの人に納得していただきたいと思うのです．

　この度，『1冊でマスター 大学の微分積分』，『1冊でマスター 大学の線形代数』の姉妹編として，『1冊でマスター 大学の統計学』を出す機会を賜りました．仮にも「大学」と銘打つからには，統計学の理論的背景まで詳しく解説してもよいのではないかと考え，その方針に則り執筆した次第です．

　ですから，この本の基本的な書き方の順序は，例示，問題，定理　あるいは　例示，定理，問題という順になっています．そして，定理にはついつい証明を付けてしまいました．

　この本は，理論的な背景を理解したいという人のためには紙幅を惜しみません．統計学の理論の基礎となる確率分布（第2章）を学ぶには，確率・微分積分・線形代数の基礎が不可欠ですが，なるべく他の本を参照しなくてもよいように，1章 イントロとして必要な項目を補足しました．また，3章では，分散分析，適合度検定の確率論的解説についても多くのページを割きました．この項目についての理論的背景を分かりやすく解説している本は珍しいと思います．統計学の理論的背景をしっかりと学びたいと考えている人にとっては，大いにご期待に応えることができ

る本だと自負しております.

しかし，そもそも証明の必要がない人，試験・レポートに追われていて時間がない人は，どうぞ証明の部分は飛ばして読んでください．証明の部分を読まずとも，この本の価値は失われることがないと考えます.

というのも，統計で扱われる概念の解説が，初めて学ぶ人を前提に書かれているからです.

初めから通読することを前提に，解説の順序を考慮し流れを大切にして書いてあります．授業をサボった人でも，この本を使えばすぐに追いつくことができるでしょう．また，多くの例題を扱っていますから，統計学の実用的な側面だけを学びたい人にとっても使いやすい本になっているはずです.

本書の構成とともに，読者のタイプごとのさまざまな読み方の例も紹介しておきましょう.

この本は，統計学の解説をしている本編と演習問題をまとめた別冊に分かれ，本編は，1章　イントロ，2章　確率分布，3章　推測統計と3章からなります.

この本が真の実用書を目指すのであれば，倒叙式で，一番使えるところから，推測統計，確率分布，イントロと並べてもよかったかもしれません．しかし，そのような構成にしなかったのは，理論を積み上げて解説していくという執筆の方針にこだわったからです.

統計学には大きく分けて，高校の数Ⅰまでで学ぶ記述統計（データのまとめ方）と，主に大学以降で学ぶ推測統計（データから予想・判断する）があります．記述統計は統計学の前菜，推測統計は統計学のメインディッシュ．推測統計こそが，科学の進歩を支え，社会に大いに効用をもたらす統計学の一番おいしいところなのです．実学志向の学部では，統計学のこの部分を必要としているわけです.

推測統計の手法は，3章にまとめてあります．推測統計の手法とその簡単な原理だけを学ぶのであれば，3章だけを読めば足ります．3章だけ切り離して，統計学ハンドブックとして売ってもいいくらいです.

大学で統計学を学ぶと言っても，理学部，工学部，経済学部，社会学部，心理学科では，統計学の教え方が異なっていることでしょう.

もしもあなたが社会学，心理学を専攻する学生さんであって，統計学の手法の運

用だけを身に付ければよいというのであれば，第1章の「記述統計」の節と第3章「推測統計」を読むだけで単位が取れることでしょう．推定・検定の目的ごとに，何を計算すればよいのか，その結果を確率分布の表と見比べてどう判断すればよいのかを丸暗記すればよいのです．3章の問題を解いて，それに対応する演習編の問題を解くと，同じ型の問題を3回解くことになります．反復練習で，統計学の手法を確実に身に付けることができます．

工学部，経済学部で行われる統計学の講義では，推測統計の手法だけでなく，その背後にある確率の理論まで解説するはずです．推測統計の理論は，確率論を土台として成り立っています．これらの学部のレポートや期末試験では，第2章で学ぶ確率分布に関する設問が課せられるでしょう．工学部，経済学部の学生さんは，第2章，第3章を読み込むことで単位が取れます．

理学部では，統計学の応用面よりも，その理論的背景の方に重点を置いて統計学を講義することでしょう．

映画は芸術の中でも総合芸術といわれます．それは映画が，美術・音楽・舞踏・建築といった他の分野の芸術の要素を含んでいるからです．これに倣えば，<u>統計学は総合数学</u>といえるでしょう．統計学の理論には，微分積分，線形代数などの数学の理論が使われています．統計学を真に理解するためには，微積分，線形代数の基礎の理解が不可欠なのです．

理学部の学生さんは，第2章，第3章で用いた微分積分の公式などの証明を第1章のイントロで確認しておいた方がよいでしょう．

本の読み方は百人百様です．各人が目的のために最適な読み方をして，本書を最大限に役立てていただければと願います．

本書を企画・編集していただいた技術評論社の成田恭実氏，本書の校閲・校正をしていただいた佐々木和美氏，小山拓輝氏．これらの方々のご尽力がなければ，この本は世に出ていません．この場を借りて感謝の念を述べたいと思います．

また，このような機会を作って頂きました「大人のための数学教室」代表堀口智之氏，東京出版社主黒木美左雄氏にも感謝の意を表します．

2018年9月

石井俊全

目次 『1冊でマスター 大学の統計学』
石井俊全 著

はじめに（または この本の使い方） …………………………………… 2

第1章 イントロ …………………………………………………… 7
1. 確率編 ……………………………………………………………… 8
2. 記述統計編 ……………………………………………………… 24
3. 微積分編 ………………………………………………………… 43

第2章 確率分布 ………………………………………………… 63
1. 確率変数 ………………………………………………………… 66
2. 離散型確率分布 ………………………………………………… 74
3. 連続型確率分布 ………………………………………………… 90
4. 累積分布関数 …………………………………………………… 104
5. 正規分布 ………………………………………………………… 108
6. 正規分布の値 …………………………………………………… 115
7. チェビシェフの不等式と大数の法則 ………………………… 121
8. 2変数の離散型確率分布 ……………………………………… 128
9. X、Yの1次式の期待値・分散 ……………………………… 141
10. 2変数の連続型確率分布 ……………………………………… 150
11. 確率変数の独立 ………………………………………………… 160
12. 確率変数の変換（partⅠ） …………………………………… 169
13. 確率変数の変換（partⅡ） …………………………………… 183
14. 積率母関数 ……………………………………………………… 193

第3章 推測統計 ………………………………………… 205

① 点推定 ………………………………………………… 206

② 推測統計で用いる主な分布 ………………………… 220

③ 区間推定 …………………………………………… 229

④ 検定 ………………………………………………… 242

⑤ 母平均の差の検定 ………………………………… 256

⑥ 適合度検定・独立性の検定 ……………………… 278

巻末資料 ……………………………………………………… 295

確率分布のまとめ ………………………………………… 296

巻末表 ………………………………………………………… 308

索引 …………………………………………………………… 316

ホップ
が付いている問題には、別冊に対応する問題があります。
「別 p ○○」は別冊の対応する問題を表しています。

第1章 イントロ

1 確率編

■ $_nC_r$（二項係数）

順列を表す記号 $_nP_r$、組合せを表す記号 $_nC_r$ について復習しておきます。

$_nP_r$ から説明していきます。$_nP_r$ は異なる n 個のものの中から r 個を取り出して並べる順列の個数（場合の数）を表しています。P は "Permutation" の頭文字です。

計算法を $_7P_3$ で説明しましょう。

1, 2, …, 7 と書かれた 7 枚のカードから 3 枚を選んで、下図の A、B、C の位置に順に並べるときの場合の数を計算で求めてみましょう。

A には 7 通りのカードの置き方があります。次に B には、残りの 6 枚のカードの中から選びますから、6 通りの置き方があります。次に C には、A、B で用いなかった 5 枚の中から選んで置きますから 5 通りの置き方があります。全部で $7 \times 6 \times 5 = 210$（通り）の順列があります。

$_7P_3 = 7 \times 6 \times 5$ と計算することが分かります。

一般の場合、$_nP_r$ は、

$$_nP_r = \underbrace{n(n-1)(n-2)\cdots(n-r+1)}_{\text{全部で } r \text{ 個}} = \frac{n!}{(n-r)!}$$

と計算します。

次に $_nC_r$ を説明します。$_nC_r$ は、異なる n 個のものの中から r 個を選んでできる組合せの個数を表しています。$_nC_r$ の C は、"Combination" の頭文字です。

$_nC_r$ の具体例を挙げていきます。

イントロ

$r=0$ のときは間違いやすいです。任意の n で、$_n\mathrm{C}_0=1$ となります。

$$_2\mathrm{C}_0=1 \qquad _3\mathrm{C}_0=1 \qquad _4\mathrm{C}_0=1 \qquad _5\mathrm{C}_0=1$$

0 個を選ぶ選び方は 1 通りと覚えてもよいでしょう。

n 個から 1 個を選ぶ選び方は n 通りですから、

$$_2\mathrm{C}_1=2 \qquad _3\mathrm{C}_1=3 \qquad _4\mathrm{C}_1=4 \qquad _n\mathrm{C}_1=n$$

となります。

n 個から 2 個を選ぶ選び方は、

$$_2\mathrm{C}_2=\frac{2\cdot1}{2\cdot1}=1 \qquad _3\mathrm{C}_2=\frac{3\cdot2}{2\cdot1}=3 \qquad _4\mathrm{C}_2=\frac{4\cdot3}{2\cdot1}=6 \qquad _n\mathrm{C}_2=\frac{n(n-1)}{2\cdot1}$$

と計算します。n 個から 3 個を選ぶ選び方は、

$$_3\mathrm{C}_3=\frac{3\cdot2\cdot1}{3\cdot2\cdot1}=1 \quad _4\mathrm{C}_3=\frac{4\cdot3\cdot2}{3\cdot2\cdot1}=4 \quad _5\mathrm{C}_3=\frac{5\cdot4\cdot3}{3\cdot2\cdot1}=10 \quad _n\mathrm{C}_3=\frac{n(n-1)(n-2)}{3\cdot2\cdot1}$$

と計算します。

$_n\mathrm{C}_3$ の場合でなぜこのような計算法になるのか説明しておきましょう。

1, 2, $\cdots$, n と書かれた n 枚のカードの中から 3 枚を取ってできる組合せの場合の数を計算しましょう。

まず、取り出した 3 枚のカードを、下図の A、B、C の位置に順に並べる順列の場合の数を考えます。これは順列の個数ですから、$_n\mathrm{P}_3=n(n-1)(n-2)$ となります。

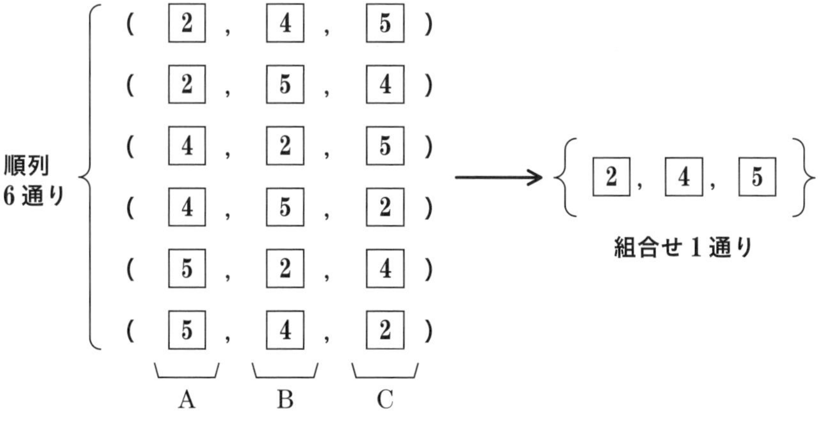

しかし、今数えたいのは組合せですから、左上のような順列はすべて同じ組合

9

せとして1通りと数えます。組合せ1通りに関して、順列は $_3P_3 = 3 \cdot 2 \cdot 1$（通り）
［←3枚のカードを並べる順列の個数］ずつあります。組合せの場合の数 $_nC_3$（通り）を用いて、A、B、Cの位置に並べる順列を数えると、$_3P_3 \times _nC_3$ ですから、

$$_nP_3 = _3P_3 \times _nC_3$$

が成り立ちますから、

$$_nC_3 = \frac{_nP_3}{_3P_3} = \frac{n(n-1)(n-2)}{3 \cdot 2 \cdot 1}$$

となります。一般の $_nC_r$ は、

$$_nC_r = \frac{n(n-1)\cdots(n-r+1)}{r(r-1)\cdots 2 \cdot 1} = \frac{n!}{(n-r)!\,r!}$$

$_nC_r$ について次が成り立ちます。

公式 1.01　$_nC_r$

(1)　$_nC_0 = 1$　$_nC_n = 1$

(2)　$_nC_r = _nC_{n-r}$

(3)　$r \times _nC_r = n \times _{n-1}C_{r-1}$　$(r \geqq 1)$

(4)　$_nC_r = _{n-1}C_r + _{n-1}C_{r-1}$　$(1 \leqq r \leqq n-1)$

　この公式は計算式を用いても示すことができますが、組合せ的な証明をしてみましょう。

(2)　n 人の中から r 人の代表を選ぶときの場合の数を2つの方法で数え上げます。

　n 人の中から代表の r 人を選ぶ選び方は $_nC_r$（通り）です。

　一方、代表に選ばれない $n-r$ 人に着目すると、n 人から $n-r$ 人を選ぶ選び方で $_nC_{n-r}$（通り）と数えられます。

　この2つの数え方は同じ場合の数を数えているので、$_nC_r = _nC_{n-r}$ です。

(3)　n 人の中から r 人の代表を選び、代表の中から1人のまとめ役を選ぶときの場合の数を2つの方法で数え上げます。

(数え方 A) n 人の中から代表の r 人を選ぶ選び方は ${}_nC_r$(通り)で、その中から 1 人のまとめ役を選ぶ選び方は r 通りですから、$r \times {}_nC_r$(通り)です。

(数え方 B) n 人の中から先にまとめ役になる人を選んでから、次にまとめ役以外の代表の $r-1$ 人を選ぶという手順で数え上げます。n 人からまとめ役の 1 人を選ぶ場合の数は n(通り)、残りの $n-1$ 人から代表 $r-1$ 人を選ぶ場合の数は ${}_{n-1}C_{r-1}$(通り)なので、$n \times {}_{n-1}C_{r-1}$(通り)です。

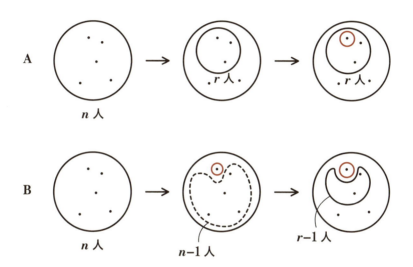

この 2 つの場合の数は同じ場合を数えているので、$r \times {}_nC_r = n \times {}_{n-1}C_{r-1}$ です。

(4) n 人の中から r 人の代表を選ぶ場合の数 ${}_nC_r$ を他の数え方で数えます。

n 人のうち固定した人（A さん）に着目します。A さんが代表の中に選ばれるか、選ばれないかで場合分けをして数えます。

A さんが代表に選ばれないときは、r 人を A さん以外の $n-1$ 人から選びますから、${}_{n-1}C_r$(通り)です。A さんが代表に選ばれるとき、残りの $r-1$ 人の代表を $n-1$ 人から選びますから、${}_{n-1}C_{r-1}$(通り)です。r 人の代表の選び方は、全部で ${}_{n-1}C_r + {}_{n-1}C_{r-1}$(通り)です。

結局、${}_nC_r = {}_{n-1}C_r + {}_{n-1}C_{r-1}$ となります。

二項定理

${}_nC_r$ は $(a+b)^n$ を展開した係数に現れます。

$$(a+b)^2 = a^2 + 2ab + b^2$$
$$\quad\ _2\mathrm{C}_0 \quad\ _2\mathrm{C}_1 \quad\ _2\mathrm{C}_2$$

$$(a+b)^3 = a^3 + 3a^2b + 3ab^2 + b^3$$
$$\quad\ _3\mathrm{C}_0 \quad\ _3\mathrm{C}_1 \quad\ _3\mathrm{C}_2 \quad\ _3\mathrm{C}_3$$

$$(a+b)^4 = a^4 + 4a^3b + 6a^2b^2 + 4ab^3 + b^4$$
$$\quad\ _4\mathrm{C}_0 \quad\ _4\mathrm{C}_1 \quad\ _4\mathrm{C}_2 \quad\ _4\mathrm{C}_3 \quad\ _4\mathrm{C}_4$$

……

となります。一般に、$(a+b)^n$ を展開したときの $a^{n-k}b^k$ の係数は $_n\mathrm{C}_k$ になります。このことから、$_n\mathrm{C}_k$ を**二項係数**と呼びます。

定理 1.02　二項定理

$$(a+b)^n = a^n + {}_n\mathrm{C}_1 a^{n-1}b^1 + {}_n\mathrm{C}_2 a^{n-2}b^2 + \cdots + {}_n\mathrm{C}_{n-1} ab^{n-1} + b^n$$

$$= \sum_{k=0}^{n} {}_n\mathrm{C}_k a^{n-k}b^k$$

上の式で a^n は $_n\mathrm{C}_k$ が掛かっていませんが、$_n\mathrm{C}_0 = 1$ であり、$a^n = a^{n-0}b^0$ なので、$\sum$ を用いると2行目のように表すことができます。b^n の係数も $_n\mathrm{C}_n = 1$ で同様です。

[証明]　数学的帰納法で証明します。

$n=1$ のとき、右辺は $_1\mathrm{C}_0 a^{1-0}b^0 + {}_1\mathrm{C}_1 a^{1-1}b^1 = a+b$ で成り立ちます。

$n=k$ のとき、成り立つと仮定します。

$n=k+1$ のとき、

$$(a+b)^{k+1} = (a+b)^k(a+b)$$

$[(a+b)^k$ を帰納法の仮定を用いて表すと$]$

$$= (a^k + \cdots + {}_k\mathrm{C}_{i-1} a^{k-(i-1)}b^{i-1} + {}_k\mathrm{C}_i a^{k-i}b^i + \cdots + b^k)(a+b)$$

この式を展開したとき、a^{k+1}、b^{k+1} の係数は1になります。

また、$a^{k+1-i}b^i\ (1 \le i \le k)$ の項は、アカのように掛けて、

$$_k\mathrm{C}_{i-1} a^{k-(i-1)}b^{i-1} \times b + {}_k\mathrm{C}_i a^{k-i}b^i \times a$$

$$= ({}_k\mathrm{C}_{i-1} + {}_k\mathrm{C}_i) a^{k+1-i}b^i = {}_{k+1}\mathrm{C}_i a^{k+1-i}b^i$$

公式 1.01 (4)

であり、帰納法によって題意が示されたことになります。$[$証明終わり$]$

イントロ

■確率

高校で習った確率を簡単に復習しておきます。主に用語の確認です。

コインやサイコロを投げるときのように、同じ条件のもとで何度も繰り返すことができ、しかも、どの結果が起こるかが偶然に決まるような実験や観測などを**試行**といいます。試行の結果としてありうる事がらを**事象**といいます。

例えば、「サイコロを投げる」という試行では、「1の目が出る」や「偶数の目が出る」などが事象になります。

サイコロを投げる場合、「1の目が出る」事象を1で表すことにすると、試行の結果全体は、集合の表記を用いて、

$$U = \{1, \ 2, \ 3, \ 4, \ 5, \ 6\}$$

と表されます。「偶数の目が出る」事象を A とすれば、

$$A = \{2, \ 4, \ 6\}$$

と表されます。A は U の部分集合になっています。

全体集合 U で表される事象を**全事象**、空集合 ϕ（1つも要素がない集合）で表される事象を**空事象**といいます。全事象は必ず起こる事象、空事象は絶対に起こりえない事象です。

U の1個の要素で表される事象を**根元事象**といいます。それぞれの根元事象が同程度に起こりうると考えられるとき、根元事象は同様に確からしいといいます。この仮定のもとで、例えば、上の事象 A が起こりうる確率 $P(A)$ は、

$$P(A) = \frac{A \, が起こりうる場合の数}{起こりうるすべての場合の数} = \frac{n(A)}{n(U)} = \frac{3}{6} = \frac{1}{2}$$

$n(A)$ で集合 A の要素の個数を表します。

と計算できます。

このとき、「各根元事象は同様に確からしい」という条件はあまり意識することは少ないかもしれませんが重要です。晴れ、曇り、雨という3種類の天気予報（晴れ、曇り、雨が根元事象）で、晴れの確率が3分の1であるとすると、現実とは食い違います。この場合の各根元事象は「同様に確からしい」とは考えられないからです。

二項係数を用いる確率の問題を解きながら用語を確認しましょう。

ホップ 問題 確率 （別 p.2）

　袋の中に赤玉が 4 個、白玉が 5 個入っています。この中から 3 個の玉を取り出す試行について次の確率を答えなさい。
(1)　3 個がすべて白玉である確率
(2)　1 個が赤玉、2 個が白玉である確率

　袋の中に入っている玉はすべて区別して考えます。赤玉が R_1、R_2、R_3、R_4 の 4 個、白玉が W_1、W_2、W_3、W_4、W_5 の 5 個、計 9 個の玉が袋の中に入っています。

　全事象 U は、袋の中から 3 個の玉を取り出す試行の結果ですから、9 個の中から 3 個を取り出す場合の数で、$n(U) = {}_9C_3 = 84$。

(1)　3 個がすべて白玉である事象を A とします。

　　白玉 5 個のうちから 3 個を取り出す場合の数で、$n(A) = {}_5C_3 = 10$

　　よって、A が起こる確率は、$P(A) = \dfrac{n(A)}{n(U)} = \dfrac{10}{84} = \dfrac{5}{42}$

(2)　1 個が赤玉、2 個が白玉である事象を B とします。

　　4 個の赤玉の中から 1 個の赤玉を取り出す場合の数は ${}_4C_1$（通り）

　　5 個の白玉の中から 2 個の白玉を取りだす場合の数は ${}_5C_2$（通り）

　　これから、1 個が赤玉、2 個が白玉である場合の数は ${}_4C_1 \times {}_5C_2$（通り）

$$n(B) = {}_4C_1 \times {}_5C_2 = 4 \times 10 = 40$$

　　よって、$P(B) = \dfrac{n(B)}{n(U)} = \dfrac{40}{84} = \dfrac{10}{21}$

　一般に、事象 A、B において、

　　　　A と B がともに起こる事象を**積事象**といい $A \cap B$、

　　　　A または B が起こる事象を**和事象**といい $A \cup B$、

　　　　A が起こらない事象を**余事象**といい $\overline{A}$、

で表します。サイコロを 1 回投げる試行で、全事象を

$$U = \{1,\ 2,\ 3,\ 4,\ 5,\ 6\}$$

とするとき、偶数の目が出る事象を A、5 以上の目が出る事象を B とすれば、

$A = \{2, 4, 6\}$、$B = \{5, 6\}$
$A \cap B = \{6\}$
$A \cup B = \{2, 4, 5, 6\}$
$\overline{A} = \{1, 3, 5\}$

となります。

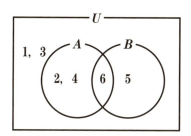

和事象の確率を計算するには、

加法定理 $P(A \cup B) = P(A) + P(B) - P(A \cap B)$

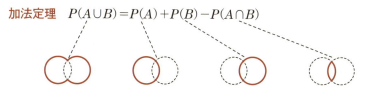

を用いることができます。

A と B が同時には起こりえないとき、A と B は**排反**である、または**排反事象**であるといいます。

A と B が排反のとき、

$$P(A \cap B) = 0 \qquad P(A \cup B) = P(A) + P(B)$$

が成り立ちます。また、余事象の確率について、

$$P(\overline{A}) = 1 - P(A) \qquad [P(A) = 1 - P(\overline{A})]$$

用語を確認しながら次の問題を解きましょう。

> ### ホップ 問題 確率 （別 p.2）
>
> サイコロを n 回投げるとき、5、6 がそれぞれ少なくとも 1 回以上出る確率を求めよ。
>
> （ヒント　5 の目が 1 回も出ない事象を A、
>
> 　　　　　6 の目が 1 回も出ない事象を B とする）

5、6 がそれぞれ少なくとも 1 回出る

⟺　5 が少なくとも 1 回出る　かつ　6 が少なくとも 1 回出る

という事象を C とすると、C の余事象 $\overline{C}$（論理で言えば否定）は、

5 が 1 回も出ない　または　6 が 1 回も出ない

ですから、$\overline{C} = A \cup B$ となります。

和事象 $A \cup B$ は加法定理を用いて、

$$P(A \cup B) = P(A) + P(B) - P(A \cap B)$$

ここで、5 が 1 回も出ない事象は、1、2、3、4、6 のどれかが n 回出続ける事象ですから、$P(A) = \left(\dfrac{5}{6}\right)^n$。同様に、$P(B) = \left(\dfrac{5}{6}\right)^n$。

$A \cap B$ は 5 も 6 も 1 回も出ない事象、すなわち 1、2、3、4 のいずれかが n 回出続ける事象ですから、$P(A \cap B) = \left(\dfrac{4}{6}\right)^n$

C を求めるには、余事象の公式も用いて、

$$P(C) = 1 - P(\overline{C}) = 1 - P(A \cup B)$$

$$= 1 - \{P(A) + P(B) - P(A \cap B)\}$$

$$= 1 - \left(\frac{5}{6}\right)^n - \left(\frac{5}{6}\right)^n + \left(\frac{4}{6}\right)^n = 1 - 2\left(\frac{5}{6}\right)^n + \left(\frac{4}{6}\right)^n$$

■独立

独立という概念は、確率に関わるいろいろな対象［試行、事象、確率変数（後述）］について定義されます。ここでは高校の課程で学んだ試行の独立から、定義を確認しておきましょう。

イントロ

　サイコロを投げたあと、コインを投げたとします。このとき、サイコロで出た
目とは関係なくコインの表裏が決まります。このように、2つの試行において試
行の結果が互いに影響を及ぼさないとき、2つの試行は独立であるといいます。
サイコロを投げる試行とコインを投げる試行は、独立な試行です。

　数式を用いて詳しく言いましょう。

　試行 S の次に試行 T を行うことにします。試行 S で事象 A が起こり、試行 T
で事象 B が起こるとき、事象 A と事象 B がともに起こる事象を C とします。

　試行 S と試行 T が**独立**のとき、

$$P(C) = P(A) \times P(B)$$

が成り立ちます。

　この式では「事象 A、事象 B の選び方によらず」というところが重要です。

　サイコロとコインで説明してみましょう。

　事象 A を3の倍数が出る事象、事象 B を表が出る事象としてみます。

　事象 C は3の倍数が出て表が出る事象となります。これらの確率に関して、
$P(C) = P(A) \times P(B)$ が成り立ちます。

　ここで、事象 A を1または5が出る事象としてみます。すると、事象 C はサ
イコロで1または5が出て、コインで表が出る事象となりますが、やはり、
$P(C) = P(A) \times P(B)$ が成り立ちます。

　すべての選び方について例を挙げていくのは紙面が足りないので無理ですが、
サイコロとコインの例では事象 A、事象 B をどのように選んでも、
$P(C) = P(A) \times P(B)$ が成り立ちます。

　次に、事象の独立についても定義を紹介しましょう。高校では試行の独立まで
しか習わなかったという人も多いことでしょう。

　試行 S の結果として事象 A と事象 B があり、

$$P(A \cap B) = P(A) \times P(B)$$

が成り立つとき、事象 A と事象 B は独立であるといいます。

　1つのサイコロを投げる試行で、3の倍数が出る事象を A、3以下が出る事象
を B とします。すると、$P(A) = \dfrac{1}{3}$、$P(B) = \dfrac{1}{2}$、$P(A \cap B) = \dfrac{1}{6}$ ですから、

$$P(A \cap B) = P(A) \times P(B)$$

であり、A と B は独立です。

17

また、1つのサイコロを投げる試行で、偶数が出る事象をA、3以下が出る事象をBとします。すると、$P(A) = \frac{1}{2}$、$P(B) = \frac{1}{2}$、$P(A \cap B) = \frac{1}{6}$ですから、

$$P(A \cap B) \neq P(A) \times P(B)$$

であり、AとBは独立ではありません。

　2つの試行が与えられたとき、独立であるか否かは、サイコロとコインの例のように常識で考えれば分かることがほとんどです。しかし、事象の独立は式を確かめないと分からない場合も多々あります。

■条件付き確率

　条件付き確率は、ベイズ統計を学ぶときに基本となる概念です。この本ではベイズ統計までは扱いませんから必要ないとも言えますが、現行（2018年現在）の高校の数Iでも扱いますし、大学の課程でもベイズ統計につなげる布石として解説する場合が多いようですから、この本でも解説しておきます。
　問題を通して、条件付き確率を解説してみましょう。

ホップ

問題 条件付き確率 （別 p.4）

　袋の中には、
　　♡1　♡2　♡3　♡4　♡5
　　♦1　♦2　♦3　♦4　♦5　♦6　♦7
という12枚のトランプカードが入っている（1はAのこと）。中から1枚のカードを取り出すとき、次の問いに答えよ。
(1)　カードの数が2以下である確率を求めよ。
(2)　カードがダイヤであることが分かっているとき、カードの数が2以下である確率を求めよ。

イントロ

(1) 12枚のうち、2以下の数のカードは、♡1、♡2、◆1、◆2の4枚ですから、求める確率は、$\dfrac{4}{12}=\dfrac{1}{3}$です。

(2) ◆のカード7枚のうち、2以下のカードは2枚なので、求める確率は、$\dfrac{2}{7}$です。

(2)は(1)に対して、「カードがダイヤであることが分かっているとき」という条件が付いているときの確率ですから、**条件付き確率**と呼ばれます。

この問題の例を用いて、条件付き確率の表記法を整理しておきます。

全事象をU、カードの数が2以下となる事象をA、カードのマークが◆となる事象をBとします。

すると、(2)はBという条件のもとで、Aが起こる確率です。

これを$P(A|B)$または$P_B(A)$と表します。この本では$P(A|B)$の方の表記を用います。

$P(A|B)$は、

$$P(A|B)=\dfrac{n(A\cap B)}{n(B)}=\dfrac{2}{7}$$

と計算することができます。また、この式の中辺を確率に読み替えて、

$$P(A|B)=\dfrac{n(A\cap B)}{n(B)}=\dfrac{n(A\cap B)}{n(U)}\Big/\dfrac{n(B)}{n(U)}=\dfrac{P(A\cap B)}{P(B)}$$

とすることもできます。

19

> **定理 1.03　条件付き確率**
> 事象 B が起こるもとで事象 A が起こる条件付き確率 $P(A|B)$ は
> $$P(A|B) = \frac{P(A \cap B)}{P(B)}$$

これから、
$$P(A \cap B) = P(A|B)P(B)$$
という式も導くことができます。これは**乗法公式**と呼ばれています。

事象 A、B が独立のとき $P(A \cap B) = P(A)P(B)$ が成り立ちますから、条件付き確率の記号を用いると事象の独立の定義は、
$$\text{事象 } A \text{、} B \text{ が独立である} \iff P(A|B) = P(A)$$
となります。

条件付き確率が計算されるときの状況をベン図で表すと次のようになります。条件付き確率 $P(A|B)$ は、太線部の中の赤い部分の割合になっています。条件付き確率 $P(A|B)$ は、確率 1 となる事象を U から B に置き換えて事象 $A \cap B$ の確率を計算したものであるということができます。

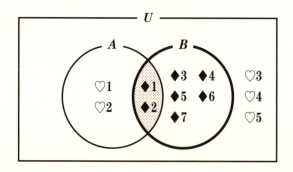

上の問題では、根元事象の個数を用いて条件付き確率を計算しましたが、次の問題では確率の比として条件付き確率を求めてみましょう。

イントロ

ホップ 問題 条件付き確率 (別 p.4)

袋 X と袋 Y があり、袋には赤玉と白玉が何個かずつ入っている。一方の袋を選び、袋の中から 1 個の玉を取り出す試行を考える。

2 つの袋のうち、袋 X を選ぶ確率は $\dfrac{2}{3}$、袋 X から取り出した玉が赤である確率は $\dfrac{1}{4}$、袋 Y から取り出した玉が赤である確率は $\dfrac{2}{5}$ であるとする。

一方の袋を選び、袋の中から 1 個の玉を取り出したところ、玉の色は赤だった。このとき、選んだ袋が X である確率を求めよ。

袋 X を選ぶ事象を A、取り出した玉が赤玉である事象を B とします。すると、求める確率は $P(A|B)$ で表されます。

$P(A\cap B)$ は、乗法公式を用いて、

$$P(A\cap B)=P(B\cap A)=P(B|A)P(A)=\frac{1}{4}\times\frac{2}{3}=\frac{1}{6}$$

B（赤玉が出る）ことは、$A\cap B$（袋 X から赤玉が出る）と $\overline{A}\cap B$（袋 Y から赤玉が出る）に場合分けすることができます。

$$P(B)=P(A\cap B)+P(\overline{A}\cap B)=\frac{1}{4}\times\frac{2}{3}+\frac{2}{5}\times\frac{1}{3}=\frac{5+4}{30}=\frac{3}{10}$$

これから求める確率は、

$$P(A|B)=\frac{P(A\cap B)}{P(B)}=\frac{1}{6}\bigg/\frac{3}{10}=\frac{5}{9}$$

ここで、$P(A\cap B)$、$P(\overline{A}\cap B)$ を条件付き確率によって表した式
$P(A\cap B)=P(B|A)P(A)$（次図、赤打点部）、$P(\overline{A}\cap B)=P(B|\overline{A})P(\overline{A})$（赤太線部）
を用いて書き直すと、

$$P(A|B)=\frac{P(A\cap B)}{P(B)}=\frac{P(A\cap B)}{P(A\cap B)+P(\overline{A}\cap B)}=\frac{P(B|A)P(A)}{P(B|A)P(A)+P(B|\overline{A})P(\overline{A})}$$

となります。この式はベイズの定理と呼ばれています。

$P(A|B)$ は、B のうちの $A\cap B$ の割合、つまり $P(A\cap B)$［赤打点部］を $P(B)$

21

で割ったものになります。

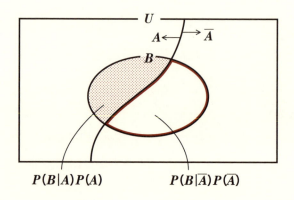

> **公式 1.04　ベイズの定理**
>
> $$P(A|B) = \frac{P(B|A)P(A)}{P(B|A)P(A) + P(B|\overline{A})P(\overline{A})}$$

　多くの参考書に倣って強調しておきましたが、私はこの式は丸暗記すべき式ではなく、復元できるようにしておく式であると思います。条件付き確率の定義さえ知っておけば、問題を解くことはできるでしょう。ベイズ統計学では基本となる式なので、神棚に飾っているだけです。
　上の式では $U = A \cup \overline{A}$ と、U を A と $\overline{A}$ の排反な2つの事象に分けて考えています。2つを3つ以上にすることもできます。
　U を互いに排反な3つの事象に分けた場合、すなわち

$$U = A_1 \cup A_2 \cup A_3 \quad A_i \cap A_j = \phi \ (1 \leq i, j \leq 3, i \neq j)$$

とした場合には、ベイズの定理は下図から次のような式になります。

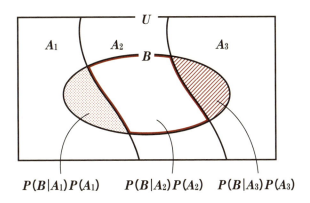

$P(A_1|B)$ は、B を 1 と見たときの赤打点部の割合ですから、次の式になります。

公式 1.05　ベイズの定理

全事象 U が排反な事象 A_1、A_2、A_3 で、$U = A_1 \cup A_2 \cup A_3$ となるとき、

$$P(A_1|B) = \frac{P(B|A_1)P(A_1)}{P(B|A_1)P(A_1) + P(B|A_2)P(A_2) + P(B|A_3)P(A_3)}$$

② 記述統計編

■ 1 変量のデータ

　生徒が 10 人のクラスで、数学と語学の試験（満点は 10 点）をしました。その数学の点数を並べてみると、

2　　4　　5　　5　　6　　7　　7　　7　　8　　9

でした。このような特定の項目に関する数値の集まりを**データ**といいます。数学の点数という 1 つの項目だけに着目しているので、1 変量のデータです。データに含まれる数値の個数を**データの大きさ**といいます。この場合のデータの大きさは 10 です。

　データを整理するには、変量に区間を設定し、何個の数値がその区間に入るかを、次のような表に整理します。

度数分布表

点数	度数
0 点以上、2 点未満	0
2 点以上、4 点未満	1
4 点以上、6 点未満	3
6 点以上、8 点未満	4
8 点以上	2
計	10

度数の合計は, データの大きさに等しい

　この表のように、区間に入るデータの個数をまとめたものを**度数分布表**といいます。このとき、区間に入るデータの個数を**度数**、度数分布表で設定される区間を**階級**、区間の幅を**階級幅**、階級の中央値を**階級値**といいます。

　この表の階級幅は 2 点、「4 点以上、6 点未満」の階級の階級値は 5、度数は 3 です。

24

全体（データの大きさ）を1として、各階級の度数を割合で捉え直した表を**相対度数分布表**といいます。上の例であれば、度数の合計（データの大きさ）は10ですから、各度数を10で割ります。

相対度数分布表

点数	相対度数
0点以上、2点未満	0
2点以上、4点未満	0.1
4点以上、6点未満	0.3
6点以上、8点未満	0.4
8点以上	0.2
計	1

$$相対度数 = \frac{その階級の度数}{度数の合計}$$

　この表で分かることは、データから無作為に1個の数値を選んだとき、その数値が6点以上8点未満である確率が0.4であるということです。相対度数は、データから1個を取り出す試行において、その階級に入る確率を表しています。相対度数が確率を表すという考え方は、2章の推測統計での根本的な考え方になっています。

　度数分布表を柱状グラフで表したものがヒストグラムです。

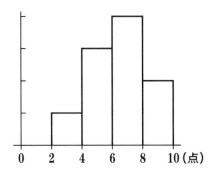

　ヒストグラムはデータの様子を視覚的に伝えることができます。

　いくつかのデータを比較するときは、データの特徴を一言で伝える数値が役に

立ちます。そのような数値を代表値といいます。

　データの代表値として、次の3つがよく知られています。

平均値：（総和）÷（データの大きさ）で計算します。この場合は、

$$(2+4+5+5+6+7+7+7+8+9) \div 10 = 6$$

単に平均とも呼びます。

中央値（メジアン）：数値を小さい順に並べたとき、中央の位置にくる値です。この場合はデータの大きさが10なので、5番目に小さい値6と6番目に小さい値7の平均値をとって、

$$\frac{6+7}{2} = 6.5$$

最頻値（モード）：度数分布表で度数が最大の階級の階級値です。この場合は、一番度数が大きいのが「6点以上、8点未満」の階級ですから、最頻値はこの階級値の7になります。

　代表値からはヒストグラムの形までは分かりません。形のヒントとなるデータの散らばり具合を表す指標について説明します。

偏差：各数値から平均を引いた値、この例で各数値に対して偏差を計算すると次のようになります。

	2	4	5	5	6	7	7	7	8	9
偏差	−4	−2	−1	−1	0	1	1	1	2	3

（平均6なので6を引いた）

すべての偏差をそのまま足すと、つねに0になります。

分散：偏差の平方和をデータの大きさで割った値

$$\{(-4)^2+(-2)^2+(-1)^2+(-1)^2+0^2+1^2+1^2+1^2+2^2+3^2\} \div 10 = 3.8$$

標準偏差：分散の平方根　$\sqrt{3.8} = 1.95$

　データの大きさが等しい2つのヒストグラムで、横軸の目盛りの間隔を一致さ

せると、分散の大きいデータの方が横に広がっているように見えます。

分散はデータの散らばり具合を表す指標です。

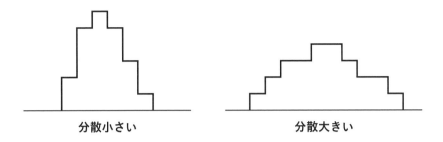

ここまでのことを一般的にまとめておきます。

n 個の数値からなるデータが

$$x_1, \ x_2, \ x_3, \ \cdots, \ x_n$$

と表されるものとします。このようにデータが x_i ($1 \leq i \leq n$) で表されているとき、「データを変量 x でおく」といいます。

n を**データの大きさ**、

$x_1, \ x_2, \ x_3, \ \cdots, \ x_n$ の総和を n で割った単純平均を、データの**平均**と呼び、$\overline{x}$ で表します。

$$\overline{x} = \frac{x_1 + x_2 + \cdots + x_n}{n} = \frac{1}{n} \sum_{i=1}^{n} x_i$$

各数値 x_i と平均 $\overline{x}$ との差、偏差は $x_i - \overline{x}$ で表されます。

$$\sum_{i=1}^{n}(x_i - \overline{x}) = \sum_{i=1}^{n} x_i - \sum_{i=1}^{n} \overline{x} = \sum_{i=1}^{n} x_i - n\overline{x} = \sum_{i=1}^{n} x_i - n \cdot \frac{1}{n} \sum_{i=1}^{n} x_i = 0$$

偏差の総和は 0 です。偏差の 2 乗平均をデータの分散と呼び、${s_x}^2$ で表します。偏差の 2 乗平均とは、**偏差平方和**（次式中辺の分子）をデータの大きさで割ったものです。

$${s_x}^2 = \frac{(x_1 - \overline{x})^2 + (x_2 - \overline{x})^2 + \cdots + (x_n - \overline{x})^2}{n} = \frac{1}{n} \sum_{i=1}^{n}(x_i - \overline{x})^2$$

また、分散の平方根をデータの標準偏差と呼び、s_x で表します。

$$s_x = \sqrt{\frac{(x_1 - \overline{x})^2 + (x_2 - \overline{x})^2 + \cdots + (x_n - \overline{x})^2}{n}} = \sqrt{\frac{1}{n} \sum_{i=1}^{n}(x_i - \overline{x})^2}$$

$x_1,\ x_2,\ x_3,\ \cdots,\ x_n$ の 2 乗平均、すなわち

$$\overline{x^2}=\frac{x_1{}^2+x_2{}^2+\cdots+x_n{}^2}{n}=\frac{1}{n}\sum_{i=1}^{n}x_i{}^2 \quad \left(\begin{array}{l}\overline{x^2}\,と\,\overline{x}^2\,の違いに注意。\\ \overline{x}^2\,は\,(\overline{x})^2\,のこと。\end{array}\right)$$

と、平均 $\overline{x}$、分散 $s_x{}^2$ の間には、次の公式が成り立ちます。

分散を計算するには、上の定義式でも、次の公式でも適宜使い分けられるようにしましょう。

公式 1.06　分散、2 乗平均、平均

$$s_x{}^2 = \overline{x^2} - (\overline{x})^2$$

[証明]　$\displaystyle s_x{}^2=\frac{1}{n}\sum_{i=1}^{n}(x_i-\overline{x})^2=\frac{1}{n}\sum_{i=1}^{n}\{x_i{}^2-2x_i\overline{x}+(\overline{x})^2\}$

$$=\frac{1}{n}\sum_{i=1}^{n}x_i{}^2-2\overline{x}\cdot\frac{1}{n}\sum_{i=1}^{n}x_i+(\overline{x})^2\cdot\frac{1}{n}\sum_{i=1}^{n}1$$

$$=\overline{x^2}-2\overline{x}\cdot\overline{x}+(\overline{x})^2\cdot\frac{1}{n}\cdot n$$

$$=\overline{x^2}-(\overline{x})^2$$

分散はデータの散らばり具合を表していますから、データから一律に定数を引いても分散は変わりません。x_i を x_i-a にしても分散は変わりません。

x_i を x_i-a にすると、平均は $\overline{x}$ から $\overline{x}-a$ になります。次の式が成り立つことになります。

公式 1.07　基準を設けて分散を求める

　任意の実数 a について、

$$s_x{}^2=\frac{1}{n}\sum_{i=1}^{n}(x_i-a)^2-(\overline{x}-a)^2$$

[証明] $\dfrac{1}{n}\sum_{i=1}^{n}(x_i-a)^2 = \dfrac{1}{n}\sum_{i=1}^{n}\{(x_i-\overline{x})+(\overline{x}-a)\}^2$

$= \dfrac{1}{n}\sum_{i=1}^{n}\{(x_i-\overline{x})^2+2(x_i-\overline{x})(\overline{x}-a)+(\overline{x}-a)^2\}$

$= \dfrac{1}{n}\sum_{i=1}^{n}(x_i-\overline{x})^2+\dfrac{2}{n}(\overline{x}-a)\underbrace{\sum_{i=1}^{n}(x_i-\overline{x})}_{\text{偏差の総和は0}}+(\overline{x}-a)^2\cdot\dfrac{1}{n}\sum_{i=1}^{n}1$

$= s_x{}^2+(\overline{x}-a)^2$ [証明終わり]

平均値を取り違えて分散を計算したあと、真の平均値を知った場合などで役立ちます。

ここまで出てきた定義を確認してみましょう。

> **問題　1変量のデータ** （別 p.6）
>
> 10人のクラスで英語の小テスト（10点満点）をしたところ、点数の結果は次のようであった。
>
> 　　　4, 9, 3, 6, 1, 4, 5, 7, 9, 2
>
> (1) 0点以上2点未満、2点以上4点未満、……というように階級を取って、度数分布表、ヒストグラムを描け。
> (2) このデータの平均、中央値（メジアン）、最頻値（モード）を求めよ。
> (3) このデータの分散、標準偏差を求めよ。

(1) 度数分布表

点数	度数
0以上，2未満	1
2以上，4未満	2
4以上，6未満	3
6以上，8未満	2
8以上	2
計	10

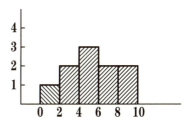

ヒストグラム

(2) 平均 $\overline{x}$ は、

$$\overline{x}=(4+9+3+6+1+4+5+7+9+2)\div10=5$$

データの大きさが 10 なので、中央値（メジアン）は小さい方から 5 番目と 6 番目の平均である。

　　1, 2, 3, 4, 4, 5, 6, 7, 9, 9

なので、中央値（メジアン）は $(4+5)\div2=4.5$。

最頻値（モード）は、最頻（度数が一番大きい）の階級の階級値であり、度数が一番大きいのはここでは 4 以上 6 未満なので 5。

(3) 偏差を書き並べると、

　　-4, -3, -2, -1, -1, 0, 1, 2, 4, 4

偏差の平方和は、

$$(-4)^2+(-3)^2+(-2)^2+(-1)^2+(-1)^2+0^2+1^2+2^2+4^2+4^2=68$$

分散 $s_x{}^2$ は、$s_x{}^2=68\div10=6.8$

標準偏差は、$s_x=\sqrt{6.8}=2.60$

[別解] $s_x{}^2=\overline{x^2}-(\overline{x})^2$ を用いる。

$$\overline{x^2}=(1^2+2^2+3^2+4^2+4^2+5^2+6^2+7^2+9^2+9^2)\div10=31.8$$

$$s_x{}^2=\overline{x^2}-(\overline{x})^2=31.8-5^2=6.8$$

■変量の変換

温度の単位には、セルシウスが考案した摂氏℃とファーレンハイトが考案した華氏℉があります。日本では、気温の表示は℃ですから、摂氏の方がなじみが深いでしょう。摂氏 0℃ は、華氏 32℉ に当たります。

同じ温度が摂氏で x℃、華氏で y℉ と表されているとき、x と y の間には $y=1.8x+32$ という関係式があります。

いま、ある月の平均気温が 15℃、気温の標準偏差が 2℃ であるとき、平均気温、標準偏差を華氏℉で表すといくらになるでしょうか。これは毎日の気温を華氏に直してから、その平均や標準偏差を計算しなくとも求めることができます。

一般に、変量 x と変量 y について、1 次の関係式 $y=ax+b$（a, b は定数）が成り立っていると、x の平均・分散と y の平均・分散には次のような関係式が成り立ちます。

イントロ

> **公式 1.08　変量の変換**
>
> 　変量 x と変量 y の間に $y=ax+b$（a、b は定数）という関係がある。
>
> 　変量 x の平均を $\overline{x}$、分散を $s_x{}^2$、変量 y の平均を $\overline{y}$、分散を $s_y{}^2$ とすると、
>
> $$\overline{y}=a\overline{x}+b \qquad s_y{}^2=a^2 s_x{}^2 \qquad s_y=|a|s_x$$
>
> が成り立つ。

[証明]　データの大きさを n とします。x_i と y_i について、$y_i=ax_i+b$ という関係式があるので、

$$\overline{y}=\frac{1}{n}\sum_{i=1}^{n}y_i=\frac{1}{n}\sum_{i=1}^{n}(ax_i+b)=\frac{1}{n}\left(a\sum_{i=1}^{n}x_i+\sum_{i=1}^{n}b\right)=\frac{1}{n}\left(a\sum_{i=1}^{n}x_i+nb\right)$$

$$=a\left(\frac{1}{n}\sum_{i=1}^{n}x_i\right)+b=a\overline{x}+b$$

$$s_y{}^2=\frac{1}{n}\sum_{i=1}^{n}(y_i-\overline{y})^2=\frac{1}{n}\sum_{i=1}^{n}\{ax_i+b-(a\overline{x}+b)\}^2=\frac{1}{n}\sum_{i=1}^{n}\{a(x_i-\overline{x})\}^2$$

$$=a^2\left(\frac{1}{n}\sum_{i=1}^{n}(x_i-\overline{x})^2\right)=a^2 s_x{}^2$$

$s_x\geqq0$、$s_y\geqq0$ に注意して、これの平方根を取って、$s_y=|a|s_x$　　[証明終わり]

これを用いて、摂氏から華氏への換算の問題について計算しておきましょう。

> **問題　変量の変換**
>
> 　ある月の平均気温が 15℃、気温の標準偏差が 2℃ であるとき、平均気温、標準偏差を華氏℉で表すといくらか。ただし、摂氏 x ℃、華氏 y℉ と表されているとき、x と y の間には $y=1.8x+32$ が成り立つ。

$\overline{x}=15$ であり、$\overline{y}=1.8\overline{x}+32=1.8\times15+32=59$

$s_x=2$ であり、$s_y=|1.8|s_x=1.8\times2=3.6$

華氏での平均気温は 59℉、標準偏差は 3.6℉ となります。

■データ量の標準化

次のような状況を考えてみます。

「A君は、6月に行われた試験では 65点、7月に行われた試験では 85点でした。6月の試験の平均点は 50点、標準偏差 6点、7月の試験の平均点は 70点、標準偏差は 10点でした。A君は、6月から 7月にかけて成績が上がったと喜んでよいでしょうか。」

確かに、A君の成績は素点で 85－65＝20点アップしました。しかし、試験の受験者全体の中でA君の成績はどれくらい上の方なのか、すなわちデータ全体でのA君の成績の位置を考えるとき、手放しには喜ぶことができません。

6月と 7月の成績を比べるには、データを標準化することが適しています。

データの標準化とは、データの変量 x に対して、その平均 $\overline{x}$、標準偏差 s_x を用いて、新しく変量 y を $y=\dfrac{x-\overline{x}}{s_x}$ と定めることです。

こうして作った変量 y は、平均が 0、標準偏差が 1 になります。

標準化して得られた変量の数値は、元のデータの数値がその平均に対しておよそどの位置にあるかの指標となります。

[平均 0、標準偏差 1 のたしかめ]

x と y の関係式 $y=\dfrac{x-\overline{x}}{s_x}$ で、$\overline{x}$、s_x は定数であることに注意します。変量 y は変量 x の 1 次式で表されています。ですから、公式 1.08 を用いることができます。

$y=ax+b$ で、$a=\dfrac{1}{s_x}$、$b=-\dfrac{\overline{x}}{s_x}$ となっていますから、

$$\overline{y}=a\overline{x}+b=\frac{1}{s_x}\cdot\overline{x}-\frac{\overline{x}}{s_x}=0,\qquad s_y=|a|s_x=\frac{1}{s_x}\cdot s_x=1$$

イントロ

さて最初の問題に戻ります。6月の成績と7月の成績を、標準化して比べてみましょう。

$$6月 \quad \frac{65-50}{6}=2.5 \qquad 7月 \quad \frac{85-70}{10}=1.5$$

2.5>1.5 ですから、受験者全員に対するA君の成績の位置は、6月より7月の方が下がったといえます。

合格点が定数で固定されている試験ではなく、順位を競う試験の場合、A君は6月より7月の方が、成績が悪くなったと捉えるべきです。

■ 2 変量のデータ

この節では、データが2つの変量の組で与えられている場合のデータの分析について説明します。この場合、2つの変量の間には関係性がない（1次の関係はない）として、この節の文章を読んでください。

2つの項目に関するデータを、2変量のデータといいます。

例えば、次のような10人のクラスでの数学と英語の小テスト（10点満点）の結果

出席番号	1	2	3	4	5	6	7	8	9	10
数学	6	4	3	2	8	7	3	8	4	8
英語	4	9	4	3	10	9	7	9	6	7

は2変量のデータです。数学の点と英語の点で数値は全部で20個ありますが、数学と英語の点を組で考えますから、データの大きさは人数と同じ、10になります。

このような2変量のデータでは、（数学の点数、英語の点数）を座標として捉え、座標平面にプロットすると、データ全体の様子や2変量の関係が一目で分かります。このような図を**散布図**といいます。

33

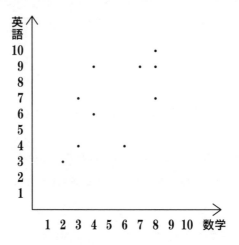

一般に、大きさが n の 2 変量のデータは、
$$(x_1, y_1), (x_2, y_2), \cdots, (x_n, y_n)$$
と表されます。2 変量であっても各変量について、1 変量のときと同様に平均、分散を定義することができ、

$$\overline{x} = \frac{x_1 + x_2 + \cdots + x_n}{n} = \frac{1}{n}\sum_{i=1}^{n} x_i 、$$

$$s_x^2 = \frac{(x_1 - \overline{x})^2 + (x_2 - \overline{x})^2 + \cdots + (x_n - \overline{x})^2}{n} = \frac{1}{n}\sum_{i=1}^{n}(x_i - \overline{x})^2$$

各変量の偏差の積 $(x_i - \overline{x})(y_i - \overline{y})$ の平均をデータの**共分散**と呼び、s_{xy} で表します。

$$s_{xy} = \frac{(x_1 - \overline{x})(y_1 - \overline{y}) + \cdots + (x_n - \overline{x})(y_n - \overline{y})}{n} = \frac{1}{n}\sum_{i=1}^{n}(x_i - \overline{x})(y_i - \overline{y})$$

分散が 2 乗平均と平均で表されたように、共分散でも似たような公式があります。

公式 1.09　共分散、積の平均、平均の積

$$s_{xy} = \overline{xy} - \overline{x} \cdot \overline{y}$$

1変量のデータ $x_1, x_2, \cdots, x_n$ を並べて作った2変量のデータ (x_1, x_1)、$(x_2, x_2), \cdots, (x_n, x_n)$ の共分散 s_{xx} は、定義により1変量のデータの分散 s_x^2 に等しくなります。

上の公式1.09で、$y \Rightarrow x$ とすれば、公式1.06 $s_x^2 = \overline{x^2} - (\overline{x})^2$ になります。

公式1.09の証明は公式1.06と同様にできますから、みなさんにお任せいたします。

■相関係数

x の標準偏差 s_x、y の標準偏差 s_y、共分散 s_{xy} を用いて、次の式で表される r_{xy} を**相関係数**と呼びます。

$$r_{xy} = \frac{s_{xy}}{s_x s_y}$$

相関係数について、$-1 \leq r_{xy} \leq 1$ が成り立ちます。

1変量のデータはヒストグラムで視覚的に捉えましたが、2変量のデータは (x_i, y_i) を散布図に描いて視覚的に捉えます。

相関係数が正のときは、散布図の点の分布が右上がりに
相関係数が負のときは、散布図の点の分布が右下がりになります。

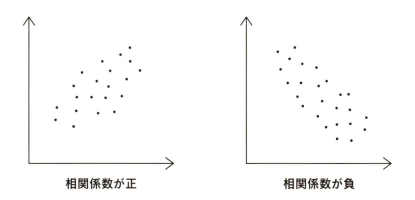

相関係数が正 　　　　　　　　相関係数が負

相関係数は散布図の点の散らばり方にのみ依存し、分布がどこにあるかは関係ありません。散らばり方が同じであれば、相関係数は一致します（次定理で証明）。

また、

相関係数の絶対値が 1 に近いときは、点の分布が直線に近く、

相関係数の絶対値が 0 に近いときは、点の分布が面的に広がります。

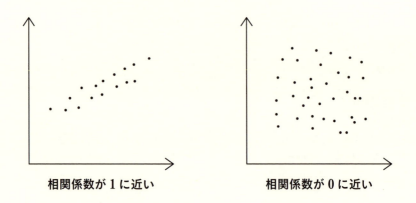

相関係数が 1 に近い　　　　　　**相関係数が 0 に近い**

2 つの散布図で点の散らばり方が同じときには、相関係数は一致すると書きました。実は、1 次式で変量を変換しても相関係数は変わりません。

定理 1.10　1 次式で書き換えても相関係数は不変

変量 x、y に対して、変量 z、w を
$$z = ax + b、\quad w = cy + d$$
と定める。ここで、a、b、c、d は実数の定数（$a > 0$, $c > 0$）とする。このとき、
$$r_{xy} = r_{zw}$$
が成り立つ。

[証明]　平均について、$\bar{z} = a\bar{x} + b$、$\bar{w} = c\bar{y} + d$ が成り立つことより、
$$z_i - \bar{z} = (ax_i + b) - (a\bar{x} + b) = a(x_i - \bar{x})、\quad w_i - \bar{w} = c(y_i - \bar{y})$$
データの大きさが n のとき、これを用いて、
$$s_{zw} = \sum_{i=1}^{n} (z_i - \bar{z})(w_i - \bar{w}) = \sum_{i=1}^{n} a(x_i - \bar{x}) c(y_i - \bar{y})$$
$$= ac \sum_{i=1}^{n} (x_i - \bar{x})(y_i - \bar{y}) = ac s_{xy}$$

また、分散について、$s_z{}^2=a^2s_x{}^2$、$s_w{}^2=c^2s_y{}^2$ が成り立つので、$a>0$、$c>0$ より、$s_z=as_x$, $s_w=cs_y$

したがって、相関係数について、

$$r_{zw}=\frac{s_{zw}}{s_z s_w}=\frac{acs_{xy}}{(as_x)(cs_y)}=\frac{s_{xy}}{s_x s_y}=r_{xy}$$

が成り立つ。　　　　　　　　　　　　　　　　　　　　　　　［証明終わり］

　$a=1$、$c=1$ のときは $z=x+b$、$w=y+d$ で、(z, w) の散布図の点は、(x, y) の散布図の点を平行移動したものになります。散布図を平行移動したとき（散らばり方は同じになる）、相関係数が不変になることがこの定理で確認できます。

　さらに定理では、a、c が1以外の正の数の場合でも相関係数は不変であると主張しています。点の散らばりの全体的な傾きは、相関係数とは関係ないことが分かります。

■回帰直線

　2変量のデータ (x_i, y_i) が与えられたとき、それを散布図で表したものが下左図であるとします。ここで、x と y の関係をざっくりと捉えて、1本の直線で表そうとします。このとき用いられる直線の1つが**回帰直線**です。

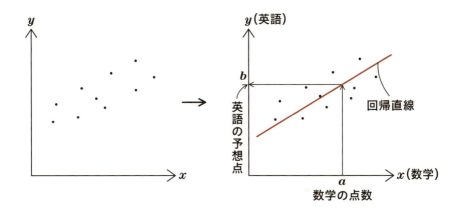

　回帰直線は、x の値から y の値を予想するときに用いることができます。例えば、変量 x が数学の点数、変量 y が英語の点数であった場合、数学のテストし

か受けられなかった生徒の英語の点数を、クラスにおける数学と英語の点数の分布の様子から予想することができます。英語の点数を予想するには次のようにします。まず、全体の分布から回帰直線を求めます。その直線上に、英語のテストが受けられなかった生徒の点が分布していると考えるわけです。上図のように数学の点数が a 点であれば、英語の点数は b 点であると予想できます。

変量 y は変量 x によって説明できると捉えて、x を**説明変数**、y を**目的変数**と呼ぶことがあります。また、独立して動く変量 x に対して、変量 y は変量 x に従属して動くものだと捉えて、x を**独立変数**、y を**従属変数**と呼ぶこともあります。

説明変数 ⇨ 目的変数　　　独立変数 ⇨ 従属変数

回帰直線は、2変量の関係を表すモデルを作っているということができます。モデルを作ることと"回帰"という言葉が結びつかないで違和感を持つ人もいるかもしれませんから、"回帰"という用語の由来について少し説明しておきましょう。

"回帰"とは「元に戻ること」です。回帰（regression）という言葉を用いだしたのは、生物学者のゴールトンです。ゴールトンは、特別に身長の高い父親や特別に身長の低い父親の息子は、父親の身長より平均身長に近づくという観察から"回帰"という言葉を用いました。つまり、回帰直線の"回帰"とは、もともと「平均への回帰」という意味であったのです。しかし、今では説明変数を用いて目的変数を予測する手法を回帰分析といい、本来の意味とは異なった使われ方をしているわけです。

回帰直線の使い方から入りましたが、回帰直線の求め方を説明しておきましょう。

次の図のように、散布図に直線を引くものとします。この直線の式を $y=ax+b$ とします。このとき、点 (x_i, y_i) に対して、$y_i-(ax_i+b)$〔＝（実際の値）－（予測値）〕を誤差といいます。誤差の平方和 $\sum_{i=1}^{n}(y_i-ax_i-b)^2$ を最小にするように a、b を選ぶと、$y=ax+b$ が回帰直線となります。

回帰直線は、誤差平方和を最小にする直線であると特徴づけることができます。

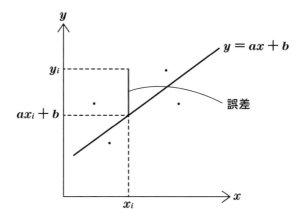

> **公式 1.11　回帰直線**
>
> 大きさ n の 2 変量データ $(x_1, y_1), (x_2, y_2), \cdots, (x_n, y_n)$ に対して、回帰直線の式は、
> $$y = \frac{s_{xy}}{s_x{}^2}(x - \overline{x}) + \overline{y}$$
> $s_x{}^2$：x の分散　　s_{xy}：x と y の共分散

[証明]　直線 $y = ax + b$ に対する誤差平方和を a、b の 2 変数関数と見て、
$$f(a, b) = \sum_{i=1}^{n}(y_i - ax_i - b)^2$$
とします。この値を最小にするような a、b を求めます。

最小の候補となる、$f(a, b)$ を極小にする a、b を求めます。

$f(a, b)$ が極値を取るときには、a、b の偏微分が 0 になります。

$$\frac{\partial f(a, b)}{\partial a} = 0 \qquad \frac{\partial f(a, b)}{\partial b} = 0 \qquad \cdots\cdots ①$$

を満たす a、b を求めましょう。これらの式の左辺は、

$$\frac{\partial f}{\partial a} = -2\sum_{i=1}^{n} x_i(y_i - ax_i - b) = -2\left\{\left(\sum_{i=1}^{n} x_i y_i\right) - \left(\sum_{i=1}^{n} x_i{}^2\right)a - \left(\sum_{i=1}^{n} x_i\right)b\right\}$$

$$\frac{\partial f}{\partial b} = -2\sum_{i=1}^{n}(y_i - ax_i - b) = -2\left\{\left(\sum_{i=1}^{n} y_i\right) - \left(\sum_{i=1}^{n} x_i\right)a - nb\right\}$$

なので、①は、

$$\left(\sum_{i=1}^{n} x_i^2\right)a + \left(\sum_{i=1}^{n} x_i\right)b = \sum_{i=1}^{n} x_i y_i \quad \cdots\cdots ②$$

a と b の連立 1 次方程式 !

$$\left(\sum_{i=1}^{n} x_i\right)a + nb = \sum_{i=1}^{n} y_i \quad \cdots\cdots ③$$

ここで b を消去するために、$n \times ② - \left(\sum_{i=1}^{n} x_i\right) \times ③$ を計算して、

$$\left\{ n\left(\sum_{i=1}^{n} x_i^2\right) - \left(\sum_{i=1}^{n} x_i\right)^2 \right\}a = n\sum_{i=1}^{n} x_i y_i - \left(\sum_{i=1}^{n} x_i\right)\left(\sum_{i=1}^{n} y_i\right)$$

$$\left\{ \frac{\sum_{i=1}^{n} x_i^2}{n} - \left(\frac{\sum_{i=1}^{n} x_i}{n}\right)^2 \right\}a = \frac{\sum_{i=1}^{n} x_i y_i}{n} - \frac{\sum_{i=1}^{n} x_i}{n} \cdot \frac{\sum_{i=1}^{n} y_i}{n}$$

$$(\overline{x^2} - \overline{x}^2)a = \overline{xy} - \overline{x} \cdot \overline{y}$$

$$s_x^2 a = s_{xy}$$

$$a = \frac{s_{xy}}{s_x^2}$$

b は③より、$b = \dfrac{\sum_{i=1}^{n} y_i}{n} - \dfrac{\sum_{i=1}^{n} x_i}{n}a = \overline{y} - a\overline{x}$

回帰直線は、

$$y = ax + b = ax + \overline{y} - a\overline{x} = a(x - \overline{x}) + \overline{y} = \frac{s_{xy}}{s_x^2}(x - \overline{x}) + \overline{y}$$

となります。

$a = \dfrac{s_{xy}}{s_x^2}$、$b = \overline{y} - a\overline{x}$ のとき、$f(a, b)$ が極大値ではなく極小値となることは、

$$\frac{\partial^2 f}{\partial a^2}\frac{\partial^2 f}{\partial b^2} - \left(\frac{\partial^2 f}{\partial a \partial b}\right)^2 = 2\left(\sum_{i=1}^{n} x_i^2\right) \cdot 2n - \left\{ 2\left(\sum_{i=1}^{n} x_i\right)\right\}^2 = 4n^2(\overline{x^2} - \overline{x}^2) = 4n^2 s_x^2 > 0$$

より分かり、この極小値が最小値になることは、a、b が実数全体を動くときに極値が 1 つであることから分かります。 　　　　　　　　　　　　[証明終わり]

回帰直線の係数は、$\dfrac{s_{xy}}{s_x^2} = \dfrac{s_{xy}}{s_x s_y} \cdot \dfrac{s_y}{s_x} = r_{xy}\left(\dfrac{s_y}{s_x}\right)$ です。s_y、s_x はともに正ですか

40

ら、相関係数の符号と回帰直線の傾きの符号は一致します。相関係数が正であるときの散布図が右上がりですから、回帰直線の傾きも正になるのです。

問題　2変量のデータ（別 p.8）

　10人が数学と英語のテストをしたところ、点数の組（数学, 英語）は、
$$(9, 8), (8, 8), (7, 9), (6, 6), (5, 7),$$
$$(4, 5), (4, 4), (3, 6), (2, 4), (2, 3)$$
であった。数学の点数を変量 x、英語の点数を変量 y とするとき、次の問いに答えよ。
(1)　散布図を描け。
(2)　相関係数 r_{xy} を求めよ。
(3)　回帰直線を求め、散布図に描き込め。

(1)　次のページの図のようになります。
(2)　$\bar{x} = (9+8+7+6+5+4+4+3+2+2) \div 10 = 5$
　　$\bar{y} = (8+8+9+6+7+5+4+6+4+3) \div 10 = 6$
よって、各人の偏差は、

$x_i - \bar{x}$	4	3	2	1	0	−1	−1	−2	−3	−3
$y_i - \bar{y}$	2	2	3	0	1	−1	−2	0	−2	−3

これをもとに、$s_x{}^2$、$s_y{}^2$、s_{xy} を計算すると、
$s_x{}^2 = \{4^2+3^2+2^2+1^2+0^2+(-1)^2+(-1)^2+(-2)^2+(-3)^2+(-3)^2\} \div 10 = 5.4$
$s_y{}^2 = \{2^2+2^2+3^2+0^2+1^2+(-1)^2+(-2)^2+0^2+(-2)^2+(-3)^2\} \div 10 = 3.6$
$s_{xy} = \{4\cdot2+3\cdot2+2\cdot3+1\cdot0+0\cdot1+(-1)(-1)$
　　　　$+(-1)(-2)+(-2)\cdot0+(-3)(-2)+(-3)(-3)\} \div 10 = 3.8$

$r_{xy} = \dfrac{s_{xy}}{s_x s_y} = \dfrac{3.8}{\sqrt{5.4}\sqrt{3.6}} = 0.861 \quad \rightarrow \quad 0.86$

(3)　回帰直線は、

$$y = \frac{s_{xy}}{s_x^2}(x-\bar{x}) + \bar{y} = \frac{3.8}{5.4}(x-5) + 6 = 0.70x + 2.5$$

これを散布図に描き込むと下図の直線のようになります。

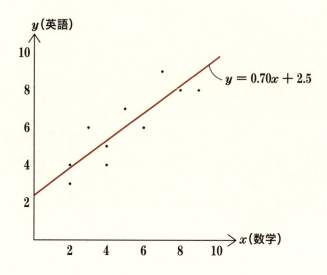

3 微積分編

■ネイピア数 e

ネイピア数 e、すなわち自然対数の底 e について復習します。

指数関数 $y=a^x$ のグラフにおいて、$(0,1)$ で接線を引くことを考えます。接線の傾きは a によって異なります。傾きが 1 になるような a の値が e です。これがネイピア数の定義です。

$f(x)=e^x$ とおくと、$(0,1)$ での傾き $f'(0)$ は、微分の公式を用いて、

$$f'(0)=\lim_{h\to 0}\frac{f(0+h)-f(0)}{h}=\lim_{h\to 0}\frac{f(h)-f(0)}{h}=\lim_{h\to 0}\frac{e^h-e^0}{h}=\lim_{h\to 0}\frac{e^h-1}{h}$$

これが 1 に等しいので、e に関して、

$$\lim_{h\to 0}\frac{e^h-1}{h}=1 \quad 逆数を取って、\lim_{h\to 0}\frac{h}{e^h-1}=1$$

が成り立ちます。$t=e^h-1$ と置き換えると、$h=\log(1+t)$ であり、$h\to 0$ のとき、$t\to 0$ ですから、

$$\lim_{t\to 0}\frac{\log(1+t)}{t}=1$$

が成り立ちます。さらに $s=\dfrac{1}{t}$ と置き換えます。$t\to +0$（正の値で 0 に近づく）でも、$t\to -0$（負の値で 0 に近づく）であっても収束しますから、

$$\lim_{s\to\pm\infty}\log\left(1+\frac{1}{s}\right)^s=1 \quad e の肩に乗せ \quad \lim_{s\to\pm\infty}\left(1+\frac{1}{s}\right)^s=e$$

が成り立ちます。$u=-s$ とおくと、

$$\lim_{u\to\pm\infty}\left(1-\frac{1}{u}\right)^{-u}=e \quad 逆数を取って、\lim_{u\to\pm\infty}\left(1-\frac{1}{u}\right)^u=e^{-1}$$

となります。

公式 1.12　e（ネイピア数）に関する極限

$$\lim_{t \to \pm\infty} \left(1 + \frac{1}{t}\right)^t = e \qquad \lim_{u \to \pm\infty} \left(1 - \frac{1}{u}\right)^u = e^{-1}$$

■マクローリン展開

一般に、何回も微分可能な関数 $f(x)$ について、

$$f(x) = f(0) + \frac{f'(0)}{1!}x + \frac{f''(0)}{2!}x^2 + \frac{f^{(3)}(0)}{3!}x^3 + \cdots\cdots$$

$$(f^{(k)}(x) は、f(x) の k 階導関数)$$

が、$x=0$ を含むある範囲で成り立ちます。このように $f(x)$ を無限級数の和で表すことをマクローリン展開と呼びます（拙著 『1 冊でマスター 大学の微分積分』 p.175 参照）。

$f(x)$ に具体的な関数をあてはめて、マクローリン展開の式を作ってみましょう。

$f(x) = e^x$ のとき、$f^{(k)}(x) = e^x$、$f^{(k)}(0) = e^0 = 1$ なので、e^x のマクローリン展開は、

$$e^x = f(0) + \frac{f'(0)}{1!}x + \frac{f''(0)}{2!}x^2 + \frac{f^{(3)}(0)}{3!}x^3 + \cdots$$

$$= 1 + x + \frac{1}{2!}x^2 + \frac{1}{3!}x^3 + \cdots$$

となります。この式は任意の実数 x で成り立ちます。

この式を眺めると、多項式関数と指数関数では指数関数の方が速く大きくなることが分かります。次のような極限の値を求めることができます。

イントロ

公式 1.13　多項式関数と指数関数の比の極限

正の整数 n、正の数 s、1 より大きい正の定数 a に対して、

$$\lim_{x \to \infty} \frac{x^n}{a^x} = 0 \qquad \lim_{x \to \infty} \frac{x^s}{a^x} = 0$$

[証明]　$x > 0$ のとき、e^x と、e^x のマクローリン展開の第 $n+1$ 項を比べて、

$$e^x = 1 + x + \frac{1}{2!}x^2 + \cdots + \frac{1}{(n+1)!}x^{n+1} + \cdots > \frac{1}{(n+1)!}x^{n+1}$$

よって、

$$0 < \frac{x^n}{e^x} < \frac{x^n}{\dfrac{1}{(n+1)!}x^{n+1}} < \frac{(n+1)!}{x}$$

$x \to \infty$ のとき、右辺は 0 に収束しますから、$\dfrac{x^n}{e^x} \to 0 \ (x \to \infty)$ です。

$a = e^{\log a}$ ですから、

$$\lim_{x \to \infty} \frac{x^n}{a^x} = \lim_{x \to \infty} \frac{x^n}{e^{(\log a)x}} = \lim_{x \to \infty} \frac{\{(\log a)x\}^n}{e^{(\log a)x}} \cdot \frac{1}{(\log a)^n} = 0$$

s に対して、$s < k$ となる整数 k をとれば、$x > 1$ のとき、

$$0 < \frac{x^s}{a^x} < \frac{x^k}{a^x}$$

$x \to \infty$ のとき、右辺は 0 に収束するので、$\displaystyle\lim_{x \to \infty}\frac{x^s}{a^x} = 0$　　　　　[証明終わり]

$f(x) = \log(1+x)$ のとき、

$f'(x) = (1+x)^{-1}$、$f''(x) = -(1+x)^{-2}$、$f^{(3)}(x) = 2(1+x)^{-3}$

$f^{(4)}(x) = -2 \cdot 3(1+x)^{-4}$、$\cdots$、$f^{(k)}(x) = (-1)^{k+1}(k-1)!(1+x)^{-k}$

であり、$f^{(k)}(0) = (-1)^{k+1}(k-1)!$

よって、$\log(1+x)$ のマクローリン展開は、

45

$$\log(1+x) = f(0) + \frac{f'(0)}{1!}x + \frac{f''(0)}{2!}x^2 + \frac{f^{(3)}(0)}{3!}x^3 + \cdots$$

$$= 0 + \frac{1}{1!}x + \frac{(-1)}{2!}x^2 + \frac{2!}{3!}x^3 + \cdots + \frac{(-1)^{k+1}(k-1)!}{k!}x^k + \cdots$$

$$= x - \frac{1}{2}x^2 + \frac{1}{3}x^3 - \frac{1}{4}x^4 + \cdots$$

この式は $-1 < x \leqq 1$ で成り立ちます。

また、$f(x) = (1+x)^\alpha$ のときは、

$f'(x) = \alpha(1+x)^{\alpha-1}$、$f''(x) = \alpha(\alpha-1)(1+x)^{\alpha-2}$、$\cdots$、

$f^{(k)}(x) = \alpha(\alpha-1)\cdots(\alpha-k+1)(1+x)^{\alpha-k}$

なので、

$$(1+x)^\alpha = 1 + \alpha x + \frac{\alpha(\alpha-1)}{2!}x^2 + \frac{\alpha(\alpha-1)(\alpha-2)}{3!}x^3 + \cdots$$

となります。この式は、α は任意の実数で成り立ちます。小数でも、負の数でも構いません。ただし、α が正の整数以外では、$-1 < x < 1$ でのみ成り立ちます。

この式で α が正の整数 n のときを考えてみます。x^i の係数は

$i \leqq n$ のとき、$\dfrac{n(n-1)(n-2)\cdots(n-i+1)}{i!} = {}_n\mathrm{C}_i$

$i > n$ のとき、0 （分子に $(n-n)$ がある！）

となり、二項定理で $a \to 1$、$b \to x$ としたものになります。ですから、この式も二項定理と呼ばれることがあります。

また、$|x|$ が十分に小さいときは x^i に対して x^{i+1} が無視できるくらいになりますから、右辺を適当なところで切って近似式として用いることがあります。

ここで、

$$\binom{\alpha}{i} = \frac{\alpha(\alpha-1)(\alpha-2)\cdots(\alpha-i+1)}{i!} \qquad \binom{\alpha}{0} = 1$$

という記号を導入すると、

$$(1+x)^\alpha = \sum_{i=0}^{\infty} \binom{\alpha}{i} x^i$$

と表すことができます。$\binom{\alpha}{i}$ はやはり**二項係数**と呼ばれます。実はこちらの表記

46

イントロ

法の方がグローバル・スタンダードです。

一般の二項係数 $\begin{pmatrix} \alpha \\ i \end{pmatrix}$ についても、$_nC_r$ と同様の公式 1.01(3)，(4) が成り立つことが計算によって示せます。

公式 1.14　マクローリン展開

$$e^x = 1 + x + \frac{1}{2!}x^2 + \frac{1}{3!}x^3 + \cdots \quad (x \text{ はすべての実数})$$

$$\log(1+x) = x - \frac{1}{2}x^2 + \frac{1}{3}x^3 - \frac{1}{4}x^4 + \cdots \quad (-1 < x \leq 1)$$

$$(1+x)^\alpha = 1 + \alpha x + \frac{\alpha(\alpha-1)}{2!}x^2 + \frac{\alpha(\alpha-1)(\alpha-2)}{3!}x^3 + \cdots$$

$$= \sum_{i=0}^{\infty} \begin{pmatrix} \alpha \\ i \end{pmatrix} x^i \text{ (二項定理)} \quad (-1 < x < 1)$$

■重積分の変数変換

1変数の積分では、置換積分というテクニックがありました。公式で書くと、

$$\int_a^b f(x)\,dx = \int_\alpha^\beta f(\varphi(t))\varphi'(t)\,dt$$

です。ここでは、この公式の2変数バージョン、すなわち重積分の変数変換の公式を復習しておきましょう。確率変数の変換のときにテクニックとして用いるからです。

重積分の定義から復習しておきます。

> **定義 1.15　重積分**
>
> 　xy 平面内の領域 D と 2 変数関数 $f(x, y)$ で表される曲面 $z=f(x, y)$ がある。領域 D では $f(x, y)>0$ であるとする。このとき、曲面と xy 平面で挟まれる部分のうち、領域 D の上にある部分（$z>0$ の部分、下図アカ網部）の体積を、
>
> $$\iint_D f(x, y)dxdy$$
>
> で表し重積分という。
>
>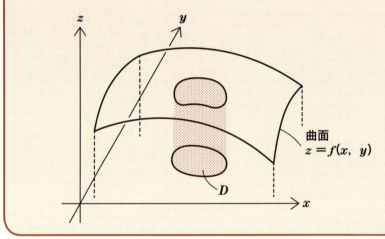

　上の場合は領域 D 上で $f(x, y)>0$ でしたが、$f(x, y)<0$ であれば重積分は体積を (-1) 倍したものになります。

　この積分が値を持つためには、$f(x, y)$、D にいろいろと条件を課さなければなりませんが、この際無視します。

　具体的に重積分を計算してみましょう。

問題 重積分

$f(x, y) = 3x + 2y$ とおく。$z = f(x, y)$ と xy 平面で挟まれる部分で、xy 平面上の領域 D（太線の三角形）

$$D : x \leq y \leq -x+4、1 \leq x \leq 2$$

の上にある部分（アカ網部）の体積を計算せよ。

$z = f(x, y) = 3x + 2y$ は xyz 空間中の平面を表しています。

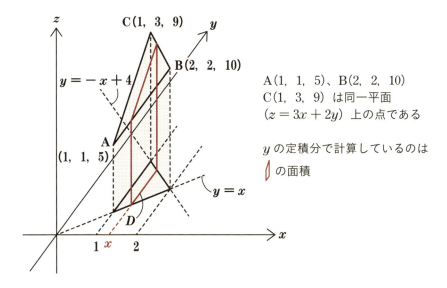

$A(1, 1, 5)$、$B(2, 2, 10)$
$C(1, 3, 9)$ は同一平面
$(z = 3x + 2y)$ 上の点である

y の定積分で計算しているのは
◊ の面積

この重積分を計算するには、累次積分と呼ばれる次のような計算をします。

$$\iint_D f(x, y) dx dy$$

$$= \int_1^2 \left\{ \int_x^{-x+4} (3x + 2y) dy \right\} dx$$

（◊の面積）

$$= \int_1^2 \left[3xy + y^2 \right]_x^{-x+4} dx$$

$$= \int_1^2 \{3x(-x+4) + (-x+4)^2 - 3x^2 - x^2\} dx$$

$$= \int_1^2 (-6x^2+4x+16)dx = \left[-2x^3+2x^2+16x\right]_1^2$$
$$= -2(2^3-1^3)+2(2^2-1^2)+16(2-1)=8$$

体積が8であることが分かりました。

この累次積分の変数をu、vに変えて置換積分してみましょう。
$$x=u+v \qquad y=u-v \quad \cdots\cdots ①$$

とします。領域Dの式をu、vで表すと、

$\qquad x \leq y \leq -x+4$、$1 \leq x \leq 2$

$\Leftrightarrow \quad u+v \leq u-v \leq -(u+v)+4$、$1 \leq u+v \leq 2$

$\Leftrightarrow \quad v \leq 0$、$u \leq 2$、$1 \leq u+v \leq 2$

$\Leftrightarrow \quad 1-u \leq v \leq 0$、$1 \leq u \leq 2$ 　（下図で同じ領域を表すことを確かめよ）

となります。

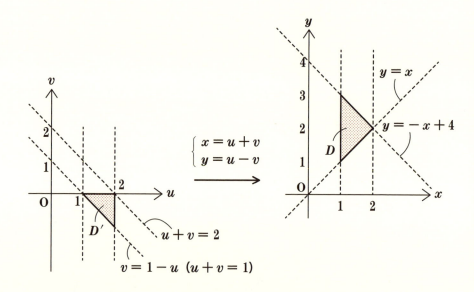

領域D'を、$D': 1-u \leq v \leq 0$、$1 \leq u \leq 2$とすれば、(u, v)を(x, y)に変換する式は、uv平面上の領域D'からxy平面上の領域Dへの写像（対応させるきまり）になっています。この写像は、D'の点とDの点を1対1に対応付けます。

変数x、yでの被積分関数$f(x, y)=3x+2y$は、①を用いて、

50

イントロ

$$f(u+v,\ u-v)=3(u+v)+2(u-v)=5u+v$$

と変数変換できます。次に、x、y を u、v の関数と見て、

$$x(u,\ v)=u+v \qquad y(u,\ v)=u-v$$

とします。このとき次の左辺のような $2×2$ 行列の行列 J を作ります。この行列はヤコビ行列と呼ばれています。

$$J=\begin{pmatrix} \dfrac{\partial x}{\partial u} & \dfrac{\partial x}{\partial v} \\ \dfrac{\partial y}{\partial u} & \dfrac{\partial y}{\partial v} \end{pmatrix}=\begin{pmatrix} 1 & 1 \\ 1 & -1 \end{pmatrix}$$

ここで、$(x,\ y)$, $(u,\ v)$ を $\begin{pmatrix} x \\ y \end{pmatrix}$, $\begin{pmatrix} u \\ v \end{pmatrix}$ と表すと、ヤコビ行列 J はこれらを、

$$\begin{pmatrix} x \\ y \end{pmatrix}=\underset{J}{\begin{pmatrix} 1 & 1 \\ 1 & -1 \end{pmatrix}}\begin{pmatrix} u \\ v \end{pmatrix}$$

と結びつけていることに注意しましょう。

<u>$(x,\ y)$ が $(u,\ v)$ の 1 次式で表されているとき、$(x,\ y)$ から $(u,\ v)$ に変数変換をするときのヤコビ行列は、$(u,\ v)$ から $(x,\ y)$ への 1 次変換の行列に等しくなるわけです。</u>

これの行列式を計算します。$2×2$ の行列式に関して復習しておくと、

$$A=\begin{pmatrix} a & b \\ c & d \end{pmatrix} のとき、\det A=ad-bc \qquad \text{［det は行列式を表す記号］}$$

となります。J の行列式は、

$$\det J=\det\begin{pmatrix} 1 & 1 \\ 1 & -1 \end{pmatrix}=1(-1)-1\cdot1=-2$$

問題の重積分を u、v で計算するには、$5u+v$ と「-2 の絶対値」を掛けたものを被積分関数として、

$$\iint_{D'} f(u+v,\ u-v)\,|\det J|\,dudv$$

$$=\int_1^2\int_{1-u}^0 (5u+v)\,|-2|\,dvdu=\int_1^2\int_{1-u}^0 (10u+2v)\,dvdu$$

$$=\int_1^2\Big[10uv+v^2\Big]_{1-u}^0\,du=\int_1^2\left\{-10u(1-u)-(1-u)^2\right\}du$$

51

$$= \int_1^2 (9u^2 - 8u - 1)du = \Big[3u^3 - 4u^2 - u\Big]_1^2$$
$$= 3(2^3 - 1^3) - 4(2^2 - 1^2) - (2 - 1) = 8$$

と計算します。同じ値になることが確かめられました。

一般に、次が成り立ちます。

> **公式 1.16　重積分の変数変換**
>
> 2 変数関数 $f(x, y)$ の xy 平面上の領域 D での重積分において、
>
>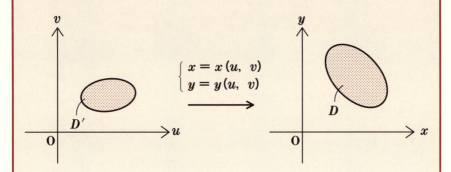
>
> 領域 D の点と uv 平面上の領域 D' の点が
> $$(x(u, v), y(u, v))$$
> となる変数変換で 1 対 1 に対応しているとき、重積分は、
> $$\iint_D f(x, y)\,dxdy = \iint_{D'} f(x(u, v), y(u, v))\,|\det J|\,dudv$$
> と変数変換して計算できる。ここで、J はヤコビ行列と呼ばれ、
> $$J = \begin{pmatrix} \dfrac{\partial x}{\partial u} & \dfrac{\partial x}{\partial v} \\ \dfrac{\partial y}{\partial u} & \dfrac{\partial y}{\partial v} \end{pmatrix}$$
> を表す。$\det J$ はその行列式でヤコビアンと呼ばれる。被積分関数に現れる $|\det J|$ はその絶対値である。

イントロ

　2変数の積分の公式では、ヤコビアンの絶対値を取らないで書いてあるものが見受けられます。これに絶対値を付けるか否かは、累次積分の積分区間の取り方によります。

　この本では、x、y での累次積分のときの領域

$$f(x) \leqq y \leqq g(x) \qquad a \leqq x \leqq b$$

を、u、v の領域に直すのに

$$h(u) \leqq v \leqq j(u) \qquad c \leqq v \leqq d$$

とし、累次積分の積分区間を小さい方から大きい方へ

$\displaystyle\int_a^b \int_{f(x)}^{g(x)} dydx$、$\displaystyle\int_c^d \int_{h(u)}^{j(u)} dvdu$ と計算しています。

どちらも被積分関数を 1 とすると、D、D' の面積を表し、

$$(D \text{ の面積}) = \int_a^b \int_{f(x)}^{g(x)} 1dydx > 0 \quad (D' \text{ の面積}) = \int_c^d \int_{h(u)}^{j(u)} 1dvdu > 0$$

と、どんな領域の場合でもともに正になります。

　D から D' への写像が裏返しに移る場合ヤコビアン $\det J$ は負になりますが、D、D' の面積を共に正で計算するように積分区間を取っているので、ヤコビアンに絶対値を付けています。

■ Γ 関数・β 関数

　Γ 関数・β 関数は、統計でよく使われる重要な関数です。

　実践を目指している大学の微積分の教科書には必ず載っています。参照の手間を省くために、ここでは定義を確認し、性質や公式を証明しておきます。

> **定義 1.17　ガンマ関数 $\Gamma(s)$**
> 　正の数 s に対して、
>
> $$\Gamma(s) = \int_0^\infty x^{s-1} e^{-x} dx$$

　右辺を x に関して積分するので s が残り、s の関数となります。

53

右辺の積分が収束するかどうか吟味しておきましょう。

$0 \leqq x \leqq 1$ のとき $e^x \geqq 1$、また、$1 \leqq x$ のとき、s より大きい整数 n を用意して、$e^x \geqq \dfrac{x^n}{n!}$ が成り立ちます。これらを用いると、$a > 1$ のとき

$$\int_0^a x^{s-1} e^{-x} dx$$

$0 < x < 1$ のとき，$e^{-x} < 1$
$1 < x$ のとき，$e^{-x} < (n!)x^{-n}$

$$= \int_0^1 x^{s-1} e^{-x} dx + \int_1^a x^{s-1} e^{-x} dx \leqq \int_0^1 x^{s-1} dx + \int_1^a (n!) x^{s-n-1} dx$$

$$= \left[\frac{x^s}{s} \right]_0^1 + (n!) \left[\frac{x^{s-n}}{s-n} \right]_1^a = \frac{1}{s} + \frac{n!}{n-s} \left(1 - \frac{1}{a^{n-s}} \right)$$

$a \to \infty$ のとき、この式は収束しますから、定義式の右辺も収束することが分かります。

$\Gamma(s)$ に関して、次の性質が有名です。

公式 1.18　ガンマ関数 $\Gamma(s)$ の性質

（ⅰ）　$s > 1$ のとき、$\Gamma(s) = (s-1)\Gamma(s-1)$

（ⅱ）　s が正の整数のとき、$\Gamma(s) = (s-1)!$

（ⅲ）　$\Gamma\left(\dfrac{1}{2} \right) = \sqrt{\pi}$

（ⅱ）の性質から、ガンマ関数は階乗の一般化（整数でない値の階乗）と見なすことができます。

[証明]　（ⅰ）　$\Gamma(s) = \displaystyle\int_0^\infty x^{s-1} e^{-x} dx$

$$= \left[x^{s-1}(-e^{-x}) \right]_0^\infty - \int_0^\infty (s-1) x^{s-2} (-e^{-x}) dx$$

部分積分 $\int fg' = fg - \int f'g$

$$= (s-1) \int_0^\infty x^{(s-1)-1} e^{-x} dx = (s-1)\Gamma(s-1)$$

（ⅱ）　$\Gamma(1) = \int_0^\infty x^{1-1}e^{-x}dx = \int_0^\infty e^{-x}dx = \left[-e^{-x}\right]_0^\infty = 0-(-1) = 1 (=(1-1)!)$

s が正の整数のとき、（ⅰ）を繰り返し用いて、

$\Gamma(s) = (s-1)\Gamma(s-1) = (s-1)(s-2)\Gamma(s-2)$

$\qquad = (s-1)(s-2)\cdots\cdots1\Gamma(1) = (s-1)!$

（ⅲ）　証明は公式 1.21（ガウス積分の公式）の証明の中で行います。

統計学において、ガンマ関数と組で覚えておきたいのがベータ関数です。

定義 1.19　ベータ関数 $B(p,\ q)$

正の数 p、q に対して、

$$B(p,\ q) = \int_0^1 x^{p-1}(1-x)^{q-1}dx$$

次の公式から、ベータ関数の逆数は、二項係数を一般化したものと関係があることが分かります。

公式 1.20　ベータ関数とガンマ関数

$$B(p,\ q) = \frac{\Gamma(p)\Gamma(q)}{\Gamma(p+q)}$$

[証明]　$\Gamma(p)\Gamma(q) = \int_0^\infty x^{p-1}e^{-x}dx \int_0^\infty y^{q-1}e^{-y}dy$

$\qquad\qquad = \int_0^\infty \int_0^\infty x^{p-1}e^{-x}y^{q-1}e^{-y}dxdy$　……①

ここで、$u = \dfrac{x}{x+y}$、$v = x+y$ と変数変換します。

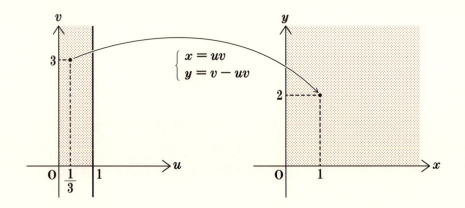

$x=uv$、$y=v-uv$ ですから、ヤコビアンは、

$$\det\begin{pmatrix} \frac{\partial x}{\partial u} & \frac{\partial x}{\partial v} \\ \frac{\partial y}{\partial u} & \frac{\partial y}{\partial v} \end{pmatrix} = \det\begin{pmatrix} v & u \\ -v & 1-u \end{pmatrix} = v(1-u)-(-v)u = v$$

変数変換後の領域は、$0<u<1$、$0<v$ となります。

$$① = \int_0^\infty \left\{ \int_0^1 (uv)^{p-1} e^{-uv} (v-uv)^{q-1} e^{-(v-uv)} v\, du \right\} dv$$

$$= \int_0^\infty \left\{ \int_0^1 u^{p-1} v^{p-1} (1-u)^{q-1} v^{q-1} v e^{-v} du \right\} dv$$

$$= \int_0^1 u^{p-1} (1-u)^{q-1} du \int_0^\infty v^{p+q-1} e^{-v} dv$$

$$= B(p,\ q) \Gamma(p+q)$$

よって、上の公式が示されました。　　　　　　　　　　　　［証明終わり］

公式 1.18（ⅱ）$\Gamma(p)=(p-1)!$ を用いると、p、q が正の整数のとき、

$$B(p,\ q) = \frac{(p-1)!(q-1)!}{(p+q-1)!}$$

となり、二項係数の逆数に近い形になります。

これを用いて後に重要になる公式を導いておきましょう。

イントロ

公式 1.21　ガウス積分

$$\int_{-\infty}^{\infty} e^{-x^2} dx = \sqrt{\pi}$$

　この公式の示し方はいくつもあります。実際、この本でも正規分布の式を求める
ところで、もう 1 通りの証明を紹介します。ここでは、ベータ関数とガンマ関数の
関係式を用いて、この式を示してみましょう。

[証明]　公式 1.20 を用いて、

$$\Gamma\left(\frac{1}{2}\right)\Gamma\left(\frac{1}{2}\right) = B\left(\frac{1}{2},\ \frac{1}{2}\right)\Gamma\left(\frac{1}{2}+\frac{1}{2}\right)$$

$$= \left(\int_0^1 x^{\frac{1}{2}-1}(1-x)^{\frac{1}{2}-1}dx\right)\Gamma(1)$$

$$= \int_0^1 \frac{1}{\sqrt{x(1-x)}}dx \cdot \underline{(1-1)!}_{1} = \int_0^1 \frac{1}{\sqrt{\left(\frac{1}{2}\right)^2 - \left(x-\frac{1}{2}\right)^2}}dx$$
平方完成

$t=x-\dfrac{1}{2}$ と
変数変換　$= \int_{-\frac{1}{2}}^{\frac{1}{2}} \frac{1}{\sqrt{\left(\frac{1}{2}\right)^2 - t^2}}dt = \left[\arcsin(2t)\right]_{-\frac{1}{2}}^{\frac{1}{2}} = \frac{\pi}{2} - \left(-\frac{\pi}{2}\right) = \pi$

公式　$\displaystyle\int \frac{1}{\sqrt{a^2-t^2}}dt = \arcsin\left(\frac{t}{a}\right) + C$

これより、$\Gamma\left(\dfrac{1}{2}\right) = \sqrt{\pi}$

一方、

$$\Gamma\left(\frac{1}{2}\right) = \int_0^\infty t^{\frac{1}{2}-1}e^{-t}dt = \int_0^\infty (x^2)^{-\frac{1}{2}}e^{-x^2}\cdot 2xdx = 2\int_0^\infty e^{-x^2}dx = \int_{-\infty}^{\infty} e^{-x^2}dx$$

$[t=x^2$ とおくと、$dt=2xdx]$

よって、$\displaystyle\int_{-\infty}^{\infty} e^{-x^2}dx = \sqrt{\pi}$　　　　　　　　　　　　　　　　　[証明終わり]

57

これを少し変形した次の公式もよく用います。

公式 1.22　ガウス積分

$$(1) \quad \int_{-\infty}^{\infty} e^{-ax^2} dx = \frac{\sqrt{\pi}}{\sqrt{a}} \quad (a > 0)$$

$$(2) \quad \int_{-\infty}^{\infty} e^{-a(x-b)^2} dx = \frac{\sqrt{\pi}}{\sqrt{a}} \quad (a > 0)$$

[証明]　(2)　$t = \sqrt{a}\,(x-b)$ とおくと、$x = \dfrac{t}{\sqrt{a}} + b$　これを微分して、$dx = \dfrac{dt}{\sqrt{a}}$

$$\int_{-\infty}^{\infty} e^{-a(x-b)^2} dx = \int_{-\infty}^{\infty} e^{-t^2} \frac{1}{\sqrt{a}} dt = \frac{\sqrt{\pi}}{\sqrt{a}}$$

(2) で $b=0$ のとき、(1) になる。　　　　　　　　　　　　　　　　［証明終わり］

■スターリングの公式

　スターリングの公式を紹介しましょう。スターリングの公式は、n が大きいときの $n!$ をべき乗の形で表す近似式です。2 章で正規分布の式を求めるときや 3 章で適合度検定の定理を証明するときに用います。

　ここでその証明を与えておきましょう。

　準備として、ウォリスの公式を求めておきます。

公式 1.23　ウォリスの公式

$$\lim_{n \to \infty} \frac{(n!)^2 2^{2n}}{(2n)! \sqrt{n}} = \sqrt{\pi}$$

イントロ

[証明] n を整数とします。公式 1.20、公式 1.18(i) を用いて変形します。

$$B\left(n+\frac{1}{2},\ \frac{1}{2}\right)=\frac{\Gamma\left(n+\frac{1}{2}\right)\Gamma\left(\frac{1}{2}\right)}{\Gamma(n+1)}=\frac{\left(n-\frac{1}{2}\right)\left(n-\frac{3}{2}\right)\cdots\frac{1}{2}\Gamma\left(\frac{1}{2}\right)\Gamma\left(\frac{1}{2}\right)}{n!}$$

$$=\frac{(2n-1)(2n-3)\cdots1}{n!2^n}\pi=\frac{(2n)!}{n!2^n(2n)(2n-2)\cdots2}\pi=\frac{(2n)!}{(n!)^2 2^{2n}}\pi$$

$$B\left(n+1,\ \frac{1}{2}\right)=\frac{\Gamma(n+1)\Gamma\left(\frac{1}{2}\right)}{\Gamma\left(n+\frac{3}{2}\right)}=\frac{n!\,\Gamma\left(\frac{1}{2}\right)}{\left(n+\frac{1}{2}\right)\left(n-\frac{1}{2}\right)\cdots\frac{1}{2}\Gamma\left(\frac{1}{2}\right)}$$

$$=\frac{n!2^{n+1}}{(2n+1)(2n-1)\cdots1}=\frac{(n!)^2 2^{2n+1}}{(2n+1)!}$$

$0<p<p'$ のとき、$0<x<1$ では、$x^{p'}<x^p$ なので $B(p',\ q)<B(p,\ q)$、つまり $B(p,\ q)$ は p に関して減少関数ですから、

$$B\left(n+\frac{3}{2},\ \frac{1}{2}\right)<B\left(n+1,\ \frac{1}{2}\right)<B\left(n+\frac{1}{2},\ \frac{1}{2}\right)$$

$$\frac{(2n+2)!}{((n+1)!)^2 2^{2n+2}}\pi<\frac{(n!)^2 2^{2n+1}}{(2n+1)!}<\frac{(2n)!}{(n!)^2 2^{2n}}\pi$$

最右辺の n を $n+1$ でおきかえた。

$$\frac{(2n+2)(2n+1)}{(n+1)^2 2^2}\pi<\frac{2}{2n+1}\left(\frac{(n!)^2 2^{2n}}{(2n)!}\right)^2<\pi$$

$n\to\infty$ のとき、左辺は π に収束しますから、ハサミウチの原理で中辺も π に収束します。平方根を取って、

$$\lim_{n\to\infty}\sqrt{\frac{2}{2n+1}}\frac{(n!)^2 2^{2n}}{(2n)!}=\sqrt{\pi}$$

$$\lim_{n\to\infty}\frac{(n!)^2 2^{2n}}{(2n)!\sqrt{n}}=\lim_{n\to\infty}\sqrt{\frac{2n+1}{2n}}\sqrt{\frac{2}{2n+1}}\frac{(n!)^2 2^{2n}}{(2n)!}=\sqrt{\pi}\qquad\text{［証明終わり］}$$

59

> **公式 1.24 スターリングの公式**
>
> $$\lim_{n \to \infty} \frac{n!}{n^{n+\frac{1}{2}} e^{-n}} = \sqrt{2\pi}$$

[証明] $f(x) = \log(1+x)$ とおきます。$f(x)$は上に凸な増加関数なので、n、k を正の整数とすると、$\dfrac{k-1}{n} < x < \dfrac{k}{n}$ のとき、

$$f'\left(\frac{k}{n}\right) < \frac{f\left(\frac{k}{n}\right) - f(x)}{\frac{k}{n} - x} < f'\left(\frac{k-1}{n}\right)$$

$$f'\left(\frac{k}{n}\right)\left(\frac{k}{n} - x\right) < f\left(\frac{k}{n}\right) - f(x) < f'\left(\frac{k-1}{n}\right)\left(\frac{k}{n} - x\right)$$

各辺を $\dfrac{k-1}{n}$ から $\dfrac{k}{n}$ まで積分します。

$$(左辺) = \int_{\frac{k-1}{n}}^{\frac{k}{n}} f'\left(\frac{k}{n}\right)\left(\frac{k}{n} - x\right) dx = f'\left(\frac{k}{n}\right)\left[-\frac{1}{2}\left(\frac{k}{n} - x\right)^2\right]_{\frac{k-1}{n}}^{\frac{k}{n}} = \frac{1}{2n^2} f'\left(\frac{k}{n}\right)$$

$$(中辺) = \int_{\frac{k-1}{n}}^{\frac{k}{n}} \left\{ f\left(\frac{k}{n}\right) - f(x) \right\} dx = \frac{1}{n} f\left(\frac{k}{n}\right) - \int_{\frac{k-1}{n}}^{\frac{k}{n}} f(x) dx$$

各辺を n 倍した不等式を書くと、

$$\frac{1}{2n} f'\left(\frac{k}{n}\right) < f\left(\frac{k}{n}\right) - n \int_{\frac{k-1}{n}}^{\frac{k}{n}} f(x) dx < \frac{1}{2n} f'\left(\frac{k-1}{n}\right)$$

k を 1 から n まで取って足すと、

$$\frac{1}{2n} \sum_{k=1}^{n} f'\left(\frac{k}{n}\right) < \sum_{k=1}^{n} f\left(\frac{k}{n}\right) - n \int_{0}^{1} f(x) dx < \frac{1}{2n} \sum_{k=1}^{n} f'\left(\frac{k-1}{n}\right) \quad \cdots\cdots①$$

ここで中辺の $f(x)$ を $\log(1+x)$ に戻して計算すると、

$$\sum_{k=1}^{n} f\left(\frac{k}{n}\right) - n \int_{0}^{1} f(x) dx = \sum_{k=1}^{n} \log\left(1 + \frac{k}{n}\right) - n \int_{0}^{1} \log(1+x) dx$$

$$= \sum_{k=1}^{n} \log\left(\frac{n+k}{n}\right) - n\Big[(x+1)\log(x+1) - x\Big]_0^1$$

$$= \log\frac{(n+1)(n+2)\cdots 2n}{n^n} - n(2\log 2 - 1) = \log\frac{(n+1)(n+2)\cdots 2n\,e^n}{n^n 2^{2n}}$$

$$= \log\frac{(2n)!\,e^n}{n!\,n^n 2^{2n}}$$

$n \to \infty$ のとき，①の両辺は区分求積法により，

$$\lim_{n\to\infty}\frac{1}{2n}\sum_{k=1}^{n}f'\left(\frac{k}{n}\right) = \frac{1}{2}\int_0^1 f'(x)\,dx = \frac{1}{2}\{f(1)-f(0)\} = \frac{1}{2}\log 2 = \log\sqrt{2}$$

となるので，ハサミウチの原理を用いて

$$\lim_{n\to\infty}\frac{(2n)!\,e^n}{n!\,n^n 2^{2n}} = \sqrt{2}$$

これと公式 1.23（ウォリスの公式）を用いて，

$$\lim_{n\to\infty}\frac{n!}{n^{n+\frac{1}{2}}e^{-n}} = \lim_{n\to\infty}\frac{(n!)^2 2^{2n}}{(2n)!\sqrt{n}}\cdot\frac{(2n)!\,e^n}{n!\,n^n 2^{2n}} = \sqrt{\pi}\cdot\sqrt{2} = \sqrt{2\pi} \qquad \text{［証明終わり］}$$

上の式は極限の形をしていましたが、次の近似式の形で用いることも多いです。

公式 1.25　スターリングの公式（近似式バージョン）

n が十分に多いとき、

$$n! \fallingdotseq \sqrt{2\pi}\,n^{n+\frac{1}{2}}\,e^{-n}$$

第2章

確率分布

この章では確率分布について説明していきます。

この本は統計学の本なのになぜ確率の勉強が必要なの？と思う方がいらっしゃるかもしれません。この疑問から解きほぐしておきましょう。

データを整理して表やグラフで表現することやデータ全体の特徴を把握することが目標である統計学（記述統計）では確率の考え方を用いることはありません。しかし、得られたデータから未来の予測や状況判断をして意思決定を目標とする統計学（推測統計）では、確率の考え方を用いて理論が組み立てられています。そこで、次章の「推測統計」の前にここで確率分布について学習しておく次第です。

確率分布を説明する前に、ここでざっくりと「離散」「連続」という言葉のイメージを把握しておきましょう。

実数の集合の例を2つ用意します。
$$A=\{1,\ 2,\ 4,\ 6\}、B=\{x|0\leq x\leq 3\}$$

Aの要素を数直線上に表すと下左図のようにとびとびに4点をプロットすることになります。1と2の間、2と4の間、……にはAの要素がありません。Aの要素は"離散的"に分布しているといいます。

一方、Bの要素を数直線上に表すと下右図のように0以上3以下の部分をベタ塗りすることになります。Bの要素は0以上3以下のすべての実数です。これらの要素は，数直線上に"連続的"に分布していると表現されます。

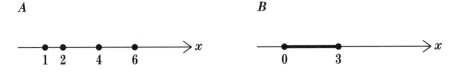

関数についてもおさらいしておきます。

関数$y=f(x)$とは、xの値を1つ決めると、それに対してyの値が1つに決まる仕組みのことでした。$y=2x-1$、$y=x^2$、$y=\sin x$など、これらは実数全体を定義域とする関数の例です。高校までの数学の課程しか履修していない人は、関数と言えばこのような実数を定義域とする関数を思い浮かべるでしょう。これらの例は定義域が"連続的"になっています。

実は、関数の概念はもっと広く、定義域を特定の実数に限定したものでも構い

ません。例えば、2016 年 x 月中の晴れの日の日数を y 日とすれば、x を 1 つ決めれば y の値が決まりますから、y は x の関数になっています。x の定義域は、1 から 12 までの 12 個の整数です。y の値域は 0 から 31 までの整数になります。つまり、この例は定義域が"離散的"な関数の例です。

確率分布は「分布」という言葉が使われていますが、その実体は関数です。ある値（または範囲）に対して、それに対応する値を返す関数で、その値を確率と捉えることができるとき、その関数を確率分布というのです。

確率分布には、離散型確率分布と連続型確率分布の 2 つがあります。ざっくりいうと、定義域が離散的である場合が離散型確率分布、連続的である場合が連続型確率分布です。

関数に x と y に関する 2 変数関数 $f(x, y)$ があるように、確率分布にも 2 変数の確率分布があります。

この本で説明する確率分布を、離散か連続か、1 変数か 2 変数かで分けて整理すると次のようになります。

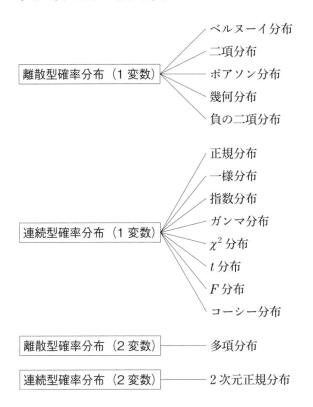

σ 1 確率変数

箱の中に、数字が書かれた紙が6枚入っています。

100が3枚、300が2枚、600が1枚

です。この箱の中から無作為に紙を1枚取り出し、100であれば100円というように、紙に書かれている数だけお金がもらえるとします。

X 円もらえるときの確率を表に整理すると、

X	100	300	600
P	$\dfrac{3}{6}\left(=\dfrac{1}{2}\right)$	$\dfrac{2}{6}\left(=\dfrac{1}{3}\right)$	$\dfrac{1}{6}$

となります。

この変数 X のように、試行の結果によって X の値が定まり、その値を取るときの確率が決まっている変数を**確率変数**といいます。上のように確率変数を定める表を**確率分布**と呼ぶことがあります。この表は確率分布全体の様子を表しています。

確率変数、確率分布を、動詞を用いて取り交ぜて表現すると、「確率変数によって表される確率分布」、「確率変数に従う確率分布」、「確率分布を表す確率変数」などとなります。

「$X=100$ となる確率が $\dfrac{1}{2}$」であることを、

$$P(X=100)=\frac{1}{2}$$

と表します。

P の（　）の中身は不等式でも構いません。$X \geqq 300$ であれば、$X=300$ の場合と $X=600$ の場合がありますから、

$$P(X \geqq 300)=P(X=300)+P(X=600)=\frac{1}{3}+\frac{1}{6}=\frac{1}{2}$$

となります。

表の P の欄をすべて足すと、$\frac{1}{2}+\frac{1}{3}+\frac{1}{6}=1$ になります。全事象の確率が 1 であるからです。逆に、P の欄がすべて正で総和が 1 の表は、確率分布の表であるといえます。

$X=a$ というように個別の数に対して、確率の値が定まる確率変数を**離散型確率変数**と呼び、確率の表を離散型確率分布と呼びます。

$\frac{3}{6}$、$\frac{2}{6}$、$\frac{1}{6}$ といった表に書かれた数（確率の値を表す）を**確率質量**、$P(X=\square)$ のように X の値に対して確率質量（確率の値）を対応させる関数を**確率質量関数**といいます。前頁の表が表す確率分布を、「確率質量関数によって表される確率分布」と表現します。

これに対して、$X=a$ に対する値は決まらず、X の範囲が与えられた場合にしか確率が決まらない確率変数もあります。こちらの方は、3 節で詳しく説明します。

上の表を元にグラフを描くと次のようになります。点 $(k,\ P(X=k))$ をプロットして x 軸と鉛直な線で結びます。離散型の確率分布のグラフは棒グラフになります。点をプロットするだけの流儀もあるようですが、連続型との整合性を鑑みると棒グラフの方がよいでしょう。

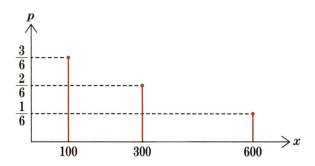

X の値とそれに対応する確率の積の総和をとったものを**期待値**と呼び、$E[X]$ で表します（E は、expectation の頭文字）。この確率変数 X の期待値は、

$$E[X]=100\times\frac{1}{2}+300\times\frac{1}{3}+600\times\frac{1}{6}=250$$

です。

期待値が 250 ということは、1 回の試行で平均 250 円もらえることが期待できるということを意味しています。

また、この箱の中の紙に書いてある数の平均は、

$$\frac{100\times3+300\times2+600+1}{6}=\frac{1500}{6}=250$$

となります。これらのことから、$E[X]$ を平均と呼ぶことがあります。しかし、データの平均と紛らわしいので、この本では確率変数に関しては期待値という呼び方を用いることにしましょう。ただし、確率分布に関しては平均の方を用いるのが通例です。確率分布の平均とは、確率分布を表す確率変数の期待値のことです。

期待値 $E[X]$ の記号の E はカッコの中身を、X を $2X+300$、X^2 などに置き換えても使うことができます。X が上と同じように定まっているとき、$2X+300$、X^2 は下の表のようになります。確率変数 X を元に、確率変数 $2X+300$、X^2 を作るという感じです。

X	100	300	600
$2X+300$	500	900	1500
X^2	100^2	300^2	600^2
P	$\dfrac{1}{2}$	$\dfrac{1}{3}$	$\dfrac{1}{6}$

これをもとにして、$E[2X+300]$、$E[X^2]$ を計算すると、

$$E[2X+300]=500\times\frac{1}{2}+900\times\frac{1}{3}+1500\times\frac{1}{6}=800$$

$$E[X^2]=100^2\times\frac{1}{2}+300^2\times\frac{1}{3}+600^2\times\frac{1}{6}=95000$$

となります。第 1 式は、後で紹介する E の線形性を用いて、

$$E[2X+300]=2E[X]+300=2\times250+300=800$$

と計算することもできます。

X の期待値を、$\mu=E[X]$ とおきます。このとき、$X-\mu$ を**偏差**と呼びます。

偏差の 2 乗 $(X-\mu)^2$ の期待値を**分散**と呼び、$V[X]$ で表します（V は、variance

確率分布

の頭文字）。すなわち、

$$V[X] = E[(X-\mu)^2]$$

です。上の例で計算すると、

$$V[X] = E[(X-250)^2]$$

$$= (100-250)^2 \times \frac{1}{2} + (300-250)^2 \times \frac{1}{3} + (600-250)^2 \times \frac{1}{6} = 32500$$

$V[X]$ を分散と呼ぶのは、データ（資料）の分散と同じ用語です（イントロ p.26～28 参照）。実際に、データとして箱の中の紙に書かれた数の分散 s_x^2 を計算すると、

$$s_x^2 = \frac{(100-250)^2 \times 3 + (300-250)^2 \times 2 + (600-250)^2 \times 1}{6} = 32500$$

データ（資料）の場合は平均 $\bar{x}$、確率変数の場合は期待値 $E[X]$ と区別したので、こちらも別の用語をあて、データの散らばり度 s_x^2、確率変数の変動（ボラティリティ）$V[X]$ とでもしたいところです。しかし、同じ用語「分散」を用いるのが慣例です。データ（資料）の分散であるか確率変動の分散であるかは、文脈から区別するしかありません。

箱の中の紙に書かれている数〈全体〉を「データ（資料）」として捉えて計算した平均と分散が、箱の中から紙を取り出すという試行において、紙に書かれている数を確率変数 X としたときの X の期待値と分散に等しくなるとコメントしました。これは一般のデータについても成り立ちます（個別の紙（数値）を取り出す確率が等確率であるという仮定の下で）。データの平均・分散と確率変数の期待値・分散が一致することは、あとで学ぶ推測統計でも重要な意味を持ってきます。

しかし、このことからデータの平均・分散と確率変数の期待値・分散は同じものであると判断するのは早計です。データの平均・分散は試行とは関係なく定められるものですが、確率変数はあくまで試行に対して定められるものであるからです。ここのところをしっかり区別して理解しておきましょう。サイコロやルーレットといったようなデータ全体を明示することができない試行の場合でも、確率変数は定めることができます。ここが確率変数の有用なところです。

また、上の例で、

$$E[X^2] - \{E[X]\}^2 = 95000 - 250^2 = 32500$$

が $V[X] = 32500$ に等しくなることが確かめられます。

データの分散について $s_x^2 = \overline{x^2} - (\overline{x})^2$ という式が成り立つように、確率変数の分散についても $V[X] = E[X^2] - \{E[X]\}^2$ が成り立ちます（公式 2.02 で証明）。

分散 $V[X]$ は、平方 × 確率の和の形をしていますから常に 0 以上の値を取ります。ですから、$V[X]$ の平方根を取ることができます。

データのときと同じように分散 $V[X]$ の平方根を**標準偏差**といいます。標準偏差を σ とすると、$\sigma = \sqrt{V[X]}$ となります。標準偏差も 0 以上の値を取ります。

$V[X] = E[X^2] - \{E[X]\}^2$ で出てきた、X^2 の期待値 $E[X^2]$ は X の 2 次モーメントといいます。一般に X^k の期待値 $E[X^k]$ は **X の k 次モーメント**、$(X-\mu)^k$ の期待値 $E[(X-\mu)^k]$ は **μ まわりの k 次のモーメント**と呼ばれます。

ここまでのことを文字でまとめておきます。

確率変数を X、Y など大文字で、確率変数の実現値を x_i、y_i など小文字で表します。

定義 2.01　確率変数・期待値・分散（離散型）

x_i と、$p_i \geqq 0$、$\sum_{i=1}^{n} p_i = 1$ を満たす p_i がある　$(1 \leqq i \leqq n)$。

X	x_1	x_2	$\cdots$	x_n
P	p_1	p_2	$\cdots$	p_n

$P(X=x_i) = p_i$ と対応するとき、X を離散型確率変数、各 p_i を確率質量、各 x_i に p_i を対応させる関数 $P(X=x_i)$ を確率質量関数という。このとき、期待値・分散などは次で定められる。

期待値　$E[X] = x_1 p_1 + \cdots + x_n p_n = \sum_{i=1}^{n} x_i p_i$

$$E[g(X)] = g(x_1)p_1 + \cdots + g(x_n)p_n = \sum_{i=1}^{n} g(x_i)p_i$$

$E[X] = \mu$ とおいて、

確率分布

> 分散　　$V[X]=E[(X-\mu)^2]$
> $$=(x_1-\mu)^2p_1+\cdots+(x_n-\mu)^2p_n=\sum_{i=1}^{n}(x_i-\mu)^2p_i$$
>
> 標準偏差　$\sigma=\sqrt{V[X]}$　　　　　（分散・標準偏差はともに0以上）
>
> k 次のモーメント　$E[X^k]$
>
> μ まわりの k 次のモーメント　$E[(X-\mu)^k]$

このとき、次が成り立ちます。

公式 2.02　$aX+b$ の期待値・分散、$V[X]$ の公式

(1)　$E[aX+b]=aE[X]+b$　　　$V[aX+b]=a^2V[X]$

(2)　$V[X]=E[X^2]-\{E[X]\}^2$

(3)　$V[X]=E[X(X-1)]+E[X]-\{E[X]\}^2$

[証明]　(1)　$P(X=x_i)=p_i$ のとき、

$$E[aX+b]=\sum_{i=1}^{n}(ax_i+b)p_i=\sum_{i=1}^{n}(ax_ip_i+bp_i)=a\sum_{i=1}^{n}x_ip_i+b\underset{1}{\underline{\sum_{i=1}^{n}p_i}}=aE[X]+b$$

$\mu=E[X]$ とおくと、$E[aX+b]=a\mu+b$ であり、

$$V[aX+b]=\sum_{i=1}^{n}\{(ax_i+b)-(a\mu+b)\}^2p_i=\sum_{i=1}^{n}a^2(x_i-\mu)^2p_i$$

$$=a^2\sum_{i=1}^{n}(x_i-\mu)^2p_i=a^2V[X]$$

(2)　$V[X]=\sum_{i=1}^{n}(x_i-\mu)^2p_i=\sum_{i=1}^{n}(x_i^2-2\mu x_i+\mu^2)p_i$

$$=\sum_{i=1}^{n}x_i^2p_i-2\mu\sum_{i=1}^{n}x_ip_i+\mu^2\sum_{i=1}^{n}p_i\qquad\textcolor{red}{E[X]=\mu}$$

$$=E[X^2]-2\mu E[X]+\mu^2=E[X^2]-2\{E[X]\}^2+\{E[X]\}^2$$

$$=E[X^2]-\{E[X]\}^2$$

71

(3)　$E[X^2] = \sum_{i=1}^{n} x_i^2 p_i = \sum_{i=1}^{n} \{x_i(x_i-1) + x_i\} p_i$

$$= \sum_{i=1}^{n} \{x_i(x_i-1)p_i + x_i p_i\} = \sum_{i=1}^{n} x_i(x_i-1)p_i + \sum_{i=1}^{n} x_i p_i$$

$$= E[X(X-1)] + E[X]$$

となるので、(2) と合わせて示すべき式が成り立ちます。

■標準化

$aX+b$ の期待値・分散の公式を紹介したところで、確率変数の標準化についても紹介しましょう。

データ（資料）の変量 x に対して、その平均、分散がそれぞれ $\overline{x}$、s_x^2 のとき、変量 x から変量 $\dfrac{x-\overline{x}}{s_x}$ を作ることを標準化と呼びました。

標準化した変量を $y = \dfrac{x-\overline{x}}{s_x}$ とおくと、y の平均は 0、分散は 1、標準偏差は 1 になりました。

これと同様のことが確率変数の場合にも成り立ちます。

確率変数 X の期待値、標準偏差を、それぞれ μ（$=E[X]$）、σ（$=\sqrt{V[X]}$）とします。

X に対して新しい確率変数 Z を、

$$Z = \frac{X-\mu}{\sigma}$$

と定めると、Z の期待値は 0、標準偏差は 1 になります。

Z は確率変数 X を標準化した確率変数といいます。

（たしかめ）

$$E[Z] = E\left[\frac{X-\mu}{\sigma}\right] = \frac{1}{\sigma} E[X-\mu] = \frac{1}{\sigma}(E[X]-\mu) = \frac{1}{\sigma}(\mu-\mu) = 0$$

公式 2.02

$$V[Z] = V\left[\frac{X-\mu}{\sigma}\right] = \frac{1}{\sigma^2} V[X] = \frac{1}{\sigma^2}\sigma^2 = 1$$

確率分布

　p.108 で正規分布という連続型の確率分布を紹介しますが、正規分布を標準化した分布が標準正規分布になります。詳しくは後ほど。

2 離散型確率分布

■ベルヌーイ分布

離散型確率分布の中でも一番基本となるのがベルヌーイ分布です。

試行の結果が2通りしかなく、それぞれの結果が起こる確率が一定であるような試行をベルヌーイ試行といいます。

ベルヌーイ試行の2つの結果を、仮に成功、失敗と名づけることにし、成功する確率がp、失敗する確率が$1-p$であるとします。

このベルヌーイ試行に対して、成功のとき$X=1$、失敗のとき$X=0$となるような確率変数Xを定めます。すると、下の表のように、$X=1$のときの確率がp、$X=0$のときの確率が$1-p$になります。このような確率変数Xで表される確率分布を**ベルヌーイ分布**といい、$Be(p)$で表します。

X	0	1
P	$1-p$	p

サイコロを振って5、6が出たときに$X=1$、それ以外の目が出たときに$X=0$となる確率変数をXとすると、5、6が出る確率は$\dfrac{1}{3}$ですから、Xの確率分布は$Be\left(\dfrac{1}{3}\right)$です。このとき、$X$は$Be\left(\dfrac{1}{3}\right)$に従うともいい、$X \sim Be\left(\dfrac{1}{3}\right)$と表すことがあります。

これをグラフで表すと次のようになります。離散型確率変数の分布の様子をグラフで表すには棒グラフが適切です。

確率分布

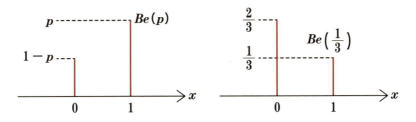

> **問題　ベルヌーイ分布の平均・分散**
> 確率変数 X がベルヌーイ分布 $Be(p)$ に従うとき、$E[X]$、$V[X]$ を求めよ。

$E[X] = 0(1-p) + 1 \cdot p = p$、$E[X^2] = 0^2(1-p) + 1^2 \cdot p = p$
$V[X] = E[X^2] - \{E[X]\}^2 = p - p^2 = p(1-p)$

■二項分布

二項分布は多くの分布のもとになる重要な離散型確率分布です。ベルヌーイ試行を繰り返すときに出てくる確率分布が二項分布です。具体例から始めます。

> **問題　二項分布の例**
> 1つのサイコロを7回振って、3の倍数がちょうど2回出る確率を求めよ。また、k 回出る確率を求めよ。

サイコロを1回振って3の倍数（3または6）が出る事象を A とすると、

$$P(A) = \frac{2}{6} = \frac{1}{3}$$

です。3の倍数が出ない確率は、A の余事象の確率を求め、

$$P(\overline{A}) = 1 - P(A) = 1 - \frac{1}{3} = \frac{2}{3}$$

となります。例えば、3の倍数が出るのが2回目と4回目であれば、確率は、

$$\frac{2}{3} \cdot \frac{1}{3} \cdot \frac{2}{3} \cdot \frac{1}{3} \cdot \frac{2}{3} \cdot \frac{2}{3} \cdot \frac{2}{3} = \left(\frac{1}{3}\right)^2 \left(\frac{2}{3}\right)^5$$

となります。3 の倍数が出る回がどこの 2 回でも確率は $\left(\frac{1}{3}\right)^2 \left(\frac{2}{3}\right)^5$ になります。

7 回中、3 の倍数が出る 2 回の選び方は ${}_7C_2$（通り）ありますから、答えの確率は、

$$ {}_7C_2 \left(\frac{1}{3}\right)^2 \left(\frac{2}{3}\right)^5 $$

です。次に、7 回中、3 の倍数が k 回出る場合の確率を考えましょう。

2 を k に置き換えます。上で 5 は、3 の倍数が出ない回数で $5 = 7 - 2$ と計算していますから、7 回中、3 の倍数が k 回出る場合の確率は、

$$ {}_7C_k \left(\frac{1}{3}\right)^k \left(\frac{2}{3}\right)^{7-k} $$

です。これが二項分布の例になっています。

$7 \rightarrow n$、$\frac{1}{3} \rightarrow p$ と読み替えると次の定義になります。

定義 2.03　二項分布

1 回の試行で事象 A が起こる確率が p である。このもとで、試行を n 回くり返す。

n 回中に事象 A が起こる回数を X 回とすると、$X = k$ となる確率は、

$$ P(X=k) = {}_nC_k p^k (1-p)^{n-k} \quad (k = 0,\ 1,\ 2,\ \cdots,\ n) $$

この確率質量関数で表される確率分布を二項分布といい、$Bin(n,\ p)$ で表す。

確率変数 X の分布が $Bin(n,\ p)$ であるとき、確率変数 X は $Bin(n,\ p)$ に従うといい、$X \sim Bin(n,\ p)$ と表すことがあります。

問題の確率分布 $Bin\left(7,\ \frac{1}{3}\right)$ をグラフで表すと次のようになります。X の増減

に伴う確率の増減を把握するために折れ線グラフで表現しましたが、数学的に意味があるのは赤い棒のみです。

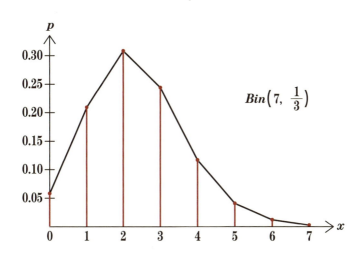

$P(X=k_i)=p_i$ で定められる関数が確率質量関数であることの条件 $\sum_i p_i = 1$ は、次のように二項定理を用いて確かめられます。

$$\sum_{k=0}^{n} P(X=k) = \sum_{k=0}^{n} {}_nC_k p^k (1-p)^{n-k} = \{p+(1-p)\}^n = 1$$

二項分布の平均・分散は次のようになります。

公式 2.04　二項分布の平均・分散

X が $Bin(n, p)$ に従うとき、
$$E[X] = np \qquad V[X] = np(1-p)$$

9節では E、V の公式を用いて、楽に求めますが、ここでは ${}_nC_r$ の公式を使って直接求めてみましょう。

[証明]　$E[X] = \sum_{k=0}^{n} kP(X=k)$

$$= \sum_{k=0}^{n} k\,_n\mathrm{C}_k\, p^k (1-p)^{n-k}$$

[$k=0$ のとき、足すものは 0]

$$= \sum_{k=1}^{n} k\,_n\mathrm{C}_k\, p^k (1-p)^{n-k}$$

[公式 1.01 (3)]

$$= \sum_{k=1}^{n} n\,_{n-1}\mathrm{C}_{k-1}\, p^k (1-p)^{n-k}$$

$$= np \sum_{k=1}^{n} {}_{n-1}\mathrm{C}_{k-1}\, p^{k-1} (1-p)^{n-1-(k-1)}$$

[$l=k-1$ とおく]

$$= np \sum_{l=0}^{n-1} {}_{n-1}\mathrm{C}_l\, p^l (1-p)^{n-1-l}$$

$$= np\,\{p+(1-p)\}^{n-1} = np$$

$$E[X(X-1)] = \sum_{k=0}^{n} k(k-1)\,_n\mathrm{C}_k\, p^k (1-p)^{n-k}$$

[$k=0,1$ のとき、足すものは 0]

$$= \sum_{k=2}^{n} k(k-1)\,_n\mathrm{C}_k\, p^k (1-p)^{n-k}$$

[公式 1.01 (3)]

$$= \sum_{k=2}^{n} (k-1)\,n\,_{n-1}\mathrm{C}_{k-1}\, p^k (1-p)^{n-k}$$

[公式 1.01 (3)]

$$= \sum_{k=2}^{n} n(n-1)\,_{n-2}\mathrm{C}_{k-2}\, p^k (1-p)^{n-k}$$

$$= n(n-1)p^2 \sum_{k=2}^{n} {}_{n-2}\mathrm{C}_{k-2}\, p^{k-2} (1-p)^{n-2-(k-2)}$$

[$l=k-2$ とおく]

$$= n(n-1)p^2 \sum_{l=0}^{n-2} {}_{n-2}\mathrm{C}_l\, p^l (1-p)^{n-2-l}$$

$$= n(n-1)p^2 \{p+(1-p)\}^{n-2} = n(n-1)p^2$$

$$V[X] = E[X(X-1)] + E[X] - \{E[X]\}^2 \qquad \text{定理 2.02 (3)}$$

$$= n(n-1)p^2 + np - (np)^2$$

$$= np - np^2 = np(1-p)$$

■幾何分布と負の二項分布

統計学では二項分布ほど用いませんが、簡単な式で表される基本的な分布なの

で幾何分布も紹介しておきます。

> **定義 2.05　幾何分布**
> 　1回の試行で事象 A が起こる（成功する）確率を $P(A)=p$ とする。
> 　試行をくり返すとき、初めて A が起こるまでに、A が起こらなかった試行の回数（失敗の回数）を確率変数 X とおくと、$X=k$ となる確率は
> $$P(X=k)=p(1-p)^k \quad (k=0,\ 1,\ 2,\ \cdots)$$
> この確率質量関数で表される確率分布を幾何分布といい、$Ge(p)$ で表す。

　1回の試行で事象 A が起こることを成功、起こらないことを失敗と表現することにすると、幾何分布は成功するまでの失敗の回数を確率変数 X としたとき、X が従う分布であるといえます。

　サイコロを続けて投げるとき、1または2が出る（成功）までに、他の目が出る（失敗）回数を X としたとき、X は幾何分布 $Ge\left(\dfrac{1}{3}\right)$ に従います。

　$Ge\left(\dfrac{1}{3}\right)$ の分布の様子をグラフで表すと次のようになります。

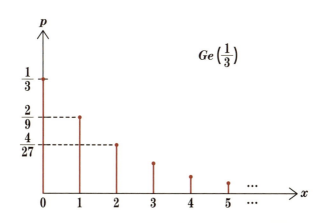

平均・分散を求めておきましょう。

> **問題　幾何分布の平均・分散**
>
> 　確率変数 X が $Ge(p)$ に従うとき、$E[X]$、$V[X]$ を求めよ。

$$S_n = \sum_{k=0}^{n} kP(X=k) 、 T_n = \sum_{k=0}^{n} k(k-1)P(X=k)$$

とおきます。すると、

$$E[X] = \lim_{n \to \infty} S_n \qquad E[X(X-1)] = \lim_{n \to \infty} T_n$$

が成り立ちます。$q=1-p$ とおくと、

$$S_n = \sum_{k=0}^{n} kP(X=k) = \sum_{k=0}^{n} kp(1-p)^k$$

$$= \sum_{k=1}^{n} kpq^k = pq + 2pq^2 + 3pq^3 + \cdots + npq^n$$

ここで、

$$S_n - qS_n = pq + 2pq^2 + 3pq^3 + \cdots + npq^n$$
$$\qquad\qquad - pq^2 - 2pq^3 - \cdots - (n-1)pq^n - npq^{n+1}$$
$$= pq + pq^2 + pq^3 + \cdots + pq^n - npq^{n+1}$$
$$= pq(1 + q + q^2 + \cdots + q^{n-1}) - npq^{n+1}$$
$$= \frac{pq(1-q^n)}{1-q} - npq^{n+1} = q(1-q^n) - npq^{n+1} \qquad {\color{red}(p=1-q)}$$

よって、$S_n = \dfrac{q(1-q^n)}{1-q} - \dfrac{npq^{n+1}}{1-q} = \dfrac{q(1-q^n)}{p} - nq^{n+1}$

公式 1.13 で、$x \Rightarrow n$、$a \Rightarrow \dfrac{1}{q}$、$n \Rightarrow 1$ として適用し、極限を計算すれば、

$$E[X] = \lim_{n \to \infty} S_n = \lim_{n \to \infty} \left(\frac{q(1-q^n)}{p} - nq^{n+1} \right) = \frac{q}{p} = \frac{1-p}{p}$$

$V[X]$ の方も計算してみましょう。

$$T_n = \sum_{k=0}^{n} k(k-1)P(X=k) = \sum_{k=2}^{n} k(k-1)pq^k$$

確率分布

$$= 2 \cdot 1 pq^2 + 3 \cdot 2 pq^3 + 4 \cdot 3 pq^4 + \cdots + n(n-1)pq^n$$

$$T_n - qT_n = 2 \cdot 1 pq^2 + 3 \cdot 2 pq^3 + \cdots + n(n-1)pq^n$$
$$\qquad - 2 \cdot 1 pq^3 - \cdots - (n-1)(n-2)pq^n - n(n-1)pq^{n+1}$$
$$= 2pq^2 + 4pq^3 + 6pq^4 + \cdots + 2(n-1)pq^n - n(n-1)pq^{n+1}$$
$$= 2q(pq + 2pq^2 + 3pq^3 + \cdots + (n-1)pq^{n-1}) - n(n-1)pq^{n+1}$$
$$= 2qS_{n-1} - n(n-1)pq^{n+1}$$

$$T_n = \frac{2qS_{n-1}}{1-q} - \frac{n(n-1)pq^{n+1}}{1-q} = \frac{2qS_{n-1}}{p} - n(n-1)q^{n+1}$$

$n(n-1)q^{n+1} = q\{(n^2 q^n) - nq^n\}$ に公式 1.13 を用いて、極限を計算すると、

$$E[X(X-1)]$$

$$= \lim_{n \to \infty} \sum_{k=0}^{n} k(k-1)pq^k = \lim_{n \to \infty} \left(\frac{2qS_{n-1}}{p} - n(n-1)q^{n+1} \right) = \frac{2q^2}{p^2}$$

$$V[X] = E[X(X-1)] + E[X] - \{E[X]\}^2$$

$$= \frac{2q^2}{p^2} + \frac{q}{p} - \left(\frac{q}{p} \right)^2 = \frac{q^2}{p^2} + \frac{pq}{p^2} = \frac{q(q+p)}{p^2} = \frac{q}{p^2} = \frac{1-p}{p^2}$$

n までの総和を求め、そのあとで n を無限大にしたときの極限を計算すると
いうストイックな解法を示しましたが、

「関数列 $\left\{ \sum_{k=0}^{n} x^k \right\}$ は、$|x| < 1$ で広義一様収束しているので項別微分可能」

という呪文を唱えながら次のような解法を取ることもできます。

$$\frac{1}{1-x} = 1 + x + x^2 + x^3 + \cdots\cdots = \sum_{k=0}^{\infty} x^k$$

を 2 回微分して、

$$\frac{1}{(1-x)^2} = 1 + 2x + 3x^2 + 4x^3 + \cdots\cdots = \sum_{k=1}^{\infty} kx^{k-1}$$

$$\frac{2}{(1-x)^3} = 2 + 3 \cdot 2x + 4 \cdot 3x^2 + \cdots\cdots = \sum_{k=2}^{\infty} k(k-1)x^{k-2}$$

これを用いて、

$$E[X] = \sum_{k=0}^{\infty} kpq^k = pq \sum_{k=1}^{\infty} kq^{k-1} = pq \times \frac{1}{(1-q)^2} = \frac{pq}{p^2} = \frac{q}{p}$$

$$E[X(X-1)] = \sum_{k=0}^{\infty} k(k-1)pq^k = pq^2 \sum_{k=2}^{\infty} k(k-1)q^{k-2}$$

$$= pq^2 \times \frac{2}{(1-q)^3} = \frac{2pq^2}{p^3} = \frac{2q^2}{p^2}$$

を求めることができます。

　上の結果の $E[X] = \dfrac{q}{p}$ を解釈してみましょう。

　成功する（事象 A が起こる）までの試行回数を Y とすると、$Y = X + 1$ となります。

　$E[Y] = E[X+1] = E[X] + 1 = \dfrac{q}{p} + 1 = \dfrac{1}{p}$ であり、次のようにまとまります。

　　「1 回の試行において確率 p で起こる事象 A がある。

　　試行を繰り返すことを始めてから、

　　初めて成功する（A が起こる）までの試行の回数の平均（期待値）は、

　　確率の逆数の $\dfrac{1}{p}$（回）である。」

　⇨　確率 p の出来事が起こるまでには平均 $\dfrac{1}{p}$（回）のトライが必要

という印象的な結果を主張しています。なお、これは $\dfrac{1}{p}$（回）だけ試行を繰り返せば必ず事象 A が起こるということではありません。あくまで回数の平均が $\dfrac{1}{p}$（回）であることを主張しています。これより少ない回数で初めて A が起こる場合もあれば、多い回数で初めて A が起こる場合もあります。

　これは、実生活でも役立つ知見であると思います。例えば、チョコボールの金のエンゼルが出る確率が 1500 分の 1 であれば、金のエンゼルをゲットするまでには平均で 1500 個のチョコボールを買わなければいけないという計算になります。

　ここで、幾何分布に関する次の条件付き確率の問題を解いてみましょう。

確率分布

> **問題　幾何分布の無記憶性**
>
> 確率変数 X が幾何分布 $Ge(p)$ に従うとき、次を示せ。
> $$P(X=k+n \mid X \geqq n) = P(X=k)$$

$$P(X \geqq n) = \sum_{j=n}^{\infty} p(1-p)^j \underset{[j=n+l]}{=} p(1-p)^n \sum_{l=0}^{\infty} (1-p)^l = p(1-p)^n \times \frac{1}{1-(1-p)}$$
$$= (1-p)^n$$

$$P(X=k+n \mid X \geqq n) = \frac{P(X=k+n)}{P(X \geqq n)} = \frac{p(1-p)^{k+n}}{(1-p)^n} = p(1-p)^k$$

これは $P(X=k) = p(1-p)^k$ に等しくなります。

問題の等式の左辺 $P(X=k+n \mid X \geqq n)$ は、失敗回数が n 回になった時点での、成功までの失敗回数が $k+n$ になる確率を表しています。これが成功までの失敗回数が k 回になる確率と等しいということは、過去の失敗回数によらず確率が決まるということを表しています。この性質を**無記憶性**と呼びます。

次に負の二項分布を紹介します。

幾何分布を一般化した分布が負の二項分布です。

幾何分布では初めて成功する（A が起こる）までに、A が起こらなかった試行の回数（失敗の回数）を確率変数としましたが、負の二項分布では r 回成功する（A が r 回起こる）までに、A が起こらなかった試行の回数（失敗の回数）を確率変数 X とします。

$X=k$ のときの確率を計算しましょう。このとき、試行は全部で $r+k$(回)になります。最後の試行の結果は A になります。初回から $r+k-1$ 回の試行のうち A が起こらないこと（失敗）は k 回あります。A が起こらないのは、$r+k-1$ 回の試行のうちどこかを考えて、

$$P(X=k) = {}_{r+k-1}\mathrm{C}_k \, p^r (1-p)^k = {}_{r+k-1}\mathrm{C}_k \, p^r q^k$$

となります。ここで唐突ですが次の二項係数（イントロ p.8 で紹介した一般の二項係数）を計算してみます。$-r$ は負の整数になることに注意しましょう。

83

$$\binom{-r}{k} = \frac{(-r)(-r-1)\cdots(-r-k+1)}{k!} = \frac{(-1)^k r(r+1)\cdots(r+k-1)}{k!}$$

$$= (-1)^k {}_{r+k-1}\mathrm{C}_k$$

となりますから、$P(X=k)$ はこれを用いて、

$$P(X=k) = {}_{r+k-1}\mathrm{C}_k p^r q^k = \binom{-r}{k} p^r (-q)^k$$

このように表されることが負の二項分布と呼ばれる由来です。

$\sum_{k=0}^{\infty} p_k = 1$ となることは、二項定理を用いて、

$$\sum_{k=0}^{\infty} P(X=k) = \sum_{k=0}^{\infty} \binom{-r}{k} p^r (-q)^k = p^r \sum_{k=0}^{\infty} \binom{-r}{k} (-q)^k = p^r (1-q)^{-r} = 1$$

[公式 1.14]

と確かめることができます。

定義 2.06　負の二項分布

　1回の試行で事象 A が起こる確率（成功する）を $P(A)=p$ とする。

　試行をくり返すとき、A が r 回起こる（r 回成功する）までに、A が起こらなかった試行の回数（失敗の回数）を確率変数 X とおくと、$X=k$ となる確率は、

$$P(X=k) = {}_{r+k-1}\mathrm{C}_k p^r (1-p)^k = \binom{-r}{k} p^r (-q)^k$$

$$(k=0,\ 1,\ 2,\ \cdots)$$

この確率質量関数で表される確率分布を負の二項分布といい、$NB(r,\ p)$ で表す。

　負の二項分布の平均・分散を求めてみましょう。二項分布のときと同じようにして計算することができます。

確率分布

> **問題** 負の二項分布の平均・分散
>
> 確率変数 X が $NB(r, p)$ に従うとき、$E[X]$、$V[X]$ を求めよ。

$_nC_r$ のときと同じように、$k\dbinom{-r}{k}=(-r)\dbinom{-r-1}{k-1}$ が成り立つことを用います。

$$E[X]=\sum_{k=0}^{\infty}kP(X=k)=\sum_{k=1}^{\infty}k\binom{-r}{k}p^r(-q)^k=\sum_{k=1}^{\infty}(-r)\binom{-r-1}{k-1}p^r(-q)^k$$

$$=rqp^r\sum_{k=1}^{\infty}\binom{-r-1}{k-1}(-q)^{k-1}=rqp^r(1-q)^{-r-1}=\frac{rq}{p}=\frac{r(1-p)}{p}$$

[公式 1.14]

$$E[X(X-1)]=\sum_{k=0}^{\infty}k(k-1)P(X=k)=\sum_{k=2}^{\infty}k(k-1)\binom{-r}{k}p^r(-q)^k$$

$$=\sum_{k=2}^{\infty}(k-1)(-r)\binom{-r-1}{k-1}p^r(-q)^k$$

$$=\sum_{k=2}^{\infty}(-r)(-r-1)\binom{-r-2}{k-2}p^r(-q)^k=r(r+1)q^2p^r\sum_{k=2}^{\infty}\binom{-r-2}{k-2}(-q)^{k-2}$$

$$=r(r+1)q^2p^r(1-q)^{-r-2}=\frac{r(r+1)q^2}{p^2}$$

[公式 1.14]

$$V[X]=E[X(X-1)]+E[X]-\{E[X]\}^2$$

$$=\frac{r(r+1)q^2}{p^2}+\frac{rq}{p}-\left(\frac{rq}{p}\right)^2=\frac{r(r+1)q^2+rpq-r^2q^2}{p^2}=\frac{rq^2+rpq}{p^2}$$

$$=\frac{rq}{p^2}=\frac{r(1-p)}{p^2}$$

 この本では、幾何分布、負の二項分布で A が起こらない回数（失敗の回数）を確率変数 X とおきましたが、条件を満たすまでの試行の回数［幾何分布では初めて A が起こる（成功する）までの回数、負の二項分布では A が r 回起こる（r 回成功する）までの回数］を確率変数 X とおく流儀もあります。この流儀でも幾何分布、負の二項分布の確率質量関数を紹介しておきましょう。

 1回の試行で成功する（事象 A が起こる）確率を p とすると、幾何分布の場合、初めて成功する回数を j 回とすれば、それまでの失敗の回数は $j-1$ 回となるの

85

で、確率質量関数は、

$$P(X=j)=p(1-p)^{j-1} \qquad (j=1,\ 2,\ 3,\ \cdots)$$

と表されます。この場合、期待値は問題の答えに1を足して$E[X]=\dfrac{1}{p}$、分散は

失敗をカウントするときと変わらず$V[X]=\dfrac{q}{p^2}$です。

　Aがr回起こる負の二項分布の場合、失敗の回数がk回であれば、起こるまでの試行回数は$j=k+r$となりますから、${}_{r+k-1}\mathrm{C}_k={}_{j-1}\mathrm{C}_{j-r}={}_{j-1}\mathrm{C}_{r-1}$を用いて、確率質量関数は、

$$P(X=j)={}_{j-1}\mathrm{C}_{r-1}p^r(1-p)^{j-r}=\binom{-r}{j-r}p^r(-q)^{j-r} \quad (j=r,\ r+1,\ \cdots)$$

となります。この場合、期待値は$\dfrac{rq}{p}$にrを足して$E[X]=\dfrac{r}{p}$、分散は失敗をカ

ウントするときと変わらず$V[X]=\dfrac{rq}{p^2}$となります。

■ポアソン分布

　起こることが稀な事象を単位時間で観測したところ、X回起こったとします。このとき、Xが従う確率分布が**ポアソン分布**です。問題の形で導入してみましょう。

　電話がかかってくる件数を例にとって考えてみます。単位時間当たり平均でλ件の電話がかかってくる場合でも、ある1時間をとって調べたときにちょうどλ件の電話がかかってくるわけではありません。かかってくる電話の件数にはバラツキがあるでしょう。次の問題は、そのバラツキの分布を問題にしています。

> **問題** ポアソン分布の確率質量関数
> 　1時間当たり平均λ件の電話がかかってくる事務所で、1時間当たりにk件の電話がかかってくる確率を求めよ。

1時間を n 等分に分割して考えます。分割したものを節と呼ぶことにします。

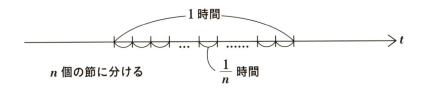

ここで、n 個の中の 1 個の節に関して、その節で電話がかかってくる確率を p、観測する 1 時間の間に電話がかかってくる件数を X 件とします。n を十分大きく取れば節の時間は十分短くなりますから、同時に電話がかかってくることがなければ、電話は各節に高々 1 件かかってくると考えられます。

つまり、ある 1 時間で電話が X 件かかってくる確率は、p の確率で起こる事象が n 個の節のうち X 個の節で起こる確率ですから、X は二項分布 $Bin(n, p)$ に従う確率変数になっています。期待値は、公式 2.04 より np です。1 時間当たりの平均件数は λ でしたから、$np = \lambda$ が成り立ちます。

二項分布より、

$$P(X=k) = {}_n\mathrm{C}_k p^k (1-p)^{n-k} = {}_n\mathrm{C}_k \left(\frac{\lambda}{n}\right)^k \left(1-\frac{\lambda}{n}\right)^{n-k}$$

と計算できます。ここで n を無限大にして極限を取りましょう。

$$ {}_n\mathrm{C}_k \left(\frac{\lambda}{n}\right)^k \left(1-\frac{\lambda}{n}\right)^{n-k} = \frac{n(n-1)\cdots(n-k+1)}{k!} \frac{\lambda^k}{n^k} \left(1-\frac{\lambda}{n}\right)^n \left(1-\frac{\lambda}{n}\right)^{-k}$$

$$= \underbrace{\frac{\lambda^k}{k!}}_{\text{ア}} \cdot \underbrace{\frac{n(n-1)\cdots(n-k+1)}{n \cdot n \cdots n}}_{\text{イ}} \cdot \underbrace{\left(\left(1-\frac{\lambda}{n}\right)^{\frac{n}{\lambda}}\right)^{\lambda}}_{\text{ウ}} \underbrace{\left(1-\frac{\lambda}{n}\right)^{-k}}_{\text{エ}}$$

[ここで k が定数であることに注意すると、$n \to \infty$ のとき、
イ、エの部分は 1 に収束します。ウの極限は公式 1.12 より e^{-1} ですから]

$$\to \frac{\lambda^k}{k!} \cdot 1^k \cdot e^{-\lambda} \cdot 1^{-k} = \frac{\lambda^k}{k!} e^{-\lambda} \quad (n \to \infty)$$

このことからポアソン分布は次のように定義されます。

> **定義 2.07　ポアソン分布**
>
> 　事象 A は単位時間当たり平均 λ 回起こる。このとき、事象 A がある単位時間で起こる回数を X とすると、X は確率変数になり、$P(X=k)$（k は 0 以上の整数）は、
>
> $$P(X=k)=\frac{\lambda^k}{k!}e^{-\lambda} \quad (k=0,\ 1,\ 2,\ \cdots)$$
>
> である。
> 　この確率質量関数で表される確率分布をポアソン分布と呼び、$Po(\lambda)$ で表す。

$Po(3)$ の様子をグラフで表すと次のようになります。

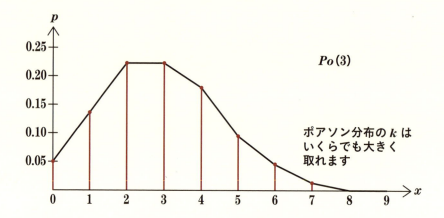

ポアソン分布の k はいくらでも大きく取れます

X の値はいくらでも大きくとることができますが、X が大きいところでは確率が 0 に近くなるので、グラフは適当なところで切っています。

確率質量関数の条件、$\sum_i p_i = 1$ を確かめてみましょう。

$$\sum_{k=0}^{\infty} P(X=k) = \sum_{k=0}^{\infty}\frac{\lambda^k}{k!}e^{-\lambda}=e^{-\lambda}\sum_{k=0}^{\infty}\frac{\lambda^k}{k!}=e^{-\lambda}\left(1+\frac{\lambda^1}{1!}+\frac{\lambda^2}{2!}+\frac{\lambda^3}{3!}+\cdots\right)$$
$$=e^{-\lambda}e^{\lambda}=1$$

［公式 1.14 e^x のマクローリン展開］

確率分布

> **問題** ポアソン分布の平均・分散
>
> 確率変数 X が $Po(\lambda)$ に従うとき、$E[X]$、$V[X]$ を求めよ。

$$E[X] = \sum_{k=0}^{\infty} k\frac{\lambda^k}{k!}e^{-\lambda} = \sum_{k=1}^{\infty} k\frac{\lambda^k}{k!}e^{-\lambda}$$

$$= \lambda e^{-\lambda} \sum_{k=1}^{\infty} \frac{\lambda^{k-1}}{(k-1)!} = \lambda e^{-\lambda}\left(1 + \frac{\lambda^1}{1!} + \frac{\lambda^2}{2!} + \frac{\lambda^3}{3!} + \cdots\right) = \lambda$$

$$E[X(X-1)] = \sum_{k=0}^{\infty} k(k-1)\frac{\lambda^k}{k!}e^{-\lambda} = \sum_{k=2}^{\infty} k(k-1)\frac{\lambda^k}{k!}e^{-\lambda}$$

$$= e^{-\lambda}\lambda^2 \sum_{k=2}^{\infty} \frac{\lambda^{k-2}}{(k-2)!} = \lambda^2 e^{-\lambda}\left(1 + \frac{\lambda^1}{1!} + \frac{\lambda^2}{2!} + \frac{\lambda^3}{3!} + \cdots\right) = \lambda^2$$

$$V[X] = E[X(X-1)] + E[X] - \{E[X]\}^2 \qquad \text{定理 2.02 (3)}$$

$$= \lambda^2 + \lambda - \lambda^2 = \lambda$$

ポアソン分布では、平均と分散が同じ値になります。印象的な結果です。もちろん、平均と分散が同じであるからといって、ポアソン分布になるとは限りません。

89

3 連続型確率分布

　前節で離散型の確率分布について紹介しました。ここでは連続型の確率分布について紹介しましょう。

　下図のように原点 O を中心に針が回るルーレットを考えます。カジノなどで見かけるルーレットは、玉が落ち着いたところの目を読みますから、出る目の個数が有限個ですが、このルーレットは仕組みが違います。

　ルーレットを回して針が止まったとき、OA と針のなす角を度数法で測り、その値をルーレットで出た目とします。ルーレットの目は 0 以上 360 未満の実数になります。OA と針のなす角度は、整数値以外も取りえます。$100\sqrt{2}$（＝141.421…）という値もありえます。出る目の数は 0 以上 360 未満のすべての実数ですから、無数に考えられます。

　このルーレットを実数ルーレットと呼びましょう。

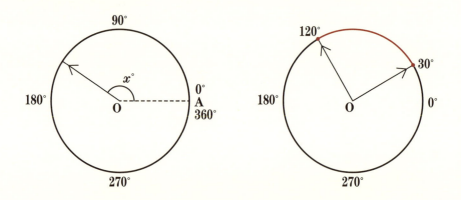

　ここで、実数ルーレットの出た目を X とする確率変数を考えます。
　実数ルーレットはどの点にも対等に止まるものとします。
　例えば、$X=150$ となる確率はいくらになるだろうかと考えます。
　離散型のときのように確率を考えると、実数ルーレットの目は無数に取ることができますから、分母はいわば ∞（無限大）であり、無理やり確率を計算すれば $P(X=150)=0$ となります。

このように、Xの任意の１つの値に対するピンポイントの確率が０になるような確率変数を**連続型確率変数**といいます。連続型確率変数では、Xの値の範囲を決めるとそれに対応する確率は０でない値になります（を持ちえます）。

この確率変数Xの場合では、例えば$30 \leq X \leq 120$とすると（前図右）、360度あるうちの$120-30=90$（度）に止まる確率ですから、

$$P(30 \leq X \leq 120) = \frac{120-30}{360} = \frac{90}{360} = \frac{1}{4}$$

となります。

離散型の確率分布は表で与えられましたが、連続型の確率分布は連続な関数（定義域において）で表されます。上のXの場合には、下のような関数$f(x)$で表されます。

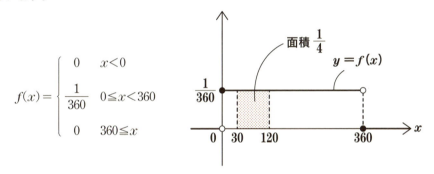

この$f(x)$を用いると、$P(30 \leq X \leq 120)$の値は、定積分を用いて、

$$P(30 \leq X \leq 120) = \int_{30}^{120} \frac{1}{360} dx = \left[\frac{x}{360}\right]_{30}^{120} = \frac{120}{360} - \frac{30}{360} = \frac{1}{4}$$

と計算できます。この定積分は赤アミの部分の面積を表しています。

このような$f(x)$を確率変数Xの**確率密度関数**といいます。

なお、連続型の確率変数の場合は、ピンポイントの確率は$P(X=30)=0$、$P(X=120)=0$ですから、

$$P(30 \leq X \leq 120) = P(30 < X \leq 120) = P(30 \leq X < 120) = P(30 < X < 120)$$

であり、不等号のイコールを含む含まないは神経質になる必要はありません。

この実数ルーレットのように、定義域が区間で確率密度関数が定数である確率分布を**一様分布**といいます。

> **定義 2.08　一様分布**
>
> 確率密度関数が
> $$f(x) = \begin{cases} \dfrac{1}{b-a} & (a \leq x \leq b) \\ 0 & (x < a \text{ または } b < x) \end{cases}$$
> で表される連続型確率分布を一様分布といい，$U(a, b)$ で表す。

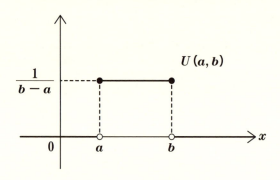

一様分布の例から類推されるように、連続型の確率変数 X と確率密度関数 $f(x)$ には次のような関係があります。

> **定義 2.09　連続型の確率分布**
>
> 変数 X に関する確率が、関数 $f(x)$ によって、
> $$P(a \leq X \leq b) = \int_a^b f(x)\,dx$$
> と与えられるとき、
> X を連続型確率変数、$f(x)$ を確率密度関数という。このような X、$f(x)$ によって表される確率分布を、連続型確率分布という。

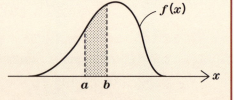

離散型確率変数の確率質量関数 p_i には、$p_i \geq 0$，$\sum_i p_i = 1$ という式が成り立ちました。連続型確率変数の確率密度関数 $f(x)$ に関する、これに対応する性質は、

$$f(x) \geqq 0 \qquad \int_{-\infty}^{\infty} f(x)dx = 1$$

です。

p_i の場合、$p_i \geqq 0$、$\sum_i p_i = 1$ より、すべての i について $p_i \leqq 1$ が言えますが、$f(x)$ の場合にはすべての x について $f(x) \leqq 1$ になるとは限らないことに注意しましょう。$f(x) > 1$ を満たす x があっても、全範囲での積分が 1 になることはありうるからです。

$p_i \leqq 1$ に対応する性質を敢えて言うのであれば、任意の a, $b(a < b)$ に対して、

$$\int_a^b f(x)dx \leqq 1$$

となります。

前の一様分布では、$f(x)$ のグラフの形が特別に簡単な例でした。次に確率密度関数が定数関数ではない例を、問題で当たってみましょう。

問題　連続型確率分布の例

Aさんが半径 20cm の円板に向かってダーツのように矢を投げる。

Aさんが投げた矢はつねに円板に当たり、円板の領域 U、V（共通部分はなし）に当たる確率の比は、U, V の面積比に等しい。

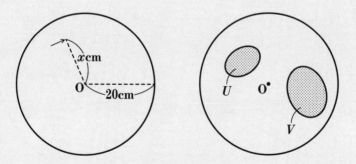

矢が当たった地点と円板の中心の距離（cm）を確率変数 X とおく。

このとき X の確率密度関数を求めよ。

$P(a≦X≦b)$ で、当たった矢の地点の中心からの距離 $X(\mathrm{cm})$ が、$a(\mathrm{cm})$ 以上 $b(\mathrm{cm})$ 以下になる確率を表すものとします。

確率の比は面積比に等しいので、
$$P(0≦X≦b) : P(0≦X≦20) = \pi b^2 : \pi 20^2 = b^2 : 400$$
であり、つねに円板に当たるので $P(0≦X≦20)=1$ ですから、
$$P(0≦X≦b) = \frac{b^2}{400}$$
です。X の確率密度関数を $f(x)$ とすると、任意の b（$0≦b≦20$）に対して、
$$P(0≦X≦b) = \int_0^b f(x)dx$$
が成り立ちますから、
$$\int_0^b f(x)dx = \frac{b^2}{400} \quad (0≦b≦20)$$
これを b で微分して、$f(b) = \dfrac{2b}{400} = \dfrac{b}{200} \quad (0≦b≦20)$

確率密度関数は
$$f(x) = \begin{cases} 0 & (x<0) \\ \dfrac{x}{200} & (0≦x≦20) \\ 0 & (20<x) \end{cases}$$
です。$f(x)$ と $P(0≦X≦x)$ のグラフを並べて描くと次のようになります。

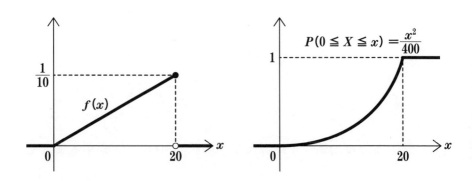

離散型確率分布では、分布表に現れる確率の値をすべて足すと 1 になりました。

確率分布

連続型確率分布の確率変数 X の場合、これに対応する性質は、確率密度関数 $f(x)$ を全範囲で積分すると 1 になることでした。これは、

$$\sum_i p_i = 1 \qquad \rightarrow \qquad \int_{-\infty}^{\infty} f(x)dx = 1$$

（離散型確率変数）　　　（連続型確率変数）

というように、離散型での確率質量 p_i を確率密度での表現 $f(x)dx$ に置き換えて、総和 $\sum$ を積分 $\int$ に置き換えた式になっています。

この置き換えを用いると、離散型確率変数の場合の期待値・分散の定義式から、連続型確率変数の場合の期待値・分散の定義式が予想できます。連続型確率変数の期待値・分散の定義は次のようになります。

定義 2.10　連続型確率変数の期待値・分散

確率変数 X の確率密度関数が $f(x)$ のとき、期待値・分散は、

期待値　$E[X] = \int_{-\infty}^{\infty} xf(x)dx$

$\mu = E[X]$ とおいて、

分散　$V[X] = \int_{-\infty}^{\infty} (x-\mu)^2 f(x)dx$

標準偏差　$\sqrt{V[X]}$

離散型のときと同様に、

$$V[X] = E[X^2] - \{E[X]\}^2$$

$$E[ax+b] = aE[X] + b \qquad V[ax+b] = a^2 V[X]$$

が成り立ちます。

証明は、同様にできるので皆さんにお任せいたします。離散型の証明において、離散型の確率質量 p_i を確率密度での表現 $f(x)dx$ に置き換えて、総和 $\sum$ を積分 $\int$ に置き換えればよいのです。

$E[X]$、$V[X]$ の定義式を問題で確認しましょう。

> **問題 一様分布の平均・分散**
>
> 確率変数 X が一様分布 $U(a, b)$ に従っているとき、$E[X]$、$V[X]$ を求めよ。

$$E[X]=\int_{-\infty}^{\infty}xf(x)dx=\int_{a}^{b}x\left(\frac{1}{b-a}\right)dx=\left[\frac{x^2}{2(b-a)}\right]_{a}^{b}=\frac{b^2-a^2}{2(b-a)}=\frac{b+a}{2}$$

$$V[X]=\int_{-\infty}^{\infty}(x-\mu)^2f(x)dx=\int_{a}^{b}\left(x-\frac{b+a}{2}\right)^2\left(\frac{1}{b-a}\right)dx$$

$$=\left[\frac{1}{3(b-a)}\left(x-\frac{b+a}{2}\right)^3\right]_{a}^{b}=\frac{1}{3(b-a)}\left\{\left(\frac{b-a}{2}\right)^3-\left(\frac{a-b}{2}\right)^3\right\}$$

$$=\frac{2}{3(b-a)}\left(\frac{b-a}{2}\right)^3=\frac{(b-a)^2}{12}$$

もう一問、今度は確率密度関数の決定も含めた問題を解いてみましょう。

> **ホップ**
>
> **問題 確率密度関数の決定** （別 p.10、14）
>
> k を正の定数とする。$f(x)=ce^{-kx}(x\geqq 0)$ が確率密度関数となるような定数 c を求め、$f(x)$ を確率密度関数に持つ確率変数 X の $E[X]$、$V[X]$ を求めよ。

$$\int_{0}^{\infty}f(x)dx=\int_{0}^{\infty}ce^{-kx}dx=\left[-\frac{c}{k}e^{-kx}\right]_{0}^{\infty}=0-\left(-\frac{c}{k}\right)=\frac{c}{k}$$

これが 1 なので、$\dfrac{c}{k}=1$　　$c=k$ であり、$f(x)=ke^{-kx}$

$$E[X]=\int_{0}^{\infty}xf(x)dx=\int_{0}^{\infty}xke^{-kx}dx$$

部分積分
$\int fg'=fg-\int f'g$

$$=\left[xk\left(-\frac{1}{k}\right)e^{-kx}\right]_{0}^{\infty}-\int_{0}^{\infty}k\left(-\frac{1}{k}\right)e^{-kx}dx$$

確率分布

$$= \underline{0} - 0 + \int_0^\infty e^{-kx} dx = \left[-\frac{1}{k} e^{-kx} \right]_0^\infty = 0 - \left(-\frac{1}{k} \right) = \frac{1}{k}$$

公式 1.13 で $n \Rightarrow 1$、$a \Rightarrow e^k$

$$E[X^2] = \int_0^\infty x^2 f(x) dx = \int_0^\infty x^2 k e^{-kx} dx$$

$$= \left[x^2 k \left(-\frac{1}{k} \right) e^{-kx} \right]_0^\infty - \int_0^\infty 2xk \left(-\frac{1}{k} \right) e^{-kx} dx$$

$$= 0 - 0 + \frac{2}{k} \int_0^\infty xk e^{-kx} dx = \frac{2}{k} E[X] = \frac{2}{k^2}$$

$$V[X] = E[X^2] - \{E[X]\}^2 = \frac{2}{k^2} - \left(\frac{1}{k} \right)^2 = \frac{1}{k^2}$$

　確率密度関数が $f(x) = ke^{-kx}$ で表される分布は、**指数分布**と呼ばれています。次で指数分布をまとめておきましょう。

■指数分布

　指数分布の定義を紹介した後、使い方・性質についてまとめます。

> **定義 2.11　指数分布**
> 　確率密度関数が
> $$f(x) = \begin{cases} \lambda e^{-\lambda x} & (x \geq 0) \\ 0 & (x < 0) \end{cases}$$
> で表される連続型確率分布を指数分布といい $Ex(\lambda)$ で表す。

　原子核が崩壊する確率は指数分布に従います。問題で、指数分布の使い方を説明しておきましょう。

> **問題　指数分布の例**
>
> 　ある原子核 U が時刻 0 に存在しているとする。原子核 U が崩壊する時刻を確率変数 X（単位は時間）とおくと、X の確率密度関数は $f(x) = 4e^{-4x}$ で表される。このとき、原子核 U が 30 分から 45 分までの間に崩壊する確率を求めよ。

30 分 = 0.5 時間、45 分 = 0.75 時間ですから、

$$P(0.5 \leqq X \leqq 0.75) = \int_{0.5}^{0.75} 4e^{-4x} dx = \Bigl[-e^{-4x} \Bigr]_{0.5}^{0.75} = -e^{-3} + e^{-2} = 0.0855$$

　$f(x)$ は確率密度関数ですから、$f(0.5) = 4e^{-4 \times 0.5} = 0.5413$ は確率の値ではないことに注意しましょう。

　このように**指数分布**は、イベントが起こっていない状態を時刻 0 とし、初めて次のイベントが起こる時刻を X としたときに、X が従う確率分布になっています。原子核崩壊の他には、

　　電話がかかってきてから、次の電話がかかってくるまでの時間
　　窓口に人が来たとき、次の人が来るまでの時間
　　地震が起きてから、次の地震が起こるまでの時間

を X とおくと、X は指数分布に従うとされています。

　原子核崩壊は 1 つの原子核に対して 1 回しか起こりませんが、上に挙げた例ではイベントは複数回起こる場合があります。このときでも、「次の」という言葉から分かるように、指数分布では 1 回だけのイベントに注目していることに注意して下さい。電話の場合、2 本目の電話がかかってくる時刻は指数分布にはなりません。

　確率変数 X が指数分布になる現象のポイントは、一瞬一瞬においてイベントが起こる確率を一定の値に見積もることができることです。次の問題では、この仮定をもとに指数分布の確率密度関数を求めてみましょう。

　なお、指数分布の例として、電球が切れるまでの時間を挙げている場合もあり

ますが、常識的には古い電球は切れる確率は高いでしょうから、実際には指数分布には従わないでしょう。時間経過に従って故障率が上がる場合には、ワイブル分布という確率分布の方がよくあてはまります。これは生命保険の保険料の計算などで使われています。また、センター試験の得点分布がワイブル分布に適合するという報告もあります。

> **問題 指数分布の確率密度関数**
>
> λ を正の定数とする。ある原子核 U は、時刻 t で存在しているとき、時刻 t から時刻 $t+\Delta t$（Δt は微小量）の間に崩壊する確率は $\lambda\Delta t$ であるという。このとき、時刻 0 で存在している原子核 U が崩壊する時刻を確率変数 X とおく。X の確率密度関数 $f(x)$ を求めよ。

$$☆ \begin{cases} \text{時刻 0 で存在している原子核が} \\ \text{時刻 } x \text{ から時刻 } x+\Delta x \text{ までに崩壊する確率} \end{cases}$$

を、[A]、[B] 2 通りの方法で求めてみます。Δx は微小量とします。

　[A] Δx が微小量なので時刻 x から時刻 $x+\Delta x$ までの確率密度関数の値は、一定値 $f(x)$ であると考え、☆を $f(x)\Delta x$ と計算します。

　[B] 時刻 0 から時刻 x までで崩壊が起こらないという設定のもとで、時刻 x から時刻 $x+\Delta x$ までで崩壊が起こる確率を計算します。

　時刻 0 から時刻 x まで崩壊が起こらない確率は、時刻 0 から時刻 x までに崩壊が起こる確率の余事象なので、

$$1-\int_0^x f(u)\,du$$

　時刻 x で原子核が存在しているとき、時刻 x から時刻 $x+\Delta x$ までに崩壊が起こる確率（これは条件付き確率です）は $\lambda\Delta x$ ですから、☆の確率は

$$\left(1-\int_0^x f(u)\,du\right)\times\lambda\Delta x$$

　2 通りの☆の計算を比べて、

$$f(x) = \lambda \left(1 - \int_0^x f(u)\,du\right) \quad \cdots\cdots ①$$

これを x で微分して、

$$f'(x) = -\lambda f(x) \qquad \frac{f'(x)}{f(x)} = -\lambda$$

$f(x) \geqq 0$ に注意して、これを積分し、$\log f(x) = -\lambda x + c$ （c は積分定数）
e の肩に乗せ、$C = e^c$ とおくと、$f(x) = Ce^{-\lambda x}$

これが確率密度関数になることから、p.96 の問題より $C = \lambda$ であり、$f(x) = \lambda e^{-\lambda x}$ となります。

物理で原子核崩壊を習ったとき、半減期という用語を学びました。上の場合に半減期を求めてみましょう。

$\lambda e^{-\lambda x} = \dfrac{1}{2}$ としてはいけません。$f(x) = \lambda e^{-\lambda x}$ は崩壊の確率密度関数です。

原子核の存在確率は次のように計算して $e^{-\lambda x}$ になります。
時刻 0 で存在する原子核 U が時刻 t で存在する確率 $P(X > t)$ は、

$$P(X > t) = 1 - P(X \leqq t) = 1 - \int_0^t f(u)\,du = 1 - \int_0^t \lambda e^{-\lambda u}\,du = 1 - \left[-e^{-\lambda u}\right]_0^t$$

$$= 1 - (1 - e^{-\lambda t}) = e^{-\lambda t}$$

半減期とは存在確率が 2 分の 1 になるまでの期間ですから、

$$P(X > t) = \frac{1}{2} \qquad e^{-\lambda t} = \frac{1}{2} \qquad t = \frac{\log 2}{\lambda}$$

なります。これが半減期です。

$P(X > t) = e^{-\lambda t}$ であることから、

$$P(X > s + t) = P(X > t)P(X > s)$$

が成り立ちます。左辺を条件付き確率を用いて書き換えると、

$$P(X > s + t) = P(X > s + t \mid X > s)P(X > s)$$

となりますから、$P(X > s)$ をキャンセルして、

$$P(X > t) = P(X > s + t \mid X > s)$$

t を $t + \Delta t$ としたときの式と差を取れば、

$$P(t < X < t + \Delta t) = P(s + t < X < s + t + \Delta t \mid X > s)$$

となります。これは時刻 t 秒から $t+\Delta t$ 秒までにイベントが起こる確率と、時刻 s までにイベントが起こらないとしたとき、その時点から t 秒後と $t+\Delta t$ 秒後までの間にイベントが起こる確率が等しいことを表しています。

これはイベントが起こらない状態が続いている限り、イベントの生起確率はいつの時点でも同じであることを表しています。このような性質を**無記憶性**といいます。指数分布は無記憶性を持つ分布です。

■ガンマ分布

離散型では幾何分布 $Ge(p)$ が無記憶性を持っていました。式の類似性からも分かるように、指数分布は幾何分布を連続化したものであると考えられます。実際に幾何分布を連続化して指数分布を作ってみましょう。

定数 λ に対して、$np=\lambda$ となるように p を取ります。$n\to\infty$ のとき、幾何分布 $Ge(p)$ は $Ex(\lambda)$ に近づいていきます。このことをモデルで説明してみましょう。

ポアソン分布を求めたときのように1時間を n 等分し、n 個の節に分けます。1節ごとにベルヌーイ試行 $Be(p)$ を繰り返します。$k+1$ 節後に初めて成功する（イベントが起こる）確率を $P(X=k)$ で表すとします。このとき、確率変数 X は $Ge(p)$ に従います。

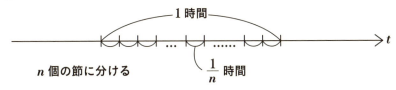

x 時間までには nx [節] ありますから、x 時間後から $x+\dfrac{1}{n}$ 時間後の間に初めてイベントが起こる確率は

$$p(1-p)^{nx}=\frac{\lambda}{n}\left(1-\frac{\lambda}{n}\right)^{nx}=\underwave{\lambda\left(1-\frac{\lambda}{n}\right)^{nx}}\times\frac{1}{n}\cdots※$$

です。n が無限大に近づくとき、$\dfrac{1}{n}$ は0に近づき、波線部は、

$$\lambda\left(1-\frac{\lambda}{n}\right)^{nx}=\underset{\text{公式 1.12}}{\lambda\left(1-\frac{\lambda}{n}\right)^{\frac{n}{\lambda}\times\lambda x}}\to\lambda(e^{-1})^{\lambda x}=\lambda e^{-\lambda x}\quad(n\to\infty)$$

となります。※の式は確率密度関数 $f(x)$ のときの微小区間 Δx での確率 $f(x)\Delta x$ の形をしていますから、幾何分布 $Ge(p)$ を連続化したときの確率密度関数が $\lambda e^{-\lambda x}$ であることが分かります。

1時間［n 節］でイベントが起こる回数の期待値は、公式 2.04 より np になります。これは仮定より $np=\lambda$ です。ですから、

「$Ex(\lambda)$ とは、1時間あたりに λ 回の割合でイベントが起こる状況で、x 時間後から $x+\Delta x$ 時間後の間に初めてイベントが起こる確率が $\lambda e^{-\lambda x}\Delta x$ で表されるような確率変数 X が従う確率分布である」

とまとめることができます。

幾何分布の一般化であった負の二項分布についても連続化を試みてみましょう。同様に、負の二項分布 $NB(r,\ p)$ の確率質量関数 ${}_{r+k-1}\mathrm{C}_k p^r(1-p)^k$ を書き換えてみます。連続化するには回数 k を nx に、確率 p を $\dfrac{\lambda}{n}$ にすればよく、

$$
{}_{r+nx-1}\mathrm{C}_{nx}\left(\frac{\lambda}{n}\right)^r\left(1-\frac{\lambda}{n}\right)^{nx}={}_{r+nx-1}\mathrm{C}_{r-1}\underline{\frac{\lambda^r}{n^{r-1}}\left(1-\frac{\lambda}{n}\right)^{nx}\times\frac{1}{n}}
$$

波線部で n を無限大にすると、

$$
\frac{\lambda^r}{(r-1)!}\cdot\frac{(nx+r-1)(nx+r-2)\cdots(nx+1)}{n^{r-1}}\left(1-\frac{\lambda}{n}\right)^{\frac{n}{\lambda}\times\lambda x}
$$

$$
\rightarrow\quad \frac{\lambda^r}{\Gamma(r)}x^{r-1}e^{-\lambda x}\quad(n\to\infty)
$$

これはガンマ分布と呼ばれる連続型の分布になります。$r\to k$、$\lambda\to\dfrac{1}{\theta}$ と置き直して次のようにまとまります。

定義 2.12　ガンマ分布

正の数 k、θ に対し、確率密度関数

$$
f(x)=\begin{cases}\dfrac{1}{\Gamma(k)\theta^k}x^{k-1}e^{-\frac{x}{\theta}} & (x>0)\\[2mm] 0 & (x\leqq0)\end{cases}
$$

で表される連続型確率分布をガンマ分布といい $\Gamma(k,\ \theta)$ で表す。

確率分布

　負の二項分布を連続化したものであることから類推すると、θ 時間に 1 回の割合で起こるイベントが k 回目に起こるまでの時間経過を X 時間とすると、X はガンマ分布 $\Gamma(k, \theta)$ に従うことが分かります。

　ガンマ分布の平均・分散は別冊 p.16 で求めます。

　最後に指数分布とポアソン分布の関係をまとめておきます。

　$\lambda e^{-\lambda x}$ を確率密度関数に持つ指数分布の平均は $\dfrac{1}{\lambda}$ でした。(p.96 参照)

　次の電話がかかってくるまでの時間を X としたとき、X の確率密度関数が $\lambda e^{-\lambda x}$ であるとすると、次の電話までの時間は平均で $\dfrac{1}{\lambda}$ (時間)になります。これを平均で 1 時間当たり λ 件の電話がかかってくると捉えれば、ポアソン分布と一緒に次のようにまとまります。

指数分布とポアソン分布の対比

　平均で 1 時間当たり λ 件の電話がかかってくるとき、

　　1 時間にかかってくる電話の本数 X は、ポアソン分布 $Po(\lambda)$

$$\left(P(X=k) = \frac{\lambda^k}{k!} e^{-\lambda} \right)$$

　　次の電話がかかってくるまでの時間 X は、指数分布 $Ex(\lambda)$

　　$(f(x) = \lambda e^{-\lambda x})$

に従う。

103

4 累積分布関数

確率密度関数 $f(x)$ を定積分したものが累積分布関数です。つまり、累積分布関数を x で微分すると確率密度関数が求まります。累積分布関数を単に分布関数と呼ぶこともありますが、分布関数という言葉を「確率分布を表す関数」と捉え、確率質量関数・確率密度関数のことを連想し混乱してしまう人がいるので、この本では累積分布関数と呼ぶことにします。

p.93 の問題では、$P(0≦X≦b) = \int_0^b f(x)dx = \dfrac{b^2}{400}$ でした。文字を置き換えて

$$P(0≦X≦x) = \int_0^x f(t)dt = \dfrac{x^2}{400}$$

これは累積分布関数の例になっています。確率分布を捉えるには、次で定義される累積分布関数を用いると便利なことがあります。

定義 2.13　累積分布関数

確率変数 X に対して、
$$F(x) = P(X≦x)$$
で定義される関数を確率変数 X の累積分布関数という。

累積分布関数は、確率変数 X が離散型でも連続型でも存在します。

$F(x) = P(X≦x)$ ですから、それぞれ、確率質量関数 $P(X=x_i)$、確率密度関数 $f(x)$ を用いて、次のように計算することができます。

$$F(x) = \sum_{x_i≦x} P(X=x_i) \qquad F(x) = \int_{-\infty}^x f(t)dt$$

　　　（離散型確率変数）　　　　　　　（連続型確率変数）

$P(X≦x)$ において、「<」でなく「≦」となっていることが、離散型のときに

効いてくることを味わいましょう。

それぞれの場合に具体例を挙げておきましょう。

確率質量関数と確率密度関数を次のように定め、それに対して確率質量関数と確率密度関数のグラフ、累積分布関数 $F(x)$ のグラフを描くと次のようになります。連続型の $F(x)$ の式の求め方はすぐ後の問題で示します。

離散型

X	1	2	3
P	$\dfrac{1}{6}$	$\dfrac{1}{2}$	$\dfrac{1}{3}$

連続型

$$f(x) = \begin{cases} 1-|x| & (0 \leq |x| \leq 1) \\ 0 & (|x| > 1) \end{cases}$$

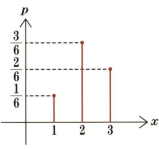

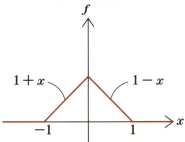

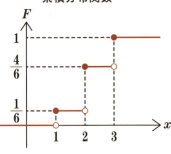

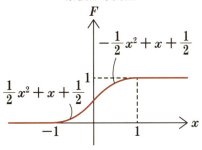

$F(x)$ は、離散型の場合には $P(X=x_i) \neq 0$ となる x_i で不連続な階段関数、連続型の場合には至るところ連続な関数となります。

$F(x)$ を用いると、確率は、

$$P(a < x \leq b) = F(b) - F(a)$$

と表されます。よく使われる連続型分布関数（正規分布、χ^2分布、t分布、F分布）の確率分布に関しては、$F(x)$の値を元にして表を作っています（巻末の付表参照）。

　$P(a<x\leqq b)=F(b)-F(a)$を用いて具体的な確率の値を計算することができます。

　なお、Xが連続型確率分布のときは、

$$P(a<x<b)=P(a\leqq x<b)=P(a<x\leqq b)=P(a\leqq x\leqq b)$$

が成り立ちます。連続型の場合には、区間の端点が含まれていても含まれていなくても確率の値は変わりません。

　また、Xが連続型確率分布のとき、定義式からすぐにわかるように、確率密度関数$f(x)$の連続点で、

$$F'(x)=f(x)$$

が成り立ちます。

問題　累積分布関数の決定　（別 p.10）

連続型確率変数Xの確率密度関数$f(x)$が、

$$f(x)=\begin{cases} 1-|x| & (-1\leqq x\leqq 1) \\ 0 & (x<-1,\ 1<x) \end{cases}$$

のとき、累積分布関数$F(x)$の式を求めよ。

$x\leqq -1$ のとき、$\displaystyle\int_{-\infty}^{x}f(t)dt=\int_{-\infty}^{x}0dt=0$

$-1\leqq x\leqq 0$ のとき、

$$\int_{-\infty}^{x}f(t)dt=\int_{-\infty}^{-1}0dt+\int_{-1}^{x}(1+t)dt=\left[t+\frac{1}{2}t^2\right]_{-1}^{x}=\frac{1}{2}x^2+x+\frac{1}{2}\quad\cdots\cdots①$$

$0\leqq x\leqq 1$ のとき、

$$\int_{-\infty}^{x}f(t)dt=\int_{-\infty}^{0}f(t)dt+\int_{0}^{x}(1-t)dt$$

$$=\frac{1}{2}0^2+0+\frac{1}{2}+\left[t-\frac{1}{2}t^2\right]_{0}^{x}=-\frac{1}{2}x^2+x+\frac{1}{2}\quad\cdots\cdots②$$

［①で $x=0$ とした］

確率分布

$1 \leqq x$ のとき、

$$\int_{-\infty}^{x} f(t)dt = \int_{-\infty}^{1} f(t)dt + \int_{1}^{x} f(t)dt = -\frac{1}{2}1^2 + 1 + \frac{1}{2} + \int_{1}^{x} 0dt = 1$$

［②で $x=1$ とした］

すぐわかる分布関数の性質は次の通りです。

定理 2.14　累積分布関数の性質

$F(x)$ が累積分布関数のとき、

(1)　$a \leqq b$ のとき、$F(a) \leqq F(b)$ 　　［$F(x)$ は単調非減少関数］

(2)　$F(a) = \lim_{x \to a+0} F(x)$ 　　　　　　［$F(x)$ は右連続］

(3)　$F(-\infty) = 0$、$F(\infty) = 1$ 　　　　［（第 2 式）全確率は 1］

これらは、離散型、連続型ともに成り立つ性質です。

グラフから分かるように離散型であっても右連続までは成り立ちます。

連続型であれば左連続まで成り立ちます。

107

5 正規分布

　確率分布の中でも一番重要な分布である正規分布を紹介しましょう。正規分布は連続型確率分布です。

　ざっくりいうと正規分布は二項分布の極限として定義されます。正確にいうと二項分布を標準化した分布の極限として定義されます。

　二項分布 $Bin(n, p)$ は離散型確率分布ですが、これを確率密度関数が階段型の連続型確率分布と見なして標準化し、n を無限大にしていくと確率密度関数が滑らかな連続型確率分布になります。こうしてできた確率分布が正規分布です。これから実際に正規分布を作ってみましょう。

　二項分布 $Bin\left(2n, \dfrac{1}{2}\right)$ は、$P(X=k)={}_{2n}C_k\left(\dfrac{1}{2}\right)^{2n}$ $(k=0, 1, 2, \cdots, 2n)$ と表されます。

　二項係数の対称性 ${}_{2n}C_k={}_{2n}C_{2n-k}$ より、$P(X=k)=P(X=2n-k)$ が成り立ちます。すなわち、期待値 $2n\cdot\dfrac{1}{2}=n$ （公式 2.04）を中心に対称になっています。分散は、

$2n\cdot\dfrac{1}{2}\left(1-\dfrac{1}{2}\right)=\dfrac{n}{2}$ （公式 2.04）です。そこで n を中心にして変数を取り直し、

$$P(X=k)={}_{2n}C_{n+k}\left(\dfrac{1}{2}\right)^{2n} \qquad (k=-n, -n+1, \cdots, n)$$

とします。次に、次頁左図のような離散型の確率質量関数のグラフの点に長さ 1 の踏み板を置いて次頁右図のような階段状のグラフを作ります。

　右図の確率密度関数は、

$k-\dfrac{1}{2}<x\leqq k+\dfrac{1}{2}$ のとき、$f(x)={}_{2n}C_{n+k}\left(\dfrac{1}{2}\right)^{2n}$ $\qquad (k=-n, -n+1, \cdots, n)$

　　これ以外の範囲では、$f(x)=0$

になります。$\displaystyle\sum_{k=-n}^{n}P(X=k)=1$ ですから、踏み板の下にある面積は合計で 1 になります。

108

確率分布

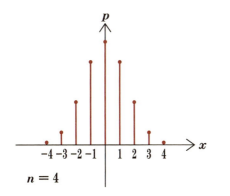
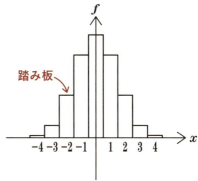

ここで $n \to \infty$ として極限を取ると、$f(x)$ の最大値である $_{2n}C_n \left(\frac{1}{2}\right)^{2n}$ であっても、$\lim_{n \to \infty} {}_{2n}C_n \left(\frac{1}{2}\right)^{2n} = 0$（なぜかは次の問題を解くとわかります）となって、極限のグラフは x 軸と一致してしまいます。

そこで、x 軸の座標を標準偏差の $\sqrt{2n \cdot \frac{1}{2} \cdot \frac{1}{2}} = \frac{\sqrt{n}}{\sqrt{2}}$ で割って考えます。すなわち、分散が1になるように変数を標準偏差で割って標準化するわけです。

このままでは、面積も $1 / \frac{\sqrt{n}}{\sqrt{2}}$（倍）されたことになってしまいますから、$y$ 軸方向には $\frac{\sqrt{n}}{\sqrt{2}}$（倍）しておきます。こうすれば踏み板の下にある面積は1のままです。

$-\frac{\sqrt{2}}{\sqrt{n}}\left(n+\frac{1}{2}\right) < x \leq \frac{\sqrt{2}}{\sqrt{n}}\left(n+\frac{1}{2}\right)$ の範囲で x を固定すると、これに対し $\frac{\sqrt{2}}{\sqrt{n}}\left(k-\frac{1}{2}\right) < x \leq \frac{\sqrt{2}}{\sqrt{n}}\left(k+\frac{1}{2}\right)$ を満たす k があります。この k を用いて、$f_n(x)$ の値を

$$f_n(x) = \frac{\sqrt{n}}{\sqrt{2}} {}_{2n}C_{n+k} \left(\frac{1}{2}\right)^{2n}$$

とします。

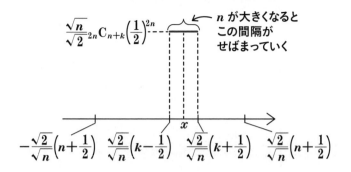

ここで、$n \to \infty$ のとき、$f_n(x)$ が近づいていくのが正規分布（標準正規分布）なのです。次の問題で確かめてみましょう。

問題 標準正規分布の確率密度関数

自然数 n と $-n \leq k \leq n$ を満たす整数 k に対して、

$$f_n(x) = \begin{cases} \dfrac{\sqrt{n}}{\sqrt{2}} {}_{2n}\mathrm{C}_{n+k} \left(\dfrac{1}{2}\right)^{2n} & \left(\dfrac{\sqrt{2}}{\sqrt{n}}\left(k-\dfrac{1}{2}\right) < x \leq \dfrac{\sqrt{2}}{\sqrt{n}}\left(k+\dfrac{1}{2}\right)\right) \\ 0 & \text{(上記以外の範囲)} \end{cases}$$

で確率密度関数を定める。このとき、

$$\lim_{n \to \infty} f_n(x) = \dfrac{1}{\sqrt{2\pi}} e^{-\frac{1}{2}x^2}$$

を示せ。ただし、公式1.24（スターリングの公式）

$$\lim_{n \to \infty} \dfrac{n!}{\sqrt{2n}\, n^n e^{-n}} = \sqrt{\pi}$$

を用いよ。

---

x を固定して、$n \to \infty$ のときの極限値を考えます。n が動くとき、k も動くことに注意しましょう。区間 $\left[\dfrac{\sqrt{2}}{\sqrt{n}}\left(k-\dfrac{1}{2}\right),\ \dfrac{\sqrt{2}}{\sqrt{n}}\left(k+\dfrac{1}{2}\right)\right]$ の幅は $\dfrac{\sqrt{2}}{\sqrt{n}}$ であり、$n \to \infty$ のとき、$\dfrac{\sqrt{2}}{\sqrt{n}} \to 0$ ですから、はさみうちの原理より、

右上: 確率分布

$$\lim_{n\to\infty}\frac{\sqrt{2}}{\sqrt{n}}\left(k-\frac{1}{2}\right)=\lim_{n\to\infty}\frac{\sqrt{2}}{\sqrt{n}}\left(k+\frac{1}{2}\right)=x \qquad \lim_{n\to\infty}\frac{\sqrt{2}}{\sqrt{n}}k=x \qquad \lim_{n\to\infty}\frac{k}{\sqrt{n}}=\frac{x}{\sqrt{2}}$$

となります。これより、$n\to\infty$ のとき $k\to\infty$ となることが分かります。

これを2乗して、$\displaystyle\lim_{n\to\infty}\frac{k^2}{n}=\frac{1}{2}x^2$ ……①

また、$\displaystyle\lim_{n\to\infty}\frac{k}{n}=\lim_{n\to\infty}\frac{1}{\sqrt{n}}\cdot\frac{k}{\sqrt{n}}=\lim_{n\to\infty}0\cdot\frac{x}{\sqrt{2}}=0$ ……②

これを用いて、$\displaystyle\lim_{n\to\infty}(n\pm k)=\lim_{n\to\infty}n\left(1\pm\frac{k}{n}\right)=\infty$ ……③

$\dfrac{\sqrt{2}}{\sqrt{n}}\left(k-\dfrac{1}{2}\right)\leqq x<\dfrac{\sqrt{2}}{\sqrt{n}}\left(k+\dfrac{1}{2}\right)$ を満たす x において、

$$f_n(x)=\frac{\sqrt{n}}{\sqrt{2}}\,_{2n}\mathrm{C}_{n+k}\left(\frac{1}{2}\right)^{2n}=\frac{\sqrt{n}}{\sqrt{2}}\,\frac{(2n)!}{(n+k)!(n-k)!}\left(\frac{1}{2}\right)^{2n}$$

$$=\frac{(2n)!}{\underset{④}{\sqrt{2(2n)}(2n)^{2n}e^{-2n}}}\cdot\frac{\underset{⑤}{\sqrt{2(n+k)}(n+k)^{n+k}e^{-(n+k)}}}{(n+k)!}\cdot\frac{\underset{⑥}{\sqrt{2(n-k)}(n-k)^{n-k}e^{-(n-k)}}}{(n-k)!}$$

$$\times\frac{\sqrt{n}}{\sqrt{2}}\cdot\frac{\sqrt{2(2n)}(2n)^{2n}}{\sqrt{2(n+k)}(n+k)^{n+k}\sqrt{2(n-k)}(n-k)^{n-k}}\left(\frac{1}{2}\right)^{2n}$$

③より、④、⑤、⑥にはスターリングの公式が使えて、各項は $\sqrt{\pi}$、$\dfrac{1}{\sqrt{\pi}}$、$\dfrac{1}{\sqrt{\pi}}$

に収束します。

で囲んだ部分は、

$$\frac{1}{\sqrt{2}}\sqrt{\frac{n^2}{n^2-k^2}}\left(\frac{n^2}{n^2-k^2}\right)^n\left(\frac{n}{n+k}\right)^k\left(\frac{n-k}{n}\right)^k$$

と変形できます。ここで波線部を考えて、$n\to\infty$ のとき、

$$\left(\frac{n^2}{n^2-k^2}\right)^n=\left(\frac{n^2-k^2}{n^2}\right)^{-n}=\left(\left(1-\frac{k^2}{n^2}\right)^{-\frac{n^2}{k^2}}\right)^{\frac{k^2}{n}}\to e^{\frac{1}{2}x^2}$$

$$\left(\frac{n}{n+k}\right)^k=\left(\left(1+\frac{k}{n}\right)^{\frac{n}{k}}\right)^{-\frac{k^2}{n}}\to e^{-\frac{1}{2}x^2} \qquad \left(\frac{n-k}{n}\right)^k=\left(\left(1-\frac{k}{n}\right)^{-\frac{n}{k}}\right)^{-\frac{k^2}{n}}\to e^{-\frac{1}{2}x^2}$$

よって、$n\to\infty$ のとき、

$$f_n(x)\to\sqrt{\pi}\cdot\frac{1}{\sqrt{\pi}}\cdot\frac{1}{\sqrt{\pi}}\cdot\frac{1}{\sqrt{2}}\cdot e^{\frac{1}{2}x^2}\cdot e^{-\frac{1}{2}x^2}\cdot e^{-\frac{1}{2}x^2}=\frac{1}{\sqrt{2\pi}}e^{-\frac{1}{2}x^2}$$

111

となります。

定義 2.15　標準正規分布 $N(0, \ 1^2)$

確率密度関数

$$f(x) = \frac{1}{\sqrt{2\pi}} e^{-\frac{1}{2}x^2}$$

で表される分布を標準正規分布といい、$N(0, \ 1^2)$で表す。

$f(x)$のグラフが y 軸に関して対称なので標準正規分布に従う確率変数 X の期待値は 0 であると予想できます（対称だから 0 であると結論するのは早計です。そうでない場合もあります。コーシー分布 p.182 参照）。

期待値が 0 であることを計算で確かめてみましょう。

$$E[X] = \int_{-\infty}^{\infty} x \frac{1}{\sqrt{2\pi}} e^{-\frac{x^2}{2}} dx = \left[-\frac{1}{\sqrt{2\pi}} e^{-\frac{x^2}{2}} \right]_{-\infty}^{\infty} = 0$$

$$\left[\lim_{x \to \infty} e^{-\frac{x^2}{2}} = 0 \ \text{より} \right]$$

極限を取る前の分散が 1 なので、X の分散も 1 になるはずです。

$N(\ , \ \blacksquare)$ には分散を書きますが、1^2 と書いてあるのは標準偏差の 2 乗で書くことが多いからです。

分散が 1 になることを、$f(x)$ で確かめておきましょう。

そのためには、公式 1.21 の

$$\int_{-\infty}^{\infty} e^{-t^2} dt = \sqrt{\pi}$$

という定積分を用います。

まずこれを用いて、全範囲での定積分が 1 になることを確認します。

$$\int_{-\infty}^{\infty} \frac{1}{\sqrt{2\pi}} e^{-\frac{x^2}{2}} dx = \int_{-\infty}^{\infty} \frac{1}{\sqrt{\pi}} e^{-t^2} dt = \frac{1}{\sqrt{\pi}} \sqrt{\pi} = 1 \quad \cdots ①$$

$$\left[t = \frac{x}{\sqrt{2}} \text{と置換すると、} dt = \frac{1}{\sqrt{2}} dx \right]$$

直接、分散を計算すると、

$$V[X] = \int_{-\infty}^{\infty} (x-0)^2 \frac{1}{\sqrt{2\pi}} e^{-\frac{x^2}{2}} dx = \int_{-\infty}^{\infty} x \cdot x \frac{1}{\sqrt{2\pi}} e^{-\frac{x^2}{2}} dx$$

$$= \left[x \left(-\frac{1}{\sqrt{2\pi}} e^{-\frac{x^2}{2}} \right) \right]_{-\infty}^{\infty} - \int_{-\infty}^{\infty} \left(-\frac{1}{\sqrt{2\pi}} e^{-\frac{x^2}{2}} \right) dx = 1$$

となります。　　公式 1.13 で $a \Rightarrow e^{\frac{1}{2}}$、$x \Rightarrow x^2$　　①：全事象の確率は 1

$s \Rightarrow \dfrac{1}{2}$ とすると、0 になる

　標準化して標準正規分布になる確率分布が**正規分布**（normal distribution）です。

　p.72 では離散型確率変数の場合で標準化を説明しましたが、連続型の場合でも同様に定義できます。平均を引いて、標準偏差で割ればよいのです。

　正規分布の確率密度関数 $f(x)$ は、標準正規分布の確率密度関数 $\dfrac{1}{\sqrt{2\pi}} e^{-\frac{1}{2}x^2}$ の

x を $\dfrac{x-\mu}{\sigma}$ で置き換え、全範囲での定積分が 1 になるように σ で割った式になります。

定義 2.16　正規分布 $N(\mu, \sigma^2)$

　確率密度関数

$$f(x) = \frac{1}{\sqrt{2\pi}\sigma} e^{-\frac{(x-\mu)^2}{2\sigma^2}}$$

で表される確率分布を、平均 μ、分散 σ^2 の正規分布 $N(\mu, \sigma^2)$ という。

　確率変数 X が $N(\mu, \sigma^2)$ に従うとき、期待値が μ、分散が σ^2 になることを確かめましょう。

$z = \dfrac{x-\mu}{\sigma}$ と置換積分して、標準正規分布に帰着させます。

$$dz = \frac{1}{\sigma} dx, \quad x = \sigma z + \mu$$

$$E[X] = \int_{-\infty}^{\infty} x \frac{1}{\sqrt{2\pi}\,\sigma} e^{-\frac{(x-\mu)^2}{2\sigma^2}} dx = \int_{-\infty}^{\infty} (\sigma z + \mu) \frac{1}{\sqrt{2\pi}} e^{-\frac{z^2}{2}} dz$$

$$= \sigma \underbrace{\int_{-\infty}^{\infty} z \frac{1}{\sqrt{2\pi}} e^{-\frac{z^2}{2}} dz}_{\text{標準正規分布の期待値は } 0} + \mu \underbrace{\int_{-\infty}^{\infty} \frac{1}{\sqrt{2\pi}} e^{-\frac{z^2}{2}} dz}_{\text{全事象確率は } 1} = \mu$$

$$V[X] = \int_{-\infty}^{\infty} (x-\mu)^2 \frac{1}{\sqrt{2\pi}\,\sigma} e^{-\frac{(x-\mu)^2}{2\sigma^2}} dx = \sigma^2 \underbrace{\int_{-\infty}^{\infty} z^2 \frac{1}{\sqrt{2\pi}} e^{-\frac{z^2}{2}} dz}_{\text{標準正規分布の分散は } 1} = \sigma^2$$

　このことから「標準化して標準正規分布になる確率分布が正規分布である」ことに納得がいくでしょう。正規分布 $N(\mu,\ \sigma^2)$ の確率密度関数から、これを標準化した標準正規分布 $N(0,\ 1^2)$ の確率密度関数を求めることは、12 節で扱います。

　正規分布は、天文学を研究していたガウスによって誤差の分布として発見されたことから、ガウス分布と呼ばれることがあります。

確率分布

6 正規分布の値

　統計分野において、正規分布は広く取り扱われる基本となる分布です。その分布の様子は、標準正規分布の累積分布関数に関する値をまとめた標準正規分布表を読むことで知ることができます。現在では表計算ソフトの関数に組み込まれていますから、学習や試験のときにしか標準正規分布表を参照することはないでしょう。

　X が標準正規分布 $N(0, 1^2)$ に従うものとします。標準正規分布表では、z の値に対して $P(z \leq X)$ となる確率の値を表にしてあります。この本の巻末にもこの表を付けました。中には $P(0 \leq X \leq z)$ の値を書いてあるものもあります。この $P(z \leq X)$ が重要であることは推測統計の章で明らかになります。

　$z=1.25$ であれば、下図のようにして読み取り、$P(1.25 \leq X)=0.10565$ になります。

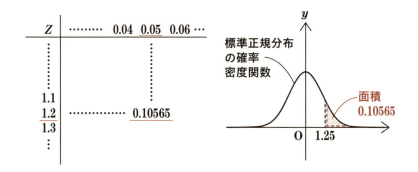

　正規分布の値を知るための表計算ソフト（Excel）のコマンドも紹介しておきましょう。Excel では、正規分布の累積分布関数についての値を知ることができます。

　なお、コマンドは Excel 2010、2013 バージョンのものです。バージョンによって、コマンドが異なる場合があります。詳細はネットなどでご確認ください。

　X が標準正規分布 $N(0, 1^2)$ に従うとき、$P(X \leq a)=b$ が成り立っているものとします。

115

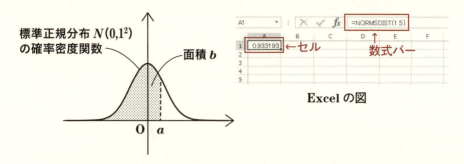

a の値に対して b の値を知りたいのであれば、セルまたは数式バーの中に

$$=\text{NORM.S.DIST}(a, \text{TRUE})$$

と打ち込んでリターンキーを押します。すると、セルの中に b の値が現れます。例えば、=NORM.S.DIST(1.5, TRUE) では 0.933193 を返します。

また、逆に b の値からこのときの a の値を知りたいのであれば、セルに

$$=\text{NORM.S.INV}(b)$$

と打ち込んでリターンキーを押せば、セルの中に a の値が現れます。

例えば、=NORM.S.INV(0.7) と打つと、0.524401 となります。

このように NORM.S.DIST、NORM.S.INV では、標準正規分布の累積分布関数についての値を扱いましたが、Excel には一般の正規分布の累積分布関数についての値を知るための関数も組み込まれています。

確率変数 X が正規分布 $N(\mu, \sigma^2)$ に従うものとします。

このとき $P(X \leq a) = b$ が成り立っているものとします。

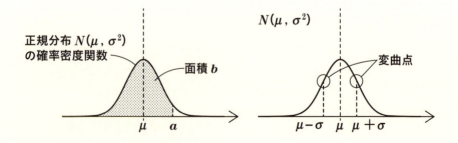

a の値から b の値を知りたいのであれば、

確率分布

$$\text{NORM.DIST}(a,\ \mu,\ \sigma,\ \text{TRUE})$$

b の値から a の値を知りたいのであれば、

$$\text{NORM.INV}(b,\ \mu,\ \sigma)$$

を用います。ちなみに、

$$\text{NORM.DIST}(a,\ \mu,\ \sigma,\ \text{FALSE})$$

で、正規分布 $N(\mu,\ \sigma^2)$ の確率密度関数の値 $\dfrac{1}{\sqrt{2\pi}\sigma}e^{-\frac{(a-\mu)^2}{2\sigma^2}}$ を返します。

問題　正規分布の確率

(1)　確率変数 X が標準正規分布 $N(0,\ 1^2)$ に従うとき、

$$P(X\leqq0.8)、P(-0.3\leqq X\leqq0.6)$$

　　　を求めよ。また、$P(z\leqq X)=0.7$ となる z を求めよ。

(2)　確率変数 X が正規分布 $N(3,\ 4^2)$ に従うとき、

$$P(0\leqq X)、P(1\leqq X\leqq5)$$

　　　を求めよ。また、$P(z\leqq X)=0.7$ となる z を求めよ。

[標準正規分布表を用いた解法]

(1)　表から、$P(0.8\leqq X)=0.21186$ なので、

　　$P(X\leqq0.8)=1-P(0.8\leqq X)=1-0.21186=0.78814$

　表から、$P(0.3\leqq X)=0.38209$、$P(0.6\leqq X)=0.27425$

　　$P(-0.3\leqq X\leqq0.6)=P(-0.3\leqq X\leqq0)+P(0\leqq X\leqq0.6)$

　　　　　　　　　　　　　$=\{0.5-P(0.3\leqq X)\}+\{0.5-P(0.6\leqq X)\}$

　　　　　　　　　　　　　$=0.5-0.38209+0.5-0.27425=0.34366$

　表から、$P(z\geqq X)=1-0.7=0.3$ となる z は、$P(z\leqq X)=0.3$ となる z を (-1) 倍
して、$z=-0.52$

　　答えは、$z=-0.52$

117

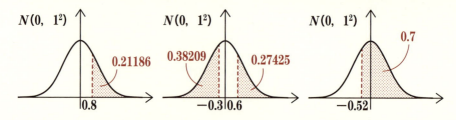

(2) $Z=\dfrac{X-3}{4}$ を用いて標準化します。

$$P(0 \leqq X) = P\left(\dfrac{0-3}{4} \leqq \dfrac{X-3}{4}\right) = P(-0.75 \leqq Z)$$

Z は $N(0, 1^2)$ に従うので、表から、$P(0.75 \leqq Z) = 0.22663$ です。

$$P(0 \leqq X) = P(-0.75 \leqq Z) = 1 - P(0.75 \leqq Z) = 1 - 0.22663 = 0.77337$$

また、

$$P(1 \leqq X \leqq 5) = P\left(\dfrac{1-3}{4} \leqq \dfrac{X-3}{4} \leqq \dfrac{5-3}{4}\right) = P(-0.5 \leqq Z \leqq 0.5)$$

Z は $N(0, 1^2)$ に従うので、$P(0.5 \leqq Z) = 0.30854$ です。

$P(1 \leqq X \leqq 5) = P(-0.5 \leqq Z \leqq 0.5) = 1 - P(0.5 \leqq Z) \times 2 = 1 - 0.30854 \times 2 = 0.38292$

Z は $N(0, 1^2)$ に従うので、(1) から、$P(-0.52 \leqq Z) = 0.7$ であり、

$$P(-0.52 \leqq Z) = P\left(-0.52 \leqq \dfrac{X-3}{4}\right)$$

$$= P(3 - 0.52 \times 4 \leqq X) = P(0.92 \leqq X)$$

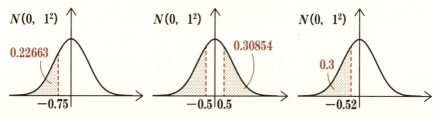

[Excel を用いた解法]

(1) 小数点は小数点第 5 位を四捨五入します。

NORM.S.DIST(0.8, TRUE) = 0.7881 より、$P(X \leqq 0.8) = 0.7881$

NORM.S.DIST(−0.3, TRUE) = 0.3821、NORM.S.DIST(0.6, TRUE) = 0.7257 より、

確率分布

$P(X \leqq -0.3) = 0.3821$、$P(X \leqq 0.6) = 0.7257$ であり、

$$P(-0.3 \leqq X \leqq 0.6) = P(X \leqq 0.6) - P(X \leqq -0.3)$$
$$= 0.7257 - 0.3821 = 0.3436$$

また、$P(X \leqq z) = 1 - 0.7 = 0.3$ となる z は、NORM.S.INV$(0.3) = -0.5244$ なので、

$$P(-0.5244 \leqq X) = 1 - P(X \leqq -0.5244) = 1 - 0.3 = 0.7$$

答えは、-0.5244

(2) NORM.DIST$(0, 3, 4, \text{TRUE}) = 0.2266$ より、

$P(X \leqq 0) = 0.2266$ なので、

$$P(0 \leqq X) = 1 - P(X \leqq 0) = 1 - 0.2266 = 0.7734$$

NORM.DIST$(1, 3, 4, \text{TRUE}) = 0.3085$、NORM.DIST$(5, 3, 4, \text{TRUE}) = 0.6915$ より、

$$P(1 \leqq X \leqq 5) = 0.6915 - 0.3085 = 0.3830$$

$P(X \leqq z) = 1 - P(z \leqq X) = 1 - 0.7 = 0.3$ なので、

$$\text{NORM.INV}(0.3, 3, 4) = 0.9024$$

答えは 0.9024 です。標準正規分布表から求めた値とは、ずいぶんとずれた値になりました。表から求める場合は、小数第3位の四捨五入の誤差が4倍されるからです（$0.005 \times 4 = 0.02$）。

ここで常識にしておきたいのは、次の値です。

Z が標準正規分布 $N(0, 1^2)$ に従うとき、

$$P(Z \leqq -1.96, 1.96 \leqq Z) = 0.05 \qquad P(1.64 \leqq Z) = 0.05$$
$$P(Z \leqq -2.58, 2.58 \leqq Z) = 0.01 \qquad P(2.33 \leqq Z) = 0.01$$

X が正規分布 $N(\mu, \sigma^2)$ に従う場合で図に落とし込んでおくと、次のようになります。

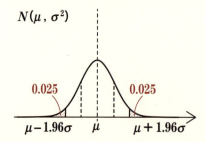 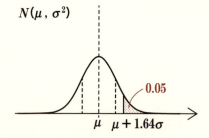

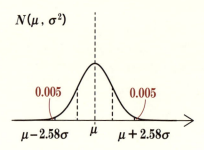 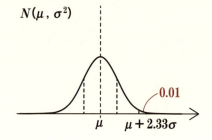

確率分布

7 チェビシェフの不等式と大数の法則

X が正規分布 $N(\mu,\ \sigma^2)$ に従うとき、$P(\mu+1.64\sigma \leqq X)=0.05$、$P(\mu+2.33\sigma \leqq X)$ $=0.01$ というように、正規分布では期待値から離れたところの確率は小さくなっていきます。

これは一般の確率分布 X であっても、期待値から 2σ 以上、3σ 以上離れたところの確率は小さくなることが予想されますね。

これについて次のような不等式が成り立ちます。

> **定理 2.17　チェビシェフの不等式**
>
> 　確率変数 X について、$\mu=E[X]$、$\sigma^2=V[X]$（有限の値とする）とおくとき、次が成り立つ。
>
> $$P(|X-\mu| \geqq k\sigma) \leqq \frac{1}{k^2} \qquad (k \text{ は任意の定数})$$

連続型の場合で証明してみましょう。離散型でも同様に示すことができます。

$$\sigma^2=\int_{-\infty}^{\infty} (x-\mu)^2 f(x)dx$$

$$=\int_{-\infty}^{\mu-k\sigma} (x-\mu)^2 f(x)dx+\int_{\mu-k\sigma}^{\mu+k\sigma} (x-\mu)^2 f(x)dx+\int_{\mu+k\sigma}^{\infty} (x-\mu)^2 f(x)dx$$

$\left[\begin{array}{l} \mu-k\sigma \geqq x \text{ または} \mu+k\sigma \leqq x \ \Leftrightarrow \ |x-\mu| \geqq k\sigma \text{ となる。このとき } (x-\mu)^2 \geqq k^2\sigma^2 \text{ が成り立} \\ \text{つ。第 2 項は正なので落としてよい。} \end{array}\right]$

$$\geqq \int_{-\infty}^{\mu-k\sigma} k^2\sigma^2 f(x)dx+\int_{\mu+k\sigma}^{\infty} k^2\sigma^2 f(x)dx$$

$$=k^2\sigma^2\left(\int_{-\infty}^{\mu-k\sigma} f(x)dx+\int_{\mu+k\sigma}^{\infty} f(x)dx\right)=k^2\sigma^2 P(|X-\mu| \geqq k\sigma)$$

これより、

121

$$P(|X-\mu| \geqq k\sigma) \leqq \frac{1}{k^2}$$

［証明終わり］

これを用いると、大数の法則とよばれる推測統計の根幹を支える定理を示すことができます。

■大数の法則

大数の法則をざっくりと説明してみましょう。

画鋲を1個用意します。画鋲を投げて、⊤となったときを表、⊥となったときを裏とします。この画鋲について、投げて表になる確率が p であるとします。

画鋲を投げる試行の回数を N 回、そのうち表が出る回数を H 回とします。N を大きくすると、H / N は p に近づいていきます。

$$\lim_{N \to \infty} \frac{H}{N} = p$$

これが大数の法則です。つまり、大数の法則とは、試行回数を多くしていくとき、試行回数のうちで事象 A が起こる回数の割合は $P(A)$ に近づいていくということを主張しています。

画鋲の例では、画鋲を投げて表になる確率が存在するとしてそれを p とおきました。では、この確率の値 p をどうやって知ることができるのでしょうか。そのためには、試行回数を増やして表が出る割合を計算すればよいと主張しているのが大数の法則です。

大数の法則があるので、その画鋲が特性として持っている確率の値を知ることができるわけです。大数の法則がなければ、試行の結果から確率を計算することができなくなってしまいます。この意味で、大数の法則は確率論を現実の世界に応用する上で、根幹をなしている法則だと言えます。

もっとも、初めから、現実の確率とは試行結果から計算した割合のことであると思っている人にとっては、大数の法則は何も主張していないように思えることでしょう。そういう人はまず、物や事柄が有している特性としての確率と、試行をくり返すことによって求めた割合の極限を別物であると認識しましょう。そして、それらが一致するという大数の法則の内容を確認して欲しいと思います。

確率分布

大数の法則を数学的に正確に述べてみましょう。

定理の条件の中で、「無相関」や「独立」といった用語が出てきます。これは後で正確に定義しますが、いまは「確率変数 X、Y が無相関である」や「確率変数 X、Y が独立である」を「確率変数 X、Y による確率の値が互いに影響し合わない、無関係である」ぐらいに捉えておけばよいでしょう。

また、定義の中には、「任意の正の数 ε（イプシロン）」という言葉が出てきます。これは「どんなに小さい正の数 ε であっても」という意味です。

定理 2.18　大数の弱法則

確率変数 X_1、X_2、…がどの 2 つをとっても無相関であるとする。$E[X_i]=\mu$、$V[X_i]=\sigma^2$ は有限の値で、$\sigma \neq 0$ とする。このとき、任意の正の数 ε について、

$$\lim_{n \to \infty} P\left(\left| \frac{X_1+X_2+\cdots+X_n}{n}-\mu \right| < \varepsilon \right) = 1$$

サイコロ D（1〜6 の目があるが、正しいサイコロとは限らない）の場合に適用してみます。

サイコロ D は、投げて 6 の目の出る確率が p であるという性質を持っているものとします。確率変数 X_i は、サイコロ D を投げて、6 の目が出るとき $X_i=1$、6 の目が出ないとき $X_i=0$ とします（つまり、ベルヌーイ試行です）。

すると、$X_1+X_2+\cdots+X_n$ は、n 回サイコロを投げたときに 6 の目の出た回数を表しています。また、各 X_i の期待値は、$E[X_i]=1\cdot p+0\cdot(1-p)=p$ ですから、定理の式は、どんな小さい正の数 ε についても、

$$\lim_{n \to \infty} P\left(\left| \frac{X_1+X_2+\cdots+X_n}{n}-p \right| < \varepsilon \right) = 1$$

となります。これはサイコロを投げる回数を多くしていくと、n 回のうち 6 の目の出る回数の割合が p（6 の目の出る確率）に近いという確率が、n を大きくするにしたがって 1 に近づいていくことを表しています。

分かりやすいようにベルヌーイ試行を例にとって説明しましたが、次の証明では一般の試行（0、1 以外の値も取りうる）を扱っていることに注意して下さい。

123

大数の法則は、$E[X_i] = \mu$ を空間的平均、$\displaystyle\lim_{n \to \infty} \frac{X_1 + X_2 + \cdots + X_n}{n}$ を時間的平均と称して、

「空間的平均と時間的平均が一致する」

と標語的にまとめることがあります。

$\dfrac{X_1 + X_2 + \cdots + X_n}{n}$ を計算するには、試行を n 回くり返すことで時間が経過しますから、時間を通しての平均だというのです。

一方、$E[X_i] = \mu$ の方は 1 回の試行での結果の可能性についての計算ですから時間は進んでいません。結果は同時で広がっているので空間的に広がっていると解釈し、空間的平均というわけです。

空間的平均と時間的平均が一致することを**エルゴード性**と呼びます。大数の法則は、エルゴード性を表している法則の一つであると言えます。

大数の法則の標語的なまとめとして、

「数学的（理論的）確率と統計的（経験的）確率が一致する」 …☆

とする場合を見かけますが、誤解を招きやすいまとめ方であると考えています。

この場合の「数学的（理論的）確率」とは、対等性、対称性を仮定して計算した確率という意味で使っています。数学的（理論的）確率では、サイコロの各目が出る確率は等しいとして、6 の目が出る確率は 6 分の 1 であるとします。また、実数ルーレットでは、弧の長さが同じであればその弧に針が止まる確率は等しいとして、$0 \leqq X \leqq 90$ となる確率は 4 分の 1 であるとします。これが「数学的（理論的）確率」の計算原理を用いた確率の計算法です。

一方、試行をくり返して結果の記録を取り事象が起こる割合を計算したものが、「統計的（経験的）確率」です。我々が確率の値を直接知ることができるのは「統計的確率」です。いびつなサイコロを用いた場合、6 の目の出る「統計的（経験的）確率」は 6 分の 1 にはならないことがあります。

「数学的（理論的）確率と統計的（経験的）確率が一致する」のだから、大数の法則により、「いびつなサイコロでも 6 の目の出る割合の統計を取れば 6 分の 1 に近づくはずだ」と考えてしまってはいけません。大数の法則は、そんな非現

確率分布

実的なことを主張する法則ではありません。「統計的（経験的）確率」が6分の1でない値に近づいたということは、サイコロの6の目の出る確率が6分の1ではない、正しいサイコロではないということが言えるとしなければいけません。

「数学的（理論的）確率と統計的（経験的）確率が一致する」というまとめ方は、上のような誤解を招きやすいまとめ方であると言えるでしょう。

大数の法則と呼んでいますが、これは数学の定理であり証明することができます。証明にはチェビシェフの不等式を用います。確率変数 X、Y が独立のとき、$V[X+Y]=V[X]+V[Y]$ が成り立つ（9節で証明）ことなどを用いていますから、後で読んでも構いません。

［大数の弱法則の証明］

$$\lim_{n\to\infty} P\left(\left|\frac{X_1+X_2+\cdots+X_n}{n}-\mu\right| \geq \varepsilon\right)=0$$

を示せばよいです。

$Y=\dfrac{X_1+X_2+\cdots+X_n}{n}$ とおくと、

$$E[Y]=E\left[\frac{X_1+X_2+\cdots+X_n}{n}\right]=\frac{1}{n}E[X_1+\cdots+X_n]=\frac{1}{n}\{E[X_1]+\cdots+E[X_n]\}$$

公式 2.24（後述）

$$=\frac{1}{n}\cdot n\mu=\mu$$

$$V[Y]=V\left[\frac{X_1+X_2+\cdots+X_n}{n}\right]=\frac{1}{n^2}V[X_1+\cdots+X_n]=\frac{1}{n^2}\{V[X_1]+\cdots+V[X_n]\}$$

$[X_1, X_2, \cdots, X_n$ は無相関なので定理 2.34 より]

$$=\frac{1}{n^2}\cdot n\sigma^2=\frac{\sigma^2}{n}$$

Y についてチェビシェフの不等式を書くと、

$$P\left(|Y-\mu| \geq k\frac{\sigma}{\sqrt{n}}\right) \leq \frac{1}{k^2}$$

ここで、仮定より μ、σ は定数です。

125

$\varepsilon,\ n$ に対して、$\varepsilon = k\dfrac{\sigma}{\sqrt{n}}$ を満たすように k を取るものとします。任意の n に対して k が決まります。

すると、

$$P(|Y-\mu| \geqq \varepsilon) \leqq \frac{\sigma^2}{n\varepsilon^2}$$

となります。定数 ε に対して、$n \to \infty$ とすると、右辺は 0 に近づくので、$P(|Y-\mu| \geqq \varepsilon) \to 0$ が示されます。 ［証明終わり］

なお、上で紹介したのは大数の弱法則で、大数の強法則もあります。いちおう述べておきましょう。

定理 2.19 大数の強法則

確率変数 X_1、X_2、… が独立で同じ分布に従っている。$E[X_i]=\mu$、$V[X_i]=\sigma^2$ が有限の値で、$\sigma \neq 0$ とする。このとき、

$$P\left(\lim_{n \to \infty}\frac{X_1+X_2+\cdots+X_n}{n}=\mu\right)=1$$

弱法則と強法則の違いは、確率変数に関する収束の違いに依拠します。

実は、確率変数の収束は、いくつか種類があります。

確率変数の列 $\{X_n\}$ が確率変数 X に収束することを捉えるのに、どんなに小さい正の数 ε に対しても、

$$\lim_{n \to \infty}P(|X_n-X|<\varepsilon)=1$$

となるときを**確率収束**といいます。一方、

$$P(\lim_{n \to \infty}|X_n-X|=0)=1$$

となるときを**概収束**と言います。

弱法則が確率収束に、強法則が概収束に対応しています。

このような 2 つが出てきてしまうのは、各 X_n に対する確率値を決めるには、

126

確率分布

事象と n の2つを定めなければならないからです。n を止めてある事象の確率を求め、n を無限大にしたときその確率が1に近づくと主張しているのが確率収束、先に n を無限大にし、その式で表される事象が起こる確率が1であると主張しているのが**概収束**です。

弱法則の方では、n を止めて P を計算して次に n を無限大に飛ばせばよいのですが、強法則では、サイコロを無限回投げる行為において考えられるすべてを全事象とし、その中で $\overline{X}$ の値が μ に近づく割合（確率）を計算しなければなりません。ですから、強法則の方が難しいのです。

強法則の収束式が成り立つとき、弱法則の収束式が成り立ちます。強法則の仮定は弱法則の仮定の十分条件になっています。強法則の収束式が成り立つためには、弱法則の収束式が成り立つよりも厳しい条件が課されているわけです。

8 2変数の離散型確率分布

　ここまでは1次元の確率変数を扱ってきました。この節では2次元の確率変数を紹介しましょう。

　2次元の確率変数 (X, Y) では、(X, Y) の値を決めるとそれに対応する確率の値が決まります。

　1次元の確率変数 X が離散型の場合は、分布を表の形に整理することができました。2次元の確率変数の場合でも、離散型であれば分布を表の形で表現することができます。例えば、次のような表です。

表1

X \ Y	1	3	5	計
2	$\frac{2}{8}$	$\frac{1}{8}$	$\frac{1}{8}$	$\frac{1}{2}$ ←ア
4	$\frac{1}{8}$	$\frac{1}{8}$	$\frac{2}{8}$	$\frac{1}{2}$
計	$\frac{3}{8}$	$\frac{2}{8}$	$\frac{3}{8}$	1

　これから、$X=2$、$Y=3$ となる確率は $\frac{1}{8}$ であると分かります。

$$P(X=2, \ Y=3) = \frac{1}{8}$$

　X、Y の値が同時に起こるときの確率の値を与えているので、2次元の確率変数が表す分布は、**同時確率分布** あるいは **2変数の確率分布** と呼ばれます。表1は、(X, Y) の **同時確率質量関数**（2変数の確率質量関数）を与えています。

　表の太枠の中の確率をすべて足すと1になります。これは1変数のときの $\sum_i p_i = 1$ に対応しています。

　計のアには、$X=2$ の欄に書かれた確率の和

$$\frac{2}{8} + \frac{1}{8} + \frac{1}{8} = \frac{1}{2}$$

が書かれています。

　この X、Y の同時確率分布に関して、$X=2$ となる確率は、

128

$$P(X=2) = \frac{1}{2}$$

となります。同様に、$P(Y=1) = \frac{3}{8}$ となります。

このように X、Y の同時確率分布から一方の確率変数を止めて、もう一方の確率変数に関してすべての場合を足した確率を**周辺確率**といいます（P の値が書かれた表の周り、周辺に書かれているので周辺確率と覚えてもよい）。

X の周辺確率、Y の周辺確率をあらためて書けば、次のようになります。

$$\left. \begin{array}{l} P(X=2) = \dfrac{1}{2}、 P(X=4) = \dfrac{1}{2} \\[2mm] P(Y=1) = \dfrac{3}{8}、 P(Y=3) = \dfrac{2}{8}、 P(Y=5) = \dfrac{3}{8} \end{array} \right\} \cdots\cdots ※$$

X、Y の同時確率分布から、X、Y の周辺確率を求めるということは、2 次元の確率変数 (X, Y) から、1 次元の確率変数 X、Y を導出したということです。この X、Y の分布を周辺確率分布といいます。

導出した X、Y の確率分布が一致するからと言って、もとの 2 変数の確率分布が同じとは限りません。

例えば、※のような X、Y の確率分布（1 変数）を周辺確率分布として持つ (X, Y) 2 変数の確率分布は、次の表 2 でも構いません。

表 2

X \ Y	1	3	5	計
2	$\dfrac{3}{16}$	$\dfrac{3}{16}$	$\dfrac{2}{16}$	$\dfrac{1}{2}$
4	$\dfrac{3}{16}$	$\dfrac{1}{16}$	$\dfrac{4}{16}$	$\dfrac{1}{2}$
計	$\dfrac{3}{8}$	$\dfrac{2}{8}$	$\dfrac{3}{8}$	1

また、上の※を満たす X、Y の確率分布（1 変数）が与えられると、$P(X=2, Y=3)$ を

$$P(X=2)\,P(Y=3) = \frac{1}{2} \times \frac{2}{8} = \frac{1}{8}$$

のように計算し、表の各欄を X、Y の確率の積で埋めて、(X, Y) 2 変数の確率分布は次の表 3 のような 1 通りしかないと考える人がいます。これは一般には間

違いです。

表3

X \ Y	1	3	5	計
2	$\frac{3}{16}$	$\frac{1}{8}$	$\frac{3}{16}$	$\frac{1}{2}$
4	$\frac{3}{16}$	$\frac{1}{8}$	$\frac{3}{16}$	$\frac{1}{2}$
計	$\frac{3}{8}$	$\frac{2}{8}$	$\frac{3}{8}$	1

$\frac{1}{2} \times \frac{3}{8}$

2つの確率変数 X、Y があるとき、一般には、

$$P(X=2,\ Y=3) \neq P(X=2)\,P(Y=3)$$

です。

表3のように、任意の k、l について $P(X=k,\ Y=l)=P(X=k)\,P(Y=l)$ が成り立つとき、「確率変数 X と Y が**独立**である」といいます。詳しくは11節で扱います。

ですから、※のような1変数 X、Y の確率分布を周辺確率分布に持つ2変数 $(X,\ Y)$ の確率分布は、確率変数 X と Y が独立であるときは表3の場合の1通りしかありませんが、独立でない場合は上の表3にはなりません。表1、表2では X と Y は独立ではありません。

表1、表2、表3の3つの例から分かるように、※のような1変数 X、Y の確率分布を周辺確率分布として持つ2変数の確率分布は、無数に存在します。

1変数の場合の離散型確率分布のグラフを棒グラフで表しました。2変数の場合の離散型確率分布もこれに倣えば、次のように表されます。

$P(X=2,\ Y=3)=\dfrac{1}{8}$ は、XY 平面の $(2,\ 3)$ に $\dfrac{1}{8}$ の高さの柱が立っています。

周辺確率 $P(X=2)=\dfrac{1}{2}$ は、$X=2$ の点に立っている柱の高さの合計を表しています。

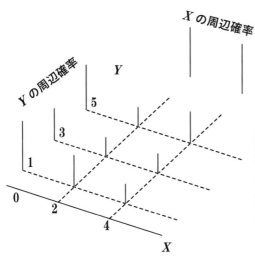

X\Y	1	3	5	計
2	$\frac{2}{8}$	$\frac{1}{8}$	$\frac{1}{8}$	$\frac{1}{2}$
4	$\frac{1}{8}$	$\frac{1}{8}$	$\frac{2}{8}$	$\frac{1}{2}$
計	$\frac{3}{8}$	$\frac{2}{8}$	$\frac{3}{8}$	1

さて、これを元に X、Y の期待値・分散を求めてみましょう。

$$E[X] = 2 \cdot \frac{1}{2} + 4 \cdot \frac{1}{2} = 3$$

$$E[Y] = 1 \cdot \frac{3}{8} + 3 \cdot \frac{2}{8} + 5 \cdot \frac{3}{8} = 3$$

$\mu_X = E[X]$、$\mu_Y = E[Y]$ とおいて、

$$V[X] = E[(X-\mu_X)^2] = E[(X-3)^2] = (2-3)^2 \cdot \frac{1}{2} + (4-3)^2 \cdot \frac{1}{2} = 1$$

$$V[Y] = E[(Y-\mu_Y)^2] = E[(Y-3)^2]$$
$$= (1-3)^2 \cdot \frac{3}{8} + (3-3)^2 \cdot \frac{2}{8} + (5-3)^2 \cdot \frac{3}{8} = 3$$

2変数の確率分布の場合でも、いったん周辺確率分布を求めてしまえば、1変数の確率分布の期待値・分散を求める式と同じです。

上では、周辺確率分布から X、Y の期待値を求めました。同時確率分布からは、X、Y を用いた式で表される確率変数、例えば $X+Y$ や XY などの期待値を求めることもできます。

同時確率分布が表1の場合に、$X+Y$、XY の期待値を求めてみましょう。それには、表の中に $X+Y$ や XY の値を書き込んでおくとよいでしょう。

> **問題** $X+Y$、XY の期待値
>
> 　2次元の確率変数 $(X,\ Y)$ が、次の表のような分布を持つとき、$E[X+Y]$, $E[XY]$ を求めよ。

X＼Y	1	3	5
2	$\dfrac{2}{8}$	$\dfrac{1}{8}$	$\dfrac{1}{8}$
4	$\dfrac{1}{8}$	$\dfrac{1}{8}$	$\dfrac{2}{8}$

$X+Y$

X＼Y	1	3	5
2	(3)　$\dfrac{2}{8}$	(5)　$\dfrac{1}{8}$	(7)　$\dfrac{1}{8}$
4	(5)　$\dfrac{1}{8}$	(7)　$\dfrac{1}{8}$	(9)　$\dfrac{2}{8}$

XY

X＼Y	1	3	5
2	(2)　$\dfrac{2}{8}$	(6)　$\dfrac{1}{8}$	(10)　$\dfrac{1}{8}$
4	(4)　$\dfrac{1}{8}$	(12)　$\dfrac{1}{8}$	(20)　$\dfrac{2}{8}$

表の中の値と確率の積の総和が期待値となります。

$$E[X+Y]=3\cdot\frac{2}{8}+5\cdot\frac{1}{8}+7\cdot\frac{1}{8}+5\cdot\frac{1}{8}+7\cdot\frac{1}{8}+9\cdot\frac{2}{8}=6$$

$$E[XY]=2\cdot\frac{2}{8}+6\cdot\frac{1}{8}+10\cdot\frac{1}{8}+4\cdot\frac{1}{8}+12\cdot\frac{1}{8}+20\cdot\frac{2}{8}=\frac{19}{2}$$

この例では、$E[X]=3$、$E[Y]=3$ でしたから、

$$E[X+Y]=E[X]+E[Y] \qquad E[XY]\neq E[X]E[Y]$$

が成り立ちます。和の方はこの例に限らず常に成り立つ式です。このことは次節で証明します。

　$X+Y$ が同じ値の確率をまとめて表に整理すると、

$X+Y$	3	5	7	9
P	$\dfrac{2}{8}$	$\dfrac{2}{8}$	$\dfrac{2}{8}$	$\dfrac{2}{8}$

となります。$X+Y$ は、確率変数 X と Y から、新しい確率変数 $X+Y$ を作ったと

確率分布

捉えることができます。この表で期待値を計算しても

$$E[X+Y]=3\cdot\frac{2}{8}+5\cdot\frac{2}{8}+7\cdot\frac{2}{8}+9\cdot\frac{2}{8}=6$$

と、もちろん一致します。

XY の方であれば、

XY	2	4	6	10	12	20
P	$\frac{2}{8}$	$\frac{1}{8}$	$\frac{1}{8}$	$\frac{1}{8}$	$\frac{1}{8}$	$\frac{2}{8}$

という確率変数を作ったことになります。

データのときと同様な式で、X、Y の**共分散**を求めることができます。X と Y の共分散は $\mathrm{Cov}[X,\ Y]$ と表します。データの共分散 s_{xy} では、偏差の積 $(x_i-\overline{x})(y_i-\overline{y})$ の平均を計算しました。確率変数の共分散では、X と Y から作った確率変数 $(X-\mu_X)(Y-\mu_Y)$ の期待値を取ります。表 1 の場合であれば、$\mu_X=3$、$\mu_Y=3$ でしたから、

$\mathrm{Cov}[X,\ Y]=E[(X-\mu_X)(Y-\mu_Y)]$

$$=(2-3)(1-3)\frac{2}{8}+(2-3)(3-3)\frac{1}{8}+(2-3)(5-3)\frac{1}{8}$$

$$+(4-3)(1-3)\frac{1}{8}+(4-3)(3-3)\frac{1}{8}+(4-3)(5-3)\frac{2}{8}$$

$$=2\cdot\frac{2}{8}+0\cdot\frac{1}{8}+(-2)\cdot\frac{1}{8}+(-2)\cdot\frac{1}{8}+0\cdot\frac{1}{8}+2\cdot\frac{2}{8}$$

$$=\frac{4}{8}=\frac{1}{2}$$

この例では $\mathrm{Cov}[X,\ Y]\neq0$ でした。$\mathrm{Cov}[X,\ Y]=0$ のとき、X と Y は**無相関**であるといいます。

データの共分散 s_{xy} に関しては、公式 1.09 $s_{xy}=\overline{xy}-\overline{x}\cdot\overline{y}$ が成り立ちました。確率変数の共分散に関しても同様の公式が成り立ちます。

$s_{xy}\Rightarrow\mathrm{Cov}[X,Y]$、$\overline{xy}\Rightarrow E[XY]$、$\overline{x}\Rightarrow E[X]$、$\overline{y}\Rightarrow E[Y]$ と置き換えればよいのです。すると、

133

$$\mathrm{Cov}[X, Y] = E[XY] - E[X]E[Y]$$

となります。証明は定理 2.25 で行いますが、共分散を計算するには便利な公式なので、証明の前でも問題を解くときには使っていくことにします。

ここまでのことをまとめておきましょう。

定義 2.20　2 次元の確率変数の期待値・分散・共分散・相関係数

2 次元の確率変数 (X, Y) の同時確率分布が、

$$P(X=x_i, Y=y_j) = p_{ij}$$

と与えられているとき、

周辺確率分布　$p_{Xi} = P(X=x_i) = \sum_j p_{ij}$

$\qquad\qquad\qquad p_{Yj} = P(Y=y_j) = \sum_i p_{ij}$

期待値　$\qquad E[X] = \sum_i x_i p_{Xi} \qquad E[Y] = \sum_j y_j p_{Yj}$

$\qquad\qquad\qquad E[g(X, Y)] = \sum_{i, j} g(x_i, y_j) p_{ij}$

$\qquad\qquad\qquad [g(x, y)$ は x、y の式または関数$]$

ここで、$\mu_X = E[X]$、$\mu_Y = E[Y]$ とおいて、分散・共分散は、

分散　$\qquad V[X] = E[(X-\mu_X)^2] \qquad V[Y] = E[(Y-\mu_Y)^2]$

共分散　$\mathrm{Cov}[X, Y] = E[(X-\mu_X)(Y-\mu_Y)]$

相関係数　$\rho[X, Y] = \dfrac{\mathrm{Cov}[X, Y]}{\sqrt{V[X]}\sqrt{V[Y]}}$

$\rho[X, Y] = 0$（すなわち $\mathrm{Cov}[X, Y] = 0$）のとき、X と Y は無相関であるという。

定義からすぐにわかるように、共分散の X と Y は交換可能、

$$\mathrm{Cov}[X, Y] = \mathrm{Cov}[Y, X]$$

X とそれ自身の共分散は、

$$\mathrm{Cov}[X, X] = V[X]$$

と分散になります。

確率分布

上でまとめたことを問題で確認してみましょう。

> **ホップ**
> **問題 同時確率分布** （別 p.18）
>
> X、Y の同時確率分布が下の表で与えられている。
>
> | X＼Y | 2 | 3 | 6 |
> |---|---|---|---|
> | 2 | $\dfrac{2}{12}$ | $\dfrac{1}{12}$ | $\dfrac{3}{12}$ |
> | 4 | $\dfrac{1}{12}$ | $\dfrac{3}{12}$ | $\dfrac{2}{12}$ |
>
> このとき、$E[X]$、$V[X]$、$E[Y]$、$V[Y]$、$\mathrm{Cov}[X, Y]$、$\rho[X, Y]$ を求めよ。

X、Y の周辺確率分布を書き込むと次のようになります。

X＼Y	2	3	6	計
2	$\dfrac{2}{12}$	$\dfrac{1}{12}$	$\dfrac{3}{12}$	$\dfrac{6}{12}$
4	$\dfrac{1}{12}$	$\dfrac{3}{12}$	$\dfrac{2}{12}$	$\dfrac{6}{12}$
計	$\dfrac{3}{12}$	$\dfrac{4}{12}$	$\dfrac{5}{12}$	1

$$E[X] = 2 \cdot \frac{6}{12} + 4 \cdot \frac{6}{12} = 3$$

$$V[X] = (2-3)^2 \cdot \frac{6}{12} + (4-3)^2 \cdot \frac{6}{12} = 1$$

$$E[Y] = 2 \cdot \frac{3}{12} + 3 \cdot \frac{4}{12} + 6 \cdot \frac{5}{12} = \frac{6+12+30}{12} = 4$$

$$V[Y] = (2-4)^2 \cdot \frac{3}{12} + (3-4)^2 \cdot \frac{4}{12} + (6-4)^2 \cdot \frac{5}{12} = \frac{12+4+20}{12} = 3$$

$$E[XY] = 2 \cdot 2 \cdot \frac{2}{12} + 2 \cdot 3 \cdot \frac{1}{12} + 2 \cdot 6 \cdot \frac{3}{12} + 4 \cdot 2 \cdot \frac{1}{12} + 4 \cdot 3 \cdot \frac{3}{12} + 4 \cdot 6 \cdot \frac{2}{12}$$

$$= \frac{8+6+36+8+36+48}{12} = \frac{142}{12} = \frac{71}{6}$$

$$\mathrm{Cov}[X, Y] = E[XY] - E[X]E[Y] = \frac{71}{6} - 3 \cdot 4 = \frac{71 - 6 \cdot 12}{6} = -\frac{1}{6}$$

135

$$\rho[X,\ Y] = \frac{\mathrm{Cov}[X,\ Y]}{\sqrt{V[X]}\sqrt{V[Y]}} = \frac{-\dfrac{1}{6}}{\sqrt{1}\cdot\sqrt{3}} = -\frac{1}{6\sqrt{3}} = (-0.096)$$

■多項分布

前節の例では、恣意的な表で確率分布を与えましたが、2変数の確率分布で一番重要なものの1つは、二項分布の"二"を"三以上の数"にした多項分布です。二項分布では試行の結果が、"A が起こる"と"A が起こらない"の2通りでした。多項分布では試行の結果が A_1、A_2、…、A_n の n 通りとなります。

$n=3$ の場合、三項分布の場合で定義を書いてみましょう。

定義 2.21　多項分布（3つの事象の場合）

1回の試行で事象 A、B、C のどれか一つが起こる。$P(A)=p$、$P(B)=q$ とおき、n 回の試行で事象 A、B が起こる回数を X 回、Y 回とすると、

$$P(X=k,\ Y=l) = \frac{n!}{k!l!(n-k-l)!}p^k q^l (1-p-q)^{n-k-l}$$

となる。この2次元の確率変数 $(X,\ Y)$ が従う分布を多項分布（三項分布）といい、$M(n,\ p,\ q)$ で表す。

上の式を説明しておきます。

二項分布の $_nC_k p^k (1-p)^{n-k}$ の二項係数 $_nC_k$ は、n 回中、A が起こる k 回はどこで起こるかを考えることで導き出されました。

n 個の中から k 個を取り出す場合の数が $_nC_k$ 通りなので、「まず A が連続して k 回起こり、続いて A が起こらないことが $n-k$ 回連続する確率 $p^k (1-p)^{n-k}$」を $_nC_k$ 倍したのでした。

事象が3個の場合は、A を k 個、B を l 個、C を $n-k-l$ 個、計 n 個の文字を用いて作る順列の個数を数え上げます。

n 個のマスを用意して、k 個に A を、l 個に B を、残りに C を書き込む場合の数を数えましょう。

136

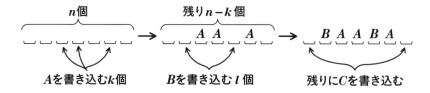

まず、n 個のマスのうち A を書き込む k 個を選びます。これは ${}_nC_k$ 通りです。次に、残りの $n-k$（個）の中から B を書き込むマス目を選びます。この場合の数は ${}_{n-k}C_l$ 通りです。残りのマス目に C を書き込みます。

ですから、A を k 個、B を l 個、C を $n-k-l$ 個用いて作る順列の個数は、

$${}_nC_k \times {}_{n-k}C_l = \frac{n!}{k!(n-k)!} \times \frac{(n-k)!}{l!(n-k-l)!} = \frac{n!}{k!l!(n-k-l)!} \text{（個）} \quad \cdots \text{①}$$

となります。

$\underbrace{A、\cdots、A}_{k個}、\underbrace{B、\cdots、B}_{l個}、\underbrace{C、\cdots、C}_{n-k-l個}$ の順に事象が起こる確率は、

$p^k q^l (1-p-q)^{n-k-l}$ です。A を k 個、B を l 個、C を $n-k-l$ 個用いる順列は、上で求めたようにこれも含めて ${}_nC_k \times {}_{n-k}C_l$（個）ありますから、求める確率は、

$$P(X=k, \ Y=l) = \frac{n!}{k!l!(n-k-l)!} p^k q^l (1-p-q)^{n-k-l}$$

となります。

係数の $\dfrac{n!}{k!l!(n-k-l)!}$ は**多項係数**と呼ばれることがあります。二項係数 ${}_nC_k$ は、$(a+b)^n$ を展開したときの $a^k b^{n-k}$ の係数でした。

多項係数 $\dfrac{n!}{k!l!(n-k-l)!}$ は、$(a+b+c)^n$ を展開したときの $a^k b^l c^{n-k-l}$ の係数になっています。例えば、$(a+b+c)^{10}$ を展開したときの $a^2 b^3 c^5$ の係数は、

$$\frac{10!}{2!3!(10-2-3)!} = \frac{10!}{2!3!5!} = 2520$$

と計算できます。$a^k b^l c^{n-k-l}$ の係数は、a を k 個、b を l 個、c を $n-k-l$ 個用いて作る順列の総数になるからです。二項定理に倣うと（n が固定されていると思って式を読みましょう）、

$$(a+b+c)^n = \sum_{0 \leq k \leq k+l \leq n} \frac{n!}{k!l!(n-k-l)!} a^k b^l c^{n-k-l} \quad \begin{bmatrix} 0 \leq k \leq k+l \leq n \, \text{を} \\ \text{満たす整数}\, k, \, l \, \text{のす} \\ \text{べての組}\,(k, \, l)\,\text{に} \\ \text{関する総和} \end{bmatrix}$$

$$= \sum_{k=0}^{n} \sum_{l=0}^{n-k} \frac{n!}{k!l!(n-k-l)!} a^k b^l c^{n-k-l} \quad \begin{bmatrix} k \leq k+l \leq n \, \text{より、} \\ 0 \leq l \leq n-k \text{。先に} \\ l \, \text{を動かします。} \end{bmatrix}$$

となります。これ（多項定理）を用いると、

$$\sum_{0 \leq k \leq k+l \leq n} P(X=k, \ Y=l) = \sum_{k=0}^{n} \sum_{l=0}^{n-k} P(X=k, \ Y=l)$$

$$= \sum_{k=0}^{n} \sum_{l=0}^{n-k} \frac{n!}{k!l!(n-k-l)!} p^k q^l (1-p-q)^{n-k-l}$$

[多項定理で、$a \Rightarrow p$, $b \Rightarrow q$, $c \Rightarrow 1-p-q$ とする]

$$= \{p+q+(1-p-q)\}^n = 1$$

と全事象の確率が1となること（確率質量関数の条件）が確かめられます。

周辺確率分布を求めてみましょう。

問題 多項分布の周辺確率

2次元確率変数 $(X, \ Y)$ が $M(n, \ p, \ q)$ に従うとき、周辺確率質量関数 $P(X=k)$、$P(Y=l)$ を求めよ。

---

n、k を止め、l を動かして総和を取ります。

$$P(X=k) = \sum_{l=0}^{n-k} \underline{\frac{n!}{k!l!(n-k-l)!}} p^k q^l (1-p-q)^{n-k-l}$$

—部は前頁①より
$_nC_k \cdot _{n-k}C_l$

$$= \sum_{l=0}^{n-k} {}_nC_k p^k {}_{n-k}C_l q^l (1-p-q)^{n-k-l}$$

$$= {}_nC_k p^k \sum_{l=0}^{n-k} {}_{n-k}C_l q^l (1-p-q)^{n-k-l}$$

$$= {}_nC_k p^k \{q+(1-p-q)\}^{n-k} = {}_nC_k p^k (1-p)^{n-k}$$

同様に、$P(Y=l) = {}_nC_l q^l (1-q)^{n-l}$

X は二項分布 $Bin(n, \ p)$、Y は二項分布 $Bin(n, \ q)$ に従うことが分かりました。

次に分散、共分散を求めてみます。

確率分布

> **問題** 多項分布の平均・分散・共分散
>
> 2次元確率変数 (X, Y) が $M(n, p, q)$ に従うとき、$E[X]$、$V[X]$、$E[Y]$、$V[Y]$、$\mathrm{Cov}[X, Y]$ を求めよ。

X は二項分布 $Bin(n, p)$ に従うので、公式 2.04 を用いて、

$$E[X] = np \qquad V[X] = np(1-p)$$

です。同様に、$E[Y] = nq$、$V[Y] = nq(1-q)$ です。

共分散の計算は、

$$E[XY] = \sum_{0 \le k \le k+l \le n} kl P(X=k, Y=l)$$

$$= \sum_{k=0}^{n} \sum_{l=0}^{n-k} \frac{kl \times n!}{k!l!(n-k-l)!} p^k q^l (1-p-q)^{n-k-l}$$

$$= \sum_{k=1}^{n} \sum_{l=1}^{n-k} \frac{kl \times n!}{k!l!(n-k-l)!} p^k q^l (1-p-q)^{n-k-l}$$

$$= n(n-1)pq \sum_{k=1}^{n} \sum_{l=1}^{n-k} \frac{(n-2)!}{(k-1)!(l-1)!(n-k-l)!} p^{k-1} q^{l-1} (1-p-q)^{(n-2)-(k-1)-(l-1)}$$

$$\left[\begin{array}{l} k \ge 1、l \ge 1 \text{ のとき、} s=k-1、t=l-1 \text{ と文字を置き換えると、} 0 \le k \le k+l \le n \text{ は、} \\ 0 < k < k+l \le n \\ 1 \le k \le k+l-1 \le n-1 \\ 0 \le k-1 \le (k-1)+(l-1) \le n-2 \\ 0 \le s \le s+t \le n-2 \end{array}\right]$$

$$= n(n-1)pq \sum_{s=0}^{n-2} \sum_{t=0}^{n-2-s} \frac{(n-2)!}{s!t!\{(n-2)-s-t\}!} p^s q^t (1-p-q)^{(n-2)-s-t}$$

$$= n(n-1)pq \{p+q+(1-p-q)\}^{n-2}$$

$$= n(n-1)pq$$

これを用いて、

$$\mathrm{Cov}[X, Y] = E[XY] - E[X]E[Y] = n(n-1)pq - np \cdot nq = -npq$$

一般の多項分布の定義は次のようになります。

139

定義 2.22　多項分布（事象が m 個の場合）

1回の試行で事象 A_1、A_2、$\cdots$、A_m のどれか一つが起こる。

$P(A_i)=p_i$ とおく（ただし、$\sum_{i=1}^{m} p_i=1$）。

n 回中に事象 A_i が起こる回数を X_i 回とすると、

$P(X_1=k_1,\ X_2=k_2,\ \cdots,\ X_{m-1}=k_{m-1})=$

$\dfrac{n!}{k_1!k_2!\cdots k_m!}p_1{}^{k_1}p_2{}^{k_2}\cdots p_m{}^{k_m}$ （ただし、$k_m=n-\sum_{i=1}^{m-1} k_i$）

このとき $m-1$ 次元確率変数 $(X_1,\ X_2,\ \cdots,\ X_{m-1})$ の従う確率分布を多項分布といい、$M(n,\ p_1,\ p_2,\ \cdots,\ p_{m-1})$ で表す。

三項分布のときと同じようにして、多項分布の周辺確率質量関数、期待値、分散、共分散を計算することができます。

公式 2.23　多項分布の周辺確率質量関数・期待値・分散

$m-1$ 次元の確率変数 $(X_1,\ X_2,\ \cdots,\ X_{m-1})$ が
多項分布 $M(n,\ p_1,\ p_2,\ \cdots,\ p_{m-1})$ に従っている。X_m、p_m を、

$X_m=n-(X_1+X_2+\cdots+X_{m-1})$

$p_m=1-(p_1+p_2+\cdots+p_{m-1})$

とおく。このとき、

X_i の周辺確率質量関数は，$P(X_i=k)={}_n\mathrm{C}_k p_i{}^k(1-p_i)^{n-k}$

X_i の期待値・分散は、$E[X_i]=np_i,\ \ V[X_i]=np_i(1-p_i)$

X_i、X_j の共分散は、$\mathrm{Cov}[X_i,\ X_j]=-np_ip_j\,(i\neq j)$

確率分布

9 X、Y の 1 次式の期待値・分散

$E[X+Y]=E[X]+E[Y]$ を拡張した形で証明しておきましょう。

X と Y の 1 次式から作られる確率変数について一般に次の公式が成り立ちます。

公式 2.24　1 次式の期待値・分散

確率変数 X、Y について次が成り立つ。
$$E[aX+bY+c]=aE[X]+bE[Y]+c$$
$$V[aX+bY+c]=a^2V[X]+2ab\mathrm{Cov}[X,\ Y]+b^2V[Y]$$

証明は離散型でしますが、連続型でも同様にできます。

[証明]　$(X,\ Y)$ の同時確率質量関数を
$$P(X=x_i,\ Y=y_j)=p_{ij}\quad(1\leq i\leq m、1\leq j\leq n)$$
とするとき、X、Y の周辺確率質量関数は、
$$P(X=x_i)=\sum_{j=1}^{n}p_{ij}\quad P(Y=y_j)=\sum_{i=1}^{m}p_{ij}$$
となります。

$$E[aX+bY+c]=\sum_{i,\,j}(ax_i+by_j+c)p_{ij}$$

$\sum_{i,\,j}$ は $1\leq i\leq m,\ 1\leq j\leq n$ を満たす整数の組 $(i,\ j)$ に関する和を表す

$$=a\sum_{i,\,j}x_ip_{ij}+b\sum_{i,\,j}y_jp_{ij}+c\sum_{i,\,j}p_{ij}$$

$$=a\sum_{i=1}^{m}x_i\Big(\sum_{j=1}^{n}p_{ij}\Big)+b\sum_{j=1}^{n}y_j\Big(\sum_{i=1}^{m}p_{ij}\Big)+c$$

$$=a\sum_{i=1}^{m}x_iP(X=x_i)+b\sum_{j=1}^{n}y_jP(Y=y_j)+c$$

$$=aE[X]+bE[Y]+c$$

$\mu_X=E[X]$、$\mu_Y=E[Y]$ とおくと、$E[aX+bY+c]=a\mu_X+b\mu_Y+c$

141

$$V[aX+bY+c]=E[(aX+bY+c-a\mu_X-b\mu_Y-c)^2]$$
$$=E[\{a(X-\mu_X)+b(Y-\mu_Y)\}^2]$$
$$=E[a^2(X-\mu_X)^2+2ab(X-\mu_X)(Y-\mu_Y)+b^2(Y-\mu_Y)^2]$$
$$[E[aX+bY]=aE[X]+bE[Y]\text{をくり返し用いる}]$$
$$=a^2E[(X-\mu_X)^2]+2abE[(X-\mu_X)(Y-\mu_Y)]+b^2E[(Y-\mu_Y)^2]$$
$$=a^2V[X]+2ab\mathrm{Cov}[X,\ Y]+b^2V[Y]$$

特に、$a=1$、$b=1$、$c=0$ のとき、
$$E[X+Y]=E[X]+E[Y]$$
$$V[X+Y]=V[X]+V[Y]+2\mathrm{Cov}[X,\ Y]$$

ここまでは、2つの確率変数 X、Y についての式でした。X、Y、Z の場合でも、
$$E[X+Y+Z]=E[(X+Y)+Z]=E[X+Y]+E[Z]=E[X]+E[Y]+E[Z]$$
という公式が成り立ちます。

$aX+bY+cZ+d$ の期待値、分散も同様の公式が成り立ちます。

$E[X+Y]=E[X]+E[Y]$ の確率変数を増やした公式
$$E[X_1+X_2+\cdots+X_n]=E[X_1]+E[X_2]+\cdots+E[X_n]$$
は、多くの身近な応用例があります。演習問題で興味深い例をいくつかあげました。鑑賞用の問題もありますが目を通してみるとよいでしょう。

分散の方は、$\mathrm{Cov}[X,\ Y]=0$ (無相関) のとき
$$V[X+Y]=V[X]+V[Y]$$
が成り立ちます。これをくり返し用いると、X_1、X_2、$\cdots$、X_n から2つずつとって無相関のとき、
$$V[X_1+X_2+\cdots+X_n]=V[X_1]+V[X_2]+\cdots+V[X_n]$$
が成り立つことが分かります。

ここでは確率分布の理論にも役立つ例を1つ紹介しましょう。

ホップ

問題 期待値の和 (別 p.20)

X が $Bin(n,\ p)$ に従うとき、$E[X]$、$V[X]$ を求めよ。

確率分布

$P(A)=p$ である事象 A が、n 回の試行中に起こる回数を確率変数 X とおくと、X は二項分布 $Bin(n, p)$ に従います。

確率変数 $X_i(i=1, 2, \cdots, n)$ はベルヌーイ分布に従うとします。すなわち、X_i を、

$$i \text{ 回目の試行で} \begin{cases} A \text{ が起こるとき、} 1 \\ A \text{ が起こらないとき、} 0 \end{cases}$$

となる確率変数と定めます。すると、

$$X=X_1+X_2+\cdots+X_n$$

が成り立ちます。各 X_i の期待値、分散は、

$$E[X_i]=1 \cdot p+0 \cdot (1-p)=p \qquad E[X_i{}^2]=1^2 \cdot p+0^2 \cdot (1-p)=p$$

$$V[X_i]=E[X_i{}^2]-\{E[X_i]\}^2=p-p^2=p(1-p)$$

これを用いて、期待値は、

$$E[X]=E[X_1+X_2+\cdots+X_n]=E[X_1]+E[X_2]+\cdots+E[X_n]=np$$

分散では、X_i と X_j が独立であることを用います。後に定理 2.34 で示すように X_i と X_j が独立のとき無相関（$\mathrm{Cov}[X_i, X_j]=0$）になるので、

$$V[X]=V[X_1+X_2+\cdots+X_n]=V[X_1]+V[X_2]+\cdots+V[X_n]=np(1-p)$$

共分散に関しては、分散のときと同じような公式が成り立ちます。共分散の計算で、定義の式を用いるよりこちらの公式を用いた方が楽になることが多々あります。

期待値の公式を用いて、相関係数が -1 から 1 までになることを証明しておきましょう。

> **問題 相関係数の範囲**
> $-1 \leqq \rho[X, Y] \leqq 1$ を示せ。

実数 t を用いて、$\{t(X-\mu_X)+(Y-\mu_Y)\}^2$ という確率変数を考えます。

この確率変数は常に 0 以上ですから、期待値も 0 以上であり、

$$E[\{t(X-\mu_X)+(Y-\mu_Y)\}^2] \geqq 0$$

が任意の t について成り立ちます。左辺を展開すると、

143

$$E[t^2(X-\mu_X)^2+2t(X-\mu_X)(Y-\mu_Y)+(Y-\mu_Y)^2]\geqq 0$$
$$t^2E[(X-\mu_X)^2]+2tE[(X-\mu_X)(Y-\mu_Y)]+E[(Y-\mu_Y)^2]\geqq 0$$
$$t^2V[X]+2t\mathrm{Cov}[X,\ Y]+V[Y]\geqq 0 \quad \cdots\cdots ①$$

となります。任意の t について成り立つので、①の 2 次関数のグラフは次のようになり、左辺の t についての 2 次式の判別式は 0 以下になります。

$$(2\mathrm{Cov}[X,\ Y])^2-4V[X]V[Y]\leqq 0$$
$$(\mathrm{Cov}[X,\ Y])^2\leqq V[X]V[Y]$$
$$-\sqrt{V[X]V[Y]}\leqq \mathrm{Cov}[X,\ Y]\leqq \sqrt{V[X]V[Y]}$$
$$-1\leqq \frac{\mathrm{Cov}[X,\ Y]}{\sqrt{V[X]V[Y]}}\leqq 1$$
$$-1\leqq \rho[X,\ Y]\leqq 1 \quad \cdots\cdots ②$$

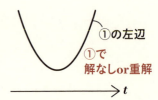

等号が成り立つときを吟味します。等号が成り立つとき、判別式が 0 になるので、①の左辺の 2 次式が 0 になるような実数 t が存在します。これを c とすると、

$$\{c(X-\mu_X)+(Y-\mu_Y)\}^2=0$$
$$c(X-\mu_X)+(Y-\mu_Y)=0$$
$$Y=-c(X-\mu_X)+\mu_Y$$

と、Y は X の 1 次式 ($c\neq 0$) または定数 ($c=0$) で表されます。

また、$Y=aX+b$ と表されるとき、$\mu_Y=a\mu_X+b$ であり、

$$Y=aX+b=aX+(\mu_Y-a\mu_X)=a(X-\mu_X)+\mu_Y$$

となりますから、②の等号が成り立ちます。

> **定理 2.25 共分散と積の期待値**
> 確率変数 X、Y について次が成り立つ。
> $$\mathrm{Cov}[X,\ Y]=E[XY]-E[X]E[Y]$$

[証明]
$$\begin{aligned}\mathrm{Cov}[X,\ Y]&=E[(X-\mu_X)(Y-\mu_Y)]\\&=E[XY-\mu_Y X-\mu_X Y+\mu_X\mu_Y]\\&=E[XY]-\mu_Y E[X]-\mu_X E[Y]+\mu_X\mu_Y\\&=E[XY]-\mu_Y\mu_X-\mu_X\mu_Y+\mu_X\mu_Y\\&=E[XY]-E[X]E[Y]\end{aligned}$$

確率分布

次に共分散の公式を紹介します。

定理 2.26　共分散の公式

確率変数 X、Y、Z、W について次が成り立つ。

(1) $\mathrm{Cov}[X+a,\ Y+b]=\mathrm{Cov}[X,\ Y]$

(2) $\mathrm{Cov}[aX,\ Y]=a\mathrm{Cov}[X,\ Y]$

(3) $\mathrm{Cov}[X,\ Y+Z]=\mathrm{Cov}[X,\ Y]+\mathrm{Cov}[X,\ Z]$

(4) $\mathrm{Cov}[aX+bY+c,\ dZ+eW+f]$
$\quad =ad\mathrm{Cov}[X,\ Z]+ae\mathrm{Cov}[X,\ W]+bd\mathrm{Cov}[Y,\ Z]$
$\qquad +be\mathrm{Cov}[Y,\ W]$

---

(4) を用いると、

$$
\begin{aligned}
V[aX+bY+c] &= \mathrm{Cov}[aX+bY+c,\ aX+bY+c]\\
&= a^2\mathrm{Cov}[X,\ X]+ab\mathrm{Cov}[X,\ Y]+ba\mathrm{Cov}[Y,\ X]+b^2\mathrm{Cov}[Y,\ Y]\\
&= a^2V[X]+2ab\mathrm{Cov}[X,\ Y]+b^2V[Y]
\end{aligned}
$$

と公式 2.24 の式を導くことができます。(4) は公式 2.24 の拡張です。

[証明] (1) $(X+a)-E[X+a]=X+a-(E[X]+a)=X-\mu_X$ を用いて、

$$
\begin{aligned}
\mathrm{Cov}[X+a,\ Y+b] &= E[(X+a-E[X+a])(Y+b-E[Y+b])]\\
&= E[(X-\mu_X)(Y-\mu_Y)]=\mathrm{Cov}[X,\ Y]
\end{aligned}
$$

(2) $aX-E[aX]=aX-aE[X]=a(X-\mu_X)$ を用いて、

$$
\begin{aligned}
\mathrm{Cov}[aX,\ Y] &= E[(aX-E[aX])(Y-E[Y])]=E[a(X-\mu_X)(Y-\mu_Y)]\\
&= aE[(X-\mu_X)(Y-\mu_Y)]=a\mathrm{Cov}[X,\ Y]
\end{aligned}
$$

(3) $(Y+Z)-E[Y+Z]=Y-\mu_Y+Z-\mu_Z$ を用いて、

$$
\begin{aligned}
\mathrm{Cov}[X,\ Y+Z] &= E[(X-\mu_X)(Y+Z-E[Y+Z])]\\
&= E[(X-\mu_X)(Y-\mu_Y+Z-\mu_Z)]\\
&= E[(X-\mu_X)(Y-\mu_Y)+(X-\mu_X)(Z-\mu_Z)]\\
&= E[(X-\mu_X)(Y-\mu_Y)]+E[(X-\mu_X)(Z-\mu_Z)]\\
&= \mathrm{Cov}[X,\ Y]+\mathrm{Cov}[X,\ Z]
\end{aligned}
$$

145

(4) (1) を用いれば、

$$\text{Cov}[aX+bY+c,\ dZ+eW+f]=\text{Cov}[aX+bY,\ dZ+eW]$$

(2)、(3) を用いると、$(aX+bY)(dZ+eW)$ の展開式の各項に Cov を付けた式と等しいことが分かります。

$$adXZ+aeXW+bdYZ+beYW$$
$$\downarrow$$
$$ad\text{Cov}[X,\ Z]+ae\text{Cov}[X,\ W]+bd\text{Cov}[Y,\ Z]+be\text{Cov}[Y,\ W]$$

係数を飛び越えて Cov を加えればよい。この感覚を覚えておいてください。

推測統計で用いますから、これをさらにシステマティックな公式にしておきましょう。その前に定義を 1 つ。

> **定義 2.27　分散共分散行列**
> 確率変数の組 $(X_1,\ X_2,\ \cdots,\ X_n)$ に対して、$\text{Cov}[X_i,\ X_j]$ を $(i,\ j)$ 成分に持つ n 次正方行列を分散共分散行列という。

$\text{Cov}[X_i,\ X_i]=V[X_i]$ ですから、対角成分には分散が並びます。また、$\text{Cov}[X_i,\ X_j]=\text{Cov}[X_j,\ X_i]$ ですから、分散共分散行列は対称行列になります。X_1、X_2、X_3 のときは、

$$\begin{pmatrix} V[X_1] & \text{Cov}[X_1,\ X_2] & \text{Cov}[X_1,\ X_3] \\ \text{Cov}[X_2,\ X_1] & V[X_2] & \text{Cov}[X_2,\ X_3] \\ \text{Cov}[X_3,\ X_1] & \text{Cov}[X_3,\ X_2] & V[X_3] \end{pmatrix}$$

となります。

ここで、X_1、X_2 に対して、Y_1、Y_2 が行列を用いて

$$\begin{pmatrix} Y_1 \\ Y_2 \end{pmatrix}=\begin{pmatrix} a & b \\ c & d \end{pmatrix}\begin{pmatrix} X_1 \\ X_2 \end{pmatrix} \quad \cdots\cdots \text{①}$$

と表されるとき、X_1、X_2 の分散共分散行列と Y_1、Y_2 の分散共分散行列の関係式を求めてみましょう。

Y_1、Y_2 の分散共分散行列は、

確率分布

$$\begin{pmatrix} Y_1 \\ Y_2 \end{pmatrix}(Y_1 \quad Y_2) = \begin{pmatrix} Y_1 Y_1 & Y_1 Y_2 \\ Y_2 Y_1 & Y_2 Y_2 \end{pmatrix} \quad \cdots\cdots②$$

$[(2,\ 1)行列と(1,\ 2)行列の積で(2,\ 2)行列]$

に Cov を付けたものです。$(Y_1 \quad Y_2)$ は、①の転置で、

$$(Y_1 \quad Y_2) = (X_1 \quad X_2)\begin{pmatrix} a & c \\ b & d \end{pmatrix} \qquad \begin{bmatrix} {}^t(AB) = {}^tB{}^tA \text{ を用いる} \\ {}^tA \text{ は、}A \text{ の転置行列} \end{bmatrix}$$

これと①を用いると②の左辺は、

$$\begin{pmatrix} Y_1 \\ Y_2 \end{pmatrix}(Y_1 \quad Y_2) = \begin{pmatrix} a & b \\ c & d \end{pmatrix}\begin{pmatrix} X_1 \\ X_2 \end{pmatrix}(X_1 \quad X_2)\begin{pmatrix} a & c \\ b & d \end{pmatrix}$$

となります。右辺を計算したものに Cov を付けるとき、Cov は係数を飛び越えて付けることになりますから、$\begin{pmatrix} X_1 \\ X_2 \end{pmatrix}(X_1 \quad X_2)$ を計算してこれに Cov を付ければよいことになります。つまり、

$$\begin{pmatrix} V[Y_1] & \mathrm{Cov}[Y_1,\ Y_2] \\ \mathrm{Cov}[Y_2,\ Y_1] & V[Y_2] \end{pmatrix} = \begin{pmatrix} a & b \\ c & d \end{pmatrix}\begin{pmatrix} V[X_1] & \mathrm{Cov}[X_1,\ X_2] \\ \mathrm{Cov}[X_2,\ X_1] & V[X_2] \end{pmatrix}\begin{pmatrix} a & c \\ b & d \end{pmatrix}$$

が成り立ちます。

上では2次の場合で示しましたが、一般の n 次の場合も成り立ちます。

公式 2.28　変数変換と分散共分散行列

確率変数 X_1、X_2、$\cdots$、X_n、Y_1、Y_2、$\cdots$、Y_n を並べたベクトル $\boldsymbol{x}$、$\boldsymbol{y}$ を、

$$\boldsymbol{x} = \begin{pmatrix} X_1 \\ \vdots \\ X_n \end{pmatrix}, \quad \boldsymbol{y} = \begin{pmatrix} Y_1 \\ \vdots \\ Y_n \end{pmatrix}$$

とする。$\boldsymbol{x}$ と $\boldsymbol{y}$ の関係式が、n 次正方行列 A を用いて、$\boldsymbol{y} = A\boldsymbol{x}$ と表されるとき、X_1、X_2、$\cdots$、X_n の分散共分散行列を S_X、Y_1、Y_2、$\cdots$、Y_n の分散共分散行列を S_Y とすると、

$$S_Y = A S_X {}^t A$$

147

定理 2.25 を用いる練習問題を挙げておきます。

> **ホップ**
>
> 📌 **問題　E、V の公式** （別 p.22）
>
> 確率変数 X、Y について、
>
> $\quad E[X]=1$、$V[X]=6$、$E[Y]=-2$、$V[Y]=1$、$E[XY]=-1$
>
> である。このとき確率変数 Z、W を
>
> $$Z=3X-2Y+1 \qquad W=X-Y-2$$
>
> と定める。
>
> (1)　$V[Z]$、$V[W]$ を求めよ。
>
> (2)　$\rho[Z,\ W]$ を求めよ。

(1)　$\text{Cov}[X,\ Y]=E[XY]-E[X]E[Y]=(-1)-1\cdot(-2)=1$

$\quad V[Z]=V[3X-2Y+1]=3^2V[X]+2\cdot3(-2)\text{Cov}[X,\ Y]+2^2V[Y]$ 　公式 2.24

$\qquad\quad =9\cdot6-12\cdot1+4\cdot1=46$

$\quad V[W]=V[X-Y-2]=V[X]-2\text{Cov}[X,\ Y]+V[Y]=6-2\cdot1+1=5$

(2)　$E[Z]=E[3X-2Y+1]=3E[X]-2E[Y]+1=3\cdot1-2\cdot(-2)+1=8$

$\quad E[W]=E[X-Y-2]=E[X]-E[Y]-2=1-(-2)-2=1$

$\quad E[X^2]=V[X]+\{E[X]\}^2=6+1^2=7$

$\quad E[Y^2]=V[Y]+\{E[Y]\}^2=1+(-2)^2=5$

$\quad E[ZW]=E[(3X-2Y+1)(X-Y-2)]$

$\qquad\qquad =E[3X^2-5XY+2Y^2-5X+3Y-2]$

$\qquad\qquad =3E[X^2]-5E[XY]+2E[Y^2]-5E[X]+3E[Y]-2$

$\qquad\qquad =3\cdot7-5\cdot(-1)+2\cdot5-5\cdot1+3\cdot(-2)-2=23$

$\text{Cov}[Z,\ W]=E[ZW]-E[Z]E[W]=23-8\cdot1=15$

$$\rho[Z,\ W]=\frac{\text{Cov}[Z,\ W]}{\sqrt{V[Z]}\sqrt{V[W]}}=\frac{15}{\sqrt{46}\sqrt{5}}=\frac{15}{\sqrt{230}}=0.989$$

〔別解〕　$\text{Cov}[aX+bY+c, dX+eY+f]=ad V[X]+(ae+bd)\text{Cov}[X,Y]+be V[Y]$
を用いる。

$$\begin{aligned}
\text{Cov}[Z,\ W] &= \text{Cov}[3X-2Y+1,\ X-Y-2] \\
&= 3\cdot 1 V[X] + \{3\cdot(-1)+(-2)\cdot 1\}\text{Cov}[X,\ Y] + (-2)(-1)V[Y] \\
&= 3\cdot 6 + (-5)\cdot 1 + 2\cdot 1 = 15
\end{aligned}$$

以下略。

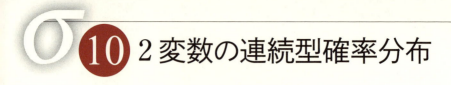

10　2変数の連続型確率分布

■ 2変数の連続型確率分布

1変数 X の連続型確率分布の確率は、X の確率密度関数 $f(x)$ を用いて、

$$P(a \leq X \leq b) = \int_a^b f(x)dx$$

と表されました。2次元 (X, Y) の連続型確率変数は、任意の x、y について正または0の値を持つ2変数関数 $f(x, y)$ を用いて次のように表されます。

> **定義 2.29　2変数の連続型確率分布**
>
> X と Y に関して、$a \leq X \leq b$、$c \leq Y \leq d$ となる確率が、x と y の2変数関数 $f(x, y)$ を用いて、
>
> $$P(a \leq X \leq b,\ c \leq Y \leq d) = \int_a^b \int_c^d f(x, y)dydx$$
>
> と表されるとき、$f(x, y)$ は2次元の確率変数 (X, Y) の同時確率密度関数という。

$z = f(x, y)$ として、(x, y, z) を座標空間上にプロットすると、下図のように曲面になります。$z = f(x, y) \geq 0$ ですから、この曲面は xy 平面よりも上にあります。

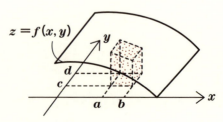

$\int_a^b \int_c^d f(x, y)dydx$ とは、xy 平面上の $a \leq x \leq b$、$c \leq y \leq d$ の領域とこの曲面

確率分布

で挟まれた部分（図の赤打点部）の体積を表しています。

連続型の場合でも離散のときの $\sum$ を $\int$ に置き換えれば同様に、周辺確率密度関数、期待値、分散、共分散が定義できます。

定義 2.30　2変数の連続型確率分布（周辺確率密度関数、期待値、分散など）

確率変数 X, Y の同時確率密度関数を $f(x, y)$ とすると、

X の周辺確率密度関数　$f_X(x) = \displaystyle\int_{-\infty}^{\infty} f(x, y) dy$

Y の周辺確率密度関数　$f_Y(y) = \displaystyle\int_{-\infty}^{\infty} f(x, y) dx$

X の期待値　　$E[X] = \displaystyle\int_{-\infty}^{\infty} x f_X(x) dx = \int_{-\infty}^{\infty} x \int_{-\infty}^{\infty} f(x, y) dy dx$

Y の期待値　　$E[Y] = \displaystyle\int_{-\infty}^{\infty} y f_Y(y) dy = \int_{-\infty}^{\infty} y \int_{-\infty}^{\infty} f(x, y) dx dy$

$g(X, Y)$ の期待値　$E[g(X, Y)] = \displaystyle\int_{-\infty}^{\infty} \int_{-\infty}^{\infty} g(x, y) f(x, y) dx dy$

$\mu_X = E[X]$, $\mu_Y = E[Y]$ とおいて、

X の分散　　　$V[X] = \displaystyle\int_{-\infty}^{\infty} (x - \mu_X)^2 f_X(x) dx$

Y の分散　　　$V[Y] = \displaystyle\int_{-\infty}^{\infty} (y - \mu_Y)^2 f_Y(y) dy$

X, Y の共分散

$$\mathrm{Cov}[X, Y] = \int_{-\infty}^{\infty} \int_{-\infty}^{\infty} (x - \mu_X)(y - \mu_Y) f(x, y) dx dy$$

X, Y の相関係数　$\rho[X, Y] = \dfrac{\mathrm{Cov}[X, Y]}{\sqrt{V[X]}\sqrt{V[Y]}}$

定義はこの通りですが、分散・共分散を計算するときは、公式

$$V[X] = E[X^2] - \{E[X]\}^2 \qquad \mathrm{Cov}[X, Y] = E[XY] - E[X]E[Y]$$

を用いた方が楽な場合が多いです。

データ（資料）のときと同じように、相関係数は、$-1 \leq \rho[X, Y] \leq 1$ を満た

151

します。

　周辺確率密度関数をイメージで捉えておきましょう。
　周辺確率密度関数$f_X(x)$の$x=a$のときの値$f_X(a)$を考えてみます。$f_X(a)$は被積分関数を$f(a, y)$としてyの全範囲で積分した値です。下図のアカ網部は、$0 \leq z \leq f(x, y)$を平面$x=a$で切断したときの切り口で、$f_X(a)$はこの面積になります。
　$f_X(x)$はこのような値をx方向に並べたグラフであると考えられます。

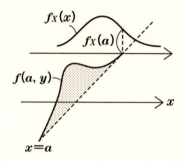

　これによってXを1次元確率変数と見なすことができます。

　問題を通して、連続型確率分布の周辺確率密度関数、期待値・分散、共分散の公式を確認してみましょう。

確率分布

問題 同時確率密度関数 (別 p.24)

2次元の確率変数 (X, Y) の同時確率密度関数が、
$$f(x, y) = kxy^2 \quad (0 \leq x \leq 2,\ 0 \leq y \leq 1)$$
で表されている。
(1) k を求めよ
(2) X, Y の周辺確率密度関数 $f_X(x)$、$f_Y(y)$ を求めよ。
(3) X, Y の期待値・分散、X, Y の共分散を求めよ。

(1) $\displaystyle\int_0^1 \int_0^2 kxy^2 dxdy = \int_0^1 \left[\frac{k}{2}x^2y^2\right]_0^2 dy = \int_0^1 2ky^2 dy = \left[\frac{2}{3}ky^3\right]_0^1 = \frac{2}{3}k$

これが1に等しいので、$k = \dfrac{3}{2}$ です。

(2) $\displaystyle f_X(x) = \int_0^1 \frac{3}{2}xy^2 dy = \left[\frac{1}{2}xy^3\right]_0^1 = \frac{1}{2}x$

$\displaystyle f_Y(y) = \int_0^2 \frac{3}{2}xy^2 dx = \left[\frac{3}{4}x^2y^2\right]_0^2 = 3y^2$

(3) $\displaystyle E[X] = \int_0^2 xf_X(x)dx = \int_0^2 x \cdot \frac{1}{2}x dx = \left[\frac{1}{6}x^3\right]_0^2 = \frac{4}{3}$

$\displaystyle E[Y] = \int_0^1 yf_Y(y)dy = \int_0^1 y \cdot 3y^2 dy = \left[\frac{3}{4}y^4\right]_0^1 = \frac{3}{4}$

$\displaystyle E[X^2] = \int_0^2 x^2 f_X(x)dx = \int_0^2 x^2 \cdot \frac{1}{2}x dx = \left[\frac{1}{8}x^4\right]_0^2 = 2$

$\displaystyle E[Y^2] = \int_0^1 y^2 f_Y(y)dy = \int_0^1 y^2 \cdot 3y^2 dy = \left[\frac{3}{5}y^5\right]_0^1 = \frac{3}{5}$

$\displaystyle E[XY] = \int_0^1 \int_0^2 xyf(x, y)dxdy = \int_0^1 \int_0^2 xy \cdot \frac{3}{2}xy^2 dxdy$

$\displaystyle \qquad = \int_0^1 \left[\frac{1}{2}x^3 y^3\right]_0^2 dy = \int_0^1 4y^3 dy = \left[y^4\right]_0^1 = 1$

$\displaystyle V[X] = E[X^2] - \{E[X]\}^2 = 2 - \left(\frac{4}{3}\right)^2 = \frac{2}{9}$

$$V[Y] = E[Y^2] - \{E[Y]\}^2 = \frac{3}{5} - \left(\frac{3}{4}\right)^2 = \frac{3}{80}$$

$$\mathrm{Cov}[X,\ Y] = E[XY] - E[X]E[Y] = 1 - \frac{4}{3} \cdot \frac{3}{4} = 0$$

一般に、$(X,\ Y)$ の同時確率密度関数 $f(x,\ y)$ が x の関数 $g(x)$ と y の関数 $h(y)$ の積で、$f(x,\ y) = g(x)h(y)$ と表されるとき（この条件は後に定義される X と Y が独立のとき）、共分散 $\mathrm{Cov}[X,\ Y]$ が 0 になります。

■ 2 次元正規分布

2 変数の連続型確率分布の中で、一番重要な 2 次元正規分布について紹介しましょう。e^x の指数部分が膨らむので、e^x を $\exp[x]$ と書きます。

定義 2.31　2 次元正規分布

2 次元の確率変数 $(X,\ Y)$ の同時確率密度関数が、

$$f(x,\ y) = \frac{1}{2\pi\sigma_X\sigma_Y\sqrt{1-\rho^2}} \times$$

$$\exp\left[-\frac{1}{2(1-\rho^2)}\left\{\frac{(x-\mu_X)^2}{\sigma_X^2} - 2\rho\frac{(x-\mu_X)(y-\mu_Y)}{\sigma_X\sigma_Y} + \frac{(y-\mu_Y)^2}{\sigma_Y^2}\right\}\right]$$

で表される確率分布を 2 次元正規分布 $N(\mu_X,\ \mu_Y,\ \sigma_X^2,\ \sigma_Y^2,\ \rho)$ という。

後に計算して確かめますが、X の期待値・分散が μ_X、σ_X^2、Y の期待値・分散が μ_Y、σ_Y^2、X と Y の相関係数が ρ になっています。

2 次元正規分布のイメージを掴んでみましょう。

[$\rho = 0$ のとき]

$\rho = 0$ を代入すると、

$$f(x, y) = \frac{1}{2\pi\sigma_X\sigma_Y}\exp\left[-\frac{1}{2}\left\{\frac{(x-\mu_X)^2}{\sigma_X^2}+\frac{(y-\mu_Y)^2}{\sigma_Y^2}\right\}\right]$$

$$= \frac{1}{\sqrt{2\pi}\,\sigma_X}\exp\left[-\frac{(x-\mu_X)^2}{2\sigma_X^2}\right]\times\frac{1}{\sqrt{2\pi}\,\sigma_Y}\exp\left[-\frac{(y-\mu_Y)^2}{2\sigma_Y^2}\right]$$

つまり、$\rho=0$ のとき、2次元正規分布の同時確率密度関数は、$N(\mu_X, \sigma_X^2)$ の確率密度関数と $N(\mu_Y, \sigma_Y^2)$ の確率密度関数の積になります。図で表すと次のようになります。

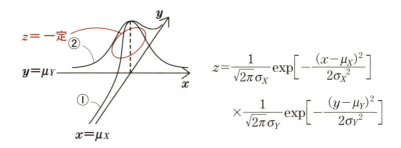

曲面 $z=f(x, y)$ を、平面 $x=a$ で切っても、平面 $y=b$ で切っても、切り口には正規分布のグラフの釣り鐘型が表れます。

平面 $x=\mu_X$ での切り口が、$z=\dfrac{1}{\sqrt{2\pi}\,\sigma_X}\times\dfrac{1}{\sqrt{2\pi}\,\sigma_Y}\exp\left[-\dfrac{(y-\mu_Y)^2}{2\sigma_Y^2}\right]$ ……①

平面 $y=\mu_Y$ での切り口が、$z=\dfrac{1}{\sqrt{2\pi}\,\sigma_Y}\times\dfrac{1}{\sqrt{2\pi}\,\sigma_X}\exp\left[-\dfrac{(x-\mu_X)^2}{2\sigma_X^2}\right]$ ……②

になります。$z=f(x, y)$ を山に見立てれば、①、②は尾根に当たります。

平面 $x=a$ の切り口では、$y=\mu_Y$ のときの z の値が最大になります。

平面 $y=b$ の切り口では、$x=\mu_X$ のときの z の値が最大になります。

$z=$ 一定 $\left(<\dfrac{1}{2\pi\sigma_X\sigma_Y}\right)$ となる平面で切ると、exp の中の式が一定となり、切り口は楕円になります。

[$\rho\neq 0$、$\mu_X=0$、$\mu_Y=0$、$\sigma_X=1$、$\sigma_Y=1$ の場合]

$$f(x, y) = \frac{1}{2\pi\sqrt{1-\rho^2}}\exp\left[-\frac{1}{2(1-\rho^2)}(x^2-2\rho xy+y^2)\right]$$

ここで、

$$\frac{1}{1-\rho^2}(x^2-2\rho xy+y^2)=\frac{1}{1-\rho^2}\left\{(1-\rho)\left(\frac{x+y}{\sqrt{2}}\right)^2+(1+\rho)\left(\frac{x-y}{\sqrt{2}}\right)^2\right\}$$

$$=\frac{1}{1+\rho}\left(\frac{x+y}{\sqrt{2}}\right)^2+\frac{1}{1-\rho}\left(\frac{x-y}{\sqrt{2}}\right)^2$$

と式変形できますから、$u=\dfrac{x+y}{\sqrt{2}}$、$v=\dfrac{x-y}{\sqrt{2}}$ とおけば、

$$f(x, y)=\frac{1}{2\pi\sqrt{1-\rho^2}}\exp\left[-\frac{1}{2}\left(\frac{u^2}{1+\rho}+\frac{v^2}{1-\rho}\right)\right]$$

となります。ここで、$f(x, y)=$ 一定となる曲線を求めてみましょう。

$y=x$ となる直線（すなわち、$v=0$ となる直線）を u 軸、$y=-x$ となる直線（すなわち、$u=0$ となる直線）を v 軸とします。

すると、u 軸に数直線（原点を0として、右上を正として原点からの距離を目盛る）を書いたとき、下左図のように点 (x, y) の目盛りが $u=\dfrac{x+y}{\sqrt{2}}$ になります。

同様に、v は v 軸上の点 (x, y) の目盛りになります。

よって、$f(x, y)=$ 一定となる曲線は、uv 座標平面で、長軸（u 軸方向の軸）と短軸（v 軸方向の軸）の比が、$\sqrt{1+\rho}:\sqrt{1-\rho}$ の楕円となります。

$z=f(x, y)$ の等高線を上から見た図は下右図のようになります。

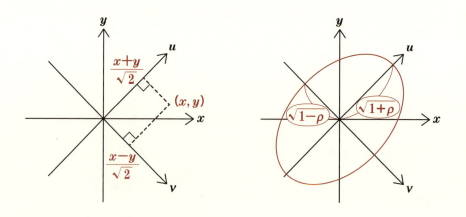

一般の2次元正規分布の場合の $z=$ 一定での切り口は、右上図の楕円を x 軸

確率分布

方向に σ_X 倍、y 軸方向に σ_Y 倍してから、楕円の中心を xy 座標で $(\mu_X,\ \mu_Y)$ に平行移動した楕円になります。

> **問題** 2次元正規分布の周辺確率・分散・共分散・相関係数
>
> 　2次元の確率変数 $(X,\ Y)$ が、2次元正規分布 $N(\mu_X,\ \mu_Y,\ \sigma_X{}^2,$ $\sigma_Y{}^2,\ \rho)$ に従うとき、X の周辺確率密度関数 $f_X(x)$、期待値 $E[X]$、分散 $V[X]$、また共分散 $\mathrm{Cov}[X,\ Y]$、相関係数 $r[X,\ Y]$ を求めよ。

$N(\mu_X,\ \mu_Y,\ \sigma_X{}^2,\ \sigma_Y{}^2,\ \rho)$ の同時確率密度関数を $f(x,\ y)$ とします。

x、y のままでは計算が面倒になるので、u、v に変数変換して積分を計算します。

$$u=\frac{x-\mu_X}{\sigma_X\sqrt{1-\rho^2}},\quad v=\frac{y-\mu_Y}{\sigma_Y\sqrt{1-\rho^2}}\ とおくと、\ \sigma_X\sqrt{1-\rho^2}\,du=dx、\ \sigma_Y\sqrt{1-\rho^2}\,dv=dy$$

$$f(x,\ y)=\frac{1}{2\pi\sigma_X\sigma_Y\sqrt{1-\rho^2}}\times$$

$$\exp\left[-\frac{1}{2(1-\rho^2)}\left\{\frac{(x-\mu_X)^2}{\sigma_X{}^2}-2\rho\frac{(x-\mu_X)(y-\mu_Y)}{\sigma_X\sigma_Y}+\frac{(y-\mu_Y)^2}{\sigma_Y{}^2}\right\}\right]$$

$$=\frac{1}{2\pi\sigma_X\sigma_Y\sqrt{1-\rho^2}}\exp\left[-\frac{1}{2}(u^2-2\rho uv+v^2)\right]$$

$$=\frac{1}{2\pi\sigma_X\sigma_Y\sqrt{1-\rho^2}}\exp\left[-\frac{1}{2}\{(v-\rho u)^2+(1-\rho^2)u^2\}\right]$$

$$=\frac{1}{2\pi\sigma_X\sigma_Y\sqrt{1-\rho^2}}\exp\left[-\frac{1}{2}(v-\rho u)^2-\frac{1}{2}(1-\rho^2)u^2\right]$$

この右辺を $g(u,\ v)$ とおきます。

$$f_X(x)=\int_{-\infty}^{\infty}f(x,\ y)dy=\int_{-\infty}^{\infty}g(u,\ v)\sigma_Y\sqrt{1-\rho^2}\,dv$$

$$=\int_{-\infty}^{\infty}\frac{1}{2\pi\sigma_X\sigma_Y\sqrt{1-\rho^2}}\exp\left[-\frac{1}{2}(v-\rho u)^2-\frac{1}{2}(1-\rho^2)u^2\right]\sigma_Y\sqrt{1-\rho^2}\,dv$$

157

$$= \int_{-\infty}^{\infty} \frac{1}{2\pi\sigma_X} \exp\left[-\frac{1}{2}(v-\rho u)^2 - \frac{1}{2}(1-\rho^2)u^2 \right] dv$$

$$= \frac{1}{2\pi\sigma_X} \exp\left[-\frac{1}{2}(1-\rho^2)u^2 \right] \underline{\int_{-\infty}^{\infty} \exp\left[-\frac{1}{2}(v-\rho u)^2 \right] dv}$$

公式 1.22（2）より $\sqrt{2\pi}$

$$= \frac{1}{\sqrt{2\pi}\,\sigma_X} \exp\left[-\frac{1}{2}(1-\rho^2)u^2 \right] = \frac{1}{\sqrt{2\pi}\,\sigma_X} \exp\left[-\frac{(x-\mu_X)^2}{2\sigma_X{}^2} \right]$$

これは正規分布 $N(\mu_X,\ \sigma_X{}^2)$ であり、$E[X]=\mu_X$、$V[X]=\sigma_X{}^2$

また、共分散を求める準備をしておくと、

$$(x-\mu_X)(y-\mu_Y)f(x,\ y)dxdy$$

$$= \sigma_X\sqrt{1-\rho^2}u\,\sigma_Y\sqrt{1-\rho^2}v\frac{1}{2\pi\sigma_X\sigma_Y\sqrt{1-\rho^2}} \exp\left[-\frac{1}{2}(v-\rho u)^2 - \frac{1}{2}(1-\rho^2)u^2 \right]$$

$$\times \sigma_X\sqrt{1-\rho^2}du\,\sigma_Y\sqrt{1-\rho^2}dv$$

なので、

$$\mathrm{Cov}[X,\ Y] = E[(X-\mu_X)(Y-\mu_Y)]$$

$$= \int_{-\infty}^{\infty} \int_{-\infty}^{\infty} (x-\mu_X)(y-\mu_Y)f(x,\ y)dxdy$$

$$= \int_{-\infty}^{\infty} \int_{-\infty}^{\infty} \frac{1}{2\pi}\sigma_X\sigma_Y(1-\rho^2)^{\frac{3}{2}}uv\exp\left[-\frac{1}{2}(v-\rho u)^2 - \frac{1}{2}(1-\rho^2)u^2 \right] dvdu$$

$$= \frac{1}{2\pi}\sigma_X\sigma_Y(1-\rho^2)^{\frac{3}{2}} \int_{-\infty}^{\infty} \underline{\left(\int_{-\infty}^{\infty} v\exp\left[-\frac{1}{2}(v-\rho u)^2 \right] dv \right)} u\exp\left[-\frac{1}{2}(1-\rho^2)u^2 \right] du$$

$$\left[f(x)=\frac{1}{\sqrt{2\pi}\,\sigma}e^{-\frac{(x-\mu)^2}{2\sigma^2}} \text{ のとき、} E[X]=\int_{-\infty}^{\infty} x\frac{1}{\sqrt{2\pi}\,\sigma}e^{-\frac{(x-\mu)^2}{2\sigma^2}}dx=\mu \text{ となる（定義 2.16} \right.$$

$$\left. \text{のあと参照）。} x \Rightarrow v\text{、} \sigma \Rightarrow 1\text{、} \mu \Rightarrow \rho u \text{ として用いて} \right]$$

$$= \frac{1}{\sqrt{2\pi}}\sigma_X\sigma_Y(1-\rho^2)^{\frac{3}{2}} \int_{-\infty}^{\infty} \rho u^2\exp\left[-\frac{1}{2}(1-\rho^2)u^2 \right] du$$

$$= \sigma_X\sigma_Y\rho(1-\rho^2) \int_{-\infty}^{\infty} \underline{u^2\frac{1}{\sqrt{2\pi}}\sqrt{1-\rho^2}\exp\left[-\frac{1}{2}(1-\rho^2)u^2 \right] du}$$

$$\left[f(x)=\frac{1}{\sqrt{2\pi}\,\sigma}e^{-\frac{(x-\mu)^2}{2\sigma^2}} \text{ のとき、} E[X^2]=\int_{-\infty}^{\infty} x^2\frac{1}{\sqrt{2\pi}\,\sigma}e^{-\frac{(x-\mu)^2}{2\sigma^2}}dx=\sigma^2+\mu^2 \right.$$

$$\left. x \Rightarrow u\text{、} \sigma \Rightarrow \frac{1}{\sqrt{1-\rho^2}}\text{、} \mu \Rightarrow 0 \text{ として用いて} \right]$$

確率分布

$$= \sigma_X \sigma_Y \rho (1 - \rho^2) \cdot \frac{1}{1 - \rho^2} = \sigma_X \sigma_Y \rho$$

これより、X、Y の相関係数 r は、

$$r[X, \ Y] = \frac{\mathrm{Cov}[X, \ Y]}{\sqrt{V[X]}\sqrt{V[Y]}} = \frac{\sigma_X \sigma_Y \rho}{\sigma_X \sigma_Y} = \rho$$

　この問題の結果をまとめると、X の期待値・分散が μ_X、$\sigma_X{}^2$、Y の期待値・分散が μ_Y、$\sigma_Y{}^2$、X と Y の相関係数が ρ であるような 2 次元正規分布が $N(\mu_X, \ \mu_Y, \ \sigma_X{}^2, \ \sigma_Y{}^2, \ \rho)$ であるということです。

11 確率変数の独立

8節でも簡単に触れましたが、この節では確率変数の独立についてまとめておきます。イントロで紹介した事象の独立を復習してみましょう。

事象の独立は、

AとBが独立である

$\Leftrightarrow \quad P(A \cap B) = P(A)P(B)$

と定義されました。事象 A, B のところを、確率変数を用いて表す事象の表現に置き換えると、確率変数の独立が定義されます。

> **定義 2.32 確率変数の独立（離散型）**
> 2次元の離散型確率変数 (X, Y) が、任意の k, l に対して、
> $$P(X=k, Y=l) = P(X=k)P(Y=l)$$
> が成り立つとき、X と Y は独立であるという。

これは2次元の確率変数 (X, Y) の分布表において、表の中に書かれた値（例えばア）が、周辺確率分布のイとウの積で表されるということです。この関係は独立性の検定の時にも用いますから、上の定義を実感する事実として記憶しておいてもらいたいと思います。

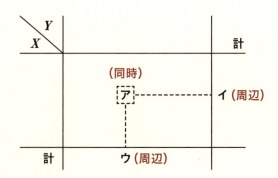

確率分布

簡単な問題で、独立の概念を確認してみましょう。

次の問題文の中に出てくる、復元抽出と非復元抽出について説明しておきます。

何個かの玉が入っている袋から玉を続けて取り出すときのことを考えます。

1個の玉を取り出し（これをAとする）、次にもう1個の玉を取り出すとき、

　　　Aを袋に戻してから次の玉を取り出すのが復元抽出、

　　　Aを袋に戻さず次の玉を取り出すのが非復元抽出

です。

すなわち、抽出を繰り返すとき、いったん抽出したものを元に戻してから抽出を繰り返すことを**復元抽出**、抽出したものは元に戻さずに抽出を繰り返すことを**非復元抽出**といいます。

問題　復元抽出と非復元抽出

　1、2、3の3枚のカードが袋に入っている。袋から1回目に取り出したカードに書かれた数をX、2回目に取り出したカードに書かれた数をYとする。（ア）、（イ）のそれぞれの場合にXとYが独立であるか判定せよ。

　（ア）　復元抽出の場合

　（イ）　非復元抽出の場合

(X, Y) の同時確率分布を書くと、次のようになります。

（ア）

$X \backslash Y$	1	2	3	計
1	$\dfrac{1}{9}$	$\dfrac{1}{9}$	$\dfrac{1}{9}$	$\dfrac{1}{3}$
2	$\dfrac{1}{9}$	$\dfrac{1}{9}$	$\dfrac{1}{9}$	$\dfrac{1}{3}$
3	$\dfrac{1}{9}$	$\dfrac{1}{9}$	$\dfrac{1}{9}$	$\dfrac{1}{3}$
計	$\dfrac{1}{3}$	$\dfrac{1}{3}$	$\dfrac{1}{3}$	1

（イ）

$X \backslash Y$	1	2	3	計
1	0	$\dfrac{1}{6}$	$\dfrac{1}{6}$	$\dfrac{1}{3}$
2	$\dfrac{1}{6}$	0	$\dfrac{1}{6}$	$\dfrac{1}{3}$
3	$\dfrac{1}{6}$	$\dfrac{1}{6}$	0	$\dfrac{1}{3}$
計	$\dfrac{1}{3}$	$\dfrac{1}{3}$	$\dfrac{1}{3}$	1

（ア）では、任意のk、lについて、

$$P(X=k,\ Y=l)=\frac{1}{9}\text{、}\ P(X=k)=\frac{1}{3}\text{、}\ P(Y=l)=\frac{1}{3}$$

であり、$P(X=k,\ Y=l)=P(X=k)P(Y=l)$ が成り立つので、X と Y は独立です。

（イ）では、$P(X=1,\ Y=2)=\dfrac{1}{6}$、$P(X=1)P(Y=2)=\dfrac{1}{3}\cdot\dfrac{1}{3}=\dfrac{1}{9}$ なので、

$P(X=1,\ Y=2)\neq P(X=1)P(Y=2)$ であり、X と Y は独立ではありません。

この問題から分かるように、3 を一般の n にして、i 回目に取り出したカード
に書かれた数を X_i とすれば、
　　復元抽出のとき、

$$P(X_i=a)P(X_j=b)=P(X_i=a,\ X_j=b)\quad(i\neq j)$$

$$\left(\frac{1}{n}\cdot\frac{1}{n}=\frac{1}{n^2}\right)$$

　　非復元抽出のとき、

$$P(X_i=a)P(X_j=b)\neq P(X_i=a,\ X_j=b)\quad(i\neq j,\ a\neq b)$$

$$\left(\frac{1}{n}\cdot\frac{1}{n}\neq\frac{1}{n(n-1)}\right)$$

となるので、標語的には

復元抽出のときは独立である
非復元抽出のときは独立でない

とまとめることができます。

　　ただ、n が大きいときには、復元抽出のときの $P(X_i=a,\ X_j=b)$ と非復元抽出

のときの $P(X_i=a,\ X_j=b)$ は、$\dfrac{1}{n^2}$ と $\dfrac{1}{n(n-1)}$ でその差は小さくなってきます。

　　つまり、n が大きいときは、非復元抽出の場合であっても X_i と X_j はほぼ独立
と見なしてよいということです。この捉え方は、第 3 章の推測統計で母集団から
取り出した標本の値を確率変数とする際に、これらが互いに独立であると見なす
根拠になります。

　　連続型確率分布の場合、独立は次のように定義されます。
　　連続型のときも、（同時）＝（周辺）×（周辺）が独立の定義となります。

162

確率分布

> **定義 2.33　確率変数の独立（連続型）**
>
> 　2次元の連続型確率変数 (X, Y) に関して、同時確率密度関数が $f(x, y)$、X、Y の周辺確率密度関数がそれぞれ $f_X(x)$、$f_Y(y)$ である。任意の x、y について、
> $$f(x, y) = f_X(x) f_Y(y)$$
> が成り立つとき、X と Y は独立であるという。

　ここまで離散型も連続型も2次元の確率変数について独立を定義しました。

　イントロの「事象の独立」の例で紹介したように，

「サイコロを1回投げたとき、

　X は、出た目が3の倍数なら $X=1$、3の倍数でないなら $X=0$、

　Y は、出た目が3以下なら $Y=1$、4以上なら $Y=0$」

と定めれば、X, Y は1つの試行に関する確率変数ですから、(X, Y) の2次元確率分布の表をイメージしやすいでしょう。

　では、別々の試行に関する1次元の確率変数 X、Y の場合には確率変数の独立は論じることができないのでしょうか。例えば、サイコロを投げた目 (X) とコイントスの裏表（表：$Y=1$、裏：$Y=0$）の場合です。この場合でも確率変数の独立を論じることはできます。しかし、その場合でも同時確率質量関数 $P(X=k, Y=l)$ の値が分からなければ、独立か否かの判定はできません。ですからこの本では、初めから2変数の確率分布について確率変数の独立の定義を与えることにしました。

　サイコロとコインの場合には、糸でつながっているという状況でない限り、常識的に考えて独立です。逆に独立という条件を認めて、同時確率質量関数を求めるわけです。

　2次元正規分布の場合で、独立の条件を求めてみましょう。

> **問題　2次元正規分布の独立の条件**
>
> 　2次元正規分布 $N(\mu_X, \mu_Y, \sigma_X^2, \sigma_Y^2, \rho)$ の X、Y が独立になる必要十分条件を求めよ。

X、Y が独立

$\iff$ 任意の x、y について $f(x, y) = f_X(x) f_Y(y)$

$\iff$ 任意の x、y について $\dfrac{f(x, y)}{f_X(x) f_Y(y)} = 1$

ここで、

$$f(x, y) = \frac{1}{2\pi\sigma_X\sigma_Y\sqrt{1-\rho^2}} \times$$

$$\exp\left[-\frac{1}{2(1-\rho^2)}\left\{\frac{(x-\mu_X)^2}{\sigma_X^2} - 2\rho\frac{(x-\mu_X)(y-\mu_Y)}{\sigma_X\sigma_Y} + \frac{(y-\mu_Y)^2}{\sigma_Y^2}\right\}\right]$$

$$f_X(x) = \frac{1}{\sqrt{2\pi}\,\sigma_X}\exp\left[-\frac{(x-\mu_X)^2}{2\sigma_X^2}\right],\ f_Y(y) = \frac{1}{\sqrt{2\pi}\,\sigma_Y}\exp\left[-\frac{(y-\mu_Y)^2}{2\sigma_Y^2}\right]$$

ですから、$u = \dfrac{x-\mu_X}{\sigma_X\sqrt{1-\rho^2}}$、$v = \dfrac{y-\mu_Y}{\sigma_Y\sqrt{1-\rho^2}}$ とおくと、

$$f(x, y) = \frac{1}{2\pi\sigma_X\sigma_Y\sqrt{1-\rho^2}}\exp\left[-\frac{1}{2}(u^2 - 2\rho uv + v^2)\right]$$

$$f_X(x) = \frac{1}{\sqrt{2\pi}\,\sigma_X}\exp\left[-\frac{1}{2}(1-\rho^2)u^2\right],\ f_Y(y) = \frac{1}{\sqrt{2\pi}\,\sigma_Y}\exp\left[-\frac{1}{2}(1-\rho^2)v^2\right]$$

$$\frac{f(x, y)}{f_X(x) f_Y(y)} = \frac{1}{\sqrt{1-\rho^2}}\exp\left[-\frac{1}{2}(\rho^2 u^2 - 2\rho uv + \rho^2 v^2)\right]$$

となりますから、

任意の x、y について $\dfrac{f(x, y)}{f_X(x) f_Y(y)} = 1$

$\iff$ 任意の u、v について $\dfrac{f(x, y)}{f_X(x) f_Y(y)} = 1$ $\begin{bmatrix}(x,\ y)\ \text{が}\ xy\ \text{平面全体を動くときには、}\\ (u,\ v)\ \text{も}\ uv\ \text{平面全体を動く。}\end{bmatrix}$

$\iff$ $\rho^2 = 0$, $\rho = 0$, $\dfrac{1}{\sqrt{1-\rho^2}} = 1$ $\begin{bmatrix}\text{任意の}\ u\text{、}v\ \text{で定数になるためには、}\\ u^2\text{、}uv\text{、}v^2\ \text{の係数はすべて}\ 0\end{bmatrix}$

$\iff$ $\rho = 0$

このことから、<u>正規分布に従う確率変数 X、Y があるとき、$\mathrm{Cov}[X, Y] = 0$ で</u>あれば、<u>X と Y は独立</u>であることが分かります。このことは推測統計で重要になってきます。

164

確率分布

　X、Y が独立のときに成り立つことをまとめると、次のようになります。離散型の場合でも、連続型の場合でも成り立ちます。

定理 2.34　X、Y が独立

　X、Y が独立のとき、次が成り立つ。

(1)　$E[XY]=E[X]E[Y]$

(2)　$\mathrm{Cov}[X,\ Y]=0$　　　（X と Y は無相関）

(3)　$V[X+Y]=V[X]+V[Y]$

　離散型で証明しておくと、次のようになります。

(1)　$P(X=x_i,\ Y=y_j)=p_{ij}\ (1\leq i\leq n,\ 1\leq j\leq m)$、$P(X=x_i)=q_i\ (1\leq i\leq n)$、$P(Y=y_j)=r_j\ (1\leq j\leq m)$ に対して、独立なので、$p_{ij}=q_i r_j$ が成り立ちます。

$$E[XY]=\sum_{\substack{1\leq i\leq n \\ 1\leq j\leq m}} x_i y_j p_{ij}=\sum_{\substack{1\leq i\leq n \\ 1\leq j\leq m}} x_i y_j q_i r_j=\sum_{\substack{1\leq i\leq n \\ 1\leq j\leq m}} (x_i q_i)(y_j r_j)$$

$$=\Big(\sum_{i=1}^{n} x_i q_i\Big)\Big(\sum_{j=1}^{m} y_j r_j\Big)$$

$$=E[X]E[Y]$$

(2)　$\mathrm{Cov}[X,\ Y]=E[XY]-E[X]E[Y]=0$

(3)　$V[X+Y]=V[X]+2\mathrm{Cov}[X,\ Y]+V[Y]=V[X]+V[Y]$

　なお、

　　　　X と Y は独立である　$\Longrightarrow$　$E[XY]=E[X]E[Y]$

　　　　X と Y は独立である　$\Longrightarrow$　$\mathrm{Cov}[X,\ Y]=0$　　　（X と Y は無相関）

は成り立ちますが、$\Longleftarrow$ は成り立たないことに注意しましょう。標語的にまとめると、

　　　　　　　独立　$\Longrightarrow$　無相関　　　　独立　$\not\Longleftarrow$　無相関

ただし、$(X,\ Y)$ が 2 次元正規分布に従うときは、前の問題のように、

　　　　　　X、Y は独立である　$\Longleftrightarrow$　$\mathrm{Cov}[X,\ Y]=0$

　　　　　　　　　　（独立　$\Longleftrightarrow$　無相関）

が成り立ちます。ここが 2 次元正規分布のいいところです。

165

独立は無相関よりも厳しい条件です。$V[X+Y]=V[X]+V[Y]$ は、無相関で成り立ちますが、X と Y が独立であるという条件のもとで扱われることが多いので、定理 2.34 にまとめておきました。

$V[X+Y]=V[X]+V[Y]$ の変数を増やした式も後に多用されます。

X_1、X_2、…、X_n が 2 つずつとって無相関のとき、

$$V[X_1+X_2+\cdots+X_n]=V[X_1]+V[X_2]+\cdots+V[X_n]$$

が成り立ちます。X_1、X_2、…、X_n が独立のとき、2 つずつとって無相関になり、上の式が成り立ちます。

■ 3 変数以上の確率変数の独立

上で、「X_1、X_2、…、X_n が独立のとき」と書きましたが、まだ正式に多次元の場合を述べていませんでした。ここで 3 次元以上の確率変数について独立の定義を紹介しておきましょう。

定義 2.35　確率変数 X、Y、Z の独立（離散型）

3 次元の離散型確率変数 (X, Y, Z) があり、任意の k、l、m に対して、

$$P(X=k, Y=l, Z=m)=P(X=k)P(Y=l)P(Z=m)$$

が成り立つとき、X、Y、Z は独立であるという。

連続型もこれと同様に 3 変数の独立を定義します。

定義 2.36　確率変数 X、Y、Z の独立（連続型）

3 次元の連続型確率変数 (X, Y, Z) に関して、同時確率密度関数が $f(x, y, z)$、X、Y、Z の周辺確率密度関数がそれぞれ $f_X(x)$、$f_Y(y)$、$f_Z(z)$ である。任意の x、y、z について、

$$f(x, y, z)=f_X(x)f_Y(y)f_Z(z)$$

が成り立つとき、X、Y、Z は独立であるという。

離散型であっても、連続型であっても、2つずつ独立、すなわち

　　　　「X、Yが独立　かつ　Y、Zが独立　かつ　X、Zが独立」

が、X、Y、Zの独立の定義ではないことに注意しましょう。

「X、Yが独立　かつ　Y、Zが独立　かつ　X、Zが独立」であっても、

「X、Y、Zが独立」でない例が存在します。

例えば、3次元の離散型確率変数(X, Y, Z)で、次のように確率を割り当てます。表の代わりに立体図形で確率分布を表しました。

X、Y、Zは、0と1の値を取るものとし、1の個数が奇数個のときの4通りにそれぞれ4分の1の確率を割り当てます。

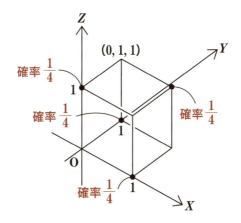

これをもとに(X, Y)、(Y, Z)などの同時確率質量関数と、X, Yなどの周辺確率質量関数を計算し表にすると、次のようになります。

$$P(X=0,\ Y=1)=P(X=0,\ Y=1,\ Z=0)+P(X=0,\ Y=1,\ Z=1)=\frac{1}{4}+0=\frac{1}{4}$$

などと計算します。

$X \backslash Y$	0	1	計
0	$\frac{1}{4}$	$\frac{1}{4}$	$\frac{1}{2}$
1	$\frac{1}{4}$	$\frac{1}{4}$	$\frac{1}{2}$
計	$\frac{1}{2}$	$\frac{1}{2}$	1

$Y \backslash Z$	0	1	計
0	$\frac{1}{4}$	$\frac{1}{4}$	$\frac{1}{2}$
1	$\frac{1}{4}$	$\frac{1}{4}$	$\frac{1}{2}$
計	$\frac{1}{2}$	$\frac{1}{2}$	1

$Z \backslash X$	0	1	計
0	$\frac{1}{4}$	$\frac{1}{4}$	$\frac{1}{2}$
1	$\frac{1}{4}$	$\frac{1}{4}$	$\frac{1}{2}$
計	$\frac{1}{2}$	$\frac{1}{2}$	1

$$P(X=0)=\frac{1}{2}、\ P(X=1)=\frac{1}{2}、\ P(Y=0)=\frac{1}{2}、\ P(Y=1)=\frac{1}{2}、$$

$$P(Z=0)=\frac{1}{2}、\ P(Z=1)=\frac{1}{2}$$

これより、X、Y が独立であること、Y、Z が独立であること、Z、X が独立であることが分かります。一方、

$$P(X=0,\ Y=0,\ Z=0)=0、\ P(X=0)P(Y=0)P(Z=0)=\left(\frac{1}{2}\right)^3$$

ですから、$P(X=0,\ Y=0,\ Z=0)\neq P(X=0)P(Y=0)P(Z=0)$ であり、X、Y、Z は独立ではありません。

なお、「X、Y、Z は独立である」から「X、Y は独立である」は導くことができます。$f(x,\ y,\ z)=f_X(x)f_Y(y)f_Z(z)$ が成り立つとき、

$$f_{(X,\ Y)}(x,\ y)=\int_{-\infty}^{\infty}f(x,\ y,\ z)dz=\int_{-\infty}^{\infty}f_X(x)f_Y(y)f_Z(z)dz$$

$$=f_X(x)f_Y(y)\int_{-\infty}^{\infty}f_Z(z)dz=f_X(x)f_Y(y)$$

となるからです。

まとめると、

「X、Y、Z は独立である」

$$\rightleftarrows$$

「X、Y が独立　かつ　Y、Z が独立　かつ　X、Z が独立」

となります。

3次元 $(X,\ Y,\ Z)$ の独立は、2次元 $(X,\ Y)$ に遺伝して、2次元 $(X,\ Y)$ も独立になりました。これは情報が集約の方向に進んでいるからです。感覚的にも納得がいくでしょう。

X、Y が独立であるとき、X、Y から作られる確率変数（例えば、$aX+d$ と $cY+d$、X と Y^2 など）の独立はどうなるでしょうか。これについては、確率変数の変換を学んでから、また議論することにしましょう。

168

確率分布

σ ⑫ 確率変数の変換 (part I)

■確率変数の変換 (1 次元)

確率変数 X に対して確率変数 Y を $Y=aX+b$ とおくとき、

$$E[Y]=E[aX+b]=aE[X]+b \qquad V[Y]=V[aX+b]=a^2V[X]$$

という公式がありました。公式 2.02 では離散型確率変数で説明しましたが、連続型でも成り立ちます。

それでは、Y の確率密度関数 $g(y)$ は X の確率密度関数 $f(x)$ によってどう表されるでしょうか。$y=ax+b$ から $x=\dfrac{y-b}{a}$ とし、単にこれを代入し $f\left(\dfrac{y-b}{a}\right)$ としてはいけません。このままでは全事象の確率を計算すると 1 になりません。a が正のとき、正しくは、

$$g(y)=\frac{1}{a}f\left(\frac{y-b}{a}\right)$$

となります。a が正ですから、y が $-\infty$ から ∞ へ積分するとき、x も $-\infty$ から ∞ に積分することになり、全事象の確率を計算すると、$dy=adx$ も用いて、

$$\int_{-\infty}^{\infty}g(y)dy=\int_{-\infty}^{\infty}\frac{1}{a}f\left(\frac{y-b}{a}\right)dy=\int_{-\infty}^{\infty}\frac{1}{a}f(x)adx=\int_{-\infty}^{\infty}f(x)dx=1$$

$$\left[\frac{y-b}{a}=x \text{ と置換する}\right]$$

と 1 になります。

もしも a が負であれば、積分する方向［積分区間の上下］が逆転しますから、

$$g(y)=-\frac{1}{a}f\left(\frac{y-b}{a}\right)$$

として全事象の確率が 1 になるようにします。

$a>0$ のときと $a<0$ のときをまとめて、

$$g(y)=\frac{1}{|a|}f\left(\frac{y-b}{a}\right)$$

一般に X と Y の関係が $Y=h(X)$［h は増加関数］となるとき、Y の確率密度関数 $g(y)$ を求めてみましょう。確率を計算するときには積分をするのですから、置換積分の計算が役に立ちます。

$y=h(x)$ を逆関数の形にして、$x=h^{-1}(y)$ とします。これを微分して、

$$dx=\frac{d(h^{-1}(y))}{dy}dy$$

となりますから、x から y に変数変換すると、

$$f(x)dx=f(h^{-1}(y))\frac{d(h^{-1}(y))}{dy}dy$$

これが $g(y)dy$ に等しいので、Y の確率密度関数 $g(y)$ は、

$$g(y)=f(h^{-1}(y))\frac{dh^{-1}(y)}{dy}$$

となります。積分して確かめてみると、h が増加関数ですから、y が $-\infty$ から ∞ へ積分するとき、x も $-\infty$ から ∞ に積分することになり、

$$\int_{-\infty}^{\infty}g(y)dy=\int_{-\infty}^{\infty}f(h^{-1}(y))\frac{dh^{-1}(y)}{dy}dy=\int_{-\infty}^{\infty}f(x)\frac{dx}{dy}dy=\int_{-\infty}^{\infty}f(x)dx=1$$

［$h^{-1}(y)=x$ と置換］

確かに全事象の確率は 1 になります。このように確率密度関数の変換は、置換積分のことを思い出すと早いです。

この公式を置換積分に頼って求めるのではなく、原理的に説明すると次のようになります。

確率変数 X、Y の累積分布関数をそれぞれ $F_X(x)$、$F_Y(y)$ とします。

$$F_Y(y)=P(Y\leqq y)=P(h(X)\leqq y)=P(X\leqq h^{-1}(y))=F_X(h^{-1}(y))$$

これを y で微分すると、

$$g(y)=\frac{d}{dy}F_Y(y)=\frac{d}{dy}F_X(h^{-1}(y))=\frac{d}{dx}F_X(x)\Big|_{h^{-1}(y)}\frac{dh^{-1}(y)}{dy}=f(h^{-1}(y))\frac{dh^{-1}(y)}{dy}$$

$F_X(x)$ を x で微分して x に $h^{-1}(y)$ を代入する

となります。この考え方は他の場合でも応用が利きます。

問題 確率変数の変換（1次元） （別 p.28）

確率変数 X の確率密度関数が

$$f(x) = \begin{cases} 1-|x| & (-1 \leq x \leq 1) \\ 0 & (x<-1 \text{ または } 1<x) \end{cases}$$

と与えられているとき、$Y=3X+2$ で与えられる確率変数 Y の確率密度関数 $g(y)$ を求めよ。

［公式を用いて］

　$y=3x+2$ という関係があるので、$-1 \leq x \leq 1$ より、$-1 \leq y \leq 5$

$y=ax+b$ のとき、$g(y) = \dfrac{1}{|a|} f\left(\dfrac{y-b}{a}\right)$ となる公式を用いて、

$$g(y) = \dfrac{1}{3}\left(1 - \left|\dfrac{y-2}{3}\right|\right) = \dfrac{1}{3} - \left|\dfrac{y-2}{9}\right|$$

となります。

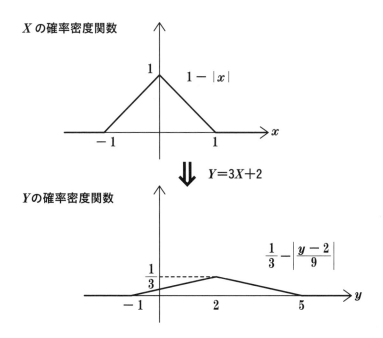

宿題であった正規分布 $N(\mu,\ \sigma^2)$ の確率密度関数から、標準正規分布 $N(0,\ 1^2)$ の確率密度関数を求めることを実行してみましょう。

X が正規分布 $N(\mu,\ \sigma^2)$ に従うとき、変数 X を標準化した変数を $Y=\dfrac{X-\mu}{\sigma}$ とします。

X の確率密度関数が $f(x)=\dfrac{1}{\sqrt{2\pi}\,\sigma}e^{-\frac{(x-\mu)^2}{2\sigma^2}}$ （定義 2.16）であることと、

$y=\dfrac{x-\mu}{\sigma}$　　$\sigma y=x-\mu$　　$\sigma dy=dx$ を用いて x から y に変数変換すると、

$$f(x)dx=\frac{1}{\sqrt{2\pi}\,\sigma}e^{-\frac{(x-\mu)^2}{2\sigma^2}}dx=\frac{1}{\sqrt{2\pi}\,\sigma}e^{-\frac{y^2}{2}}\sigma dy=\frac{1}{\sqrt{2\pi}}e^{-\frac{y^2}{2}}dy=g(y)dy$$

となりますから、Y の確率密度関数 $g(y)$ は、

$$g(y)=\frac{1}{\sqrt{2\pi}}e^{-\frac{y^2}{2}}$$

となり、Y が標準正規分布 $N(0,\ 1^2)$ になることが確かめられました。

$y=h(x)$ が単調増加または単調減少のときはこれでよいのですが、そうでない場合は累積分布関数を持ち出すと考えやすくなります。

ホップ

問題　確率変数の変換（1 次元）　（別 p.32）

確率変数 X の確率密度関数が $f(x)$ のとき、$Y=X^2$ で定められる確率変数 Y の確率密度関数 $g(y)$ を求めよ。

また、X が $N(0,\ 1^2)$ に従うとき、$g(y)$ を求めよ。

確率変数 X、Y の累積分布関数をそれぞれ $F_X(x)$、$F_Y(y)$ とします。

$y>0$ のとき、

$\quad F_Y(y)=P(Y\le y)=P(X^2\le y)=P(-\sqrt{y}\le X\le\sqrt{y})$

$\qquad\quad =F_X(\sqrt{y})-F_X(-\sqrt{y})$

これを y で微分して、

確率分布

$$g(y) = \frac{d}{dy} F_Y(y) = \frac{d}{dy} \{ F_X(\sqrt{y}) - F_X(-\sqrt{y}) \}$$

$$= \frac{d}{dx} F_X(x) \Big|_{\sqrt{y}} \frac{d}{dy}(\sqrt{y}) - \frac{d}{dx} F_X(x) \Big|_{-\sqrt{y}} \frac{d}{dy}(-\sqrt{y})$$

$\underline{F_X(x) を x で微分して x に \sqrt{y} を代入}$

$$= f(\sqrt{y}) \frac{1}{2\sqrt{y}} - f(-\sqrt{y}) \left(-\frac{1}{2\sqrt{y}} \right) = \frac{1}{2\sqrt{y}} \{ f(\sqrt{y}) + f(-\sqrt{y}) \}$$

よって、

$$g(y) = \frac{1}{2\sqrt{y}} \{ f(\sqrt{y}) + f(-\sqrt{y}) \}$$

$y \leqq 0$ のとき、$F_Y(y) = P(X^2 \leqq y) = 0$ y で微分して $g(y) = 0$

X が $N(0,\ 1^2)$ に従うとき、$f(x) = \dfrac{1}{\sqrt{2\pi}} e^{-\frac{x^2}{2}}$ であり、

$$g(y) = \frac{1}{2\sqrt{y}} \left(\frac{1}{\sqrt{2\pi}} e^{-\frac{y}{2}} + \frac{1}{\sqrt{2\pi}} e^{-\frac{y}{2}} \right) = \frac{1}{\sqrt{2\pi}} y^{-\frac{1}{2}} e^{-\frac{y}{2}} \quad (y > 0)$$

これは後に述べる χ^2 分布の自由度 1 の場合の確率密度関数になっています。

■確率変数の和

8節で、2変数の離散型確率分布が表で与えられたとき、$X+Y$、XY の分布を求め、期待値を求めてみました。ここでは、$X+Y$ で表される確率変数が従う確率分布の求め方をさらに追求してみましょう。

まず、$(X,\ Y)$ は2次元の離散型確率変数で、$X,\ Y$ はともに整数値を取るものとします。

確率変数 Z を $Z = X+Y$ とするとき、Z の確率質量関数 $P(Z=z)$ を求めるには次のようにします。

整数 z は固定されているイメージを持ちましょう。その上で、$X=t$、$Y=z-t$ とおいて、t を整数の範囲で動かすと、$X+Y=z$ を満たすすべての整数の組 $(X,\ Y)$ を表すことができます。

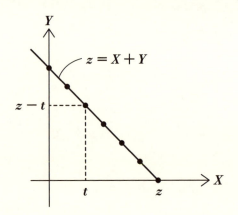

ですから、

$$P(Z=z)=P(X+Y=z)=\sum_{t}P(X=t,\ Y=z-t)$$

となります。tには、整数あるいは正の整数などと確率変数の設定ごとに条件が付くことがあります。

> **問題 ポアソン分布の再生性**
> 確率変数X、Yが独立で、それぞれ$Po(\lambda)$、$Po(\mu)$に従うとき、確率変数$Z=X+Y$が従う確率分布を求めよ。

$Po(\lambda)$、$Po(\mu)$の確率質量関数は正または0の整数を定義域に持ちます。X、Yがともに正または0の整数なので、$Z=n$すなわち$X+Y=n$のとき、$(X,\ Y)$は$(0,\ n)$、$(1,\ n-1)$、…、$(k,\ n-k)$、…、$(n,\ 0)$という組を取ります。

$$P(Z=n)=\sum_{k=0}^{n}P(X=k,\ Y=n-k)=\sum_{k=0}^{n}P(X=k)P(Y=n-k)$$

$$=\sum_{k=0}^{n}\frac{\lambda^k}{k!}e^{-\lambda}\frac{\mu^{n-k}}{(n-k)!}e^{-\mu} \quad \text{\textcolor{red}{XとYは独立なので}}$$

$$=e^{-\lambda-\mu}\frac{1}{n!}\sum_{k=0}^{n}\frac{n!}{k!(n-k)!}\lambda^k\mu^{n-k}$$

$$=e^{-\lambda-\mu}\frac{1}{n!}\sum_{k=0}^{n}{}_nC_k\lambda^k\mu^{n-k}$$

$$=\frac{(\lambda+\mu)^n}{n!}e^{-(\lambda+\mu)}$$

確率分布

よって、Z は $Po(\lambda+\mu)$ に従います。

このように同じ型の確率分布に従う確率変数 X、Y に対し、$X+Y$ も X、Y と同じ型の確率分布に従うとき、この確率分布には**再生性**があるといいます。<u>ポアソン分布には再生性があります。</u>

確率変数が連続型の場合に、確率変数の和が表す確率分布を考えてみましょう。

離散型の場合は $P(X+Y=z)=\sum_{t}P(X=t,\ Y=z-t)$ でしたから、確率質量関数 $P(X=t,\ Y=z-t)$ を確率密度での表現 $f(t,\ z-t)dt$ に、$\sum$ を $\int$ に置き換えれば、連続型確率変数の和の公式になります。

すなわち、$(X,\ Y)$ の同時確率密度関数が $f(x,\ y)$ のとき、確率変数 $Z=X+Y$ の確率密度関数 $g(z)$ は、

$$g(z)=\int_{-\infty}^{\infty}f(t,\ z-t)dt$$

X、Y が独立な確率変数のとき、X、Y の確率密度関数を $f_X(x)$、$f_Y(y)$ とすると、$Z=X+Y$ の確率密度関数 $g(z)$ は、

$$g(z)=\int_{-\infty}^{\infty}f_X(t)f_Y(z-t)dt$$

となります。

離散型からの連想ではなく、この式を正確に求めようとすると次のようになります。一旦、累積分布関数を考えます。

$Z=X+Y$ の累積分布関数を $G(z)$ とすると、

$$G(z)=P(X+Y\leq z)=\iint_{x+y\leq z}f(x,\ y)dxdy$$

$\begin{bmatrix}x+y\leq z \text{ は、右図アカ網部のようになるので、}\\ y、x \text{ の順に累次積分すると次のようになる。}\end{bmatrix}$

$$=\underbrace{\int_{-\infty}^{\infty}\int_{-\infty}^{z-x}f(x,\ y)dydx}_{\text{右図アカ線で積分}}$$

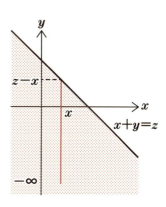

これを微分します。

$$g(z)=\frac{dG(z)}{dz}=\frac{d}{dz}\int_{-\infty}^{\infty}\int_{-\infty}^{z-x}f(x,\ y)dydx$$

175

［積分と微分の順序交換はできるものとします］

$$= \int_{-\infty}^{\infty} \frac{d}{dz} \left(\int_{-\infty}^{z-x} f(x, \ y) dy \right) dx = \int_{-\infty}^{\infty} f(x, \ z-x) dx$$

まとめておくと次のようになります。

公式 2.37　$X+Y$ の確率密度関数

確率変数 $(X, \ Y)$ の同時確率密度関数が $f(x, \ y)$ のとき、確率変数 Z を $Z=X+Y$ と定めるとき、Z の確率密度関数 $g(z)$ は、

$$g(z) = \int_{-\infty}^{\infty} f(x, \ z-x) dx$$

特に、X、Y が独立で、それぞれの確率密度関数が $f_X(x)$、$f_Y(y)$ であるとき、

$$g(z) = \int_{-\infty}^{\infty} f_X(x) f_Y(z-x) dx$$

連続型確率分布の場合に、和で表される確率変数の確率密度関数を求めてみましょう。

ホップ

問題　確率変数の和　（別 p.34）

$$f_n(x) = \begin{cases} \dfrac{1}{2^{\frac{n}{2}} \Gamma\left(\frac{n}{2}\right)} x^{\frac{n}{2}-1} e^{-\frac{1}{2}x} & (x > 0) \\ \\ 0 & (x \leq 0) \end{cases}$$

とする。確率変数 X、Y の確率密度関数がそれぞれ $f_n(x)$、$f_m(y)$ のとき、$Z=X+Y$ が従う確率分布の確率密度関数 $g(z)$ を求めよ。ただし、X、Y は独立であるものとする。

X、Y は独立なので、$z \geq 0$ のとき、公式を用いて、

確率分布

$$g(z)=\int_{-\infty}^{\infty}f_n(x)f_m(z-x)dx=\int_0^z f_n(x)f_m(z-x)dx\cdots\cdots※$$

［被積分関数が0でないのは、$x\geqq0$、$z-x\geqq0$ のときなので、積分区間は $[0,\ z]$］

$$=\int_0^z \frac{1}{2^{\frac{n}{2}}\Gamma\left(\frac{n}{2}\right)}x^{\frac{n}{2}-1}e^{-\frac{1}{2}x}\frac{1}{2^{\frac{m}{2}}\Gamma\left(\frac{m}{2}\right)}(z-x)^{\frac{m}{2}-1}e^{-\frac{1}{2}(z-x)}dx$$

$$=\frac{1}{2^{\frac{n+m}{2}}\Gamma\left(\frac{n}{2}\right)\Gamma\left(\frac{m}{2}\right)}e^{-\frac{1}{2}z}\int_0^z x^{\frac{n}{2}-1}(z-x)^{\frac{m}{2}-1}dx$$

$\left[u=\dfrac{x}{z}\ とおくと、dx=zdu\right]$

$$=\frac{1}{2^{\frac{n+m}{2}}\Gamma\left(\frac{n}{2}\right)\Gamma\left(\frac{m}{2}\right)}z^{\frac{n}{2}+\frac{m}{2}-1}e^{-\frac{1}{2}z}\int_0^1 u^{\frac{n}{2}-1}(1-u)^{\frac{m}{2}-1}du$$

$$=\frac{1}{2^{\frac{n+m}{2}}\Gamma\left(\frac{n}{2}\right)\Gamma\left(\frac{m}{2}\right)}z^{\frac{n}{2}+\frac{m}{2}-1}e^{-\frac{1}{2}z}B\left(\frac{n}{2},\ \frac{m}{2}\right)$$

公式1.20 より
$B\left(\dfrac{n}{2},\ \dfrac{m}{2}\right)=\dfrac{\Gamma\left(\frac{n}{2}\right)\Gamma\left(\frac{m}{2}\right)}{\Gamma\left(\frac{n+m}{2}\right)}$

$$=\frac{1}{2^{\frac{n+m}{2}}\Gamma\left(\frac{n+m}{2}\right)}z^{\frac{n+m}{2}-1}e^{-\frac{1}{2}z}=f_{n+m}(z)$$

$z\leqq0$ のとき、x と $z-x$ の少なくとも一方は0以下なので、※の被積分関数は0になり、

$$g(z)=0=f_{n+m}(z)$$

つまり、$g(z)=f_{n+m}(z)$ となります。

p.172 の問題によれば、X が標準正規分布 $N(0,\ 1^2)$ に従うとき、$Y=X^2$ が従う分布の確率密度関数は、

$$\frac{1}{\sqrt{2\pi}}y^{-\frac{1}{2}}e^{-\frac{y}{2}}=\frac{1}{2^{\frac{1}{2}}\Gamma\left(\frac{1}{2}\right)}y^{-\frac{1}{2}}e^{-\frac{y}{2}}=f_1(y)$$

となります。

X_1、X_2 が独立で、それぞれ標準正規分布 $N(0,\ 1^2)$ に従うとき、$X_1{}^2$、$X_2{}^2$ の確率密度関数はそれぞれ $f_1(x)$ ですから、$Y=X_1{}^2+X_2{}^2$ が従う分布の確率密度関数は、前の問題を用いて $f_2(x)$ となります。

X_1、X_2、X_3 が独立で、それぞれ標準正規分布 $N(0,\ 1^2)$ に従うとき、$X_1{}^2+X_2{}^2$ の確率密度関数は $f_2(x)$、$X_3{}^2$ の確率密度関数は $f_1(x)$、$X_1{}^2+X_2{}^2$ と $X_3{}^2$ は独立ですから、前の問題を用いて、$Y=X_1{}^2+X_2{}^2+X_3{}^2$ の確率密度関数は $f_3(x)$ です。

このように考えていくと、$X_i(i=1,\ \cdots,\ n)$ が独立な確率変数で、それぞれが

177

標準正規分布に従うとき、確率変数 $Y = X_1{}^2 + X_2{}^2 + \cdots + X_n{}^2$ の確率密度関数は $f_n(x)$ となります。

これをもとにカイ2乗分布が次のように定義されます。χ^2 分布と書いて、カイ2乗分布と読みます。χ はローマ字のエックスではありません。ギリシャ文字のカイです。χ^2 分布は正規分布とともに推定、検定で用いられ、推測統計にとって特に重要な分布です。

定義 2.38　χ^2 分布（カイ 2 乗分布）

$X_i(i=1, \cdots, n)$ が独立な確率変数でそれぞれ標準正規分布 $N(0, 1^2)$ に従うとき、$X = X_1{}^2 + X_2{}^2 + \cdots + X_n{}^2$ が従う分布を、自由度 n のカイ 2 乗分布といい、$\chi^2(n)$ で表す。

このとき、X の確率密度関数は、

$$f_n(x) = \begin{cases} \dfrac{1}{2^{\frac{n}{2}} \Gamma\left(\frac{n}{2}\right)} x^{\frac{n}{2}-1} e^{-\frac{1}{2}x} & (x > 0) \\[2mm] 0 & (x \leq 0) \end{cases}$$

なお自由度 n のカイ 2 乗分布 $\chi^2(n)$ は、ガンマ分布 $\Gamma\left(\dfrac{n}{2}, 2\right)$ です。χ^2 分布はガンマ分布の特別な場合です。

実は、ガンマ分布も指数分布の確率変数の和で表されています。

「X_i が指数分布 $Ex\left(\dfrac{1}{\theta}\right)$ に従うとき、$X_1 + X_2 + \cdots + X_k$ は、

　ガンマ分布 $\Gamma(k, \theta)$ に従う」

このことから分かるように、ガンマ分布にも再生性があります。

■確率変数の四則演算

前の節で2つの確率変数の和で表される確率変数の確率密度関数を求める手法を紹介しました。2つの確率変数から新しく作る確率変数の作り方で、差、積、商ではどう作ればよいでしょうか。

178

確率分布

後の章の推測統計で用いる F 分布を定義するときには商の場合を用いるので、差、積、商の中でも、商の場合の確率密度関数の求め方の公式を説明しましょう。

和の場合に累積分布関数を持ち出したように、商の場合にも累積分布関数を持ち出しましょう。

問題 確率変数の四則演算 （別 p.34）

(X, Y) の同時確率密度関数が $f(x, y)$ のとき、確率変数 $Z = \dfrac{X}{Y}$ の確率密度関数 $g(z)$ を求めよ。

Z の累積分布関数を $G(z)$ とすると、

$$G(z) = P\left(\frac{X}{Y} \leqq z\right) = \int_{x/y \leqq z} f(x, y)dxdy$$

$x/y \leqq z$ は、

$y > 0$ のとき、$x < zy$ 　　　　$y < 0$ のとき、$x \geqq zy$

ですから、$y > 0$ のときと $y < 0$ のときに分けて積分すると、

$$G(z) = \int_0^\infty \int_{-\infty}^{zy} f(x, y)dxdy + \int_{-\infty}^0 \int_{zy}^\infty f(x, y)dxdy$$

<u>グラフの—に沿った積分</u>

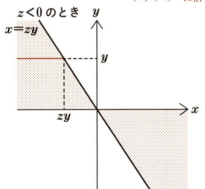
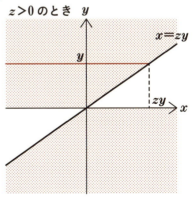

これを z で微分すると、

$$g(z) = \frac{dG(z)}{dz}$$

$$= \int_0^\infty \frac{d}{dz}\left(\int_{-\infty}^{zy} f(x,\ y)dx\right)dy + \int_{-\infty}^0 \frac{d}{dz}\left(\int_{zy}^\infty f(x,\ y)dx\right)dy$$

$$= \int_0^\infty f(zy,\ y)ydy + \int_{-\infty}^0 f(zy,\ y)(-y)dy = \int_{-\infty}^\infty f(zy,\ y)|y|dy$$

　2つの確率変数の四則演算から作られる確率変数の確率密度関数の求め方をまとめました。

公式 2.39　確率変数の四則演算

　確率変数$(X,\ Y)$の同時確率密度関数が$f(x,\ y)$のとき、確率変数Zを$X+Y$、$X-Y$、XY、X/Yで定めるとき、それぞれの確率密度関数$g(z)$は、

$$X+Y \quad g(z) = \int_{-\infty}^\infty f(x,\ z-x)dx = \int_{-\infty}^\infty f(z-y,\ y)dy$$

$$X-Y \quad g(z) = \int_{-\infty}^\infty f(x,\ x-z)dx = \int_{-\infty}^\infty f(y+z,\ y)dy$$

$$XY \quad g(z) = \int_{-\infty}^\infty f\left(x,\ \frac{z}{x}\right)\frac{1}{|x|}dx = \int_{-\infty}^\infty f\left(\frac{z}{y},\ y\right)\frac{1}{|y|}dy$$

$$X/Y \quad g(z) = \int_{-\infty}^\infty f\left(x,\ \frac{x}{z}\right)\left|\frac{x}{z^2}\right|dx = \int_{-\infty}^\infty f(zy,\ y)|y|dy$$

　8個あって覚えるのは面倒です。復元できるようにしておきたいです。
　和、差に関しては、

$\qquad$ $f(x,\ y)$でzを用いてx、yのうち1文字を消去する

だけで構いません。積、商に関しては、さらに、

$\qquad$ 消した方をzで微分した関数の絶対値を掛ける

とすれば、これが被積分関数になります。

確率分布

例えば、$Z=X/Y$ のとき y を消去するには、$y=\dfrac{x}{z}$ なので、

$$f(x,\ y)\ \rightarrow\ f\left(x,\ \dfrac{x}{z}\right)$$

$\dfrac{x}{z}$ を z で微分した式 $-\dfrac{x}{z^2}$ の絶対値 $\left|\dfrac{x}{z^2}\right|$ をかけて、

$$f\left(x,\ \dfrac{x}{z}\right)\left|\dfrac{x}{z^2}\right|$$

が被積分関数となります。

2つの確率変数の商で定義される確率変数の確率密度関数を計算してみよう。

> **問題　商の確率分布** （別 p.34）
> 　2つの独立な確率変数 X、Y が、それぞれ標準正規分布 $N(0,\ 1^2)$ に従っているとき、$Z=X/Y$ で定義される確率変数 Z の確率密度関数 $g(z)$ を求めよ。

X、Y の確率密度関数を $f_X(x)=\dfrac{1}{\sqrt{2\pi}}e^{-\frac{1}{2}x^2}$、$f_Y(y)=\dfrac{1}{\sqrt{2\pi}}e^{-\frac{1}{2}y^2}$ とします。

$(X,\ Y)$ の同時確率密度関数 $f(x,\ y)$ は、

$$f(x,\ y)=f_X(x)f_Y(y)$$

ですから、

$$g(z)=\int_{-\infty}^{\infty}f(zy,\ y)\,|y|\,dy=\int_{-\infty}^{\infty}f_X(zy)f_Y(y)\,|y|\,dy$$

$$=\int_{-\infty}^{\infty}\dfrac{1}{\sqrt{2\pi}}e^{-\frac{1}{2}(zy)^2}\dfrac{1}{\sqrt{2\pi}}e^{-\frac{1}{2}y^2}\,|y|\,dy$$

$$=\dfrac{1}{2\pi}\int_{-\infty}^{\infty}e^{-\frac{1}{2}y^2(z^2+1)}\,|y|\,dy=\dfrac{1}{\pi}\int_{0}^{\infty}e^{-\frac{1}{2}y^2(z^2+1)}y\,dy$$

$$\left[t=y\sqrt{z^2+1}\ とおくと、\ \dfrac{t}{\sqrt{z^2+1}}=y、\ \dfrac{1}{\sqrt{z^2+1}}dt=dy\right]$$

$$=\dfrac{1}{\pi}\int_{0}^{\infty}e^{-\frac{1}{2}t^2}\dfrac{t}{\sqrt{z^2+1}}\cdot\dfrac{1}{\sqrt{z^2+1}}dt=\dfrac{1}{\pi(z^2+1)}\int_{0}^{\infty}te^{-\frac{1}{2}t^2}dt$$

181

$$= \frac{1}{\pi(z^2+1)} \left[-e^{-\frac{1}{2}t^2} \right]_0^\infty = \frac{1}{\pi(z^2+1)}$$

　確率密度関数が $\dfrac{1}{\pi(x^2+1)}$ で表される確率分布は**コーシー分布**と呼ばれています。また、自由度 1 の t 分布にもなっています。

　y 軸対称なのでバランスから期待値が 0 になるのかと思いきや、期待値（平均）は 0 になりません。期待値（平均）を計算しようとすると積分値が有限確定値を持ちません。これは分布のすそ野が極端に広いからです。コーシー分布は、平均・分散が計算できない確率分布として知られています。

　期待値の計算ができない様子を示してみると、

$$E[X] = \int_{-\infty}^{\infty} \frac{x}{\pi(x^2+1)} = \left[\frac{1}{2\pi} \log(x^2+1) \right]_{-\infty}^{\infty} = \infty - \infty$$

となりこの値は計算できません。$\infty - \infty$ でも、たとえば $\lim\limits_{n \to \infty}(\sqrt{n^2+2n}-n)=1$ となることがあるように 0 とは限りません。この場合、

$$\lim_{\substack{\alpha \to -\infty \\ \beta \to \infty}} \left[\frac{1}{2\pi} \log(x^2+1) \right]_\alpha^\beta$$

を計算することになり、値は決まりません。

確率分布

σ ⑬ 確率変数の変換 （part Ⅱ）

■ (X, Y) から (U, V) への変数変換

次に、2次元の確率変数(X, Y)の確率分布が同時確率密度関数$f(x, y)$で表されるとき、X, Yを$U＝\varphi_1(X, Y)$、$V＝\varphi_2(X, Y)$と表される確率変数U、Vに変換したときの同時確率密度関数$g(u, v)$を求めてみましょう。

これも1次元の場合を参考にしましょう。

確率密度関数$f(x)$を持つ確率変数Xに対して、確率変数Yを$Y＝h(X)$〔hは単調増加〕と定めるとき、確率変数Yの密度関数$g(y)$は、

$$g(y)＝f(h^{-1}(y))\frac{dh^{-1}(y)}{dy}$$

と表されました。右辺は$f(x)$のxでの積分をyで置換積分するときに現れる式です。

2変数のときも同様になります。問題を通して確認してみましょう。重積分の変数変換を忘れてしまった人は、定義1.15、公式1.16あたりを読んで思い出してから読んでください。

ホップ

問題　2次元の確率変数の変数変換　（別 p.38）

確率変数(X, Y)の同時確率密度関数$f(x, y)$

$$f(x, y)＝\frac{1}{18}xy^2 \quad (0≦x≦2, \ 0≦y≦3)$$

に対して、確率変数U、Vを

$$U＝3X＋Y \qquad V＝2X－Y$$

とおいたとき、確率変数U、Vについての同時確率密度関数$g(u, v)$を求めよ。

183

X、Y と U、V の関係を行列で表すと、$\begin{pmatrix} U \\ V \end{pmatrix} = \begin{pmatrix} 3 & 1 \\ 2 & -1 \end{pmatrix} \begin{pmatrix} X \\ Y \end{pmatrix}$

逆行列を掛けて、 $A = \begin{pmatrix} a & b \\ c & d \end{pmatrix}$ の逆行列 $A^{-1} = \dfrac{1}{ad-bc} \begin{pmatrix} d & -b \\ -c & a \end{pmatrix}$

$$\begin{pmatrix} X \\ Y \end{pmatrix} = \begin{pmatrix} 3 & 1 \\ 2 & -1 \end{pmatrix}^{-1} \begin{pmatrix} U \\ V \end{pmatrix} = \frac{1}{3(-1)-2\cdot 1}\begin{pmatrix} -1 & -1 \\ -2 & 3 \end{pmatrix}\begin{pmatrix} U \\ V \end{pmatrix} = \frac{1}{5}\begin{pmatrix} 1 & 1 \\ 2 & -3 \end{pmatrix}\begin{pmatrix} U \\ V \end{pmatrix}$$

ですから、

$$X = \frac{1}{5}(U+V) \qquad Y = \frac{1}{5}(2U-3V)$$

となります。

$0 \leq x \leq 2$ は、$0 \leq \dfrac{1}{5}(u+v) \leq 2$ より、 $0 \leq u+v \leq 10$

$0 \leq y \leq 3$ は、$0 \leq \dfrac{1}{5}(2u-3v) \leq 3$ より、 $0 \leq 2u-3v \leq 15$

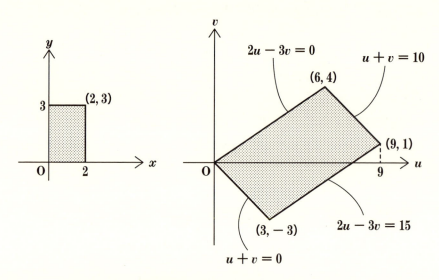

ここでヤコビ行列 J を計算すると、

$$J = \begin{pmatrix} \dfrac{\partial x}{\partial u} & \dfrac{\partial x}{\partial v} \\ \dfrac{\partial y}{\partial u} & \dfrac{\partial y}{\partial v} \end{pmatrix} = \begin{pmatrix} \dfrac{1}{5} & \dfrac{1}{5} \\ \dfrac{2}{5} & -\dfrac{3}{5} \end{pmatrix}$$

ヤコビアン $\det J$ を計算すると、

$$\det J = \det \begin{pmatrix} \dfrac{1}{5} & \dfrac{1}{5} \\ \dfrac{2}{5} & -\dfrac{3}{5} \end{pmatrix} = \frac{1}{5}\left(-\frac{3}{5}\right) - \frac{2}{5}\cdot\frac{1}{5} = -\frac{1}{5}$$

確率分布

よって、(x, y) から (u, v) に変数変換すると、

$$f(x, y)dxdy = f\left(\frac{1}{5}(u+v), \ \frac{1}{5}(2u-3v)\right)|\det J|dudv$$

$$= \frac{1}{18} \cdot \frac{1}{5}(u+v)\left\{\frac{1}{5}(2u-3v)\right\}^2 \frac{1}{5}dudv$$

$$= \frac{1}{11250}(u+v)(2u-3v)^2 dudv$$

これが $g(u, v)dudv$ に等しいので、U、V の同時確率密度関数 $g(u, v)$ は、

$$g(u, v) = \frac{1}{11250}(u+v)(2u-3v)^2$$

となります。

$\frac{1}{5}(U+V)$、$\frac{1}{5}(2U-3V)$ を、U、V の一般の関数 $x(U, V)$、$y(U, V)$ にしてまとめておきましょう。

公式 2.40　2 変数の確率分布の変数変換

　確率変数 (X, Y) の同時確率密度関数を $f(x, y)$ とする。確率変数 X、Y が確率変数 U、V によって、
$$X = x(U, V)、Y = y(U, V)$$
と表されている。(U, V) から (X, Y) への変換は 1 対 1 であるものとする。

　確率変数 U、V の同時確率密度関数 $g(u, v)$ は、
$$g(u, v) = f(x(u, v), \ y(u, v))|\det J|$$
である。ここで J は、

$A = \begin{pmatrix} a & b \\ c & d \end{pmatrix}$ のとき、
$\det A$ は $\det A = ad - bc$ を表す。

$$J = \begin{pmatrix} \dfrac{\partial x}{\partial u} & \dfrac{\partial x}{\partial v} \\ \dfrac{\partial y}{\partial u} & \dfrac{\partial y}{\partial v} \end{pmatrix}$$

を表しヤコビ行列と呼ばれる。その行列式 $\det J$ をヤコビアンという。

185

なお、一般に $x(U,\ V)$、$y(U,\ V)$ が U、V の 1 次式で表されない場合でも、

$$J=\begin{pmatrix}\dfrac{\partial x}{\partial u} & \dfrac{\partial x}{\partial v} \\[2mm] \dfrac{\partial y}{\partial u} & \dfrac{\partial y}{\partial v}\end{pmatrix} \text{と } K=\begin{pmatrix}\dfrac{\partial u}{\partial x} & \dfrac{\partial u}{\partial y} \\[2mm] \dfrac{\partial v}{\partial x} & \dfrac{\partial v}{\partial y}\end{pmatrix} \text{ は逆行列の関係になり、} JK=E \quad (E \text{ は単}$$

位行列) が成り立ちます。ですから、

$$\det J \det K = \det(JK) = \det E = 1$$

行列式の積は、積の行列式

が成り立ちます。X、Y と U、V の関係が

$$U=u(X,\ Y) \qquad V=v(X,\ Y)$$

と与えられたときは、$x(U,\ V)$、$y(U,\ V)$ に直さずとも、$U=u(X,\ Y)$

$V=v(X,\ Y)$ から $|\det K|$ を計算して、$|\det J|=\dfrac{1}{|\det K|}$ とすればよいことになり

ます。

　2 変数の変換を用いると、2 つの確率変数の和・差・積・商の確率密度関数を計算することができます。問題で紹介してみましょう。

ホップ

問題　確率変数の変換（2 次元） （別 p.38）

　2 次元の連続型確率変数 $(X,\ Y)$ によって、確率変数 Z を $Z=X/Y$ と定める。$(X,\ Y)$ の同時確率密度関数を $f(x,\ y)$ とするとき、Z の確率密度関数 $g(z)$ を求めよ。

　もう 1 つの確率変数 W を用意して、

$$Z=X/Y \qquad W=Y$$

と変数変換したあと、W を消去、すなわち Z の周辺確率密度関数を求めます。

　$x=zw$、$y=w$ ですから、ヤコビアンは、

$$\det\begin{pmatrix}\dfrac{\partial x}{\partial z} & \dfrac{\partial x}{\partial w} \\[2mm] \dfrac{\partial y}{\partial z} & \dfrac{\partial y}{\partial w}\end{pmatrix}=\det\begin{pmatrix}w & z \\ 0 & 1\end{pmatrix}=w$$

確率分布

これを用いると、

$$f(x, y)dxdy = f(zw, w)|w|dzdw$$

これが $g(z, w)dzdw$ に等しいので、$g(z, w) = f(zw, w)|w|$ となります。Z の周辺確率密度関数 $g(z)$ は、

$$g(z) = \int_{-\infty}^{\infty} f(zw, w)|w|dw$$

と求まります。確率変数の四則演算の公式を覚えず、2変数の変換公式一本槍で乗り切るという人もいることでしょう。

■変数変換と確率変数の独立

変数変換の公式をもとに確率変数の独立についてコメントしておきます。問題の形で考えてみましょう。

> **問題　確率変数の独立**
>
> (1)　確率変数 X、Y が独立のとき、$Z = aX + b$、$W = cY + d$($a > 0$, $c > 0$)で定められる確率変数 Z、W は独立であることを示せ。
>
> (2)　確率変数 X、Y が独立のとき、$Z = X$、$W = Y^2$ で定められる確率変数 Z、W は独立であることを示せ。

確率変数 X、Y の同時確率密度関数を $f(x, y)$、確率変数 Z、W の同時確率密度関数を $g(z, w)$ とします。

X、Y が独立なので、$f(x, y) = f_X(x)f_Y(y)$ が成り立ちます。

(1)　$x = \dfrac{z-b}{a}$、$y = \dfrac{w-d}{c}$ なので、X、Y を Z、W に変数変換するときのヤコビアンは、

$$\det\begin{pmatrix} \dfrac{\partial x}{\partial z} & \dfrac{\partial x}{\partial w} \\ \dfrac{\partial y}{\partial z} & \dfrac{\partial y}{\partial w} \end{pmatrix} = \det\begin{pmatrix} \dfrac{1}{a} & 0 \\ 0 & \dfrac{1}{c} \end{pmatrix} = \dfrac{1}{ac}$$

187

であり、

$$f(x,\ y)dxdy=f\left(\frac{z-b}{a},\ \frac{w-d}{c}\right)\frac{1}{ac}dzdw$$

$$=f_X\left(\frac{z-b}{a}\right)f_Y\left(\frac{w-d}{c}\right)\frac{1}{ac}dzdw$$

これが $g(z,\ w)dzdw$ に等しいので、

$$g(z,\ w)=f_X\left(\frac{z-b}{a}\right)f_Y\left(\frac{w-d}{c}\right)\frac{1}{ac}\cdots\cdots①$$

と変数変換できます。これをもとに周辺確率密度関数を計算すると、

$$g_Z(z)=\int_{-\infty}^{\infty}g(z,\ w)dw=\int_{-\infty}^{\infty}f_X\left(\frac{z-b}{a}\right)f_Y\left(\frac{w-d}{c}\right)\frac{1}{ac}dw$$

$$=f_X\left(\frac{z-b}{a}\right)\int_{-\infty}^{\infty}f_Y(y)\frac{1}{a}\,dy=f_X\left(\frac{z-b}{a}\right)\frac{1}{a}\ \ \cdots\cdots②$$

同様に、$g_W(w)=f_Y\left(\frac{w-d}{c}\right)\frac{1}{c}\ \ \cdots\cdots③$

　②、③を用いて①の右辺を書き換えると、$g(z,\ w)=g_Z(z)g_W(w)$ が導かれます。Z、W は独立です。

(2)　W は 0 以上の値を取ります。$X=Z$、$Y=\pm\sqrt{W}$ なので、X、Y を Z、W に変数変換するときのヤコビアンは、

$$\det\begin{pmatrix}\dfrac{\partial x}{\partial z} & \dfrac{\partial x}{\partial w}\\[2mm]\dfrac{\partial y}{\partial z} & \dfrac{\partial y}{\partial w}\end{pmatrix}=\det\begin{pmatrix}1 & 0\\[2mm]0 & \pm\dfrac{1}{2\sqrt{w}}\end{pmatrix}=\pm\frac{1}{2\sqrt{w}}$$

です。$(x,\ y)$ から $(z,\ w)$ に変数変換すると、

$$f(x,\ y)dxdy=\left\{f(z,\ \sqrt{w}\,)+f(z,\ -\sqrt{w}\,)\right\}\frac{1}{2\sqrt{w}}dzdw$$

（p.173 のアンダーラインを 2 次元にして）

$$=\left\{f_X(z)f_Y(\sqrt{w}\,)+f_X(z)f_Y(-\sqrt{w}\,)\right\}\frac{1}{2\sqrt{w}}dzdw$$

$$=f_X(z)\left\{f_Y(\sqrt{w}\,)+f_Y(-\sqrt{w}\,)\right\}\frac{1}{2\sqrt{w}}dzdw$$

これが $g(z,\ w)dzdw$ に等しいので、

確率分布

$$g(z, w) = f_X(z) \left\{ f_Y(\sqrt{w}) + f_Y(-\sqrt{w}) \right\} \frac{1}{2\sqrt{w}} \cdots\cdots①$$

と変数変換できます。これをもとに周辺確率密度関数を計算すると、

$$g_Z(z) = \int_0^\infty g(z, w)\,dw = \int_0^\infty f_X(z) \left\{ f_Y(\sqrt{w}) + f_Y(-\sqrt{w}) \right\} \frac{1}{2\sqrt{w}}\,dw$$

$$= f_X(z) \int_0^\infty \left\{ f_Y(t) + f_Y(-t) \right\}\,dt = f_X(z) \int_{-\infty}^\infty f_Y(t)\,dt = f_X(z) \quad \cdots\cdots②$$

$$\textcolor{red}{t = \sqrt{w} \text{とおくと、} dt = \frac{1}{2\sqrt{w}}\,dw}$$

$$g_W(w) = \int_{-\infty}^\infty g(z, w)\,dz = \int_{-\infty}^\infty f_X(z) \left\{ f_Y(\sqrt{w}) + f_Y(-\sqrt{w}) \right\} \frac{1}{2\sqrt{w}}\,dz$$

$$= \left\{ f_Y(\sqrt{w}) + f_Y(-\sqrt{w}) \right\} \frac{1}{2\sqrt{w}} \quad \cdots\cdots③$$

②、③を用いて①の右辺を書き換えると、$g(z, w) = g_Z(z)g_W(w)$ が導かれます。Z、W は独立です。

(1) は、(X, Y) から (Z, W) へは1対1の対応が付きますから、いわば事象のラベルを取り換えただけで、互いの事象が無関係であるという関係性は保たれます。独立であることは納得がいきます。

(2) の逆は成り立たないことに注意しましょう。すなわち、
「X、Y^2 が独立である」ことから、「X、Y が独立である」ことは導くことができません。

$Y^2 = k (>0)$ に対しては、$Y = \sqrt{k}$ or $Y = -\sqrt{k}$ となりますから、確率の割り振り方が定まらず、X、Y^2 の独立が X、Y の独立に遺伝しないのです。

離散型でそのような例を挙げると次のようになります。

X \ Y	-1	0	1	計
0	$\frac{1}{8}$	$\frac{1}{8}$	$\frac{2}{8}$	$\frac{1}{2}$
1	$\frac{2}{8}$	$\frac{1}{8}$	$\frac{1}{8}$	$\frac{1}{2}$
計	$\frac{3}{8}$	$\frac{2}{8}$	$\frac{3}{8}$	1

X \ Y^2	0	1	計
0	$\frac{1}{8}$	$\frac{3}{8}$	$\frac{1}{2}$
1	$\frac{1}{8}$	$\frac{3}{8}$	$\frac{1}{2}$
計	$\frac{2}{8}$	$\frac{6}{8}$	1

「X、Y、Z が独立である」から「X、Y が独立である」を導いたときにもコメントしましたが、1 つの確率変数を両方に使ったりせず、情報を集約する方向に変数変換が進むときは、独立が保たれます。

例えば、$(X_1,\ X_2,\ X_3,\ X_4)$ が独立のとき、$2X_1^2+X_2^3$ と X_3-3X_4 は独立です。$2X_1+X_2^3$ と X_1-3X_4 は独立ではありません。このような感覚を持っておくと、推測統計の章が読みやすくなるでしょう。

■正規分布に従う確率変数の独立

この節の最後に、あとで必要となる正規分布に従う複数の確率変数の独立について定理を述べておきましょう。

定理 2.41　正規分布に従う確率変数の独立

n 次元の確率変数を成分として持つベクトル $\boldsymbol{x}$、$\boldsymbol{y}$

$$\boldsymbol{x}=\begin{pmatrix} X_1 \\ \vdots \\ X_n \end{pmatrix},\ \boldsymbol{y}=\begin{pmatrix} Y_1 \\ \vdots \\ Y_n \end{pmatrix}$$

と n 次元の直交行列 P があり、$\boldsymbol{y}=P\boldsymbol{x}$ という関係がある。

X_1、X_2、$\cdots$、X_n が独立でそれぞれ $N(0,\ 1^2)$ に従うとき、Y_1、Y_2、$\cdots$、Y_n も独立でそれぞれ $N(0,\ 1^2)$ に従うことを示せ。

[証明]　$X_i \sim N(0,\ 1^2)$ から $E[X_i]=0$ であり、Y_i は X_1、X_2、$\cdots$、X_n の 1 次式（定数項は 0）で表されるので、$E[Y_i]=0$ です。

X_1、X_2、$\cdots$、X_n の分散共分散行列を S_X、Y_1、Y_2、$\cdots$、Y_n の分散共分散行列を S_Y とします。

$X_i \sim N(0,\ 1^2)$ から $V[X_i]=1$ であり、X_1、X_2、$\cdots$、X_n が独立のとき、X_i と X_j は独立なので $\mathrm{Cov}[X_i,\ X_j]=0$ です。$S_X=E$ となります。

公式 2.28 を用いて、$S_Y=PS_X{}^tP=PE{}^tP=P{}^tP=E$ となるので、$V[Y_i]=1$

Y_i は X_1、X_2、$\cdots$、X_n の 1 次式（定数項は 0）なので、正規分布の再生性により正規分布となります。$E[Y_i]=0$、$V[Y_i]=1$ から、Y_i は $N(0,\ 1^2)$ に従います。

190

確率分布

$f(x) = \dfrac{1}{\sqrt{2\pi}} e^{-\frac{1}{2}x^2}$ とおくと、$(X_1,\ X_2,\ \cdots,\ X_n)$ の同時確率密度関数

$p(x_1,\ x_2,\ \cdots,\ x_n)$ は、X_1、X_2、$\cdots$、X_n が独立なので、

$$p(x_1,\ x_2,\ \cdots,\ x_n) = f(x_1)f(x_2)\cdots f(x_n)$$

これを変数変換して、$(Y_1,\ Y_2,\ \cdots,\ Y_n)$ の同時確率密度関数 $g(y_1,\ y_2,\ \cdots,\ y_n)$ を求めましょう。

$\boldsymbol{x}$ から $\boldsymbol{y}$ への変数変換をするとき、p.51 で説明したように、$\boldsymbol{x}$ と $\boldsymbol{y}$ の関係が $\boldsymbol{x} = A\boldsymbol{y}$ と行列 A を用いて表されていると、ヤコビ行列は A になりました。この設定では、$\boldsymbol{x}$ と $\boldsymbol{y}$ の関係が直交行列 P を用いて、$\boldsymbol{y} = P\boldsymbol{x}$ と与えられていますから、これに P の逆行列を掛けて、$\boldsymbol{x} = P^{-1}\boldsymbol{y}$ という関係式が得られます。この式から、$\boldsymbol{x}$ から $\boldsymbol{y}$ への変数変換をするときのヤコビ行列は P^{-1} であることが分かります。変換に必要な $\det(P^{-1})$ を求めましょう。

直交行列は ${}^tPP = E$ を満たしますから $P^{-1} = {}^tP$ です。

${}^tPP = E$ の行列式を取ると左辺は、$\det({}^tPP) = \det({}^tP)\det P = \{\det({}^tP)\}^2$、右辺は $\det E = 1$ ですから、$\det({}^tP) = \pm 1$ です。

また、

$$\sum_{i=1}^{n} X_i^2 = {}^t\boldsymbol{xx} = {}^t(P^{-1}\boldsymbol{y})P^{-1}\boldsymbol{y} = {}^t\boldsymbol{y}{}^t(P^{-1})P^{-1}\boldsymbol{y} = {}^t\boldsymbol{y}E\boldsymbol{y} = {}^t\boldsymbol{yy} = \sum_{i=1}^{n} Y_i^2$$

$${}^t(P^{-1})P^{-1} = {}^t({}^tP)P^{-1} = P(P^{-1}) = E$$

ですから、

$$p(x_1,\ x_2,\ \cdots,\ x_n)dx_1\cdots dx_n = f(x_1)f(x_2)\cdots f(x_n)dx_1\cdots dx_n$$

$$= \frac{1}{\sqrt{2\pi}} e^{-\frac{1}{2}x_1^2} \cdots \cdot \frac{1}{\sqrt{2\pi}} e^{-\frac{1}{2}x_n^2} dx_1\cdots dx_n$$

$$= \left(\frac{1}{\sqrt{2\pi}}\right)^n \exp\left[-\frac{1}{2}\sum_{i=1}^{n} x_i^2\right] dx_1\cdots dx_n$$

公式 2.40 より

$$= \left(\frac{1}{\sqrt{2\pi}}\right)^n \exp\left[-\frac{1}{2}\sum_{i=1}^{n} y_i^2\right] |\det({}^tP)|\, dy_1\cdots dy_n$$

$$= f(y_1)f(y_2)\cdots f(y_n)dy_1\cdots dy_n$$

これが $g(y_1,\ y_2,\ \cdots,\ y_n)dy_1\cdots dy_n$ に等しいので、

$$g(y_1,\ y_2,\ \cdots,\ y_n) = f(y_1)f(y_2)\cdots f(y_n)$$

となり、Y_1、Y_2、$\cdots$、Y_n が独立であることが分かります。［証明終わり］

$S_Y = E$ であることから $\mathrm{Cov}[Y_i, Y_j] = 0$ であり、Y_i が正規分布に従うことと合わせると、p.163 の問題のあとのコメントより、Y_1、Y_2、…、Y_n がどの 2 つをとっても独立であることは言えますが、Y_1、Y_2、…、Y_n が独立であることまでは示すことができません。そこで上の証明では、同時確率密度関数まで調べているわけです。

X_1、X_2、…、X_n が一般の確率変数である場合、$\boldsymbol{y} = P\boldsymbol{x}$ という関係があっても、X_1、X_2、…、X_n が独立というだけでは、Y_1、Y_2、…、Y_n は独立になりません。正規分布がいかに性質のよい分布であるかを思い知らされます。

確率分布

14 積率母関数

この節では、積率母関数を説明します。積率母関数は確率質量関数や確率密度関数から計算します。確率質量関数や確率密度関数の変数が x であると、積率母関数の変数はこれとは異なる変数（例えば t）になります。

積率母関数を用いると、期待値、分散、k 次モーメントを簡単に計算することができます。

定義を述べた後、実例を計算し、そのあとなぜそのような計算で期待値、分散が求まるのかを説明します。

定義 2.42 積率母関数

確率変数 X に対して、

$$\varphi_X(t) = E[e^{tX}]$$

を X の積率母関数という。

離散型の場合と、連続型の場合でそれぞれ書き下してみると、

離散型　$P(X = x_i) = p_i$ のとき、$E[e^{tX}] = \sum_i p_i e^{tx_i}$

連続型　確率密度関数が $f(x)$ のとき、$E[e^{tX}] = \displaystyle\int_{-\infty}^{\infty} f(x) e^{tx} dx$

X として具体的な確率変数が与えられた場合、e^{tX} の期待値を計算すると、X に具体的な値を代入して確率と掛けて総和を取りますから、$E[e^{tX}]$ において X は消えますが、t は残り、$E[e^{tX}]$ は t の式となります。これを $\varphi_X(t)$ と置くわけです。具体例で見てみましょう。

193

問題　積率母関数　（別 p.42）

(1) 二項分布 $Bin(n, p)$ の積率母関数を求めよ。

(2) 正規分布 $N(\mu, \sigma^2)$ の積率母関数を求めよ。

---

(1) $P(X=k)={}_nC_k p^k (1-p)^{n-k}$ なので

$$\varphi(t)=E[e^{tX}]=\sum_{k=0}^{n}{}_nC_k p^k(1-p)^{n-k}e^{tk}$$

$$=\sum_{k=0}^{n}{}_nC_k(pe^t)^k(1-p)^{n-k} \qquad \text{二項定理}$$

$$=(pe^t+1-p)^n \qquad\qquad (a+b)^n=\sum_{k=0}^{n}{}_nC_k a^k b^{n-k}$$

(2) $\displaystyle \varphi(t)=E[e^{tX}]=\int_{-\infty}^{\infty}\frac{1}{\sqrt{2\pi}\,\sigma}e^{-\frac{(x-\mu)^2}{2\sigma^2}}e^{tx}dx$

$$=\int_{-\infty}^{\infty}\frac{1}{\sqrt{2\pi}\,\sigma}\exp\Big[-\frac{(x-\mu)^2}{2\sigma^2}+tx\Big]dx$$

指数部分の計算をすると、

$$\exp\Big[-\frac{(x-\mu)^2}{2\sigma^2}+tx\Big]=\exp\Big[-\frac{1}{2\sigma^2}(x^2-2\mu x+\mu^2-2\sigma^2tx)\Big]$$

$$=\exp\Big[-\frac{1}{2\sigma^2}(x-\mu-\sigma^2 t)^2+\mu t+\frac{1}{2}\sigma^2 t^2\Big]$$

$$\varphi(t)=E[e^{tX}]=\exp\Big[\mu t+\frac{1}{2}\sigma^2 t^2\Big]\underline{\int_{-\infty}^{\infty}\frac{1}{\sqrt{2\pi}\,\sigma}\exp\Big[-\frac{1}{2\sigma^2}(x-\mu-\sigma^2 t)^2\Big]dx}$$

$N(\mu+\sigma^2 t, \sigma^2)$ の確率密度関数の全範囲での確率なので 1

$$=\exp\Big[\mu t+\frac{1}{2}\sigma^2 t^2\Big]$$

特に、標準正規分布 $N(0, 1^2)$ の積率母関数は $\varphi(t)=\exp\Big[\dfrac{1}{2}t^2\Big]$

積率母関数を用いて、期待値、分散を求めるには、次の公式を用います。

194

確率分布

公式 2.43 積率母関数から期待値・分散

確率変数 X の積率母関数を $\varphi(t)$ とすると、

$$E[X] = \varphi'(0) \qquad V[X] = \varphi''(0) - \{\varphi'(0)\}^2$$

公式が成り立つことの説明はさておいて、まずはこれを用いて、期待値・分散を求めてみましょう。

問題 積率母関数から期待値・分散 (別 p.42)

積率母関数を用いて、次の分布の期待値・分散を求めよ。
(1) 二項分布 $Bin(n,\ p)$
(2) 正規分布 $N(\mu,\ \sigma^2)$

---

(1) 二項分布 $Bin(n,\ p)$ の積率母関数を微分していくと、

$\varphi(t) = (pe^t + 1 - p)^n \qquad ((f^n)' = nf^{n-1} \cdot f' = nf'f^{n-1})$

$\varphi'(t) = \underbrace{npe^t}_{f} \underbrace{(pe^t + 1 - p)^{n-1}}_{g} \qquad ((fg)' = f'g + fg' \text{を用いる})$

$\varphi''(t) = \underbrace{npe^t}_{f'} \underbrace{(pe^t + 1 - p)^{n-1}}_{g} + \underbrace{npe^t}_{f} \underbrace{(n-1)pe^t(pe^t + 1 - p)^{n-2}}_{g'}$

これに $t=0$ を代入して、

$\varphi'(0) = npe^0(pe^0 + 1 - p)^{n-1} = np(p + 1 - p)^{n-1} = np$

$\varphi''(0) = npe^0(pe^0 + 1 - p)^{n-1} + npe^0(n-1)pe^0(pe^0 + 1 - p)^{n-2}$
$\qquad\quad = np + n(n-1)p^2$

これを用いて、

$E[X] = \varphi'(0) = np$

$V[X] = \varphi''(0) - \{\varphi'(0)\}^2 = np + n(n-1)p^2 - (np)^2 = np - np^2 = np(1-p)$

(2) 正規分布 $N(\mu,\ \sigma^2)$ の積率母関数を微分していくと、

$\varphi(t) = e^{\mu t + \frac{1}{2}\sigma^2 t^2}$

$\varphi'(t) = \underbrace{(\mu + \sigma^2 t)}_{f} \underbrace{e^{\mu t + \frac{1}{2}\sigma^2 t^2}}_{g} \qquad ((fg)' = f'g + fg' \text{を用いる})$

195

$$\varphi''(t) = \underbrace{\sigma^2}_{f'} \underbrace{e^{\mu t + \frac{1}{2}\sigma^2 t^2}}_{g} + \underbrace{(\mu + \sigma^2 t)}_{f} \underbrace{(\mu + \sigma^2 t) e^{\mu t + \frac{1}{2}\sigma^2 t^2}}_{g'}$$

これに $t=0$ を代入して、

$$\varphi'(0) = \mu \qquad \varphi''(0) = \sigma^2 + \mu^2$$

これを用いて、

$$E[X] = \varphi'(0) = \mu$$

$$V[X] = \varphi''(0) - \{\varphi'(0)\}^2 = \sigma^2 + \mu^2 - \mu^2 = \sigma^2$$

二項分布の場合も、正規分布の場合も定義通り計算するよりも簡単に期待値・分散を計算することができました。積率母関数を求めているところで苦労しているという話もありますが…。

なぜ、この計算で期待値・分散が求まるのか、ざっくりと説明してみましょう。

e^{tX} をマクローリン展開(公式 1.14)します。すると、

$$e^{tX} = 1 + tX + \frac{1}{2!}(tX)^2 + \frac{1}{3!}(tX)^3 + \frac{1}{4!}(tX)^4 + \cdots\cdots$$

$$= 1 + tX + \frac{1}{2!}t^2 X^2 + \frac{1}{3!}t^3 X^3 + \frac{1}{4!}t^4 X^4 + \cdots\cdots$$

これを積率母関数の定義式に代入すると、

$$\varphi(t) = E[e^{tX}] = E\left[1 + tX + \frac{1}{2!}t^2 X^2 + \frac{1}{3!}t^3 X^3 + \frac{1}{4!}t^4 X^4 + \cdots\cdots\right]$$

$E[e^{tX}]$ の計算では、t は定数とみなすことができますから、右辺で E の公式 2.24 を用いて、

$$\varphi(t) = 1 + tE[X] + \frac{1}{2!}t^2 E[X^2] + \frac{1}{3!}t^3 E[X^3] + \frac{1}{4!}t^4 E[X^4] + \cdots\cdots$$

これを微分すると、

$$\varphi'(t) = E[X] + tE[X^2] + \frac{1}{2!}t^2 E[X^3] + \frac{1}{3!}t^3 E[X^4] + \cdots\cdots$$

$$\varphi''(t) = E[X^2] + tE[X^3] + \frac{1}{2!}t^2 E[X^4] + \cdots\cdots$$

確率分布

......

よって、$t=0$ を代入すると、

$$\varphi'(0) = E[X]、\varphi''(0) = E[X^2]、\cdots,\ \varphi^{(n)}(0) = E[X^n]$$

となります。分散については、公式 2.02 より

$$V[X] = E[X^2] - \{E[X]\}^2 = \varphi''(0) - \{\varphi'(0)\}^2$$

と計算できます。

　積率母関数 $\varphi(t)$ は、k 次モーメントをいっぺんに計算したものであるということができます。k 次モーメントは t の k 次の係数になっていますから、$\varphi(t)$ を k 回微分して 0 を代入すると k 次の係数を取り出すことができるのです。

　「ざっくり説明します」といったのは、上の説明では収束の条件を無視して議論しているからです。$E[X^n]$ の値によっては、$E[e^{tX}]$ が収束しない場合があるのです。実際、確率変数 X がコーシー分布に従うときは、$E[X]$ が存在しないくらいですから、$E[e^{tX}]$ つまり積率母関数 $\varphi(t)$ も存在しません。

　積率母関数に類似した母関数に、特性関数と呼ばれる母関数があります。特性関数の定義式は、

$$\varphi(t) = E[e^{itX}]$$

です。i は虚数単位です。$\varphi(t)$ は複素関数になります。特性関数の場合には、確率分布がどんな場合であっても、それに対応する特性関数 $\varphi(t)$ が存在します。

　確率分布 X が確率密度関数 $f(x)$ を持つとき、

$$\varphi(t) = E[e^{itX}] = \int_{-\infty}^{\infty} f(x)e^{itx}dx$$

となります。これは、$f(x)$ のフーリエ変換の定義式です。フーリエ変換には、逆フーリエ変換がありますから、特性関数 $\varphi(t)$ からもとの確率密度関数 $f(x)$ を求めることもできます。

　つまり、確率密度関数 $f(x)$ と特性関数 $\varphi(t)$ は 1 対 1 の対応関係にあります。積率母関数の場合は、ここまで都合よく行きませんが、それでも積率母関数が等しくなる確率分布があれば、もとの確率分布が一致するということまでは保証されています。

　すなわち、確率変数 X と Y について、$E[e^{tX}]$ と $E[e^{tY}]$ が存在するとき、

197

$$E[e^{tX}] = E[e^{tY}] \implies X = Y$$

が成り立ちます。

　特性関数の方が理論的な説明に関しては便利なことが多いですが、具体的な分布については積率母関数の方が計算しやすいので、この本では積率母関数で話を進めます。

■再生性

　積率母関数は、確率変数の和に関して便利な性質を持っています。

定理 2.44　確率変数の定数倍と和の積率母関数

　確率変数 X、Y の積率母関数を $\varphi_X(t)$、$\varphi_Y(t)$ とする。

(1)　確率変数 aX (a は定数) の積率母関数を $\varphi_{aX}(t)$ とすると、
$$\varphi_{aX}(t) = \varphi_X(at)$$

(2)　確率変数 X、Y が独立のとき、

　確率変数 $X+Y$ の積率母関数を $\varphi_{X+Y}(t)$ とすると、
$$\varphi_{X+Y}(t) = \varphi_X(t)\,\varphi_Y(t)$$

[証明] (1)　$\varphi_{aX}(t) = E[e^{t(aX)}] = E[e^{(at)X}] = \varphi_X(at)$

(2)　X、Y が離散型の場合に証明します。

$\varphi_{X+Y}(t) = E[e^{t(X+Y)}] = E[e^{tX}e^{tY}]$

$= \displaystyle\sum_{i,\,j} \exp[tx_i]\exp[ty_j]P(X=x_i,\ Y=y_j)$

$= \displaystyle\sum_{i,\,j} \exp[tx_i]\exp[ty_j]P(X=x_i)P(Y=y_j)$ 　[X、Y が独立だから]

$= \displaystyle\sum_{i,\,j} (\exp[tx_i]P(X=x_i))(\exp[ty_j]P(Y=y_j))$ 　[因数分解 $\displaystyle\sum_{i,\,j} a_ib_j = \left(\sum_i a_i\right)\left(\sum_j b_j\right)$]

$= \left\{ \displaystyle\sum_i \exp[tx_i]P(X=x_i) \right\} \left\{ \displaystyle\sum_j \exp[ty_j]P(Y=y_j) \right\}$

$= E[e^{tX}]E[e^{tY}] = \varphi_X(t)\,\varphi_Y(t)$

確率分布

この性質を用いると、再生性がある確率分布に関して、それを簡単に示すことができます。

問題 再生性

X、Y が独立な確率変数のとき、積率母関数を用いて次を示せ。
(1) $X \sim Bin(n,\ p)$、$Y \sim Bin(m,\ p)$ のとき、
$X + Y \sim Bin(n+m,\ p)$ となる。
(2) $X \sim N(\mu_1,\ \sigma_1^2)$、$Y \sim N(\mu_2,\ \sigma_2^2)$ のとき、
$aX + bY \sim N(a\mu_1 + b\mu_2,\ a^2\sigma_1^2 + b^2\sigma_2^2)$ (a、b は実数) となる。

---

(1) p.194 の問題より、$\varphi_X(t) = (pe^t + 1 - p)^n$、$\varphi_Y(t) = (pe^t + 1 - p)^m$ であり、

$$\varphi_{X+Y}(t) = \varphi_X(t)\varphi_Y(t) = (pe^t + 1 - p)^{n+m}$$

なので、$X + Y$ は $Bin(n+m,\ p)$ に従うことが分かります。

(2) p.194 の問題より、$\varphi_X(t) = \exp\left[\mu_1 t + \dfrac{1}{2}\sigma_1^2 t^2\right]$、$\varphi_Y(t) = \exp\left[\mu_2 t + \dfrac{1}{2}\sigma_2^2 t^2\right]$ で

あり、 $\varphi_{aX}(t) = \varphi_X(at)$ などを用いて、

$$\varphi_{aX+bY}(t) = \varphi_{aX}(t)\varphi_{bY}(t) = \varphi_X(at)\varphi_Y(bt)$$

$$= \exp\left[\mu_1 at + \dfrac{1}{2}\sigma_1^2 a^2 t^2\right] \cdot \exp\left[\mu_2 bt + \dfrac{1}{2}\sigma_2^2 b^2 t^2\right]$$

$$= \exp\left[(a\mu_1 + b\mu_2)t + \dfrac{1}{2}\left(a^2\sigma_1^2 + b^2\sigma_2^2\right)t^2\right]$$

なので、$aX + bY$ は $N(a\mu_1 + b\mu_2,\ a^2\sigma_1^2 + b^2\sigma_2^2)$ に従うことが分かります。

(2) では、特に $a = 1$、$b = 1$ のとき、$X + Y \sim N(\mu_1 + \mu_2,\ \sigma_1^2 + \sigma_2^2)$ となります。

この例や (1) や(2)の $a = 1$、$b = 1$ のように X、Y がある同種の分布に従うとき、$X + Y$ も同種の分布に従う場合、この分布には再生性があると言いました。

二項分布 $Bin(n,\ p)$、正規分布 $N(\mu,\ \sigma^2)$ の他、再生性がある分布には、ポアソン分布 $Po(\lambda)$、ガンマ分布 $\Gamma(k,\ \theta)$、カイ2乗分布 $\chi^2(n)$ などがあります。

この中でも正規分布は、2つのパラメータに関して強い再生性が成り立ってい

ます。

通常の再生性では確率変数の和でしたが、正規分布に関しては、確率変数の1次結合であっても正規分布が保たれるわけです。

■中心極限定理

中心極限定理と呼ばれる定理を紹介しましょう。この定理は、大数の法則をさらに精密にした定理であるといえます。大数の法則とともに統計学の根幹をなす定理です。

確率変数 X_1、X_2、$\cdots$、X_n は独立で、同じ確率分布に従っており、各 X_i は期待値 μ、分散 σ^2(有限の値)であるとします。

これらの単純平均を $\overline{X}=\dfrac{1}{n}(X_1+X_2+\cdots+X_n)$ とおきます。

$\overline{X}$ の期待値・分散は、$E[\overline{X}]=\mu$、$V[\overline{X}]=\dfrac{1}{n}\sigma^2$ です（これは9節の内容を用いてすぐに示すことができますが、すべての皆さんに証明まで読んで欲しいので、次章の最初の公式として再掲します。証明が気になる方は、公式3.01の証明をご覧ください）。

さて、ここまでは既知とします。このとき、

　「n を大きくすると、$\overline{X}$ の分布は正規分布 $N\left(\mu,\ \dfrac{1}{n}\sigma^2\right)$ に近づいていく」

というのが中心極限定理です。

標準化して言い直しましょう。$\overline{X}$ を標準化した確率変数を

$$Z=\frac{\overline{X}-\mu}{\dfrac{\sigma}{\sqrt{n}}}$$

と置きます。

　「n が大きくなるとき、Z の分布は $N(0,\ 1^2)$ に近づいていく」

となります。これが中心極限定理です。

中心極限定理の驚くべき点は、定理の条件で各 X_i の分布の形について言及がないことです。つまり、分布の形がどんな場合であっても、$\overline{X}$、Z が正規分布に

200

収束していくところです。

正確に定理を述べた後、積率母関数を用いてざっくりと証明してみましょう。

定理 2.45　中心極限定理

n 個の確率変数 X_1、X_2、$\cdots$、X_n が独立で同じ確率分布に従うものとする。

$\mu = E[X_i]$、$\sigma^2 = V[X_i]$、$\overline{X} = \dfrac{1}{n}(X_1 + X_2 + \cdots + X_n)$ とすると、任意の実数 a に対して、

$$\lim_{n \to \infty} P\left(\frac{\overline{X} - \mu}{\frac{\sigma}{\sqrt{n}}} \leq a\right) = \int_{-\infty}^{a} \frac{1}{\sqrt{2\pi}} e^{-\frac{1}{2}x^2} dx$$

[証明]　$Z_i = \dfrac{X_i - \mu}{\sigma}$ とおくと、Z_i は X_i を標準化したものなので、

$E[Z_i] = 0$、$V[Z_i] = 1$　これを用いて、

$$E[Z_i^2] = V[Z_i] + \{E[Z_i]\}^2 = 1 + 0^2 = 1$$

となります。3次以上のモーメント $E[Z_i^k]$（$k \geq 3$）も X_i の分布が与えられているので定数になります。

$$E[e^{tZ_i}] = E\left[1 + tZ_i + \frac{1}{2!}t^2Z_i^2 + \frac{1}{3!}t^3Z_i^3 + \cdots\right]$$

$$= 1 + tE[Z_i] + \frac{1}{2!}t^2E[Z_i^2] + \frac{1}{3!}t^3E[Z_i^3] + \cdots$$

$$= 1 + \frac{1}{2}t^2 + t^3g(t) \quad \cdots\cdots ①$$

$\left[\begin{array}{l} t \text{の3次以上の項を、} t \text{の多項式} \\ g(t) \text{を用いて } t^3g(t) \text{と表した} \end{array}\right]$

ここで、$Z = \dfrac{\overline{X} - \mu}{\frac{\sigma}{\sqrt{n}}}$ とおくと、

$$Z = \frac{\overline{X} - \mu}{\frac{\sigma}{\sqrt{n}}} = \frac{\sqrt{n}}{\sigma}\left(\frac{X_1 + \cdots + X_n - n\mu}{n}\right) = \frac{1}{\sqrt{n}}\left(\frac{X_1 + \cdots + X_n - n\mu}{\sigma}\right)$$

$$= \frac{1}{\sqrt{n}}(Z_1 + \cdots + Z_n)$$

Z の積率母関数 $\varphi_n(t)$ は、

$$\varphi_n(t) = E[e^{tZ}] = E\left[e^{\frac{t}{\sqrt{n}}(Z_1 + \cdots + Z_n)}\right] = E\left[e^{\frac{t}{\sqrt{n}}Z_1}\right] \cdots\cdots E\left[e^{\frac{t}{\sqrt{n}}Z_n}\right]$$

$$= \left\{E\left[e^{\frac{t}{\sqrt{n}}Z_i}\right]\right\}^n \qquad \left[E[e^{tZ_i}] \text{ の } t \text{ を } \frac{t}{\sqrt{n}} \text{ に置き換えて用いる}\right]$$

$$= \left\{1 + \frac{1}{2}\left(\frac{t}{\sqrt{n}}\right)^2 + \left(\frac{t}{\sqrt{n}}\right)^3 g\left(\frac{t}{\sqrt{n}}\right)\right\}^n \qquad \left[\text{①で } t \text{ を } \frac{t}{\sqrt{n}} \text{ に置き換える}\right]$$

$$= \left\{1 + \frac{1}{n}\left(\frac{1}{2}t^2 + \frac{t^3}{\sqrt{n}}g\left(\frac{t}{\sqrt{n}}\right)\right)\right\}^n$$

これの対数を取って、

$$\log\varphi_n(t) = n\log\left\{1 + \frac{1}{n}\left(\frac{1}{2}t^2 + \frac{t^3}{\sqrt{n}}g\left(\frac{t}{\sqrt{n}}\right)\right)\right\}$$

$n \to \infty$ のとき、波線部は 0 に近づくので $\log(1+x)$ のマクローリン展開が使えます。

$\left[\text{公式 } 1.14 \text{ マクローリン展開}\quad \log(1+x) = x - \frac{1}{2}x^2 + \frac{1}{3}x^3 - \cdots \text{ を用いて}\right]$

$$= n\left[\frac{1}{n}\left(\frac{1}{2}t^2 + \frac{t^3}{\sqrt{n}}g\left(\frac{t}{\sqrt{n}}\right)\right) - \frac{1}{2}\left\{\frac{1}{n}\left(\frac{1}{2}t^2 + \frac{t^3}{\sqrt{n}}g\left(\frac{t}{\sqrt{n}}\right)\right)\right\}^2\right.$$

$$\left. + \frac{1}{3}\left\{\frac{1}{n}\left(\frac{1}{2}t^2 + \frac{t^3}{\sqrt{n}}g\left(\frac{t}{\sqrt{n}}\right)\right)\right\}^3 - \cdots\right]$$

$$= \frac{1}{2}t^2 + \frac{t^3}{\sqrt{n}}g\left(\frac{t}{\sqrt{n}}\right) - \frac{1}{2n}\left(\frac{1}{2}t^2 + \frac{t^3}{\sqrt{n}}g\left(\frac{t}{\sqrt{n}}\right)\right)^2$$

$$+ \frac{1}{3n^2}\left(\frac{1}{2}t^2 + \frac{t^3}{\sqrt{n}}g\left(\frac{t}{\sqrt{n}}\right)\right)^3 - \cdots$$

ここで、$n \to \infty$ のとき、$\log\varphi_n(t) \to \frac{1}{2}t^2$ ですから、$\varphi_n(t) \to \exp\left[\frac{1}{2}t^2\right]$ となります。

$\exp\left[\dfrac{1}{2}t^2\right]$ は標準正規分布 $N(0, 1^2)$ の積率母関数ですから、$n \to \infty$ のとき、Z の分布は標準正規分布 $N(0, 1^2)$ に近づきます。

よって、

$$\lim_{n \to \infty} P\left(\frac{\overline{X} - \mu}{\dfrac{\sigma}{\sqrt{n}}} \leqq a\right) = \lim_{n \to \infty} P(Z \leqq a) = \int_{-\infty}^{a} \frac{1}{\sqrt{2\pi}} e^{-\frac{1}{2}x^2} dx$$

が成り立ちます。

第3章

推測統計

1 点推定

この章では推測統計を扱います。

統計の調査には、調べたい対象全体を全て調べる**全数調査**と、対象の一部を抜き出して調べる**標本調査**があります。

全数調査が理想ですが、データの数が非常に大きい場合は、調べるために膨大な時間・費用・労力がかかる場合が少なくありません。そこで対象の一部を取り出し、そこから調べたい対象全体を推測することになります。このとき、支柱となるのが推測統計の理論です。視聴率の調査や選挙の当落速報では、推測統計の手法が用いられています。

調べる対象全体の集合を**母集団**といい、その大きさを**母集団の大きさ**、その平均を**母平均**、分散を**母分散**、標準偏差を**母標準偏差**、母集団の中である特徴を持つデータの比率を**母比率**といいます。これらのような母集団のデータを特徴づける数値をまとめて**母数**といいます。

母集団から抜き出したデータの集合を**標本**といいます。標本のデータ数を標本の大きさ、標本の平均を**標本平均**、分散を**標本分散**といいます。

これから紹介する**推定**とは、標本平均、標本分散などから、母平均や母分散の値を絞り込むことです。

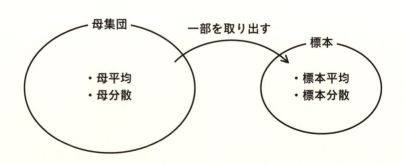

視聴率調査の場合には、母集団はテレビ受像機を持っているすべての家庭、選挙の場合には、母集団はその地区のすべての有権者です。このように視聴率調査

や選挙の場合には母集団を特定できますが、統計を応用する現場では母集団を特定できない場合もあります。

　例えば、医薬品の開発の場面ではどうでしょうか。新薬開発中の薬剤Aの効き目を調べるとき、薬剤Aを投与したデータを集めます。判断を下すに足る十分なデータが集まればよいですが、それには多くの時間・費用がかかります。そこで手元にあるデータを母集団から抽出した標本とみなして統計学的処理をします。この場合、手元のデータ以外に薬剤Aを投与した事実はありませんから、母集団は実際には存在しません。しかし、統計学的処理に乗せるために、無限の大きさを持つ母集団を想定し、その中から標本を取り出したものが手元のデータであると解釈するわけです。

　推定には、ピンポイントで値を予想する**点推定**と、値がとりうる範囲を予想する**区間推定**があります。
　点推定から説明していきましょう。

■点推定

　母平均、母分散を標本のデータから推定しましょう。
　母集団から無作為に抽出して標本を作るときのことを考えます。
　母集団から標本を取り出すときは非復元抽出ですが、母集団のサイズは大きいので復元抽出と見なすことができます（p.162参照）。
　母集団のうちでpの割合で、Aという特性を持つものがあるとします。pを母比率といいます。
　標本の大きさが十分に大きければ、大数の法則により特性Aを持つものは標本の中にもpに近い割合で存在するはずです。ですから、母集団と標本のそれぞれの度数分布表から相対度数分布表（データ全体の度数を1として、各階級の度数を割合で表した表）を作れば、その2つはほぼ同じになると考えられます。すなわち、母集団の分布と標本の分布はほぼ同じ分布であると見なすことができるわけです。

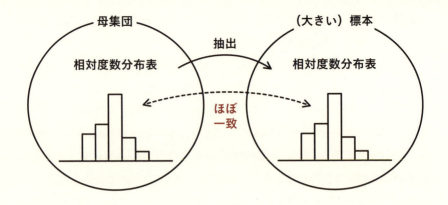

このことから、母平均、母分散を推定するには、標本平均と標本分散を用いればよいであろうと予想がつきます。

実際、標本の大きさが n、標本の値が x_1、x_2、…、x_n のとき、母平均の推定値は、標本平均

$$\overline{x} = \frac{x_1 + x_2 + \cdots + x_n}{n} = \frac{1}{n}\sum_{i=1}^{n} x_i$$

を用います。母分散の推定値は、標本分散

$$s^2 = \frac{(x_1 - \overline{x})^2 + (x_2 - \overline{x})^2 + \cdots + (x_n - \overline{x})^2}{n} = \frac{1}{n}\sum_{i=1}^{n}(x_i - \overline{x})^2$$

または、

不偏分散 $\quad u^2 = \dfrac{(x_1 - \overline{x})^2 + (x_2 - \overline{x})^2 + \cdots + (x_n - \overline{x})^2}{n-1} = \dfrac{1}{n-1}\sum_{i=1}^{n}(x_i - \overline{x})^2$

を用います。この2つの使い分けは統計学のややこしいところですが、この本でぜひマスターしてください。

なお、本によっては、標本分散を不偏分散の式で定義している場合もあります。これは流儀の違いです。他書を読むときや講義を受けるときは、そこでの流儀に従っていただければと思います。

ただ、n が大きいときは、標本分散も不偏分散も大差はありませんから、実用的にはどちらでもよいでしょう。

母分散の推定値を求める式を2つ挙げているのは、点推定の方法がいろいろあるからです。推定の方法がいろいろあるのは、推定値の精度の評価の基準がいく

つかあるからです。どの評価を用いるかにより、推定値の値は微妙に違ってきます。

　ここで、推定・検定の原理を説明するときに基本となる重要な考え方から確認していきましょう。

　まずは、日本人男子の身長のデータ、東京都民の年収のデータなど母集団の大きさが有限の場合で説明します。

　推測統計の重要な考え方の1つは、母集団から無作為に抽出して標本を作るとき、取り出した値を確率変数と見なすという前提です。つまり、推測統計では、母集団からn個のデータ値を抽出して標本を作るとき、そのn個を確率変数X_1、X_2、…、X_nとおいて議論を進めます。

　母集団や実際に取り出した標本のデータの分布を表したものが度数分布表、それを割合で表したものが相対度数分布表でした。母集団から無作為に1つのデータを抽出するとき、データがある階級に含まれる確率はその階級の相対度数に等しくなります。相対度数分布表は、離散型の確率分布の表と見なすこともできます。確率変数X_1、X_2、…、X_nは、母集団の相対度数分布と同じ確率分布に従います。

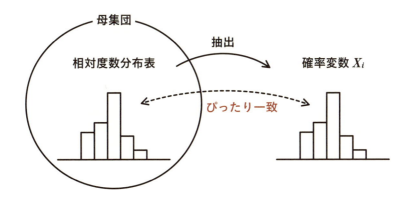

　標本の大きさnを大きくすればするほど、標本の相対度数分布は母集団の相対度数分布に近づいていきます。しかし、標本の大きさを十分に大きく取れない事情があるときどうしたらよいでしょうか。

　このような場合は、母集団の相対度数分布が正規分布に従っていると仮定します。薬品開発のときのようにもともと想像上の無限に大きい母集団を設定してい

る場合には、階級幅を無限に小さくとり、母集団の分布を連続型確率分布であるとしても違和感はないでしょう。しかし、母集団が現実に存在し有限の場合には、母集団の分布は離散型確率分布にしかなりませんから、母集団の分布を連続型確率分布である正規分布と見なすのはずいぶんと乱暴な議論ではないかと思う方もいらっしゃると思います。しかし、その点に関しては目をつぶって母集団を正規分布として見なすのです。

　例えば、日本人全体の身長データで、平均が165cm、標準偏差が6cmであれば、日本人全体の身長データの相対度数分布表が $N(165, 6^2)$ であると見なします。実際のデータの相対度数をヒストグラムで表したものは下左図のように階段状になっているでしょうし、完全な左右対称形にはなっていないでしょう。しかし、そのようなことは気にせずに下右図のように正規分布 $N(165, 6^2)$ になっていると理想化して考えるのです。

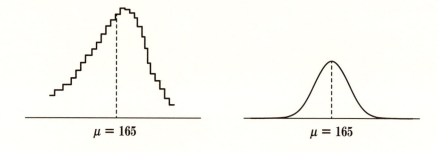

　この本で紹介する統計学の手法では、母集団を正規分布に従っているものとして論理を組み立てていきます。このときの母集団を**正規母集団**と呼びます。

　母集団に正規分布以外の分布をあてはめたり、そもそも母集団に確率分布をあてはめないで分析する統計手法もありますが、この本では扱いません。

　正規母集団（$N(\mu, \sigma^2)$ に従っているとする）から取り出した X_i は、正規分布 $N(\mu, \sigma^2)$ に従うと考えます。

　母集団の大きさが十分に大きい場合、X_i は復元抽出として捉えることができ、$X_1, X_2, \cdots, X_n$ は2つずつとって独立であると考えられます。

　母平均が μ、母分散が σ^2 のとき、X_i の期待値、分散は、

$$E[X_i] = \mu \quad V[X_i] = \sigma^2$$

となります。

x_1、x_2、…、x_n の平均 $\overline{x}$、分散 s^2、不偏分散 $u^2\left(=\dfrac{1}{n-1}\displaystyle\sum_{i=1}^{n}(x_i-\overline{x})^2\right)$ の式で、

x_1、x_2、…、x_n を X_1、X_2、…、X_n に入れ替えた式 $\overline{X}$、S^2、U^2 を作ると、これらも確率変数となります。このように標本を表す確率変数 X_1、X_2、…、X_n から作られた式 $\overline{X}$、S^2、U^2 などの式を**統計量**と呼びます。統計量の分布を**標本分布**といいます。「標本分布」は、語の成り立ちから「標本が持つ分布」のことを指していると考えるのが自然です。実際そのように使う場合もあるようですが、「標本分布」という言葉で、統計量の分布を指すことを知っておきましょう。

このような考え方で推測統計の理論を組み立てるので、統計学の本ではどの本でも確率変数の説明を推定・検定の前にしておくわけです。

まずは、推測統計の基本となる統計量である標本平均 $\overline{X}$ についての期待値・分散の公式を確認しておきます。内容的には、前章で触れましたが、ここでは証明までつけておきましょう。

公式 3.01　標本平均の期待値・分散

確率変数 X_1、X_2、…、X_n は独立で、すべての X_i について、$E[X_i]=\mu$、$V[X_i]=\sigma^2$ である。

$$\overline{X}=\frac{X_1+X_2+\cdots+X_n}{n}=\frac{1}{n}\sum_{i=1}^{n}X_i$$

とおくとき、

$$E[\overline{X}]=\mu、\ V[\overline{X}]=\frac{1}{n}\sigma^2$$

期待値の方はもとの期待値と一致、分散は標本の大きさで割ったものになります。以後、当たり前のように使いますので、覚えておきたい公式です。なお、期待値の方は独立という条件がなくとも成り立ちます。

[証明]　$E[\overline{X}] = E\left[\dfrac{X_1 + X_2 + \cdots + X_n}{n}\right] = \dfrac{1}{n}E[X_1 + X_2 + \cdots + X_n]$

$$= \dfrac{1}{n}\Big\{E[X_1] + E[X_2] + \cdots + E[X_n]\Big\} = \dfrac{1}{n}n\mu = \mu$$

X_1、X_2、$\cdots$、X_n は独立なので、2つずつとって無相関になり、

$$V[\overline{X}] = V\left[\dfrac{X_1 + X_2 + \cdots + X_n}{n}\right] = \dfrac{1}{n^2}V[X_1] + \cdots + \dfrac{1}{n^2}V[X_n] = \dfrac{1}{n^2}\sigma^2 \times n = \dfrac{1}{n}\sigma^2$$

[証明終わり]

$\overline{X}$、U^2 などのように、母数 θ（母平均、母分散、母比率など）を推定するための統計量 $T(X_1,\ X_2,\ \cdots,\ X_n)$ [$X_1,\ X_2,\ \cdots,\ X_n$ から作った式] を**推定量**と言います。

推定量が妥当であるかを判断する評価の軸として、この本では4つの性質を挙げておきます。

(1)　不偏性
(2)　有効性
(3)　一致性
(4)　十分性

不偏性、有効性、一致性、十分性は、推定量の性質として定義されます。
この節ではこれら4つの性質を説明していきます。

(1)　不偏性

u^2 が不偏分散と呼ばれる理由を説明してみましょう。
次の問題から解いてみましょう。

推測統計

問題 ホップ 不偏推定量 （別 p.46）

X_1、X_2、$\cdots$、X_n から作った平均 $\overline{X}$ と不偏分散 U^2 を

$$\overline{X}=\frac{X_1+X_2+\cdots+X_n}{n}=\frac{1}{n}\sum_{i=1}^{n}X_i$$

$$U^2=\frac{(X_1-\overline{X})^2+(X_2-\overline{X})^2+\cdots+(X_n-\overline{X})^2}{n-1}=\frac{1}{n-1}\sum_{i=1}^{n}(X_i-\overline{X})^2$$

とします。X_1、X_2、$\cdots$、X_n が独立で、すべての X_i について、$E[X_i]=\mu$、$V[X_i]=\sigma^2$ のとき、確率変数 $\overline{X}$、U^2 の期待値が、

$$E[\overline{X}]=\mu \qquad E[U^2]=\sigma^2$$

となることを確かめよ。

[証明] $\overline{X}$ のほうは公式 3.01 で証明しました。

U^2 の期待値を求めるために必要なものを準備すると、

$$\sum_{i=1}^{n}(X_i-\overline{X})^2=\sum_{i=1}^{n}\{(X_i-\mu)-(\overline{X}-\mu)\}^2$$

$$=\sum_{i=1}^{n}\{(X_i-\mu)^2-2(X_i-\mu)(\overline{X}-\mu)+(\overline{X}-\mu)^2\}$$

$$=\sum_{i=1}^{n}(X_i-\mu)^2-2(\overline{X}-\mu)\sum_{i=1}^{n}(X_i-\mu)+n(\overline{X}-\mu)^2$$

$$=\sum_{i=1}^{n}(X_i-\mu)^2-2(\overline{X}-\mu)(n\overline{X}-n\mu)+n(\overline{X}-\mu)^2$$

$$=\sum_{i=1}^{n}(X_i-\mu)^2-n(\overline{X}-\mu)^2 \qquad \cdots\cdots①$$

$$E[U^2]=E\left[\frac{1}{n-1}\sum_{i=1}^{n}(X_i-\overline{X})^2\right]$$

$$=\frac{1}{n-1}E\left[\sum_{i=1}^{n}(X_i-\mu)^2-n(\overline{X}-\mu)^2\right] \qquad ①より$$

$$=\frac{1}{n-1}\left\{\sum_{i=1}^{n}E[(X_i-\mu)^2]-nE[(\overline{X}-\mu)^2]\right\} \qquad \begin{array}{l} E[(\overline{X}-\mu)^2]=E[\{\overline{X}-E(\overline{X})\}^2] \\ =V(\overline{X}) \end{array}$$

$$=\frac{1}{n-1}\left\{\sum_{i=1}^{n}V[X_i]-nV[\overline{X}]\right\} \qquad 公式3.01$$

213

$$= \frac{1}{n-1} \left(n\sigma^2 - n \cdot \frac{1}{n}\sigma^2 \right) = \sigma^2$$

推定量 $T(X_1, X_2, \cdots, X_n)$ の期待値が推定しようとする母数 θ に一致する、すなわち、

$$E[T(X_1, X_2, \cdots, X_n)] = \theta$$

が成り立つとき、θ の推定量 $T(X_1, X_2, \cdots, X_n)$ には不偏性があるといいます。これを満たす推定量を**不偏推定量**といいます。

標本 X_1、X_2、$\cdots$、X_n から計算した平均 $\overline{X}$、不偏分散 U^2 は、母平均、母分散の不偏推定量になっています。不偏分散 U^2 は標本平均を用いて計算した偏差平方和を $n-1$ で割りますが、期待値を計算すると母分散に等しくなります。不偏分散は母分散の不偏推定量なので "不偏" 分散と呼ばれるのです。

なお、標本分散の統計量 $S^2 = \frac{1}{n} \sum_{i=1}^{n} (X_i - \overline{X})^2$ の期待値を計算すると、

$$E[S^2] = \frac{n-1}{n}\sigma^2 \neq \sigma^2$$

ですから、母分散を S^2 で推定しても不偏推定量にはなりません。

(2) 有効性

確率変数 X_1、X_2、$\cdots$、X_n から作った推定量 T が母数 θ の不偏推定量であることは、$E[T] = \theta$ で定義されました。有効性は、不偏推定量 T の分散 $V[T]$ に着目した性質です。分散が小さい方が性能がよい推定量であるといえます。

θ に関する2つの不偏推定量 T_1、T_2 があり、$V[T_1] > V[T_2]$ とすると、T_2 は T_1 よりも有効であるといいます。分散が小さい方がより有効な推定量であるというわけです。

n を固定したとき、不偏推定量 T に対する $V[T]$ はいくらでも小さく取ることができるわけではありません。$V[T]$ が取りうる範囲には限界があります。この限界を示すのが、次に示すクラメール・ラオの不等式です。

母集団がパラメータ α で定められる分布を持ち、そこから無作為に取り出すときの確率変数を X、その確率密度関数を $f(x ; \alpha)$ とします。

すると、大きさ n の標本から作った不偏推定量 T の分散に関して、

推測統計

$$V[T] \geqq \frac{1}{nE\left[\left(\dfrac{\partial}{\partial \alpha}\log f(X\,;\,\alpha)\right)^2\right]} \quad (クラメール・ラオの不等式)$$

が成り立ちます。推定量 T がこの式で等号を満たすとき、T は有効推定量であるといいます。

(3) 一致性

大きさ n の標本から作った母数 θ の推定量を T_n とします。このとき、

$$P(\lim_{n \to \infty} T_n = \theta) = 1 \quad (概収束)$$

が成り立つ推定量を、強一致推定量といいます。

また、すべての ε について、

$$\lim_{n \to \infty} P(|T_n - \theta| < \varepsilon) = 1 \quad (確率収束)$$

が成り立つ推定量を弱一致推定量といいます。

このように、概収束であるか確率収束であるかによって、強一致推定量、弱一致推定量と区別します。いずれにしても一致性とは、標本を大きくすればいくらでも正確に θ を推定できるという指標のことです。

標本平均 $\overline{X}$ は母平均 μ の、標本分散 S^2 は母分散 σ^2 の一致推定量になっています。

(4) 十分性

例を挙げて説明します。

母集団が正規母集団 $N(\mu,\ \sigma^2)$ のとき、$\overline{X}$ が母平均 μ の十分推定量であることを説明してみましょう。

母平均 μ、母分散 σ^2 が与えられているとき、標本が $X_1 = x_1$、$X_2 = x_2$、…、$X_n = x_n$ となる、同時確率密度関数 $f(x_1,\ x_2,\ \cdots,\ x_n)$ は、

$$\frac{1}{\sqrt{2\pi}\,\sigma}\exp\left[-\frac{(x_1-\mu)^2}{2\sigma^2}\right]\cdot\frac{1}{\sqrt{2\pi}\,\sigma}\exp\left[-\frac{(x_2-\mu)^2}{2\sigma^2}\right]\cdots\cdot\frac{1}{\sqrt{2\pi}\,\sigma}\exp\left[-\frac{(x_n-\mu)^2}{2\sigma^2}\right]$$

$$=\frac{1}{(\sqrt{2\pi}\,\sigma)^n}\exp\left[-\sum_{i=1}^{n}\frac{(x_i-\mu)^2}{2\sigma^2}\right]$$

となります。逆に、x_1、x_2、…、x_n を固定して、μ、σ を変数として見たときこ

215

の式を**尤度**といいます。ここで、p.213 ①より、

$$\sum_{i=1}^{n}(x_i-\mu)^2=\sum_{i=1}^{n}(x_i-\overline{x})^2+n(\overline{x}-\mu)^2$$

が成り立ちますから、

$$f(x_1,\ x_2,\ \cdots,\ x_n\ ;\mu)=\frac{1}{(\sqrt{2\pi}\sigma)^n}\exp\left[-\frac{n(\overline{x}-\mu)^2}{2\sigma^2}\right]\exp\left[-\sum_{i=1}^{n}\frac{(x_i-\overline{x})^2}{2\sigma^2}\right]$$

ここで、

$$g(t\ ;\theta)=\frac{1}{(\sqrt{2\pi}\sigma)^n}\exp\left[-\frac{n(t-\theta)^2}{2\sigma^2}\right],$$

$$h(x_1,\ x_2,\ \cdots,\ x_n)=\exp\left[-\sum_{i=1}^{n}\frac{(x_i-\overline{x})^2}{2\sigma^2}\right]$$

とおくと、

$$f(x_1,\ x_2,\ \cdots,\ x_n\ ;\mu)=g(\overline{x}\ ;\mu)h(x_1,\ x_2,\ \cdots,\ x_n)$$

と表されます。

この例のように、標本が X_1、X_2、$\cdots$、X_n となる同時確率密度関数 $f(X_1,\ X_2,$ $\cdots,\ X_n)$ が、母集団の特徴を示すパラメータ θ とその推定量 $T(X_1,\ X_2,\ \cdots,\ X_n)$ の関数 $g(T,\ \theta)$ と、X_1、X_2、$\cdots$、X_n の関数 $h(X_1,\ X_2,\ \cdots,\ X_n)$ [$X_1,\ X_2,\ \cdots,$ X_n だけで表され θ は含まない] との積になるとき、すなわち

$$f(X_1,\ X_2,\ \cdots,\ X_n\ ;\theta)=g(T,\ \theta)h(X_1,\ X_2,\ \cdots,\ X_n)$$

が成り立つとき、推定量 $T(X_1,\ X_2,\ \cdots,\ X_n)$ は十分推定量であるといいます。

■**最尤法**

前までは、標本の値を確率変数と見なすことで、推定量を考えました。次に紹介する推定法は、母集団の分布を表すパラメータを変数と見ることでその推定値を見つける方法です。

問題形式で例を挙げてみます。次の問題は、n 個の標本から母比率 p を点推定することがテーマになっています。

推測統計

> **問題　最尤法の例**
>
> 　袋の中に赤玉と白玉が $p:1-p\,(0<p<1)$ の割合で十分多くの個数入っているものとする。
>
> (1)　n 個の玉を取り出すとき、赤が k 個、白が $n-k$ 個になる確率を $f(p)$ とする。$f(p)$ を求めよ。
>
> (2)　$f(p)$ を最大とするような p を求めよ。

(1)　1個の玉を取り出す試行（元に戻さない）を n 回繰り返します。赤玉が出る事象を A とすれば、袋の中の玉の個数が十分大きいので（p.162 参照）、各試行でつねに $P(A)=p$ となります。取り出した n 個の中で、赤が k 個である確率 $P(X=k)$ は二項分布 $Bin(n,\ p)$ に従います。

$$f(p)={}_nC_k\,p^k(1-p)^{n-k}$$

(2)　${}_nC_k$ が定数ですから、$f(p)$ の最大値を求めるには、$p^k(1-p)^{n-k}$ の最大値を求めればよいことになります。$g(p)=p^k(1-p)^{n-k}$ とおき、微分して、

$$\begin{aligned}
g'(p)&=kp^{k-1}(1-p)^{n-k}-p^k(n-k)(1-p)^{n-k-1}\\
&=\{k(1-p)-(n-k)p\}\,p^{k-1}(1-p)^{n-k-1}\\
&=(k-np)p^{k-1}(1-p)^{n-k-1}
\end{aligned}$$

$g'(p)=0$ となる p は、$p=\dfrac{k}{n}$ です。

$g(0)=0$、$g(1)=0$、$0<p<1$ のとき $g(p)>0$ なので、$0<p<1$ では $p=\dfrac{k}{n}$ のとき $g(p)$ が最大、したがって $f(p)$ が最大となります。

　問題の流れを振り返ってみましょう。母集団にパラメータを持つ確率分布を仮定し（この問題の場合は、赤玉、白玉の比率が $p:1-p$）、そのもとで、標本の場合が起こるような確率 $f(p)$（p を変数と見たとき、これを尤度という）を計算します。次に、変数 p を動かしてその尤度 $f(p)$ を最大にするような p を求めています。

　標本の結果が一番起こりやすい（尤度が最大になる）ような変数 p の値を推定値に採用する手法が**最尤法**です。目の前にある標本は尤度最大のときが実現し

217

たものであると捉えるわけです。

　袋の中から取り出した玉が赤玉 k 個、白玉 $n-k$ 個のとき、袋の赤玉の母比率の最尤法による推定値は $\dfrac{k}{n}$ になります。

　上の例では母集団の分布を離散型確率分布であるベルヌーイ分布 $Be(p)$ に従うとして p を最尤法で推定しました。次に母集団の分布が連続型である場合について最尤法を実行してみましょう。

問題 **最尤推定量** （別 p.48）

　母集団が正規分布に従っていて、母分散は既知で σ^2 であるとする。標本が x_1、x_2、…、x_n のとき、母平均 μ を最尤法で推定せよ。

　母集団が正規分布 $N(\mu,\ \sigma^2)$ に従うとすると、

確率密度関数は $f(x)=\dfrac{1}{\sqrt{2\pi}\,\sigma}e^{-\frac{(x-\mu)^2}{2\sigma^2}}$ です。

　そこで、標本の値 x_1、x_2、…、x_n から、

$$
\begin{aligned}
L(\mu) &= f(x_1)f(x_2)\cdots f(x_n)\\
&= \frac{1}{\sqrt{2\pi}\,\sigma}\exp\!\Big[-\frac{(x_1-\mu)^2}{2\sigma^2}\Big]\cdots\cdots\frac{1}{\sqrt{2\pi}\,\sigma}\exp\!\Big[-\frac{(x_n-\mu)^2}{2\sigma^2}\Big]\\
&= \Big(\frac{1}{\sqrt{2\pi}\,\sigma}\Big)^n\exp\!\Big[-\sum_{i=1}^{n}\frac{(x_i-\mu)^2}{2\sigma^2}\Big]
\end{aligned}
$$

という関数を作ります。

　$L(\mu)$ ［以下、L とします］を、**尤度関数**と呼びます。

　L を最大にするような μ を求めましょう。L の最大値を考える代わりに、$\log L$ の最大値を考えます。

$$
\log L = -\frac{1}{2\sigma^2}\{(x_1-\mu)^2+\cdots+(x_n-\mu)^2\}+n\log\frac{1}{\sqrt{2\pi}\,\sigma}
$$

μ で偏微分して、

推測統計

$$\frac{\partial \log L}{\partial \mu} = \frac{1}{2\sigma^2}\{2(x_1-\mu)+\cdots+2(x_n-\mu)\}$$

$$= \frac{1}{\sigma^2}(x_1+\cdots+x_n-n\mu)$$

$\begin{bmatrix} \log L \text{ は } \mu \text{ の 2 次関数なので、} \\ \text{平方完成により最大値をとる} \\ \mu \text{ を求めてもよい} \end{bmatrix}$

よって、$\log L$（すなわち L）は、$\mu = \dfrac{x_1+\cdots+x_n}{n}$ のとき最大になります。

最尤法による母平均の推定値は、標本平均 $\overline{x} = \dfrac{x_1+\cdots+x_n}{n}$ になります。

同様に、母集団が正規分布で母平均が未知のとき、最尤法による母分散 σ^2 の推定値は、x_1、x_2、$\cdots$、x_n の標本分散 s^2 になります（別冊 p.49）。

標本が x_1、x_2、$\cdots$、x_n のとき、母平均 μ、母分散 σ^2 の表に推定量をまとめると次のようになります。上段には母平均 μ、母分散 σ^2 の不偏性を持つ推定量の代表として $\overline{X}$、U^2 を書いています。下段の $\overline{X}$、S^2 は最尤法によって求めた推定値を書いています。

点推定のまとめ

	母平均 μ	母分散 σ^2
不偏推定量	$\overline{X}$	U^2
最尤法	$\overline{X}$	S^2

σ

2 推測統計で用いる主な分布

　区間推定を説明する前に、この章のテーマである推定・検定に用いる確率分布をまとめておきましょう。前章で散発的に紹介した確率分布の中から2つを並べます。

■正規分布　$N(\mu, \sigma^2)$

　確率変数 X の確率密度関数 $f(x)$ が、

$$f(x) = \frac{1}{\sqrt{2\pi}\,\sigma} e^{-\frac{(x-\mu)^2}{2\sigma^2}} \qquad (-\infty < x < \infty)$$

で表されるとき、X が従う分布が正規分布 $N(\mu, \sigma^2)$ である。

　特に、$N(0, 1^2)$ を標準正規分布という。

■χ^2 分布　$\chi^2(n)$

　独立な n 個の確率変数 Z_1、Z_2、$\cdots$、Z_n がそれぞれ標準正規分布 $N(0, 1^2)$ に従うものとする。このとき、

$$X = Z_1^2 + Z_2^2 + \cdots + Z_n^2$$

で定義される確率変数 X が従う分布を自由度 n の χ^2 分布（カイ2乗分布）という。確率密度関数は、

$$f_n(x) = \begin{cases} \dfrac{1}{2^{\frac{n}{2}} \Gamma\left(\frac{n}{2}\right)} x^{\frac{n}{2}-1} e^{-\frac{x}{2}} & (x > 0) \\[2mm] 0 & (x \leq 0) \end{cases}$$

　次に示す t 分布と F 分布は、ここで初めて紹介する確率分布です。

220

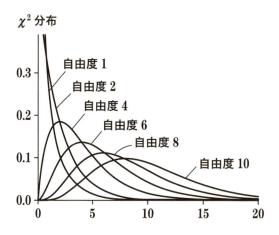

■ t 分布　$t(n)$

> **定義 3.02　t 分布**
> 　2 つの独立な確率変数 Y、Z があり、Y は自由度 n の χ^2 分布、Z は標準正規分布 $N(0,\ 1^2)$ に従うものとする。このとき、
> $$X = \dfrac{Z}{\sqrt{\dfrac{Y}{n}}}$$
> で定義される確率変数 X が従う分布を自由度 n の t 分布といい、$t(n)$ で表す。

確率密度関数は、定義域が実数全体で、

$$f_n(x) = \dfrac{\Gamma\left(\dfrac{n+1}{2}\right)}{\sqrt{n\pi}\,\Gamma\left(\dfrac{n}{2}\right)}\left(1+\dfrac{x^2}{n}\right)^{-\frac{n+1}{2}} = \dfrac{1}{\sqrt{n}\,B\left(\dfrac{1}{2},\ \dfrac{n}{2}\right)}\left(1+\dfrac{x^2}{n}\right)^{-\frac{n+1}{2}}$$

　上の定義のもとで、このような確率密度関数になることは演習問題として扱います（別冊 p.38）。

　グラフは自由度 n が大きくなるにしたがって正規分布に近づいていきます。

　なお、自由度 1 のときは、コーシー分布に一致します。

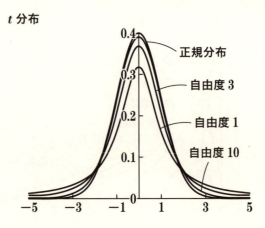

■ F 分布　$F(m, n)$

> **定義 3.03　F 分布**
>
> 2つの独立な確率変数 Y、Z があり、確率変数 Y が自由度 m の χ^2 分布、確率変数 Z が自由度 n の χ^2 分布に従うとき、
>
> $$X = \frac{\dfrac{Y}{m}}{\dfrac{Z}{n}}$$
>
> で定義される確率変数 X が従う分布を自由度 (m, n) の F 分布といい、$F(m, n)$ で表す。

確率密度関数は、

$$f_{m,\,n}(x) = \begin{cases} \dfrac{m^{\frac{m}{2}} n^{\frac{n}{2}}}{B\left(\dfrac{m}{2}, \dfrac{n}{2}\right)} \dfrac{x^{\frac{m}{2}-1}}{(mx+n)^{\frac{m+n}{2}}} & (x > 0) \\ 0 & (x \leq 0) \end{cases}$$

$x > 0$ のときは、公式 1.20 を用いて、

$$\frac{\Gamma\left(\frac{m+n}{2}\right)}{\Gamma\left(\frac{m}{2}\right)\Gamma\left(\frac{n}{2}\right)}\left(\frac{m}{n}\right)^{\frac{m}{2}}x^{\frac{m}{2}-1}\left(1+\frac{m}{n}x\right)^{-\frac{m+n}{2}}$$

と表す場合もあります。

上の定義のもとで、このような確率密度関数になることは演習問題として扱います（別冊 p.40）。

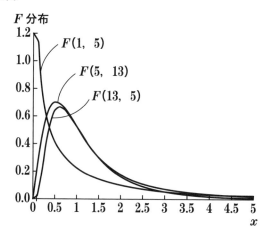

この本で扱う推定・検定では、母集団が正規分布 $N(\mu, \sigma^2)$ であることを仮定して推論していきます。それならば、正規分布のみを扱って、χ^2 分布、t 分布、F 分布は出る幕がなさそうですが、そうはいきません。これらの分布を用いる具体例に当たれば、χ^2 分布、t 分布、F 分布が必要な理由が詳細に分かりますが、ここではざっくり説明しておきます。

標本の確率変数 X_i が独立に正規分布に従うとき、標本平均 $\overline{X}$ という統計量の標本分布は正規分布に従います。標本分散 S^2、不偏分散 U^2 という統計量はどんな標本分布になるでしょうか。標本分散 S^2、不偏分散 U^2 の標本分布を捉えるために作られたのが χ^2 分布です。

不偏分散が母分散の不偏推定量になっていることから予想されるように、母平均を用いて計算した標本の偏差平方和の確率分布と、標本平均を用いて計算した標本の偏差平方和の確率分布は微妙に食い違います。この微妙な食い違いを補正するために作られた統計量の標本分布が従うのが t 分布です。

F 分布は定義から χ^2 分布の比ですから、分散の比を捉えるために作り出された統計量の標本分布です。2つの分布の母分散が等しいかどうかを問題にすると

きなどに用います。

■ t 分布と F 分布、$F(m, n)$ と $F(n, m)$ の関係

定義からすぐに分かるように、t 分布と F 分布には関係があります。
X が自由度 n の t 分布に従っているものとします。

Y を自由度 n の χ^2 分布、Z を標準正規分布に従っているとすると、

$$X = \frac{Z}{\sqrt{\dfrac{Y}{n}}} \quad 2\text{乗して、} \quad X^2 = \frac{Z^2}{1} \bigg/ \frac{Y}{n}$$

となります。Z^2 は自由度 1 の χ^2 分布ですから、

X が自由度 n の t 分布に従っているとき、
X^2 は自由度 $(1, n)$ の F 分布に従う

と言えます。

また、定義から F 分布 $F(m, n)$ と、その自由度を入れ替えた F 分布 $F(n, m)$ には次のような関係があります。

X が自由度 (m, n) の F 分布 $F(m, n)$
Y が自由度 (n, m) の F 分布 $F(n, m)$

に従うとき、定義から $Y = \dfrac{1}{X}$ なので、

$$P\left(Y \leq \frac{1}{\alpha}\right) = P\left(\frac{1}{X} \leq \frac{1}{\alpha}\right) = P(\alpha \leq X)$$

$F(m, n)$ 分布の表は、横に m、縦に n を取って、$P(\alpha \leq X) = 0.05$ となる α の値を書き込んだ表（上側 5% の表）か、$P(\alpha \leq X) = 0.025$ となる α の値を書き込んだ表（上側 2.5% の表）でしか与えられない場合があります。

$P(X \leq \alpha) = 0.05$ となる α や $P(X \leq \alpha) = 0.025$ となる α を求めるには、上の関係式を用いることになります。練習してみましょう。

推測統計

> **問題** $F(m, n)$ から $F(n, m)$
>
> X が F 分布 $F(22, 17)$ に従っているものとする。このとき、$P(X \leq \alpha) = 0.05$ を満たす α を求めよ。

$Y = \dfrac{1}{X}$ とすると、Y は F 分布 $F(17, 22)$ に従います。

表から $P(\beta \leq Y) = 0.05$ となる β は、$\beta = 2.1138$ で、

$$P(X \leq \alpha) = P\left(\dfrac{1}{Y} \leq \alpha\right) = P\left(\dfrac{1}{\alpha} \leq Y\right)$$

が成り立ちます。

$P(X \leq \alpha) = P\left(\dfrac{1}{\alpha} \leq Y\right)$ が 0.05 になるのは、$\dfrac{1}{\alpha} = \beta = 2.1138$ となるとき、

すなわち、$\alpha = \dfrac{1}{\beta} = \dfrac{1}{2.1138} = 0.4731$ となるときです。

エクセルで F 分布の値を求められるときはこんなテクニックは必要ありませんが、試験などではこの求め方を知っていることを前提にして、表から値を求めさせることがあるでしょう。

■標本平均を用いたときの偏差平方和

ここで　推定・検定で大活躍する定理を証明しておきましょう。

> **定理 3.04　偏差平方和の分布**
>
> 　独立な確率変数 Z_1、Z_2、$\cdots$、Z_n がそれぞれ標準正規分布 $N(0,\ 1^2)$
>
> に従っている。$\overline{Z}=\dfrac{1}{n}(Z_1+Z_2+\cdots+Z_n)$ とおくとき、
>
> $$\sqrt{n}\,\overline{Z}$$
>
> は標準正規分布 $N(0,\ 1^2)$ に従い、偏差平方和
>
> $$(Z_1-\overline{Z})^2+(Z_2-\overline{Z})^2+\cdots+(Z_n-\overline{Z})^2$$
>
> は自由度 $n-1$ の χ^2 分布に従う。また、
>
> $$\overline{Z}\ と\ (Z_1-\overline{Z})^2+(Z_2-\overline{Z})^2+\cdots+(Z_n-\overline{Z})^2\ は独立である。$$

[証明] $E[Z_i]=0$、$V[Z_i]=1$ であることと、公式 3.01 を用いて、

$$E[\sqrt{n}\,\overline{Z}]=\sqrt{n}\,E[\overline{Z}]=0$$

$$V[\sqrt{n}\,\overline{Z}]=nV[\overline{Z}]=n\cdot\frac{1}{n}=1$$

　$\sqrt{n}\,\overline{Z}$ は Z_1、Z_2、$\cdots$、Z_n の 1 次結合なので、正規分布の再生性により、$\sqrt{n}\,\overline{Z}$ も正規分布になります。$\sqrt{n}\,\overline{Z}$ は標準正規分布 $N(0,\ 1^2)$ に従います。

　ここで Z_1、Z_2、$\cdots$、Z_n を用いて、次のように確率変数 Y_1、Y_2、$\cdots$、Y_n を定めましょう。

　Y_1、Y_2、$\cdots$、Y_n、Z_1、Z_2、$\cdots$、Z_n を成分に持つベクトル $\boldsymbol{y}$、$\boldsymbol{z}$ を

$$\boldsymbol{y}=\begin{pmatrix}Y_1\\\vdots\\Y_n\end{pmatrix},\ \ \boldsymbol{z}=\begin{pmatrix}Z_1\\\vdots\\Z_n\end{pmatrix}$$

とおきます。

　第 1 行が $\left(\dfrac{1}{\sqrt{n}},\ \dfrac{1}{\sqrt{n}},\ \cdots,\ \dfrac{1}{\sqrt{n}}\right)$ となる n 次直交行列 P（実例は後述します）を用いて、

$$\boldsymbol{y}=P\boldsymbol{z}$$

と定めます。すると、

$$Y_1=\frac{1}{\sqrt{n}}(Z_1+Z_2+\cdots+Z_n)=\sqrt{n}\,\overline{Z}$$

ですから、$Y_1^2=n(\overline{Z})^2$ が成り立ちます。

推測統計

Y_i の平方和を計算すると、

$$P が直交行列 \Leftrightarrow {}^tPP=E$$

$$Y_1{}^2+Y_2{}^2+\cdots+Y_n{}^2={}^t\boldsymbol{yy}={}^t(P\boldsymbol{z})(P\boldsymbol{z})={}^t\boldsymbol{z}{}^tPP\boldsymbol{z}={}^t\boldsymbol{z}E\boldsymbol{z}={}^t\boldsymbol{zz}$$
$$=Z_1{}^2+Z_2{}^2+\cdots+Z_n{}^2$$

となります。

$$(Z_1-\overline{Z})^2+(Z_2-\overline{Z})^2+\cdots+(Z_n-\overline{Z})^2$$
$$=Z_1{}^2+Z_2{}^2+\cdots+Z_n{}^2-2(Z_1+Z_2+\cdots+Z_n)\overline{Z}+n(\overline{Z})^2$$
$$=Z_1{}^2+Z_2{}^2+\cdots+Z_n{}^2-2n\overline{Z}\cdot\overline{Z}+n(\overline{Z})^2$$
$$=Z_1{}^2+Z_2{}^2+\cdots+Z_n{}^2-n(\overline{Z})^2=Y_1{}^2+Y_2{}^2+\cdots+Y_n{}^2-Y_1{}^2$$
$$=Y_2{}^2+\cdots+Y_n{}^2$$

定理 2.41 より、Y_1、Y_2、$\cdots$、Y_n は独立で、$N(0,\ 1^2)$ に従いますから、

$$(Z_1-\overline{Z})^2+(Z_2-\overline{Z})^2+\cdots+(Z_n-\overline{Z})^2(=Y_2{}^2+\cdots+Y_n{}^2)$$

は、自由度 $n-1$ の χ^2 分布に従うことが分かります。

また、独立である Y_1、Y_2、$\cdots$、Y_n を Y_1 と Y_2、$\cdots$、Y_n にまとめ直したので、

$$\overline{Z}=\frac{1}{\sqrt{n}}Y_1 \ と$$

$$(Z_1-\overline{Z})^2+(Z_2-\overline{Z})^2+\cdots+(Z_n-\overline{Z})^2(=Y_2{}^2+\cdots+Y_n{}^2)$$

が独立であることも分かります。 [証明終わり]

第 1 行が $\left(\dfrac{1}{\sqrt{n}},\ \dfrac{1}{\sqrt{n}},\ \cdots,\ \dfrac{1}{\sqrt{n}}\right)$ となる n 次直交行列 P の一例を挙げておきましょう。

$$P=\begin{pmatrix} \dfrac{1}{\sqrt{n}} & \dfrac{1}{\sqrt{n}} & \dfrac{1}{\sqrt{n}} & \cdots & \dfrac{1}{\sqrt{n}} \\ \dfrac{1}{\sqrt{2}} & -\dfrac{1}{\sqrt{2}} & 0 & \cdots & 0 \\ \dfrac{1}{\sqrt{2\cdot3}} & \dfrac{1}{\sqrt{2\cdot3}} & -\dfrac{2}{\sqrt{2\cdot3}} & 0 & 0 \\ \vdots & \vdots & \vdots & \ddots & 0 \\ \dfrac{1}{\sqrt{(n-1)\cdot n}} & \dfrac{1}{\sqrt{(n-1)\cdot n}} & \dfrac{1}{\sqrt{(n-1)\cdot n}} & \cdots & -\dfrac{n-1}{\sqrt{(n-1)\cdot n}} \end{pmatrix}$$

この行列の作り方を簡単に説明しておきましょう。

行の成分をベクトルと捉え、行列 P を n 本のベクトルからなるものと見なす

227

と、それは n 次元ベクトル空間の正規直交基底（大きさが1で互いに直交）になっているのでした。

$\boldsymbol{a} = \left(\dfrac{1}{\sqrt{n}}, \ \dfrac{1}{\sqrt{n}}, \ \cdots, \ \dfrac{1}{\sqrt{n}} \right)$ に対して、左2つの成分しかないベクトルで $\boldsymbol{a}$ に直交する大きさ1のベクトル（これを $\boldsymbol{b}$ とする）、左3つの成分しかないベクトルで $\boldsymbol{a}$、$\boldsymbol{b}$ に直交して大きさ1のベクトル（これを $\boldsymbol{c}$ とする）、……と順に作っていき、$\boldsymbol{a}$、$\boldsymbol{b}$、$\boldsymbol{c}$、…と並べると上のような行列 P が現れます。

3 区間推定

標本から母集団のパラメータ（母数）を範囲で予測することを**区間推定**と言います。区間推定の例を挙げていきましょう。

母集団が正規分布に従い、母分散は σ^2 と分かっているとします。母平均を μ とおきます。σ^2 は定数ですが、μ は未知数、変数、文字定数と思っていればよいでしょう。母分散 σ^2 だけ分かっていて、母平均 μ は分かっていないという設定は現実的には不自然ですが、原理の説明のためにこうしています。テストなどでは、統計の原理の理解を試すために、あえてこのような設定での問題を出すこともあるでしょう。

母集団から大きさ n の標本 x_1, x_2, …, x_n を抽出したとき、標本平均 $\overline{x}$ と標準偏差 s を用いて、母平均を区間推定するときのことを解説します。

区間推定の場合も重要な考え方は、標本の値を確率変数とみなす考え方です。
$N(\mu, \sigma^2)$ に従う母集団から抽出した大きさ n の標本の値を確率変数として見て、X_1, X_2, …, X_n とします。母集団は十分大きいものと仮定するので、X_1, X_2, …, X_n は独立になります。

X_i が $N(\mu, \sigma^2)$ に従うとき、$E[X_i]=\mu$, $V[X_i]=\sigma^2$ ですから、X_1, X_2, …, X_n の単純平均による確率変数、標本平均

$$\overline{X} = \frac{1}{n}(X_1 + X_2 + \cdots + X_n)$$

は、公式 3.01 より、平均 $E[\overline{X}]=\mu$, 分散 $V[\overline{X}]=\dfrac{\sigma^2}{n}$ となります。

母集団が正規分布に従うと仮定しているので、正規分布の再生性より、$\overline{X}$ は $N\!\left(\mu, \dfrac{\sigma^2}{n}\right)$ に従うことになります。

標準化して、$\dfrac{\overline{X}-\mu}{\dfrac{\sigma}{\sqrt{n}}}$ は $N(0, 1^2)$ に従うことになります。

Z が $N(0,\ 1^2)$ に従うとき、$P(0 \leq Z \leq 1.96) = 0.475$、$P(-1.96 \leq Z \leq 1.96) = 0.95$ ですから、

$$-1.96 \leq \frac{\overline{X} - \mu}{\frac{\sigma}{\sqrt{n}}} \leq 1.96$$

となる確率は 95% です。式変形して、

$$\mu - \frac{\sigma}{\sqrt{n}} \times 1.96 \leq \overline{X} \leq \mu + \frac{\sigma}{\sqrt{n}} \times 1.96$$

$$\overline{X} - \frac{\sigma}{\sqrt{n}} \times 1.96 \leq \mu \leq \overline{X} + \frac{\sigma}{\sqrt{n}} \times 1.96$$

となります。この式が成り立つ確率も 95% です。

ここで確率変数 X_1、X_2、…、X_n に対して、その値が x_1、x_2、…、x_n になったというので、確率変数 X_i を実現値 x_i に置き換えて、

$$\overline{x} - \frac{\sigma}{\sqrt{n}} \times 1.96 \leq \mu \leq \overline{x} + \frac{\sigma}{\sqrt{n}} \times 1.96$$

$\overline{x}$ も σ も具体的な数ですから、μ は具体的な数値で表される範囲にあるという式になります。<u>この式は 95% の確率で正しい式と言えます。</u>

ですから、μ を挟むこの区間

$$\left[\overline{x} - \frac{\sigma}{\sqrt{n}} \times 1.96,\ \overline{x} + \frac{\sigma}{\sqrt{n}} \times 1.96 \right]$$

を 95% の**信頼区間**といいます。95% のことを**信頼係数**ともいいます。

ここでは信頼係数を 95% に取りましたが、これ以上に取ることもできます。例えば、信頼係数を 99% に高めるには、$Z \sim N(0,\ 1^2)$ のとき、

$$P(0 \leq Z \leq 2.58) = 0.495,\ \ P(-2.58 \leq Z \leq 2.58) = 0.99$$

ですから、上の式の 1.96 を 2.58 に置き換えて、

$$\left[\overline{x} - \frac{\sigma}{\sqrt{n}} \times 2.58,\ \overline{x} + \frac{\sigma}{\sqrt{n}} \times 2.58 \right]$$

とします。これは 99% の信頼区間です。

このように信頼係数を高めると、信頼区間は広がります。範囲を大きくすれば、それだけ当たる確率が高くなるわけです。ただし、あまり大きい範囲で推測しても意味をなさない場合もあるでしょう。

式から分かるように信頼区間を狭めるには、信頼係数を低く取るか、n を大きくするかどちらかです。しかし、信頼係数を低く取って信頼区間を狭めても得られた信頼区間に信頼度がありません。標本の大きさを大きくして信頼区間を狭めるのが本筋です。

なお、間違いやすいのですが、この式は μ が 95％ の確率でこの範囲に入るという意味ではないことに注意しましょう。μ は定数であり固定された値です。動く可能性を考えているのは確率変数 X_1、X_2、…、X_n の方です。

標本を 100 回取って、信頼区間 $\left[\bar{x} - \dfrac{\sigma}{\sqrt{n}} \times 1.96,\ \bar{x} + \dfrac{\sigma}{\sqrt{n}} \times 1.96\right]$ を計算すれば、そのうちおよそ 95 回の $\left[\bar{x} - \dfrac{\sigma}{\sqrt{n}} \times 1.96,\ \bar{x} + \dfrac{\sigma}{\sqrt{n}} \times 1.96\right]$ について母平均を含むということです。

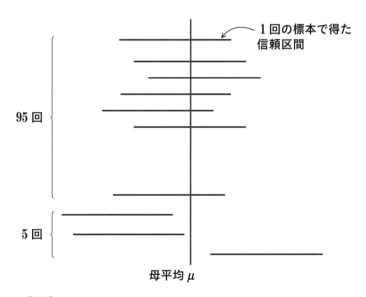

問題　母平均の区間推定　（別 p.50）

正規分布に従う母集団から 10 個を抽出し
　　　52　53　44　46　48　55　51　48　46　47
という標本を得た。母分散を 12 として、母平均を信頼係数 95％ で区間推定せよ。

上で計算したように、μ の 95 %信頼区間は、

$$\left[\,\overline{x}-\frac{\sigma}{\sqrt{n}}\times 1.96,\ \ \overline{x}+\frac{\sigma}{\sqrt{n}}\times 1.96\,\right]$$

です。問題から、$n=10$、標本平均の値 $\overline{x}=49$、母分散 $\sigma^2=12$、$\sigma=\sqrt{12}=3.464$ であり、

$$\left[\,49-\frac{3.464}{\sqrt{10}}\times 1.96,\ \ 49+\frac{3.464}{\sqrt{10}}\times 1.96\,\right]$$

すなわち、母平均 μ の 95 %信頼区間は［46.85, 51.15］となる。

母分散 σ^2 が既知であるときの母平均 μ の推定は、次の事実を用いていることを確認しておきます。

定理 3.05　標本平均の分布（母分散 σ^2 が既知）

　独立な確率変数 X_1、X_2、$\cdots$、X_n がそれぞれ $N(\mu,\ \sigma^2)$ に従うとき、確率変数 $\overline{X}$ を $\overline{X}=\dfrac{1}{n}(X_1+\cdots+X_n)$ とすると、$\overline{X}$ は正規分布 $N\!\left(\mu,\ \dfrac{\sigma^2}{n}\right)$ に従い、$\dfrac{\overline{X}-\mu}{\dfrac{\sigma}{\sqrt{n}}}$ は標準正規分布 $N(0,\ 1^2)$ に従う。

[証明] p.229 にあります。

母集団の分布のパラメータを推定するには、このように標本の確率変数 X_1、X_2、$\cdots$、X_n から作った式（統計量）の確率分布を考えることがポイントです。次からは、X_1、X_2、$\cdots$、X_n から作った式（統計量）の確率分布を先に述べ、それを用いた推定を例題で示すという順序で説明していきます。

■母平均 μ の推定（母分散 σ^2 が未知）

上では推定の原理を説明するために、母分散 σ^2 が既知とした場合を説明しま

推測統計

したが、実際は母分散が既知である場合は少ないでしょう。

母分散 σ^2 が未知であるとき母平均 μ を推定するには、次の事実を用います。

定理 3.06　標本平均の分布（母分散 σ^2 が未知）

独立な確率変数 X_1、X_2、$\cdots$、X_n がそれぞれ $N(\mu,\ \sigma^2)$ に従うとき、確率変数 $\overline{X}$（標本平均）、U^2（不偏分散）、S^2（標本分散）を

$$\overline{X}=\frac{1}{n}(X_1+X_2+\cdots+X_n)$$

$$U^2=\frac{1}{n-1}\{(X_1-\overline{X})^2+(X_2-\overline{X})^2+\cdots+(X_n-\overline{X})^2\}$$

$$S^2=\frac{1}{n}\{(X_1-\overline{X})^2+(X_2-\overline{X})^2+\cdots+(X_n-\overline{X})^2\}$$

とすると、$\dfrac{\overline{X}-\mu}{\dfrac{U}{\sqrt{n}}}\left(=\dfrac{\overline{X}-\mu}{\dfrac{S}{\sqrt{n-1}}}\right)$ は自由度 $n-1$ の t 分布 $t(n-1)$ に従う。

[証明]　$Z_i=\dfrac{X_i-\mu}{\sigma}$ とおくと、各 Z_i は標準正規分布に従います。

X_1、X_2、$\cdots$、X_n が独立な確率変数なので、p.187 の問題の(1)から分かるように、それぞれの 1 次式で表される Z_1、Z_2、$\cdots$、Z_n も独立です。

ここで、$\overline{Z}=\dfrac{1}{n}(Z_1+\cdots+Z_n)$ とおくと、

$$\overline{Z}=\frac{1}{n}(Z_1+\cdots+Z_n)=\frac{1}{n}\left(\frac{X_1-\mu}{\sigma}+\cdots+\frac{X_n-\mu}{\sigma}\right)=\frac{\overline{X}-\mu}{\sigma}$$

$$Z_i-\overline{Z}=\frac{X_i-\mu}{\sigma}-\frac{\overline{X}-\mu}{\sigma}=\frac{X_i-\overline{X}}{\sigma}$$

となります。

$$\frac{(n-1)U^2}{\sigma^2}=\frac{(X_1-\overline{X})^2+\cdots+(X_n-\overline{X})^2}{\sigma^2}=(Z_1-\overline{Z})^2+(Z_2-\overline{Z})^2+\cdots+(Z_n-\overline{Z})^2$$

233

であり、定理 3.04 により $\dfrac{(n-1)U^2}{\sigma^2}$ は自由度 $n-1$ の χ^2 分布に従い、

$\overline{Z} = \dfrac{\overline{X}-\mu}{\sigma}$ と $\dfrac{(n-1)U^2}{\sigma^2}$ は独立であることが分かります。

定理 3.04 より、$\sqrt{n}\,\overline{Z} = \dfrac{\overline{X}-\mu}{\dfrac{\sigma}{\sqrt{n}}}$ は標準正規分布 $N(0,\ 1^2)$ に従うので、

$N(0,\ 1^2)$ に従う ⟶

$\chi^2(n-1)$ に従う ⟶

$$\dfrac{\left(\dfrac{\overline{X}-\mu}{\dfrac{\sigma}{\sqrt{n}}}\right)}{\sqrt{\dfrac{\left(\dfrac{(n-1)U^2}{\sigma^2}\right)}{n-1}}} = \dfrac{\dfrac{\overline{X}-\mu}{\dfrac{\sigma}{\sqrt{n}}}}{\dfrac{U}{\sigma}} = \dfrac{\overline{X}-\mu}{\dfrac{U}{\sqrt{n}}}$$

Y と Z は独立で
$Y \sim \chi^2(n-1)$、
$Z \sim N(0,\ 1^2)$ のとき、

$X = \dfrac{Z}{\sqrt{\dfrac{Y}{n-1}}} \sim t(n-1)$

は、定義 3.02 より自由度 $n-1$ の t 分布 $t(n-1)$ に従います。なお、

$$S^2 = \dfrac{1}{n}\{(X_1-\overline{X})^2 + (X_2-\overline{X})^2 + \cdots + (X_n-\overline{X})^2\}$$

なので、不偏分散 U^2 を標本分散 S^2 に取りかえて、$\dfrac{\overline{X}-\mu}{\dfrac{S}{\sqrt{n-1}}}$ としても構いません。

［証明終わり］

どちらでも構いませんが、前の定理と関連付けて、

「母分散が未知のときは不偏分散 U^2 を用いて、自由度が 1 つ減る」

と覚えておくのがよいでしょう。

$$\dfrac{\overline{X}-\mu}{\dfrac{\sigma}{\sqrt{n}}} \qquad \dfrac{\overline{X}-\mu}{\dfrac{U}{\sqrt{n}}}$$

母分散既知 　　　　母分散未知

$\dfrac{\overline{X}-\mu}{\dfrac{\sigma}{\sqrt{n}}}$ と $\dfrac{(n-1)U^2}{\sigma^2}$ では式に未知の σ が含まれているのに、$\dfrac{\overline{X}-\mu}{\dfrac{U}{\sqrt{n}}}$ では σ がキ

ャンセルされているところが、この統計量の実に絶妙なところです。キャンセル

した統計量を作ってそれを t 分布としたわけです。

234

推測統計

問題 ホップ 母平均の区間推定 （別 p.50）

正規分布に従う母集団から 10 個を抽出し

  52 53 44 46 48 55 51 48 46 47

という標本を得た。母分散 σ^2 を未知として、母平均 μ を信頼係数 95％で区間推定せよ。

$\dfrac{\overline{X}-\mu}{\dfrac{U}{\sqrt{10}}}$ が自由度 $10-1=9$ の t 分布に従うことを用います。

$Z \sim t(9)$ のとき、自由度 9 の t 分布の 2.5％点を表で調べて、

$$P(0 \leqq Z \leqq 2.262)=0.475, \quad P(-2.262 \leqq Z \leqq 2.262)=0.95$$

よって、

$$-2.262 \leqq \frac{\overline{X}-\mu}{\dfrac{U}{\sqrt{10}}} \leqq 2.262$$

$$\overline{x}-\frac{u}{\sqrt{10}} \times 2.262 \leqq \mu \leqq \overline{x}+\frac{u}{\sqrt{10}} \times 2.262$$

ここで、標本平均、不偏分散の値、その平方根を計算すると、

$$\overline{x}=49, \quad u^2=12.67, \quad u=\sqrt{12.67}=3.559$$

これを代入して、

$$49-\frac{3.559}{\sqrt{10}} \times 2.262 \leqq \mu \leqq 49+\frac{3.559}{\sqrt{10}} \times 2.262$$

$$46.45 \leqq \mu \leqq 51.55$$

母分散 σ^2 を未知として、母平均 μ を信頼係数 95％で区間推定すると、$[46.45,\ 51.55]$ となります。

なお、標本分散の値とその平方根を用いて計算しても、

$$\overline{x}=49, \quad s^2=11.4, \quad s=\sqrt{11.4}=3.376$$

$$49-\frac{3.376}{3} \times 2.262 \leqq \mu \leqq 49+\frac{3.376}{3} \times 2.262$$

$$46.45 \leqq \mu \leqq 51.55$$

と同じ結果になります。

■母分散 σ^2 の推定（母平均 μ が既知）

母平均 μ が分かっているとき、母分散 σ^2 の推定をしてみましょう。

定理 3.07　偏差平方和の分布（母平均 μ が既知）

独立な確率変数 X_1、X_2、$\cdots$、X_n がそれぞれ $N(\mu,\ \sigma^2)$ に従うとき、確率変数 S'^2 を

$$S'^2 = \frac{1}{n}\{(X_1-\mu)^2 + (X_2-\mu)^2 + \cdots + (X_n-\mu)^2\}$$

とすると、$\dfrac{nS'^2}{\sigma^2}$ は自由度 n の χ^2 分布に従う。

[証明]　$Z_i = \dfrac{X_i-\mu}{\sigma}$ とおくと、Z_i は標準正規分布に従い、

$$\frac{nS'^2}{\sigma^2} = \frac{(X_1-\mu)^2 + \cdots + (X_n-\mu)^2}{\sigma^2} = Z_1{}^2 + Z_2{}^2 + \cdots + Z_n{}^2$$

なので、$\dfrac{nS'^2}{\sigma^2}$ は自由度 n の χ^2 分布 $\chi^2(n)$ に従います。　　　　［証明終わり］

ここで母平均 μ を既知とし、母分散 σ^2 を区間推定しましょう。

問題　ホップ　母分散の区間推定　（別 p.52）

母集団から抽出した標本が、

　　　78　79　71　79　69　80　71　75　76　72

であった。母平均 μ が 74 と分かっているとき、母分散 σ^2 を信頼係数 95％ で区間推定せよ。

推測統計

$$s'^2 = \frac{1}{n}\{(x_1-\mu)^2 + (x_2-\mu)^2 + \cdots + (x_n-\mu)^2\}$$

を計算します。これは、標本分散の式で、標本平均（75）の代わりに母平均
μ（$=74$）を用いて計算したものであることに注意しましょう。

x_i	78	79	71	79	69	80	71	75	76	72	計
$x_i-\mu$	4	5	-3	5	-5	6	-3	1	2	-2	
$(x_i-\mu)^2$	16	25	9	25	25	36	9	1	4	4	154

$$s'^2 = \frac{154}{10} = 15.4$$

$\dfrac{nS'^2}{\sigma^2}$ は自由度 n の χ^2 分布に従いますから、$n=10$ として $\dfrac{10S'^2}{\sigma^2}$ は自由度 10 の

χ^2 分布に従います。

$Z \sim \chi^2(10)$ のとき、$P(3.247 \leq Z \leq 20.48) = 0.95$ ですから、

$$3.247 \leq \frac{10S'^2}{\sigma^2} \leq 20.48$$

$$\frac{10S'^2}{20.48} \leq \sigma^2 \leq \frac{10S'^2}{3.247}$$

となる確率は 95％です。$S'^2 = s'^2 = 15.4$ として、

$$\frac{154}{20.48} \leq \sigma^2 \leq \frac{154}{3.247} \qquad 7.52 \leq \sigma^2 \leq 47.4$$

母平均 μ を既知として、母分散 σ^2 を信頼係数 95％で区間推定すると、[7.52, 47.4] となります。

■母分散 σ^2 の推定（母平均 μ が未知）

前節では母平均 μ が分かっているものとして、母分散 σ^2 を推定しましたが、母平均 μ が分かっていないほうが自然でしょう。この節では、母平均 μ を未知として、母分散 σ^2 の推定をしてみましょう。

237

定理3.08　偏差平方和の分布（母平均 μ が未知）

独立な確率変数 X_1、X_2、$\cdots$、X_n がそれぞれ $N(\mu,\ \sigma^2)$ に従うとき、確率変数 $\overline{X}$、U^2、S^2 を

$$\overline{X}=\frac{1}{n}(X_1+X_2+\cdots+X_n)$$

$$U^2=\frac{1}{n-1}\{(X_1-\overline{X})^2+(X_2-\overline{X})^2+\cdots+(X_n-\overline{X})^2\}$$

$$S^2=\frac{1}{n}\{(X_1-\overline{X})^2+(X_2-\overline{X})^2+\cdots+(X_n-\overline{X})^2\}$$

とすると、$\dfrac{(n-1)U^2}{\sigma^2}=\dfrac{nS^2}{\sigma^2}$ は自由度 $n-1$ の χ^2 分布に従う。

[証明]　定理3.06 標本平均の分布（母分散 σ^2 が未知）の証明中で証明済み。

問題　母分散の区間推定　（別 p.52）

母集団から抽出した標本が、

$$78\quad 79\quad 71\quad 79\quad 69\quad 80\quad 71\quad 75\quad 76\quad 72$$

であった。母平均 μ が分からないとき、母分散 σ^2 を信頼係数 95 %で区間推定せよ。

標本平均の値は、$\overline{x}=75$

x_i	78	79	71	79	69	80	71	75	76	72	計
$x_i-\overline{x}$	3	4	−4	4	−6	5	−4	0	1	−3	
$(x_i-\overline{x})^2$	9	16	16	16	36	25	16	0	1	9	144

これより、標本から計算した不偏分散の値を u^2、標本分散の値を s^2 とすると、

$$9u^2=10s^2=144$$

$\dfrac{(n-1)U^2}{\sigma^2}=\dfrac{nS^2}{\sigma^2}$ は自由度 $n-1$ の χ^2 分布に従うので、$n=10$ として $\dfrac{9U^2}{\sigma^2}$ は

自由度9のχ^2分布に従います。

$Z \sim \chi^2(9)$のとき、$P(2.700 \leq Z \leq 19.02) = 0.95$

$$2.700 \leq \frac{9U^2}{\sigma^2} \leq 19.02$$

$$\frac{9U^2}{19.02} \leq \sigma^2 \leq \frac{9U^2}{2.700}$$

となる確率は95%です。$9U^2 = 9u^2 = 144$として、

$$\frac{144}{19.02} \leq \sigma^2 \leq \frac{144}{2.700} \qquad 7.57 \leq \sigma^2 \leq 53.3$$

母平均μを未知として、母分散σ^2を信頼係数95%で区間推定すると、[7.57, 53.3]となります。

■母比率の推定

母集団の中で個体が特性Aを持つ比率がpであるとき、pは**母比率**と呼ばれます。標本から母比率を区間推定してみましょう。

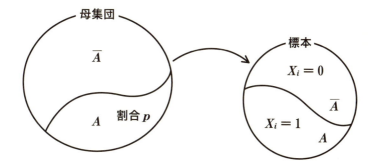

母集団から個体1つを取り出すとき、個体が特性Aを持つ確率はpになります。i番目に取り出した個体が特性Aを持つとき$X_i=1$、持たないとき$X_i=0$と確率変数X_iを定めます。母数が大きいとき、復元抽出と見なすことができ、X_1、X_2、…、X_nは、独立にベルヌーイ分布に従うことになります。このとき、確率変数$X = X_1 + X_2 + \cdots + X_n$は$n$個のうちで特性$A$を持つ個数を表し、二項分布$Bin(n, p)$に従います。

$\overline{X} = \dfrac{X}{n}$ は、標本のうち特性 A を持つ比率を表します。

定理 3.09　標本比率の分布

独立な確率変数 X_1、X_2、$\cdots$、X_n がそれぞれ同一のベルヌーイ分布 $Be(p)$ に従うとき、確率変数 $\overline{X}$、Z を

$$\overline{X} = \frac{1}{n}(X_1 + X_2 + \cdots + X_n), \quad Z = \frac{\overline{X} - p}{\sqrt{\dfrac{p(1-p)}{n}}}$$

とおくと、n が十分大きいとき、Z は近似的に $N(0,\ 1^2)$ に従う。

[証明] $E[X_i] = p$、$V[X_i] = p(1-p)$ ですから、n が無限大に近づくとき、

$Z = \dfrac{\overline{X} - p}{\sqrt{\dfrac{p(1-p)}{n}}}$ は中心極限定理（定理 2.45）により、$N(0,\ 1^2)$ に従います。n が

十分に大きいとき、Z は近似的に $N(0,\ 1^2)$ に従うと見なせます。　［証明終わり］

問題　ホップ　母比率の区間推定　（別 p.54）

十分大きな母集団があり、そのうち特性 A を持つ比率は p である。この母集団から大きさ 200 の標本を抽出したところ、特性 A を持つものが 140 であった。このとき、母比率 p を信頼度 95% で区間推定せよ。

標本の大きさを n、そのうち特性 A を持つ比率を $\overline{X}$ とおき、

$$Z = \frac{\overline{X} - p}{\sqrt{\dfrac{p(1-p)}{n}}}$$

は $N(0,\ 1^2)$ に従うものとします。

$Z \sim N(0,\ 1^2)$ のとき、$P(-1.96 \leq Z \leq 1.96) = 0.95$ なので、

推測統計

$$-1.96 \leqq \frac{\overline{X}-p}{\sqrt{\dfrac{p(1-p)}{n}}} \leqq 1.96 \qquad \overline{X}-\sqrt{\frac{p(1-p)}{n}} \times 1.96 \leqq p \leqq \overline{X}+\sqrt{\frac{p(1-p)}{n}} \times 1.96$$

が正しい式となる確率は95％です。

ここで、n に200を、$\overline{X}$ に標本平均の値 $\overline{x} = \dfrac{140}{200} = 0.7$ を代入します。

また、左辺、右辺の母比率 p は標本比率0.7で点推定します。すると、

$$0.7-\sqrt{\frac{0.7(1-0.7)}{200}} \times 1.96 \leqq p \leqq 0.7+\sqrt{\frac{0.7(1-0.7)}{200}} \times 1.96 \qquad 0.64 \leqq p \leqq 0.76$$

母比率を信頼度95％で区間推定すると、$[0.64,\ 0.76]$ となります。

区間推定のまとめ

		用いる統計量	分布
μ の推定	σ^2（既知）	$\dfrac{\overline{X}-\mu}{\dfrac{\sigma}{\sqrt{n}}}$	$N(0,\ 1^2)$
	σ^2（未知）	$\dfrac{\overline{X}-\mu}{\dfrac{U}{\sqrt{n}}}\left(=\dfrac{\overline{X}-\mu}{\dfrac{S}{\sqrt{n-1}}}\right)$	$t(n-1)$
σ^2 の推定	μ（既知）	$\dfrac{nS'^2}{\sigma^2}$	$\chi^2(n)$
	μ（未知）	$\dfrac{(n-1)U^2}{\sigma^2}\left(=\dfrac{nS^2}{\sigma^2}\right)$	$\chi^2(n-1)$
p の推定		$\dfrac{\overline{X}-p}{\sqrt{\dfrac{p(1-p)}{n}}}$	$N(0,\ 1^2)$

241

4 検定

　検定は、推測統計の中でも一番世の中に役立っている手法の1つと言えるでしょう。

　農作物の品種改良、新薬の開発、工場の製品管理、…など、すべて検定の考え方を用いて、複数ある条件のうちどの条件が有効であるかの判断をしていきます。簡単な例で、検定の概念を説明してみましょう。

　コインを投げたとき、表が出る確率と裏が出る確率がそれぞれ0.5であるコインを「正しいコイン」、そうでないコインを「いかさまコイン」ということにします。

　A君は、持っているあるコインについて、それが「いかさまコイン」ではないかと疑いを持っています。そこで、A君は12回そのコインを投げました。すると、表が10回、裏が2回になりました。

　A君はこのコインを「正しいコイン」と判断すればよいでしょうか、それとも「いかさまコイン」と判断したらよいでしょうか。

　検定の考え方で判断してみましょう。

　A君の持っているコインが「正しいコイン」であると仮定します。すなわち、「正しいコイン」であるという仮説を立てるわけです。

　「正しいコイン」を12回投げて、表が10回以上出る確率を求めましょう。

　表が出る確率が0.5のコインを12回投げたとき、表が出る回数を確率変数Xとすると、Xは二項分布$Bin(12, 0.5)$に従います。

　a回表が出る確率は${}_{12}C_a\left(\dfrac{1}{2}\right)^a\left(1-\dfrac{1}{2}\right)^{12-a} = {}_{12}C_a\left(\dfrac{1}{2}\right)^{12}$ですから、10回以上表が出る確率は、

$$P(X \geq 10) = {}_{12}C_{10}\left(\dfrac{1}{2}\right)^{12} + {}_{12}C_{11}\left(\dfrac{1}{2}\right)^{12} + {}_{12}C_{12}\left(\dfrac{1}{2}\right)^{12} = \dfrac{79}{2^{12}} = 0.0193$$

　12回コインを投げて、表が10回以上出たという結果は、2%の確率でしか起こらないことです。

推測統計

これは「めったに起こらないこと」と言えるでしょう。

このようなめったに起こらないことが起こったので「正しいコイン」であるという仮説は棄却して、持っているコインは「いかさまコイン」であろうと判断するのが、検定の考え方です。

上の例に即して検定の用語を紹介しましょう。

「持っているコインが「正しいコイン」である」という仮説を**帰無仮説**といいます。否定されて無に帰することを予見されている仮説であるからです。これに対して、「持っているコインが「いかさまコイン」である」という仮説を**対立仮説**といいます。

上の例で「めったに起こらない」と書きましたが、このままではあいまいで定量的ではありません。そこで、統計学では、5%以下の確率でしか起こらないことを「めったに起こらない」ということにします。これは統計学の慣例です。検定の目的によっては、5%を他の数字、例えば1%にする場合もあります。

この5%のことを**有意水準**といいます。帰無仮説を棄却するに足る意味のあることが起きたと判断する水準ということです。

5%以下でしか起こらないことが起きたので、コインは「いかさまコイン」であると判断しました。このとき、統計学では、

　　　　有意水準5%で、「持っているコインがいかさまコインである」

といいます。

もう一度、検定の流れを整理すると、

ステップ1　仮説を立てる

帰無仮説、対立仮説を立てる。上の例の場合、帰無仮説は

　　　　「コインが正しいコインである（表、裏が出る確率はそれぞれ0.5）」

帰無仮説を H_0、対立仮説を H_1 と表記することが多いです（H は Hypothesis の頭文字）。このコインの例では、対立仮説は帰無仮説の否定になっています。対立仮説は、必ずしも帰無仮説の論理的な否定になっていなくとも構いません。

243

ステップ2　確率分布の計算

帰無仮説のもとで、確率分布を計算します。

コインの場合は、二項分布になります。

ステップ3　結果の判定

ステップ2で求めた確率分布で考えて、起きた結果が

5％以下で起きることであれば、帰無仮説は**棄却**

5％以上で起きることであれば、帰無仮説は**採択**

上の例では、「帰無仮説を採択」とありますが、5％以上で起こること、いわば よくあることが起きただけのことですから、「正しいコイン」であることを強く 主張するものではないことに注意しましょう。

ですから、「帰無仮説を採択」のときは、

「正しいコインである」ことを否定できない

というのが、統計学の正統な解釈です。

帰無仮説、対立仮説を立てて検定で示すべきことは、帰無仮説の否定、対立仮 説の肯定であって、それが証明されなかったからといって、帰無仮説の肯定、対 立仮説の否定が証明されたわけではないのです。

ただ、統計の現場では、「帰無仮説を採択」を帰無仮説が正しいことが証明さ れたかのような使い方をしている場合も多いです。みなさんには、基礎を十分に 分かった上で現場に対応して欲しいと思います。

上では、離散型の確率分布で説明しましたが、連続型の場合でも考え方は同じ です。

連続型の確率分布での検定の考え方を説明してみましょう。

推測統計

問題 🪁 ホップ 母平均の検定（母分散既知）（別 p.60）

　母集団が正規分布に従っていて、母分散が 3^2 であることが分かっている。A 君は、「母平均は 17 である」と主張している。しかし、B 君は、母平均はもっと少ないと思っている。それを確かめるために、B 君は母集団から 16 個を取り出して平均を計算してみた。結果は、15 であった。A 君の主張が正しいか否か有意水準 5 ％で検定せよ。

母平均を μ とします。

ステップ 1　仮説を立てる

　帰無仮説 H_0：$\mu = 17$（A 君の主張）

　対立仮説 H_1：$\mu < 17$　（B 君の主張）

ステップ 2　確率分布の計算

　帰無仮説のもとで、母集団の分布は $N(17,\ 3^2)$ です。

　母集団から取り出した 16 個による標本 X_1、X_2、…、X_{16} の平均 $\overline{X}$ は、定理 3.05 により、$N\left(17,\ \dfrac{3^2}{16}\right)$ に従います。つまり、$\overline{X}$ を標準化した $\dfrac{\overline{X}-17}{\sqrt{\dfrac{3^2}{16}}}$ は $N(0,\ 1^2)$ に従います。

　この確率分布を用いて検定を行います。

　Z が $N(0,\ 1^2)$ に従うとき、$P(Z \leqq -1.64) = 0.05$ です。この関係を図示すると次のようになります。

245

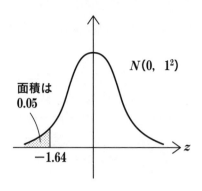

すなわち、$\dfrac{\overline{X}-17}{\sqrt{\dfrac{3^2}{16}}}$ の値が

-1.64 より小さければ、5%以下でしか起こらないことですから、
　帰無仮説は棄却
-1.64 より大きければ、5%以上で起きることですから、
　帰無仮説は採択

となります。-1.64 以下の範囲を、**棄却域** と言います。-1.64 以上の範囲を採択域と言います。

ステップ3　結果の判定

この例では $\overline{X}$ の実現値は、15 ですから、

$$\dfrac{\overline{X}-17}{\sqrt{\dfrac{3^2}{16}}} = \dfrac{15-17}{\sqrt{\dfrac{3^2}{16}}} = (-2)\times\dfrac{4}{3} = -2.67$$

-2.67 で -1.64 より小さく、棄却域に入るので、5%でしか起こらない場合が起きていると考えられます。

よって、検定の考え方により、帰無仮説は棄却され、対立仮説が採択されます。有意水準5%で、「母平均が 17 より小さい」ことが言えました。

上の検定には、次の事実を用いています。内容的には定理 3.05 の主張と全く同じです。

推測統計

> **定理 3.10　母平均 μ の検定（母分散 σ^2 が既知）**
>
> 　独立な確率変数 X_1、X_2、$\cdots$、X_n がそれぞれ $N(\mu,\ \sigma^2)$ に従うとき、
>
> $$\overline{X}=\frac{1}{n}(X_1+X_2+\cdots+X_n)$$
>
> とするとき、統計量 T
>
> $$T=\frac{\overline{X}-\mu}{\dfrac{\sigma}{\sqrt{n}}}$$
>
> は標準正規分布 $N(0,\ 1^2)$ に従う。

　統計量 T は検定のための統計量なので特に検定統計量と呼ばれます。統計量の分布を標本分布と呼ぶように、検定統計量の分布も標本分布と呼びます。

　上の例では標本分布（T の分布）が正規分布でしたが、検定の目的によって、T の取り方も異なり、標本分布が χ^2 分布、t 分布、F 分布になることもあります。検定統計量 T の標本分布として、χ^2 分布、t 分布、F 分布が現れるので、これらの確率分布が推定・検定で重要になってくるわけです。

　なお、上では $\overline{X}$ に対して検定統計量 T を設定しその棄却域を求めましたが、T と $\overline{X}$ の関係式を求めて、$\overline{X}$ の棄却域に言い換えても構いません。

　次からは、初めにその検定で用いる統計量に関する標本分布を示し、あとからそれを用いて問題を解くという流れになります。

　ここで、棄却域の取り方のパターン（片側検定、両側検定）と、検定による結論が事実とは異なる判断をしてしまう可能性（検定が間違うとき）について言及しておきましょう。

■片側検定、両側検定

　先の例では、対立仮説は $\mu<17$ で、棄却域は分布のグラフの左側にあります。このような左側にある棄却域で検定を行うことを**左側検定**といいます。もしも B 君が母平均は 17 より大きいと思っていてそれを検定で確かめるのであれば、対

立仮説を $\mu > 17$ として、右側に棄却域を取ることになります。この場合は**右側検定**になります。左側検定、右側検定を**片側検定**と呼びます。

B君がとくに母平均の大小に対して中立的な立場を取っていて、対立仮説を $\mu \neq 17$ とする場合には、5%を両側に振り分けて棄却域を取ります。これが**両側検定**のときの棄却域です。

Z が $N(0, 1^2)$ に従うとき、$P(Z \leq -1.96) = 0.025$ ですから、棄却域は下右図のようになります。

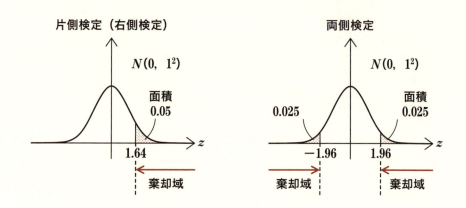

上では、B君の母平均に関する予想によって、片側検定か両側検定かを決めましたが、状況設定から片側であるか両側であるかを選ぶことに神経質になる必要はありません。問題文の中で片側検定と両側検定のどちらで検定するかを明示する場合も多いです。

■検定が間違うとき

検定は、標本から母集団についての量を判断するわけですから、判断を間違う可能性もあります。間違いのパターンは2通りあります。

1つ目は、帰無仮説 H_0 が正しいのに帰無仮説を棄却し、対立仮説 H_1 を正しいと判断してしまう場合です。これを**第1種の誤り**と言います。第1種の誤りが起こる確率を α とすると、α は帰無仮説が正しいときに検定統計量が棄却域に入ってしまう確率ですから、有意水準に等しくなります。有意水準が5%であれば、第1種の誤りが起こる確率は5%です。

推測統計

2つ目は、対立仮説 H_1 が正しいのに、帰無仮説 H_0 を正しい（棄却できない）と判断してしまう場合です。これを**第2種の誤り**と言います。第2種の誤りが起こる確率を β とすると、$1-\beta$ は**検出力**と呼ばれます。検出力は、帰無仮説 H_0 が正しくないときに、帰無仮説 H_0 を棄却する確率です。

α、β が小さい方が有効な検定であると言えます。

ただ、帰無仮説 H_0 が正しい場合、H_0 を棄却する確率が α、H_0 を採択する確率が $1-\alpha$ ですから、α、β はどちらか一方を小さくするともう一方が大きくなる、トレードオフの関係にあります。

	帰無仮説	対立仮説
第1種の誤り	正しいのに棄却	誤り
第2種の誤り	誤っているのに採択	正しい

棄却域、第1種の誤り、第2種の誤りの用語の確認の意味で次の問題を解いてみましょう。

問題 　**第1種の誤り、第2種の誤り**　（別 p.56）

母集団が正規分布に従っているものとする。母平均 μ についての検定を行うために、100個の標本を抽出した。母分散は36であることが分かっている。

(1)　帰無仮説、対立仮説を
$$H_0 : \mu = 15.0 \qquad H_1 : \mu < 15.0$$
とする。標本平均 $\overline{X}$ を検定統計量とするとき、有意水準5%の棄却域を求めよ。またこのとき、第1種の誤りの起こる確率を求めよ。

(2)　帰無仮説、対立仮説を
$$H_0 : \mu = 15.0 \qquad H_1 : \mu = 13.5$$
として、有意水準5%の検定を行う。このとき、第2種の誤りの起こる確率、検出力を求めよ。

---

(1)　母集団が $N(\mu, 6^2)$ に従っているので、大きさ100の標本の標本平均 $\overline{X}$ は

$N\left(\mu,\ \dfrac{6^2}{100}\right)$ に従います。標準偏差は $\sqrt{\dfrac{6^2}{100}}=\dfrac{6}{10}=0.60$ です。

$\dfrac{\overline{X}-15}{0.6}$ は $N(0,\ 1^2)$ に従います。

Z が $N(0,\ 1^2)$ に従うとき、$P(Z\leqq -1.64)=0.05$ なので、$\dfrac{\overline{X}-15}{0.6}$ についての棄却域を、$\overline{X}$ の棄却域に直すと、

$$\dfrac{\overline{X}-15}{0.6}\leqq -1.64 \qquad \overline{X}\leqq 15-1.64\times 0.6=14.0\ (棄却域)$$

第 1 種の誤りの起こる確率は、有意水準に等しく 5% です。

(2) 対立仮説 H_1 が正しいとして $\overline{X}$ の分布を考え、そのもとで帰無仮説 H_0 の採択域に入る確率を計算します。

対立仮説 $H_1:\mu=13.5$ が正しいとき、大きさ 100 の標本の標本平均 $\overline{X}$ は $N\left(13.5,\ \dfrac{6^2}{100}\right)$ に、$\dfrac{\overline{X}-13.5}{0.6}$ は $N(0,\ 1^2)$ に従います。

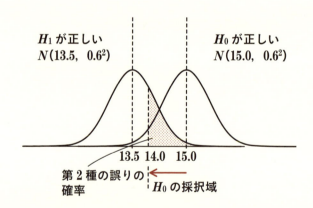

このうち帰無仮説を正しいと判断するとき、すなわち標本平均 $\overline{X}$ が帰無仮説 H_0 の採択域に入る確率を求めます。(1) より $\overline{X}\geqq 14.0$ です。

$$\dfrac{\overline{X}-13.5}{0.6}\geqq \dfrac{14.0-13.5}{0.6}=0.83$$

Z が $N(0,\ 1^2)$ に従うとき、$P(Z\geqq 0.83)=0.203$

よって、第 2 種の誤りが起こる確率は 0.203

推測統計

検出力は、$1-0.203=0.797$ です。

■母平均 μ の検定（母分散 σ^2 が未知）

前ページの例では原理の説明のため、馴じみ深い正規分布を用いることができる、母分散が既知の場合に母平均を検定する問題を扱いました。母分散が未知の場合に母平均を検定するには以下のように t 分布を用います。次の定理は内容的には定理 3.06 と同じです。

定理 3.11　母平均 μ の検定（母分散 σ^2 が未知）

母集団は正規分布 $N(\mu,\ \sigma^2)$ に従っているとする。標本の大きさを n、標本平均を $\overline{X}$、不偏分散を U^2 とする。このとき、統計量 T

$$T=\frac{\overline{X}-\mu}{\dfrac{U}{\sqrt{n}}}\left(=\frac{\overline{X}-\mu}{\dfrac{S}{\sqrt{n-1}}}\right)$$

は自由度 $n-1$ の t 分布 $t(n-1)$ に従う。

問題にあたってみます。

ホップ

問題　母平均の検定（母分散未知）　（別 p.60）

正規分布に従う母集団から 10 個を抽出し

　　　52　53　44　46　48　55　51　48　46　47

という標本を得た。母分散を未知として、母平均が 47 であるかを有意水準 5% で片側検定せよ。

標本平均が $\overline{x}=49$ なので、帰無仮説、対立仮説を、

$H_0 : \mu=47$

$H_1 : \mu>47$

251

とします。

標本の大きさを n、標本平均を $\overline{X}$、不偏分散を U^2、標本分散を S^2 とすると、

$$T = \frac{\overline{X} - \mu}{\frac{U}{\sqrt{n}}} \left(= \frac{\overline{X} - \mu}{\frac{S}{\sqrt{n-1}}} \right)$$ は自由度 $n-1$ の t 分布 $t(n-1)$ に従います。

この問題では、$n = 10$、標本平均の値 $\overline{x} = 49$、不偏分散の値 $u^2 = 12.67$、$u = 3.559$ なので、帰無仮説の下での検定統計量 T は、

$$T = \frac{\overline{X} - \mu}{\frac{U}{\sqrt{n}}} = \frac{49 - 47}{\frac{3.559}{\sqrt{10}}} = 1.78$$

Z が自由度 9 の t 分布 $t(9)$ に従うとき、

$$P(1.83 \leqq Z) = 0.05$$

なので、棄却域は $T \geqq 1.83$ のときになります。この場合 T の値は、1.78 なので棄却域に入らず、帰無仮説は採択されることになります。

■母分散 σ^2 の検定（母平均 μ が既知）

母平均 μ が既知の場合の母分散 σ^2 の検定には次の統計量を用います。内容的には定理 3.07 と同じです。

定理 3.12　母分散 σ^2 の検定（母平均 μ が既知）

母集団が正規分布 $N(\mu,\ \sigma^2)$ に従っているとする。これから抽出した大きさ n の標本を X_1、X_2、$\cdots$、X_n とする。このとき、統計量 T

$$T = \frac{(X_1 - \mu)^2 + \cdots + (X_n - \mu)^2}{\sigma^2}$$

は自由度 n の χ^2 分布 $\chi^2(n)$ に従う。

[証明]　定理 3.07 同様。

推測統計

問題 **ホップ** 母分散の検定（母平均既知）（別 p.62）

母集団から抽出した標本が、

$$78 \quad 79 \quad 71 \quad 79 \quad 69 \quad 80 \quad 71 \quad 75 \quad 76 \quad 72$$

であった。母平均 $\mu=74$ と分かっているとき、母分散が $\sigma^2=16$ であることを有意水準5%で両側検定せよ。

帰無仮説と対立仮説を

$$H_0 : \sigma^2=16$$

$$H_1 : \sigma^2 \neq 16$$

とします。ここで、

$$(x_1-\mu)^2+(x_2-\mu)^2+\cdots+(x_n-\mu)^2$$

を計算しておきます。この偏差平方和は、標本平均（75）の代わりに母平均（74）を用いて計算するところに注意しましょう。

x_i	78	79	71	79	69	80	71	75	76	72	計
$x_i-\mu$	4	5	−3	5	−5	6	−3	1	2	−2	
$(x_i-\mu)^2$	16	25	9	25	25	36	9	1	4	4	154

$T=\dfrac{(X_1-\mu)^2+\cdots+(X_{10}-\mu)^2}{\sigma^2}$ が自由度 10 の χ^2 分布に従います。帰無仮説の

下で T の値を計算すると、

$$T=\frac{(X_1-\mu)^2+\cdots+(X_{10}-\mu)^2}{\sigma^2}=\frac{154}{16}=9.6$$

$Z \sim \chi^2(10)$ のとき、$P(Z \leq 3.247)=0.025$、$P(20.48 \leq Z)=0.025$

なので、棄却域は $T \leq 3.247$、$20.48 \leq T$ となります。

9.6 は棄却域の中に入らないので、帰無仮説は採択されます。

■母分散 σ^2 の検定（母平均 μ が未知）

母平均 μ が未知のときの母分散 σ^2 を検定しましょう。やはり χ^2 分布を用います。既知のときは自由度は n でしたが、未知のときは自由度は $n-1$ になります。

253

次の定理は内容的には定理 3.08 と同じです。

定理 3.13　母分散 σ^2 の検定（母平均 μ が未知）

　母集団は正規分布 $N(\mu,\ \sigma^2)$ に従っているとする。これから抽出した標本を X_1、X_2、$\cdots$、X_n、標本平均を $\overline{X}$ とすると、統計量 T

$$T=\frac{(X_1-\overline{X})^2+(X_2-\overline{X})^2+\cdots+(X_n-\overline{X})^2}{\sigma^2}=\frac{(n-1)U^2}{\sigma^2}=\frac{nS^2}{\sigma^2}$$

は、自由度 $n-1$ の χ^2 分布 $\chi^2(n-1)$ に従う。

[証明]　定理 3.08 の中で証明済み。

問題　ホップ　母分散の検定（母平均未知）　（別 p.62）

　母集団から抽出した標本が、

$$78\quad 79\quad 71\quad 79\quad 69\quad 80\quad 71\quad 75\quad 76\quad 72$$

であった。母平均 μ が分からないとき、母分散 σ^2 が 16 であることを有意水準 5% で両側検定せよ。

$T=\dfrac{(n-1)U^2}{\sigma^2}=\dfrac{nS^2}{\sigma^2}$ は自由度 $n-1$ の χ^2 分布に従います。

$n=10$ なので、$T=\dfrac{9U^2}{\sigma^2}=\dfrac{10S^2}{\sigma^2}$ は自由度 9 の χ^2 分布に従います。

帰無仮説と対立仮説を

　　$H_0:\sigma^2=16$

　　$H_1:\sigma^2\neq16$

とします。帰無仮説のもとで、T の計算をしましょう。

　標本平均は、$\overline{x}=75$

推測統計

x_i	78	79	71	79	69	80	71	75	76	72	計
$x_i-\overline{x}$	3	4	-4	4	-6	5	-4	0	1	-3	
$(x_i-\overline{x})^2$	9	16	16	16	36	25	16	0	1	9	144

これより、標本から計算した不偏分散を u^2、標本分散を s^2 とすると、$9u^2=144$ $(=10s^2)$

$$T=\frac{9u^2}{\sigma^2}=\frac{144}{16}=9.0$$

$Z\sim\chi^2(9)$ のとき、$P(Z\leqq2.700)=0.025$、$P(19.02\leqq Z)=0.025$ なので、棄却域は $T\leqq2.700$、$19.02\leqq T$ です。9.0 は棄却域に入らないので帰無仮説は採択されます。

5 母平均の差の検定

　農作物の品種改良、工場の製品管理、新薬の開発、…などの現場では、すべて検定の考え方を用いて、データを判断していきます。このときよく用いられるのが母平均の差の検定です。

　例えば、異なる肥料を与えて作物を栽培した場合、どの肥料が作物の収穫に効果があるのかを判定するときのことを考えてみます。

　肥料 A で栽培した作物の収穫量の平均が 11、肥料 B で栽培した作物の収穫量の平均が 10 であったとします。この場合、肥料 A の方が収穫の平均が大きいですが、それだけで肥料 A の方が作物の収穫量によい影響を与えたと判断してよいものでしょうか。本当は、肥料 A と肥料 B で同じ効果があるはずなのに、たまたま肥料 A の方が収穫量の平均が多かっただけかもしれません。収穫量の平均の差 11−10＝1 は、統計的な誤差の範囲かもしれません。「肥料 A の方が肥料 B よりも収穫量に好影響を与える」と、統計学的に結論付ける、すなわち肥料 A と肥料 B に有意な差があるか否かを判断するためにはどういう条件を満たせばよいでしょうか。これに答えるのが差の検定の手法です。

　2 つの肥料 A、B の効果を調べる場合、実際の収穫量のデータを標本と捉え、母集団は同条件の下での収穫量のデータが無限個あるものとして考えます。つまり、肥料 A での収穫量のデータ、肥料 B での収穫量のデータから、それぞれ標

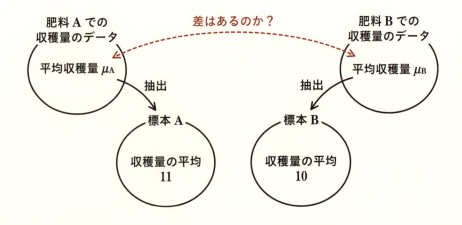

本を抽出してそれらを比べて検定します。このように2つのグループに差があるかどうか、2つの標本から検定することを、2標本検定と呼びます。

最初に「差の検定」のいくつかの手法を概観しておきます。
「差の検定」には、
　「2つの標本から母平均に差があるか否かを扱う場合」と
　「3つ以上の標本から母平均に差があるか否かを扱う場合」
の2つに大きく分かれます。

さらに、2つの標本の場合は、対のデータになっている場合とそうでない場合に分かれます。対のデータとは、例えば商品Aと商品Bについてのアンケート（各商品について5段階評価）を何人かに実施するような場合です。商品Aについての評価のデータと商品Bについての評価のデータと2つの標本がありますが、各回答者について、商品Aと商品Bの評価が対になっています。

クラスAの身長の平均とクラスBの身長の平均を比べる場合は、対のデータでない場合に当たります。対のデータでない場合、2つの標本は一般には大きさが異なります。3つの標本の場合も大きさはそれぞれ異なる場合を扱います。

2つの標本をA、Bとすると、母分散σ_A^2、σ_B^2が既知であるかなどによって、以下のように分かれます。

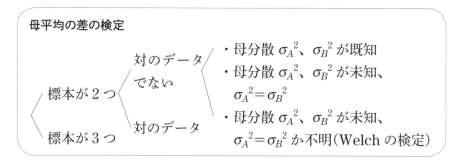

対のデータでない場合は細かく3つに分かれていて、なかなか煩雑です。

真ん中の「母分散σ_A^2、σ_B^2が未知、$\sigma_A^2 = \sigma_B^2$」の場合は、$\sigma_A^2 = \sigma_B^2$という条件がなければ使えない検定法です。母分散σ_A^2、σ_B^2が未知なのに、σ_A^2とσ_B^2が等しいということはどうして分かるのだろうかと疑問に思われる方もいらっしゃ

るでしょう。この検定の前に、定理3.18で説明する等分散検定を実行し、2標本の分散が等しいことに妥当性があると判断した場合に限り、この方式で差の検定をするわけです。ただ、1つの判断をするのに検定をくり返すことは好ましくありません。

一方、Welchの検定では$\sigma_A^2 = \sigma_B^2$という条件は付いていませんから、一発で検定することができます。ですから、差の検定は初めからWelchの検定を用いるべきであるという立場を取る先生もいらっしゃいます。

■ 2つの標本による母平均の差の検定

問題を一般化しておきます。

2つの母集団A、Bがあるとします。母平均をそれぞれμ_A、μ_B、母分散をσ_A^2、σ_B^2とします。

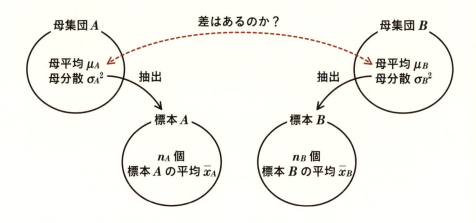

母集団A、Bからそれぞれn_A個、n_B個取り出して標本Aと標本Bを作ります。

標本Aの平均を$\bar{x}_A$、標本Bの平均を$\bar{x}_B$とします。

標本平均の値の差$\bar{x}_A - \bar{x}_B$から、母平均が等しい（$\mu_A = \mu_B$）か否かを判定するのが、差の検定です。

この本では、母分散が分かっているかいないかの条件によって、3つの場合の検定法を紹介します。

推測統計

・母分散 $\sigma_A{}^2$、$\sigma_B{}^2$ が既知

・母分散 $\sigma_A{}^2$、$\sigma_B{}^2$ が未知、$\sigma_A{}^2 = \sigma_B{}^2$

・母分散 $\sigma_A{}^2$、$\sigma_B{}^2$ が未知、

$\quad \sigma_A{}^2 = \sigma_B{}^2$ であるかも分からない（**Welch** の検定）。

定理 3.14　母平均の差の検定（母分散 $\sigma_A{}^2$、$\sigma_B{}^2$ が既知）

2 つの母集団 A、B がそれぞれ正規分布 $N(\mu_A,\ \sigma_A{}^2)$、$N(\mu_B,\ \sigma_B{}^2)$ に従っていて、$\sigma_A{}^2$、$\sigma_B{}^2$ は既知であるとする。標本平均を $\overline{X}_A$、$\overline{X}_B$ とすると、統計量 T

$$T = \frac{\overline{X}_A - \overline{X}_B - (\mu_A - \mu_B)}{\sqrt{\dfrac{\sigma_A{}^2}{n_A} + \dfrac{\sigma_B{}^2}{n_B}}}$$

は、$N(0,\ 1^2)$ に従う。

[証明]　独立な確率変数 X_1、X_2、…、X_{nA} がそれぞれ $N(\mu_A,\ \sigma_A{}^2)$ に従うとき、その平均 $\overline{X}_A$ は $N\left(\mu_A,\ \dfrac{\sigma_A{}^2}{n_A}\right)$ に従います。同様に、$\overline{X}_B$ は $N\left(\mu_B,\ \dfrac{\sigma_B{}^2}{n_B}\right)$ に従います。$\overline{X}_A$ と $\overline{X}_B$ は独立です。

ここで、X と Y が独立のとき $X - Y$ の分散は、公式 2.24 で、$a \to 1$、$b \to -1$、$c \to 0$、$\mathrm{Cov}[X,\ Y] = 0$ とすることにより、$V[X - Y] = V[X] + V[Y]$ となることに注意しましょう。

$$E[\overline{X}_A - \overline{X}_B] = E[\overline{X}_A] - E[\overline{X}_B] = \mu_A - \mu_B$$

$$V[\overline{X}_A - \overline{X}_B] = V[\overline{X}_A] + V[\overline{X}_B] = \frac{\sigma_A{}^2}{n_A} + \frac{\sigma_B{}^2}{n_B}$$

$\overline{X}_A - \overline{X}_B$ は正規分布の再生性により、$N\left(\mu_A - \mu_B,\ \dfrac{\sigma_A{}^2}{n_A} + \dfrac{\sigma_B{}^2}{n_B}\right)$ に従います。

$\overline{X}_A - \overline{X}_B$ を正規化して、$T = \dfrac{\overline{X}_A - \overline{X}_B - (\mu_A - \mu_B)}{\sqrt{\dfrac{\sigma_A{}^2}{n_A} + \dfrac{\sigma_B{}^2}{n_B}}}$ は、$N(0,\ 1^2)$ に従います。

［証明終わり］

259

問題 ホップ 母平均の差の検定（母分散既知） (別 p.66)

2つの正規母集団 A、B がある。A から抽出した標本 A の大きさが 10、平均が 25、B から抽出した標本 B の大きさが 18、平均が 21 であった。

A の母分散が 19、B の母分散が 40 であると分かっているとき、A、B の母平均に差があるか有意水準 5% で両側検定せよ。

A、B の母平均を μ_A、μ_B とします。帰無仮説、対立仮説を

$H_0 : \mu_A = \mu_B$

$H_1 : \mu_A \neq \mu_B$

とします。帰無仮説のもとで、$T = \dfrac{\overline{X_A} - \overline{X_B} - (\mu_A - \mu_B)}{\sqrt{\dfrac{\sigma_A{}^2}{n_A} + \dfrac{\sigma_B{}^2}{n_B}}} = \dfrac{\overline{X_A} - \overline{X_B}}{\sqrt{\dfrac{\sigma_A{}^2}{n_A} + \dfrac{\sigma_B{}^2}{n_B}}}$ は

$N(0,\ 1^2)$ に従います。

$\overline{x}_A = 25$、$n_A = 10$、$\sigma_A{}^2 = 19$、$\overline{x}_B = 21$、$n_B = 18$、$\sigma_B{}^2 = 40$ なので、

$$\frac{\overline{X_A} - \overline{X_B}}{\sqrt{\dfrac{\sigma_A{}^2}{n_A} + \dfrac{\sigma_B{}^2}{n_B}}} = \frac{25 - 21}{\sqrt{\dfrac{19}{10} + \dfrac{40}{18}}} = 1.97$$

Z が $N(0,\ 1^2)$ に従うとき、$P(1.96 \leq Z) = 0.025$ なので、棄却域は、

$$T \leq -1.96,\ \ 1.96 \leq T$$

帰無仮説は棄却されます。有意水準 5% で A と B の母平均に差があることが言えます。

定理 3.15　母平均の差の検定（母分散 $\sigma_A{}^2$、$\sigma_B{}^2$ が未知であるが、等分散）

母分散が等しい2つの母集団 A、B が、それぞれ正規分布 $N(\mu_A,\ \sigma^2)$、$N(\mu_B,\ \sigma^2)$ に従っているものとする。A から n_A 個取り出した標本の平均を $\overline{X}_A$、不偏分散を $U_A{}^2$、B から n_B 個取り出した標本の平均を $\overline{X}_B$、不偏分散を $U_B{}^2$ とすると、統計量 T

推測統計

$$T = \frac{\overline{X}_A - \overline{X}_B - (\mu_A - \mu_B)}{\sqrt{\left(\dfrac{1}{n_A} + \dfrac{1}{n_B}\right)\dfrac{(n_A-1)U_A{}^2 + (n_B-1)U_B{}^2}{n_A+n_B-2}}}$$

は、自由度 n_A+n_B-2 の t 分布 $t(n_A+n_B-2)$ に従う。

[証明] $\overline{X}_A$ が $N\left(\mu_A,\ \dfrac{\sigma^2}{n_A}\right)$ に従うので、$\overline{X}_A - \mu_A$ は $N\left(0,\ \dfrac{\sigma^2}{n_A}\right)$ に従います。同様

に、$\overline{X}_B - \mu_B$ は $N\left(0,\ \dfrac{\sigma^2}{n_B}\right)$ に従います。正規分布の再生性より、

$(\overline{X}_A - \mu_A) - (\overline{X}_B - \mu_B)$ は、$N\left(0,\ \dfrac{\sigma^2}{n_A} + \dfrac{\sigma^2}{n_B}\right)$ に、$\qquad$ [$\overline{X}_A - \mu_A$ と $\overline{X}_B - \mu_B$ は独立]

$\dfrac{\overline{X}_A - \overline{X}_B - (\mu_A - \mu_B)}{\sqrt{\left(\dfrac{1}{n_A} + \dfrac{1}{n_B}\right)\sigma^2}}$ は、$N(0,\ 1^2)$ に従います。

一方、定理 3.08 より、$\dfrac{(n_A-1)U_A{}^2}{\sigma^2}$ が自由度 n_A-1 の χ^2 分布に従い、

$\dfrac{(n_B-1)U_B{}^2}{\sigma^2}$ が自由度 n_B-1 の χ^2 分布に従うので、χ^2 分布の再生性より、

$\dfrac{(n_A-1)U_A{}^2 + (n_B-1)U_B{}^2}{\sigma^2}$ は、自由度 $(n_A-1)+(n_B-1) = n_A+n_B-2$ の χ^2 分布

に従います。

よって、

$$\frac{\overline{X}_A - \overline{X}_B - (\mu_A - \mu_B)}{\sqrt{\left(\dfrac{1}{n_A} + \dfrac{1}{n_B}\right)\sigma^2}} \div \sqrt{\frac{(n_A-1)U_A{}^2 + (n_B-1)U_B{}^2}{\sigma^2(n_A+n_B-2)}}$$

$$= \frac{\overline{X}_A - \overline{X}_B - (\mu_A - \mu_B)}{\sqrt{\left(\dfrac{1}{n_A} + \dfrac{1}{n_B}\right)\dfrac{(n_A-1)U_A{}^2 + (n_B-1)U_B{}^2}{n_A+n_B-2}}}$$

は、自由度 n_A+n_B-2 の t 分布に従います。$\hfill$［証明終わり］

問題 ホップ 母平均の差の検定（母分散未知、等分散） （別 p.66）

2 つの正規母集団 A、B がある。A から抽出した標本 A の大きさが 10、平均が 25、標本分散が 19、B から抽出した標本 B の大きさが 18、平均が 21、標本分散が 40 であった。

A、B の母分散が等しいと分かっているとき、A、B の母平均に差があるか有意水準 5% で両側検定せよ。

A、B の母平均を μ_A、μ_B とします。帰無仮説、対立仮説を

$H_0 : \mu_A = \mu_B$

$H_1 : \mu_A \neq \mu_B$

とします。帰無仮説のもとで、

$$\frac{\overline{X}_A - \overline{X}_B - (\mu_A - \mu_B)}{\sqrt{\left(\dfrac{1}{n_A} + \dfrac{1}{n_B}\right)\dfrac{(n_A-1)U_A^2 + (n_B-1)U_B^2}{n_A+n_B-2}}} = \frac{\overline{X}_A - \overline{X}_B}{\sqrt{\left(\dfrac{1}{n_A} + \dfrac{1}{n_B}\right)\dfrac{(n_A-1)U_A^2 + (n_B-1)U_B^2}{n_A+n_B-2}}}$$

は、自由度 $n_A + n_B - 2$ の t 分布に従います。

$\overline{x}_A = 25$、$n_A = 10$、$s_A^2 = 19$、$\overline{x}_B = 21$、$n_B = 18$、$s_B^2 = 40$

$(n_A - 1)u_A^2 = n_A s_A^2 = 10 \cdot 19 = 190$

$(n_B - 1)u_B^2 = n_B s_B^2 = 18 \cdot 40 = 720$

$$\frac{\overline{X}_A - \overline{X}_B}{\sqrt{\left(\dfrac{1}{n_A} + \dfrac{1}{n_B}\right)\dfrac{(n_A-1)U_A^2 + (n_B-1)U_B^2}{n_A+n_B-2}}} = \frac{25 - 21}{\sqrt{\left(\dfrac{1}{10} + \dfrac{1}{18}\right)\dfrac{190 + 720}{10 + 18 - 2}}} = 1.71$$

Z が自由度 26 の t 分布に従うとき、$P(2.06 \leq Z) = 0.025$ なので、棄却域は $T \leq -2.06$、$2.06 \leq T$ です。1.71 は棄却域に入っていないので、帰無仮説は採択されます。

定理 3.16　母平均の差の検定

Welch の検定―（母分散 σ_A^2、σ_B^2 が未知であるが、等分散とは限らない）

2 つの母集団 A、B が、それぞれ正規分布 $N(\mu_A, \sigma_A^2)$、$N(\mu_B, \sigma_B^2)$ に従っているものとする。A から n_A 個取り出した標本の平均を $\overline{X}_A$、不偏分散を U_A^2、B から n_B 個取り出した標本の

推測統計

平均を $\overline{X}_B$、不偏分散を $U_B{}^2$ とすると、統計量 T

$$T = \frac{\overline{X}_A - \overline{X}_B - (\mu_A - \mu_B)}{\sqrt{\dfrac{U_A{}^2}{n_A} + \dfrac{U_B{}^2}{n_B}}}$$

は、自由度 f の t 分布に近似的に従う。ここで f は、

$$\frac{\left(\dfrac{u_A{}^2}{n_A} + \dfrac{u_B{}^2}{n_B}\right)^2}{\dfrac{1}{n_A - 1}\left(\dfrac{u_A{}^2}{n_A}\right)^2 + \dfrac{1}{n_B - 1}\left(\dfrac{u_B{}^2}{n_B}\right)^2}$$

に一番近い整数とする。

[解説] この定理は難しいので証明を述べることはしません。ただ、自由度 f のゴツイ式は気になるでしょうから、その由来について説明します。

定理 3.14 と同じで、$Z = \dfrac{\overline{X}_A - \overline{X}_B - (\mu_A - \mu_B)}{\sqrt{\dfrac{\sigma_A{}^2}{n_A} + \dfrac{\sigma_B{}^2}{n_B}}}$ とおくと、Z は、$N(0,\ 1^2)$ に従います。

$$T = \frac{\overline{X}_A - \overline{X}_B - (\mu_A - \mu_B)}{\sqrt{\dfrac{U_A{}^2}{n_A} + \dfrac{U_B{}^2}{n_B}}}$$

分子に Z を括り出します

$$= \frac{\dfrac{\overline{X}_A - \overline{X}_B - (\mu_A - \mu_B)}{\sqrt{\dfrac{\sigma_A{}^2}{n_A} + \dfrac{\sigma_B{}^2}{n_B}}}}{\sqrt{\dfrac{\dfrac{(n_A - 1)U_A{}^2}{\sigma_A{}^2} \cdot \dfrac{\sigma_A{}^2}{(n_A - 1)n_A} + \dfrac{(n_B - 1)U_B{}^2}{\sigma_B{}^2} \cdot \dfrac{\sigma_B{}^2}{(n_B - 1)n_B}}{\dfrac{\sigma_A{}^2}{n_A} + \dfrac{\sigma_B{}^2}{n_B}}}} \quad \cdots\cdots ①$$

ここで、

$$Y_A = \frac{(n_A - 1)U_A{}^2}{\sigma_A{}^2}, \quad Y_B = \frac{(n_B - 1)U_B{}^2}{\sigma_B{}^2}$$

$$a = \frac{\sigma_A{}^2}{(n_A - 1)n_A\left(\dfrac{\sigma_A{}^2}{n_A} + \dfrac{\sigma_B{}^2}{n_B}\right)}, \quad b = \frac{\sigma_B{}^2}{(n_B - 1)n_B\left(\dfrac{\sigma_A{}^2}{n_A} + \dfrac{\sigma_B{}^2}{n_B}\right)} \quad \cdots\cdots ②$$

263

とおくと、①の分母のルートの中身は、aY_A+bY_B になります。

定理3.08より、Y_A、Y_B はそれぞれ自由度 n_A-1、n_B-1 の χ^2 分布なので、a、b がともに1のとき、再生性より aY_A+bY_B は χ^2 分布になります。$a:b=$ 1：1のときは χ^2 分布の定数倍になりますから、aY_A+bY_B も χ^2 分布の定数倍で近似できそうだと予想できます。

そこで aY_A+bY_B が、自由度 g の χ^2 分布に従う W を用いて

$$aY_A+bY_B=\frac{W}{g} \quad \cdots\cdots ③$$

と表されると仮定して、g を求めてみましょう。

$$E[aY_A+bY_B]=a(n_A-1)+b(n_B-1)$$
$$V[aY_A+bY_B]=2a^2(n_A-1)+2b^2(n_B-1)$$

自由度 n の χ^2 分布は、
期待値 n、分散 $2n$

となります。一方、W/g の期待値、分散は

$$E\left[\frac{W}{g}\right]=\frac{E[W]}{g}=\frac{g}{g}=1、\quad V\left[\frac{W}{g}\right]=\frac{V[W]}{g^2}=\frac{2g}{g^2}=\frac{2}{g}$$

よって、③のとき、

$$a(n_A-1)+b(n_B-1)=1 \qquad 2a^2(n_A-1)+2b^2(n_B-1)=\frac{2}{g}$$

を満たすはずです。②より第1式は成り立ちます。第2式より

$$g=\frac{1}{a^2(n_A-1)+b^2(n_B-1)}$$

$$=\frac{\left(\dfrac{\sigma_A^2}{n_A}+\dfrac{\sigma_B^2}{n_B}\right)^2}{\left\{a\left(\dfrac{\sigma_A^2}{n_A}+\dfrac{\sigma_B^2}{n_B}\right)\right\}^2(n_A-1)+\left\{b\left(\dfrac{\sigma_A^2}{n_A}+\dfrac{\sigma_B^2}{n_B}\right)\right\}^2(n_B-1)}$$

［②より、$a\left(\dfrac{\sigma_A^2}{n_A}+\dfrac{\sigma_B^2}{n_B}\right)=\dfrac{\sigma_A^2}{(n_A-1)n_A}$ などとなることを用いて、a、b を消去］

$$=\frac{\left(\dfrac{\sigma_A^2}{n_A}+\dfrac{\sigma_B^2}{n_B}\right)^2}{\dfrac{1}{n_A-1}\left(\dfrac{\sigma_A^2}{n_A}\right)^2+\dfrac{1}{n_B-1}\left(\dfrac{\sigma_B^2}{n_B}\right)^2}$$

g は整数になるとは限りませんから、g に一番に近い整数を f とし、自由度 f の χ^2 分布に従う S を用いて、aY_A+bY_B を近似的に、

推測統計

$$aY_A + bY_B = \frac{S}{f}$$

と表せることにします。つまり、T は

$$T = \frac{Z}{\sqrt{\dfrac{S}{f}}}$$

と表すことができ、T は自由度 f の t 分布に近似的に従うと考えるのです。

［解説終わり］

Welch の検定で近似をしているところが釈然としないという方は検定統計量を $T = X_A - X_B$ とおき、T の分布を直接コンピュータで計算してもよいでしょう。T の分布は明示的な式で表すことはできないかもしれませんが、現代のコンピュータの計算力をもってすれば、分布の表を作ることなど朝飯前です。

それでも、先人の知恵を学ぶという意味において、Welch の検定を学ぶことは意義のあることだと思います。

問題 ホップ 母平均の差の検定（Welch の検定）（別 p.66）

2つの正規母集団 A、B がある。A から抽出した標本 A の大きさが 10、平均が 25、標本分散が 19、B から抽出した標本 B の大きさが 18、平均が 21、標本分散が 40 であった。

A、B の母分散が等しいと分かってはいないとき、A、B の母平均に差があるか有意水準 5% で両側検定せよ。

A、B の母平均を μ_A、μ_B とします。帰無仮説、対立仮説を

$H_0 : \mu_A = \mu_B$

$H_1 : \mu_A \neq \mu_B$

とします。帰無仮説 H_0 のもとで、

$$T = \frac{\overline{X}_A - \overline{X}_B}{\sqrt{\dfrac{U_A{}^2}{n_A} + \dfrac{U_B{}^2}{n_B}}}$$

265

は、自由度 f（あとで計算）の t 分布に近似的に従います。

$$\overline{x}_A = 25、\ n_A = 10、\ s_A{}^2 = 19、\ \overline{x}_B = 21、\ n_B = 18、\ s_B{}^2 = 40$$

$$\frac{u_A{}^2}{n_A} = \frac{s_A{}^2}{n_A - 1} = \frac{19}{9} = 2.11、\quad \frac{u_B{}^2}{n_B} = \frac{s_B{}^2}{n_B - 1} = \frac{40}{17} = 2.35$$

$$\frac{u_A{}^2}{n_A} + \frac{u_B{}^2}{n_B} = 2.11 + 2.35 = 4.46$$

$$T = \frac{\overline{x}_A - \overline{x}_B}{\sqrt{\dfrac{u_A{}^2}{n_A} + \dfrac{u_B{}^2}{n_B}}} = \frac{25 - 21}{\sqrt{4.46}} = 1.89$$

$$f = \left(\frac{u_A{}^2}{n_A} + \frac{u_B{}^2}{n_B}\right)^2 \bigg/ \left(\frac{1}{n_A - 1}\left(\frac{u_A{}^2}{n_A}\right)^2 + \frac{1}{n_B - 1}\left(\frac{u_B{}^2}{n_B}\right)^2\right)$$

$$= (4.46)^2 \bigg/ \left(\frac{1}{10 - 1} \times (2.11)^2 + \frac{1}{18 - 1} \times (2.35)^2\right) = 24.27$$

これから、T の分布は自由度 24 の t 分布 $t(24)$ に従っているものと見なします。

Z が自由度 24 の t 分布に従っているとき、$P(2.06 \leq Z) = 0.025$ なので、棄却域は $T \leq -0.206$、$2.06 \leq T$ です。

$T = 1.89$ で棄却域に入らないので、帰無仮説は採択されます。母平均に差があるとは言えません。

■対のデータの差の検定

2 つの標本による母平均の差を検定するとき、対のデータになっている場合が実は一番簡単です。対のデータとは、例えば、ダイエットに効果があるかを調べるときに、各人についてダイエットをする前と後の体重が与えられているような場合です。この場合、差のみに注目して、差が正規分布に従っていると考えて検定をすることが可能です。

次のような設定のもとで考えます。

対のデータを確率変数で $(X_A,\ X_B)$ と表すとき、$\mu_A = E[X_A]$、$\mu_B = E[X_B]$ であるとします。

帰無仮説は $H_0 : \mu_A = \mu_B$、対立仮説は $H_1 : \mu_A \neq \mu_B$ です。

このとき、$X_B - X_A$ は $N(\mu_B - \mu_A,\ \sigma^2)$ に従うとして差の検定を考えます。対の

データの場合、X_A, X_B は独立でないことが予想されるので、$X_A - X_B$ の分散として、$V[X_A - X_B] = V[X_A] + V[X_B]$（公式2.24で、$a \Rightarrow 1$、$b \Rightarrow -1$、$c \Rightarrow 0$）を使わない方が無難です。

母分散 σ^2 が未知なので、定理3.11を用いて t 分布により検定します。

結局、差に注目することによって、母集団が1つで分散が未知のときの母平均 μ の検定で $H_0: \mu = 0$ とした場合と同じ手法になります。

問題　対のデータの差の検定

あるダイエット法を8人に試してみたところ、次のような体重の変化が見られた。

Before	53	58	75	66	69	77	81	64
After	49	59	73	60	65	75	72	58

このダイエット法は効果があったと言えるか有意水準5%で検定せよ。

（Before）−（After）を計算すると、

$$4 \quad -1 \quad 2 \quad 6 \quad 4 \quad 2 \quad 9 \quad 6$$

Before の母集団の平均を μ_B、After の母集団の平均を μ_A、Before、After の母集団から抽出した体重の組を (X_B, X_A) とします。

ここで、$X_B - X_A$ は $N(\mu_B - \mu_A, \ \sigma^2)$ に従うと考えて片側検定します。

帰無仮説 H_0、対立仮説 H_1 は、

$H_0: \mu_A = \mu_B$ （ダイエットの効果がなかった）

$H_1: \mu_A < \mu_B$ （ダイエットの効果があった）

です。σ^2 が分からないので、μ を $\mu_B - \mu_A$ にして定理3.11を用い、t 分布を用いて検定をします。

すなわち、$Y = X_B - X_A$、Y の不偏分散を U_Y としたとき、統計量 T を

$T = \dfrac{\overline{Y} - (\mu_B - \mu_A)}{\dfrac{U_Y}{\sqrt{n}}}$ とおくと T は、自由度 $8 - 1 = 7$ の t 分布に従います。帰無仮説

H_0 のもとでは、$T = \dfrac{\overline{Y}}{\dfrac{U_Y}{\sqrt{n}}}$ となります。

差の平均 $\overline{Y}$ の値と不偏分散 $U_Y{}^2$ の値は、

$\overline{Y} = \{4+(-1)+2+6+4+2+9+6\} \div 8 = 4$

$u_Y{}^2 = \{0^2+(-5)^2+(-2)^2+2^2+0^2+(-2)^2+5^2+2^2\} \div 7 = 9.43$

$T = \dfrac{\overline{Y}}{\dfrac{U_Y}{\sqrt{8}}} = \dfrac{4}{\dfrac{\sqrt{9.43}}{\sqrt{8}}} = 3.68$

Z が自由度 7 の t 分布 $t(7)$ に従うとき、$P(1.90 \leq Z) = 0.05$ ですから、棄却域は $1.90 \leq T$ です。3.68 は棄却域に入りますから、帰無仮説は棄却され、有意水準 5 ％で「ダイエットの効果がある」と言えます。

■ 3 標本から母平均の差を検定（1 元配置の分散分析）

ここまで 2 つの母集団の母平均に差があるか否かの検定を紹介しました。

3 つ以上の母集団の母平均に差があるか否かを検定するときは、1 元配置の分散分析を用います。

n 個（$n \geq 3$）の母集団の母平均に差があるか調べたい場合、2 つずつ取り出して上の検定を ${}_nC_2$ 回行えばいいかと思うかもしれません。しかし、これは以下の理由で薦められません。

2 つの母平均の差の検定を有意水準 5 ％で ${}_nC_2$ 回行う場合、実際に母平均がすべて等しいときであっても、

「すべての帰無仮説（母平均が等しい）が採択される確率」

は、$(0.95)^m$（$m = {}_nC_2$）です。これの余事象の確率を取って、

「少なくとも 1 つの検定で帰無仮説（母平均が等しい）が棄却される確率」

は、$1-(0.95)^m$（$m = {}_nC_2$）となります。

$n = 3$ のとき、${}_nC_2 = 3$、$1-(0.95)^3 = 0.143$ です。

実際には母平均がすべて等しい場合であっても、14.3 ％の場合で等しくないと結論してしまうのですから、この検定は使えないと判断します。n が大きくなればなるほど、この確率は大きくなり、ますます使えないものとなります。そこで、

この節で述べるような分散分析の必要性が出てくるわけです。

A、B、C 3つの母集団の例で説明してみます。

A、B、C からそれぞれ大きさ p、q、r の標本を抽出するものとします。

A からは、x_{a1}、x_{a2}、$\cdots$、x_{ap}、

B からは、x_{b1}、x_{b2}、$\cdots$、x_{bq}、

C からは、x_{c1}、x_{c2}、$\cdots$、x_{cr}

を取り出したとします。

A から取り出した標本の平均、偏差平方和を $\overline{x_a}$、S_a（B、C も同様。確率変数ではないですが、分散分析の通例に倣って大文字でおきます。p.276 まで S は分散ではなく、偏差平方和を表します。）とします。S_a を計算するときの平均は $\overline{x_a}$ を用いて計算します。

3つの標本を合わせた標本（全体標本と呼ぶことにする）の平均、偏差平方和を $\overline{x}$、S_T とします。

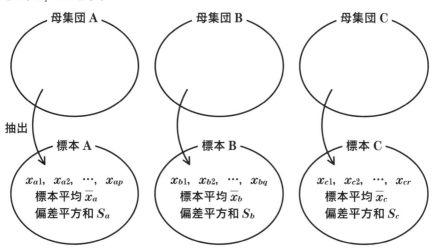

ここで、S_a、S_b、S_c と S_T の関係を探りましょう。

全体標本の偏差平方和を S_T とおき、S_T を計算すると、

$$S_T = \sum_{i=1}^{p}(x_{ai}-\overline{x})^2 + \sum_{i=1}^{q}(x_{bi}-\overline{x})^2 + \sum_{i=1}^{r}(x_{ci}-\overline{x})^2$$

ここで、

$$\sum_{i=1}^{p} (x_{ai}-\overline{x})^2 = \sum_{i=1}^{p} \{(x_{ai}-\overline{x_a}) + (\overline{x_a}-\overline{x})\}^2$$

$$= \sum_{i=1}^{p} \{(x_{ai}-\overline{x_a})^2 + 2(x_{ai}-\overline{x_a})(\overline{x_a}-\overline{x}) + (\overline{x_a}-\overline{x})^2\}$$

$$= \sum_{i=1}^{p} (x_{ai}-\overline{x_a})^2 + 2(\overline{x_a}-\overline{x}) \sum_{i=1}^{p} (x_{ai}-\overline{x_a}) + p(\overline{x_a}-\overline{x})^2$$

$$= S_a + p(\overline{x_a}-\overline{x})^2$$

となりますから、分散は、

$$S_T = S_a + p(\overline{x_a}-\overline{x})^2 + S_b + q(\overline{x_b}-\overline{x})^2 + S_c + r(\overline{x_c}-\overline{x})^2$$
$$= S_a + S_b + S_c + p(\overline{x_a}-\overline{x})^2 + q(\overline{x_b}-\overline{x})^2 + r(\overline{x_c}-\overline{x})^2$$

と表されます。

$$S_W = S_a + S_b + S_c, \quad S_B = p(\overline{x_a}-\overline{x})^2 + q(\overline{x_b}-\overline{x})^2 + r(\overline{x_c}-\overline{x})^2$$

とおくと、

$$S_T = S_W + S_B$$

分散分析では、偏差平方和を**変動**と呼び、特に S_T を**全変動**（Total variation）、S_W を各標本平均からの変動の合計なので**群内変動**（Within−group variation）、S_B を全体平均からの各標本平均の変動の合計なので**群間変動**（Between the group change）と呼びます。

上の式を言葉の式にすると、

（全変動）＝（群内変動）＋（群間変動）

となります。

ここから、データの値を確率変数として見ていくことにします。

$n=p+q+r$ とおきます。n 個の確率変数 X_{a1}、X_{a2}、…、X_{cr} のすべてが独立に同一の正規分布 $N(0, 1^2)$ に従うものと仮定します。

すると、定理3.04 より、全変動 S_T（ここから確率変数です）は自由度 $n-1$ の χ^2 分布に従い、A から取り出した標本に関する変動 S_a は、自由度 $p-1$ の χ^2 分布に従うことが分かります。X_{a1}、X_{a2}、…、X_{cr} が独立で、S_a、S_b、S_c はそれぞれの標本の X_{ai}、X_{bi}、X_{ci} から計算しているので、S_a、S_b、S_c は独立です。

χ^2 分布の再生性により、群内変動 $S_W = S_a + S_b + S_c$ は、

自由度 $(p-1)+(q-1)+(r-1)=p+q+r-3=n-3$ の χ^2 分布に従います。

一方、群間変動 $S_B=p(\overline{X_a}-\overline{X})^2+q(\overline{X_b}-\overline{X})^2+r(\overline{X_c}-\overline{X})^2$ の方は、結論から言うと自由度 2 の χ^2 分布に従います。

正規分布の再生性より、$\overline{X_a}-\overline{X}$、$\overline{X_b}-\overline{X}$、$\overline{X_c}-\overline{X}$ が正規分布に従い、これらには、$p(\overline{X_a}-\overline{X})+q(\overline{X_b}-\overline{X})+r(\overline{X_c}-\overline{X})=0$ という 1 次の関係式があるので、自由度が 1 減って自由度 2 の χ^2 分布に従う、というくらいの認識でよいでしょう。正確には 10 行後のようになります。

定理 3.04 より S_a と $\overline{X_a}$ は独立ですから、S_W と S_B は独立になります。

S_W が自由度 $n-3$ の χ^2 分布、S_B が自由度 2 の χ^2 分布なので、その和の S_T は自由度 $n-1$ の χ^2 分布になっているのだと納得してもらえればと思います。

$$S_T=S_W+S_B$$

$n-1$ の χ^2 分布　　　$n-3$ の χ^2 分布　　　 2 の χ^2 分布

（全変動）＝（群内変動）＋（群間変動）

これと F 分布の定義により、

$$\frac{S_B}{2}\bigg/\frac{S_W}{n-3}=\frac{（群間変動）}{2}\bigg/\frac{（群内変動）}{n-3}$$

は、自由度 $(2,\ n-3)$ の F 分布に従うことが分かります。

群間変動が自由度 2 の χ^2 分布に従うことの確かめ

これは定理 3.04 の拡張になっています。ですから証明の流れは同じです。

変数変換して $N(0,\ 1^2)$ に従う確率変数を作ります。

定理 3.05 より、$\sqrt{p}\,\overline{X_a}$、$\sqrt{q}\,\overline{X_b}$、$\sqrt{r}\,\overline{X_c}$ はそれぞれ $N(0,\ 1^2)$ に従います。

$$\boldsymbol{x}=\begin{pmatrix}\sqrt{p}\,\overline{X_a}\\\sqrt{q}\,\overline{X_b}\\\sqrt{r}\,\overline{X_c}\end{pmatrix},\ \ \boldsymbol{y}=\begin{pmatrix}Y_1\\Y_2\\Y_3\end{pmatrix}$$

とおきます。

第 1 行が、$\left(\dfrac{\sqrt{p}}{\sqrt{p+q+r}},\ \dfrac{\sqrt{q}}{\sqrt{p+q+r}},\ \dfrac{\sqrt{r}}{\sqrt{p+q+r}}\right)$ となる 3 次の直交行列 P を用いて、

$$\boldsymbol{y}=P\boldsymbol{x}$$

とします。すると、

$$Y_1 = \frac{p\overline{X_a} + q\overline{X_b} + r\overline{X_c}}{\sqrt{p+q+r}} = \frac{(p+q+r)\overline{X}}{\sqrt{p+q+r}} = \sqrt{p+q+r}\,\overline{X} \quad \cdots\cdots①$$

であり、

$$Y_1{}^2 + Y_2{}^2 + Y_3{}^2 = {}^t\boldsymbol{yy} = {}^t(P\boldsymbol{x})P\boldsymbol{x} = {}^t\boldsymbol{x}{}^tPP\boldsymbol{x} = {}^t\boldsymbol{x}E\boldsymbol{x} = {}^t\boldsymbol{xx}$$

$$= p(\overline{X_a})^2 + q(\overline{X_b})^2 + r(\overline{X_c})^2 \quad \cdots\cdots②$$

定理 2.41 より、Y_1、Y_2、Y_3 は独立で、$N(0,\ 1^2)$ に従います。

$$p(\overline{X_a} - \overline{X})^2 + q(\overline{X_b} - \overline{X})^2 + r(\overline{X_c} - \overline{X})^2$$

$$= p(\overline{X_a})^2 + q(\overline{X_b})^2 + r(\overline{X_c})^2 - 2(p\overline{X_a} + q\overline{X_b} + r\overline{X_c})\overline{X} + (p+q+r)(\overline{X})^2$$

$$= p(\overline{X_a})^2 + q(\overline{X_b})^2 + r(\overline{X_c})^2 - (p+q+r)(\overline{X})^2$$

$$= Y_1{}^2 + Y_2{}^2 + Y_3{}^2 - Y_1{}^2 \qquad (①、②を用いて)$$

$$= Y_2{}^2 + Y_3{}^2$$

ですから、$p(\overline{X_a} - \overline{X})^2 + q(\overline{X_b} - \overline{X})^2 + r(\overline{X_c} - \overline{X})^2$ は自由度 2 の χ^2 分布に従います。

第 1 行が、$\left(\dfrac{\sqrt{p}}{\sqrt{p+q+r}},\ \dfrac{\sqrt{q}}{\sqrt{p+q+r}},\ \dfrac{\sqrt{r}}{\sqrt{p+q+r}}\right)$ となる 3 次の直交行列 P には、

$$P = \begin{pmatrix} \dfrac{\sqrt{p}}{\sqrt{p+q+r}} & \dfrac{\sqrt{q}}{\sqrt{p+q+r}} & \dfrac{\sqrt{r}}{\sqrt{p+q+r}} \\[3mm] \dfrac{\sqrt{q}}{\sqrt{p+q}} & -\dfrac{\sqrt{p}}{\sqrt{p+q}} & 0 \\[3mm] \dfrac{\sqrt{pr}}{\sqrt{(p+q)(p+q+r)}} & \dfrac{\sqrt{qr}}{\sqrt{(p+q)(p+q+r)}} & -\dfrac{p+q}{\sqrt{(p+q)(p+q+r)}} \end{pmatrix}$$

などがあります。 (確かめ終わり)

　上では、n 個の確率変数 X_{a1}、X_{a2}、$\cdots$、X_{cr} が独立に同一の正規分布 $N(0,\ 1^2)$ に従うとしました。

　次に、実際の設定に合うように少しアレンジしてみましょう。あらためて、n 個の標本を確率変数 Y_{a1}、Y_{a2}、$\cdots$、Y_{cr} とします。

　μ_a、μ_b、μ_c、σ を定数として、確率変数 Y_{a1}、Y_{a2}、$\cdots$、Y_{cr} は、

$$Y_{ai} = \mu_a + \sigma X_{ai} \quad (1 \leq i \leq p)$$

$$Y_{bi} = \mu_b + \sigma X_{bi} \quad (1 \leq i \leq q)$$

$$Y_{ci} = \mu_c + \sigma X_{ci} \quad (1 \leq i \leq r)$$

に従うものとします。ここでもやはり、n 個の X_{a1}、X_{a2}、$\cdots$、X_{cr} は、確率変数であり独立に同一の正規分布 $N(0,\ 1^2)$ に従うものとします。

Y_{ai} は $N(\mu_a,\ \sigma^2)$ に従うことになります。

ここで $\mu_a=\mu_b=\mu_c$ のときを考えてみましょう（これが後で検定のときの帰無仮説になります）。

$\mu=\mu_a=\mu_b=\mu_c$ とおくと、確率変数 Y_{a1}、Y_{a2}、$\cdots$、Y_{cr} は、

$$Y_{ai}=\mu+\sigma X_{ai} \quad (1\leq i\leq p)$$
$$Y_{bi}=\mu+\sigma X_{bi} \quad (1\leq i\leq q)$$
$$Y_{ci}=\mu+\sigma X_{ci} \quad (1\leq i\leq r)$$

に従います。すると、全体標本の平均 $\overline{Y}$、A から取り出した標本の平均 $\overline{Y_a}$ は、$\overline{X}$、$\overline{X_a}$ を用いて、

$$\overline{Y}=\mu+\sigma\overline{X},\ \ \overline{Y_a}=\mu+\sigma\overline{X_a}$$

となります。これより、

$$Y_{ai}-\overline{Y_a}=\sigma(X_{ai}-\overline{X_a}) \qquad \overline{Y_a}-\overline{Y}=\sigma(\overline{X_a}-\overline{X})$$

です。ここで Y_{a1}、Y_{a2}、$\cdots$、Y_{cr} のときの群内変動 S'_W、群間変動 S'_B を計算すると、

$$S'_W=\sum_{i=1}^{p}(Y_{ai}-\overline{Y_a})^2+\sum_{i=1}^{q}(Y_{bi}-\overline{Y_b})^2+\sum_{i=1}^{r}(Y_{ci}-\overline{Y_c})^2$$

$$=\sigma^2\left\{\sum_{i=1}^{p}(X_{ai}-\overline{X_a})^2+\sum_{i=1}^{q}(X_{bi}-\overline{X_b})^2+\sum_{i=1}^{r}(X_{ci}-\overline{X_c})^2\right\}=\sigma^2 S_W$$

$$S'_B=p(\overline{Y_a}-\overline{Y})^2+q(\overline{Y_b}-\overline{Y})^2+r(\overline{Y_c}-\overline{Y})^2$$

$$=\sigma^2\{p(\overline{X_a}-\overline{X})^2+q(\overline{X_b}-\overline{X})^2+r(\overline{X_c}-\overline{X})^2\}=\sigma^2 S_B$$

これを用いると、

$$\frac{S'_B}{2}\bigg/\frac{S'_W}{n-3}=\frac{\sigma^2 S_B}{2}\bigg/\frac{\sigma^2 S_W}{n-3}=\frac{S_B}{2}\bigg/\frac{S_W}{n-3}$$

が成り立ちますから、X_{a1}、X_{a2}、$\cdots$、X_{cr} のときの考察により、これは自由度 $(2,\ n-3)$ の F 分布に従います。Y_{a1}、Y_{a2}、$\cdots$、Y_{cr} のときも、

$$\frac{（群間変動）}{2}\bigg/\frac{（群内変動）}{n-3}$$

は自由度 $(2,\ n-3)$ の F 分布に従うことが分かります。

結局、$\mu_a = \mu_b = \mu_c$ という仮定の下では、

$$\frac{(群間変動)}{2} \bigg/ \frac{(群内変動)}{n-3} \text{が自由度}(2,\ n-3)\text{の}F\text{分布に従う}$$

ことが分かります。

3個のグループを j 個にし、j 個あるグループの大きさをそれぞれ n_1、n_2、…、n_j にすると、次のような定理が成り立ちます。

定理 3.17　分散分析

確率変数 $X_{1k}(1 \le k \le n_1)$、$X_{2k}(1 \le k \le n_2)$、…、$X_{jk}(1 \le k \le n_j)$ がある。

$X_{1k}(1 \le k \le n_1)$ が $N(\mu_1,\ \sigma^2)$、$X_{2k}(1 \le k \le n_2)$ が $N(\mu_2,\ \sigma^2)$、… に従う。

$n = n_1 + n_2 + \cdots + n_j$

$$\overline{X} = \frac{1}{n}\left(\sum_{k=1}^{n_1} X_{1k} + \cdots + \sum_{k=1}^{n_j} X_{jk}\right),\ \ \overline{X_1} = \frac{1}{n_1}\sum_{k=1}^{n_1} X_{1k},\ \ \overline{X_2} = \frac{1}{n_2}\sum_{k=1}^{n_2} X_{2k},\ \cdots$$

$$S_W = \sum_{k=1}^{n_1}(X_{1k} - \overline{X_1})^2 + \sum_{k=1}^{n_2}(X_{2k} - \overline{X_2})^2 + \cdots + \sum_{k=1}^{n_j}(X_{jk} - \overline{X_j})^2$$

$$S_B = n_1(\overline{X_1} - \overline{X})^2 + n_2(\overline{X_2} - \overline{X})^2 + \cdots + n_j(\overline{X_j} - \overline{X})^2$$

とおく。$\mu_1 = \mu_2 = \cdots = \mu_j$ のとき、

$$T = \frac{S_B}{j-1} \bigg/ \frac{S_W}{n-j}$$

$$\frac{(群間変動)}{(グループ数)-1} \bigg/ \frac{(群内変動)}{(データの大きさ)-(グループ数)}$$

は、自由度 $(j-1,\ n-j)$ の F 分布に従う。

$\mu_1 = \mu_2 = \cdots = \mu_j$ のとき上の通りですが、この条件が外れると、$\overline{X}$ に対する $\overline{X_1}$、…、$\overline{X_j}$ のばらつきが大きくなるので、公式 1.07 を用いて、群間変動が大きくなります。ですから、分散分析では通常右側検定を用いることになります。

下ごしらえはこのくらいにして問題を解いてみましょう。

推測統計

> **問題 分散分析**
>
> 　A市、B市、C市の3市で数学の小テストをした。各市から標本を取ったところ、点数は次のようであった。このとき、A、B、Cの3市に小テストの成績の差があると言えるか、有意水準5%で検定せよ。

$$
\begin{array}{c|cccccc}
A & 2 & 2 & 2 & 3 & 4 & 5 \\
\hline
B & 4 & 4 & 5 & 7 & 7 & 9 \\
\hline
C & 3 & 5 & 5 & 6 & 8 & 9
\end{array}
$$

群内変動、群間変動を計算しておきましょう。

A、B、C市の標本平均の値を $\overline{x_a}$、$\overline{x_b}$、$\overline{x_c}$、A、B、C市の群内変動を S_a、S_b、S_c とします。

$$\overline{x_a}=3、\overline{x_b}=6、\overline{x_c}=6$$

$$
\begin{aligned}
S_a &= (標本分散の値) \times (標本の大きさ) \\
&= \{\overline{x_a^2} - (\overline{x_a})^2\} \times 6 \\
&= \left(\frac{2^2+2^2+2^2+3^2+4^2+5^2}{6} - 3^2 \right) \times 6 \\
&= 2^2+2^2+2^2+3^2+4^2+5^2-3^2 \times 6 = 8 \\
S_b &= 4^2+4^2+5^2+7^2+7^2+9^2-6^2 \times 6 = 20 \\
S_c &= 3^2+5^2+5^2+6^2+8^2+9^2-6^2 \times 6 = 24
\end{aligned}
$$

ここで、

$$(群内変動) = S_a+S_b+S_c = 8+20+24 = 52$$

全体平均は、$\overline{x}=5$

群間変動は、

$$(群間変動) = (3-5)^2 \times 6 + (6-5)^2 \times 6 + (6-5)^2 \times 6 = 36$$

となります。

A、B、C市の母平均を μ_a、μ_b、μ_c とします。ここで帰無仮説 H_0、対立仮説 H_1 を次のように立てます。

$$H_0 : \mu_a = \mu_b = \mu_c \quad (\mu とおく) \text{であり、}$$

275

標本のデータはすべて正規分布 $N(\mu, \sigma^2)$ に従う

H_1：μ_a、μ_b、μ_c の中に、異なるものが少なくとも 1 つある。

帰無仮説のもとで、$\dfrac{(群間変動)}{2} \Big/ \dfrac{(群内変動)}{18-3}$ は、自由度$(2,\ 18-3)$ の F 分布に従います。

$$\frac{(群間変動)}{2} \Big/ \frac{(群内変動)}{18-3} = \frac{36}{2} \Big/ \frac{52}{15} = 5.19$$

です。Z が自由度$(2,\ 15)$ の F 分布に従っているとき、$P(Z \geqq 3.68) = 0.05$ であり、棄却域は $T \geqq 3.68$ になります。5.19 は棄却域に含まれるので、帰無仮説は棄却されます。

すなわち、有意水準 5 % で A、B、C の 3 市に小テストの成績の差があるといえます。

■ 2 つの標本による母分散の等分散検定

母集団 A の母分散 $\sigma_A{}^2$ と母集団 B の母分散 $\sigma_B{}^2$ が等しいか否かを、それぞれの標本から判断する検定を紹介しましょう。

定理 3.18　等分散検定

正規分布に従う 2 つの母集団 A、B がある。A の母分散を $\sigma_A{}^2$、B の母分散を $\sigma_B{}^2$、母集団 A から抽出した標本の大きさを m、不偏分散を $U_A{}^2$、母集団 B から抽出した標本の大きさを n、不偏分散を $U_B{}^2$ とする。このとき、統計量 T

$$T = \frac{U_A{}^2}{\sigma_A{}^2} \Big/ \frac{U_B{}^2}{\sigma_B{}^2}$$

は自由度$(m-1,\ n-1)$ の F 分布に従う。

[証明]　A、B の標本の標本分散を $S_A{}^2$、$S_B{}^2$ とすると、

$$U_A{}^2 = \frac{mS_A{}^2}{(m-1)}, \quad U_B{}^2 = \frac{nS_B{}^2}{(n-1)}$$

推測統計

と表せ、

$$T=\frac{U_A^{\,2}}{\sigma_A^{\,2}}\Big/\frac{U_B^{\,2}}{\sigma_B^{\,2}}=\frac{mS_A^{\,2}}{(m-1)\sigma_A^{\,2}}\Big/\frac{nS_B^{\,2}}{(n-1)\sigma_B^{\,2}}$$

定理 3.08 より $\dfrac{mS_A^{\,2}}{\sigma_A^{\,2}}$、$\dfrac{nS_B^{\,2}}{\sigma_B^{\,2}}$ はそれぞれ自由度 $m-1$、$n-1$ の χ^2 分布に従う

ので、T は自由度 $(m-1,\ n-1)$ の F 分布に従う。　　　　　　　［証明終わり］

問題 **ホップ** **等分散検定** （別 p.70）

　正規分布に従う 2 つの母集団 A、B がある。母集団 A から抽出した標本 A は、大きさが 8、不偏分散が 32、母集団 B から抽出した標本 B は、大きさが 11、不偏分散が 88 である。このとき、母集団 A、B の母分散が等しいか否か有意水準 5% で両側検定せよ。

A の母分散を $\sigma_A^{\,2}$、B の母分散を $\sigma_B^{\,2}$ とします。

帰無仮説、対立仮説は、

$\quad H_0 : \sigma_A^{\,2}=\sigma_B^{\,2}$

$\quad H_1 : \sigma_A^{\,2}\neq\sigma_B^{\,2}$

帰無仮説 $(\sigma_A^{\,2}=\sigma_B^{\,2})$ のもとでは、$T=\dfrac{U_A^{\,2}}{\sigma_A^{\,2}}\Big/\dfrac{U_B^{\,2}}{\sigma_B^{\,2}}=\dfrac{U_A^{\,2}}{U_B^{\,2}}$ が自由度 $(m-1,\ n-1)$

の F 分布に従います。実際の値を代入すると、

$$T=\frac{U_A^{\,2}}{U_B^{\,2}}=\frac{32}{88}=0.364$$

ここで、Z が自由度 $(7,\ 10)$ の F 分布に従うとき、

$$P(Z\leq 0.210)=0.025 \qquad P(3.95\leq Z)=0.025$$

巻末の表には、上側 0.025 の表しかないので、$F(10,\ 7)$ を用いて求める。
Z' が $F(10,\ 7)$ に従うとき、表より $P(4.76\leq Z')$ なので、
$P\left(\dfrac{1}{Z'}\leq\dfrac{1}{4.76}\right)$。$Z=\dfrac{1}{Z'}$、$0.210=\dfrac{1}{4.76}$ なので、$P(Z\leq 0.210)$ であることが分かる。

なので、棄却域は $T\leq 0.210$、$3.95\leq T$ です。0.364 は棄却域に入らないので帰無仮説は採択されます。

277

6 適合度検定・独立性の検定

■適合度検定

　検定・推定では母集団の分布の形（正規分布、ポアソン分布など）を仮定して考えますが、そもそもその仮定は妥当でしょうか。標本を抽出し、母集団が仮定した分布に適合しているか否かを検定することを適合度検定と言います。χ^2分布を用いるので、あとで紹介する独立性の検定と合わせて χ^2 検定とも言います。

　適合度検定の原理は次の定理です。

定理 3.19　適合度検定

　母集団が A_1、A_2、…、A_k に分かれていて、それぞれの比率が、p_1、p_2、…、p_k $(p_1+p_2+\cdots+p_k=1)$ であるとする。母集団から n 個を取り出し標本を作るとき、A_1、A_2、…、A_k に属する個数を、それぞれ確率変数 X_1、X_2、…、X_k とおく $(X_1+X_2+\cdots+X_k=n)$。

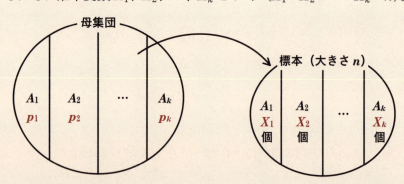

このとき、統計量 T

$$T=\frac{(X_1-np_1)^2}{np_1}+\frac{(X_2-np_2)^2}{np_2}+\cdots+\frac{(X_k-np_k)^2}{np_k}$$

は近似的に自由度 $k-1$ の χ^2 分布に従う。

まずは、T がどこから出てくるのかを説明しましょう。

A_1、A_2、$\cdots$、A_k に属する個数が x_1、x_2、$\cdots$、x_k となる確率 $p(x_1,\ x_2,\ \cdots,\ x_k)$ は、多項分布になり、定義 2.22 の式より、

$$p(x_1,\ x_2,\ \cdots,\ x_k)=\frac{n!}{x_1!x_2!\cdots x_k!}p_1{}^{x_1}p_2{}^{x_2}\cdots p_k{}^{x_k}$$

です。n、x_1、x_2、$\cdots$、x_k が大きいとして、公式 1.25（スターリングの公式：近似式バージョン）

$$n!\fallingdotseq\sqrt{2\pi}\,n^{n+\frac{1}{2}}e^{-n}$$

を用いると、

$$p(x_1,\ x_2,\ \cdots,\ x_k)\fallingdotseq\frac{\sqrt{2\pi}\,n^{n+\frac{1}{2}}e^{-n}}{(\sqrt{2\pi})^k\Big(\prod_{i=1}^{k}x_i{}^{x_i+\frac{1}{2}}\Big)e^{-x_1-\cdots-x_k}}\prod_{i=1}^{k}p_i{}^{x_i}$$

$$\qquad\qquad\qquad\qquad\qquad\qquad [x_1+x_2+\cdots+x_k=n]$$

$$=\frac{1}{(\sqrt{2\pi n})^{k-1}\displaystyle\prod_{i=1}^{k}\sqrt{p_i}}\prod_{i=1}^{k}\Big(\frac{np_i}{x_i}\Big)^{x_i+\frac{1}{2}}$$

$$\left[\begin{array}{l}\prod \text{は総積の記号}\\[4pt]\displaystyle\prod_{i=1}^{k}a_i=a_1\times a_2\times\cdots\times a_k\end{array}\right]$$

右の $\prod$ の部分を $e^{\square}$ の形に表すことを目指し、$y_i=\dfrac{x_i-np_i}{\sqrt{np_i}}$ とおくと、

$$x_i=\sqrt{np_i}\,y_i+np_i\qquad\frac{x_i}{np_i}=1+\frac{y_i}{\sqrt{np_i}}\text{であり、}$$

$$\log\prod_{i=1}^{k}\Big(\frac{np_i}{x_i}\Big)^{x_i+\frac{1}{2}}=-\sum_{i=1}^{k}\Big(x_i+\frac{1}{2}\Big)\log\Big(\frac{x_i}{np_i}\Big)$$

$$=-\sum_{i=1}^{k}\Big(x_i+\frac{1}{2}\Big)\log\Big(1+\frac{y_i}{\sqrt{np_i}}\Big)=-\sum_{i=1}^{k}\Big(\sqrt{np_i}\,y_i+np_i+\frac{1}{2}\Big)\Big(\frac{y_i}{\sqrt{np_i}}-\frac{y_i{}^2}{2np_i}+\cdots\Big)$$

$$\qquad\qquad\qquad\qquad\qquad\qquad\qquad\qquad\qquad\qquad \log(1+x)\text{のマクローリン展開}$$

$$=-\sum_{i=1}^{k}\Big(y_i{}^2-\frac{y_i{}^3}{2\sqrt{np_i}}+\sqrt{np_i}\,y_i-\frac{1}{2}y_i{}^2+\frac{1}{2}\frac{y_i}{\sqrt{np_i}}-\frac{y_i{}^2}{4np_i}+\cdots\Big)$$

$$=-\sum_{i=1}^{k}\Big(\sqrt{np_i}\,y_i+\frac{1}{2}y_i{}^2-\frac{y_i{}^3}{2\sqrt{np_i}}+\frac{1}{2}\frac{y_i}{\sqrt{np_i}}+(\sqrt{np_i}\text{ の }-2\text{ 乗以下の項})\Big)$$

$$\left[\begin{array}{l}\displaystyle\sum_{i=1}^{k}\sqrt{np_i}\,y_i=\sum_{i=1}^{k}(x_i-np_i)=n-n=0\text{ と、}n\text{ が大きくなるとき、波線部が}0\text{に収束する}\\ \text{ことを用いて}\end{array}\right]$$

$$\fallingdotseq-\frac{1}{2}\sum_{i=1}^{k}y_i{}^2$$

と近似できます。

$$p(x_1,\ x_2,\ \cdots,\ x_k) \fallingdotseq \frac{1}{(\sqrt{2\pi n})^{k-1}\prod\limits_{i=1}^{k}\sqrt{p_i}}\prod_{i=1}^{k}\left(\frac{np_i}{x_i}\right)^{x_i+\frac{1}{2}}$$

$$\fallingdotseq \frac{1}{(\sqrt{2\pi n})^{k-1}\prod\limits_{i=1}^{k}\sqrt{p_i}}\exp\left[-\frac{1}{2}\sum_{i=1}^{k}y_i{}^2\right] \quad \cdots\cdots ①$$

となります。右辺の e の指数の -2 倍を x_i に戻せば、

$$\sum_{i=1}^{k}y_i{}^2 = \sum_{i=1}^{k}\frac{(x_i-np_i)^2}{np_i}$$

となります。これが T の由来です。

[証明] ここから統計量 T を調べていきましょう。T が標準正規分布 $N(0,\ 1^2)$ に従う確率変数の平方和で表されていることを示すのが目標です。

$(X_1,\cdots,\ X_{k-1})$ は多項分布 $M(n,\ p_1,\ \cdots,\ p_{k-1})$ に従っています。

T において、$Y_i = \dfrac{X_i-np_i}{\sqrt{np_i}}$ と確率変数の変換をして、

$$T = \sum_{i=1}^{k}\left(\frac{X_i-np_i}{\sqrt{np_i}}\right)^2 = \sum_{i=1}^{k}Y_i{}^2$$

$X_1+X_2+\cdots+X_k=n$ と $p_1+p_2+\cdots+p_k=1$ を用いて、Y_k を消去します。

$$X_1+X_2+\cdots+X_k=n$$

$$(\sqrt{np_1}Y_1+np_1)+(\sqrt{np_2}Y_2+np_2)+\cdots+(\sqrt{np_k}Y_k+np_k)=n$$

$$Y_k = -\sqrt{\frac{p_1}{p_k}}Y_1-\sqrt{\frac{p_2}{p_k}}Y_2-\cdots-\sqrt{\frac{p_{k-1}}{p_k}}Y_{k-1}$$

これを用いて、$T = \sum\limits_{i=1}^{k}Y_i{}^2$ を計算すると、

$$\sum_{i=1}^{k}Y_i{}^2 = Y_1{}^2+\cdots+Y_{k-1}{}^2+\left(\sqrt{\frac{p_1}{p_k}}Y_1+\sqrt{\frac{p_2}{p_k}}Y_2+\cdots+\sqrt{\frac{p_{k-1}}{p_k}}Y_{k-1}\right)^2$$

$$= \sum_{i=1}^{k-1}\left(\frac{p_i+p_k}{p_k}\right)Y_i{}^2+2\sum_{1\leq i<j\leq k-1}\frac{\sqrt{p_ip_j}}{p_k}Y_iY_j$$

ここで、ベクトル $\boldsymbol{y}$、行列 A を

推測統計

$$
\boldsymbol{y}=\begin{pmatrix} Y_1 \\ \vdots \\ Y_{k-1} \end{pmatrix} \quad A=\begin{pmatrix} \dfrac{p_1+p_k}{p_k} & \dfrac{\sqrt{p_1 p_2}}{p_k} & \cdots & \dfrac{\sqrt{p_1 p_{k-1}}}{p_k} \\[2mm] \dfrac{\sqrt{p_2 p_1}}{p_k} & \dfrac{p_2+p_k}{p_k} & & \vdots \\[2mm] \vdots & \vdots & \ddots & \\[2mm] \dfrac{\sqrt{p_{k-1}p_1}}{p_k} & \dfrac{\sqrt{p_{k-1}p_2}}{p_k} & \cdots & \dfrac{p_{k-1}+p_k}{p_k} \end{pmatrix}
$$

とおくと、

$$
\sum_{i=1}^{k} Y_i^2 = {}^t\boldsymbol{y}A\boldsymbol{y}
$$

と表されます。

A の行列式を求めておきましょう。分母 p_k を外した行列 B で計算します。B の第 i 行に、第 1 行の $-\sqrt{\dfrac{p_i}{p_1}}$ 倍を足すと、

$$
B=\begin{pmatrix} p_1+p_k & \sqrt{p_1 p_2} & \cdots & \sqrt{p_1 p_{k-1}} \\ \sqrt{p_2 p_1} & p_2+p_k & & \vdots \\ \vdots & \vdots & \ddots & \\ \sqrt{p_{k-1}p_1} & \sqrt{p_{k-1}p_2} & \cdots & p_{k-1}+p_k \end{pmatrix}
$$

$$
\Rightarrow \begin{pmatrix} p_1+p_k & \sqrt{p_1 p_2} & \cdots & \sqrt{p_1 p_{k-1}} \\[2mm] -p_k\sqrt{\dfrac{p_2}{p_1}} & p_k & \cdots & 0 \\[2mm] \vdots & \vdots & \ddots & \vdots \\[2mm] -p_k\sqrt{\dfrac{p_{k-1}}{p_1}} & 0 & \cdots & p_k \end{pmatrix}
$$

これを 1 列目で余因子展開すると、

$$
\det B=(p_1+p_k)p_k^{k-2}+p_k\sqrt{\dfrac{p_2}{p_1}}\sqrt{p_1 p_2}\,p_k^{k-3}+\cdots\cdots+p_k\sqrt{\dfrac{p_{k-1}}{p_1}}\sqrt{p_1 p_{k-1}}\,p_k^{k-3}
$$

$$
=(p_1+p_k)p_k^{k-2}+p_2 p_k^{k-2}+\cdots+p_{k-1}p_k^{k-2}=(p_1+p_2+\cdots+p_k)p_k^{k-2}=p_k^{k-2}
$$

分母の p_k を戻した行列 A では、$\det A=\dfrac{\det B}{p_k^{k-1}}=\dfrac{p_k^{k-2}}{p_k^{k-1}}=\dfrac{1}{p_k}$ となります。

行列 A の固有値も求めておきましょう。

$A-E$ を観察すると、各行の成分は、$\sqrt{p_1}:\sqrt{p_2}:\cdots:\sqrt{p_{k-1}}$ になっています。

列ベクトル $\boldsymbol{x}={}^t(x_1,\ x_2,\ \cdots,\ x_{k-1})$ として、

$$\sqrt{p_1}x_1+\sqrt{p_2}x_2+\cdots+\sqrt{p_{k-1}}x_{k-1}=0\quad\cdots①$$

を満たすように $\boldsymbol{x}$ を取れば、$(A-E)\boldsymbol{x}=0$、$A\boldsymbol{x}=\boldsymbol{x}$ を満たします。①は $k-1$ 次元空間内の超平面の式ですから、$A\boldsymbol{x}=\boldsymbol{x}$ を満たす $\boldsymbol{x}$ は $k-2$ 次元部分空間の元です。

これは A が 1 を固有値として持ち、固有値 1 の重複度が $k-2$ であることを示しています。A の行列式（固有値の積）が $\dfrac{1}{p_k}$ であることから、固有値は 1（重複度 $k-2$）、$\dfrac{1}{p_k}$（重複度 1）となります。

A は実数の対称行列ですから、線形代数の定理により、直交行列によって対角化することが可能です。その直交行列を P とすると、対角成分には固有値が並び、

$$
{}^tPAP=\begin{pmatrix} 1 & 0 & \cdots & 0 \\ 0 & 1 & \cdots & 0 \\ \vdots & \vdots & \ddots & \vdots \\ 0 & 0 & \cdots & \dfrac{1}{p_k} \end{pmatrix}
$$

となります。Q として、

$$
Q=\begin{pmatrix} 1 & 0 & \cdots & 0 \\ 0 & 1 & \cdots & 0 \\ \vdots & \vdots & \ddots & \vdots \\ 0 & 0 & \cdots & \sqrt{p_k} \end{pmatrix}
$$

とおくと、${}^tQ{}^tPAPQ=E$ となります。

ここで P、Q を用いて、新しく確率変数 Z_1、Z_2、$\cdots$、Z_{k-1} を設定します。

$$
\boldsymbol{z}=\begin{pmatrix} Z_1 \\ \vdots \\ Z_{k-1} \end{pmatrix}\qquad \boldsymbol{z}=Q^{-1}P^{-1}\boldsymbol{y}
$$

と定めます。すると、$\boldsymbol{y}=PQ\boldsymbol{z}$ ですから、

$$
\sum_{i=1}^{k}Y_i^2={}^t\boldsymbol{y}A\boldsymbol{y}={}^t(PQ\boldsymbol{z})APQ\boldsymbol{z}={}^t\boldsymbol{z}\,{}^tQ{}^tPAPQ\boldsymbol{z}={}^t\boldsymbol{z}E\boldsymbol{z}=\sum_{i=1}^{k-1}Z_i^2
$$

推測統計

$(X_1,\ X_2,\ \cdots,\ X_{k-1})$ が多項分布 $M(n,\ p_1,\ \cdots,\ p_{k-1})$ に従っているので、公式 2.23 より、

$$E[X_i]=np_i、V[X_i]=np_i(1-p_i)、\mathrm{Cov}[X_i,\ X_j]=-np_ip_j \quad (i\neq j)$$

です。これを用いて、

$$E[Y_i]=E\left[\frac{X_i-np_i}{\sqrt{np_i}}\right]=\frac{1}{\sqrt{np_i}}(E[X_i]-np_i)=\frac{1}{\sqrt{np_i}}(np_i-np_i)=0$$

$$V[Y_i]=V\left[\frac{X_i-np_i}{\sqrt{np_i}}\right]=\frac{1}{np_i}V[X_i]=\frac{1}{np_i}\times np_i(1-p_i)=1-p_i$$

$$\mathrm{Cov}[Y_i,\ Y_j]=\mathrm{Cov}\left[\frac{X_i-np_i}{\sqrt{np_i}},\ \frac{X_j-np_j}{\sqrt{np_j}}\right]=\frac{1}{n\sqrt{p_ip_j}}\mathrm{Cov}[X_i,\ X_j]$$

$$=\frac{-np_ip_j}{n\sqrt{p_ip_j}}=-\sqrt{p_ip_j} \quad (i\neq j)$$

$\boldsymbol{y}$ の分散共分散行列 V_Y は、

$$V_Y=\begin{pmatrix} 1-p_1 & -\sqrt{p_1p_2} & \cdots & -\sqrt{p_1p_{k-1}} \\ -\sqrt{p_2p_1} & 1-p_2 & & \vdots \\ \vdots & \vdots & \ddots & \\ -\sqrt{p_{k-1}p_1} & -\sqrt{p_{k-1}p_2} & \cdots & 1-p_{k-1} \end{pmatrix}$$

これは A を用いて、

$$V_Y=E-p_k(A-E)=(1+p_k)E-p_kA$$

と表されます。公式 2.28 を用いて、$\boldsymbol{z}$ の分散共分散行列 V_Z を求めると、

$$V_Z=Q^{-1}P^{-1}V_YPQ^{-1}=Q^{-1}({}^tP)\{(1+p_k)E-p_kA\}PQ^{-1}$$

$$\left[\begin{array}{l} P \text{ が直交行列のとき、} {}^tPP=E \text{ より } {}^tP=P^{-1} \\ \text{また、} {}^t(Q^{-1}P^{-1})=(P^{-1})\,{}^t(Q^{-1})=({}^tP)\,Q^{-1}=PQ^{-1} \end{array}\right]$$

$$=(1+p_k)Q^{-1}({}^tP)EPQ^{-1}-p_k\,Q^{-1}({}^tP)A\,PQ^{-1}$$

$$=(1+p_k)Q^{-2}-p_kQ^{-2}\underbrace{(Q^t{}PA\,PQ)}_{E}Q^{-2}$$

$$=(1+p_k)Q^{-2}-p_kQ^{-4}=E$$

$$\left[\begin{array}{l} (1,\ 1) \text{ 成分から} (k-2,\ k-2) \text{ 成分までは } (1+p_k)-p_k=1 \\ (k-1,\ k-1) \text{ 成分は, } \dfrac{1+p_k}{(\sqrt{p_k})^2}-\dfrac{p_k}{(\sqrt{p_k})^4}=1 \end{array}\right]$$

この行列の対角成分から、$V[Z_i]=1$ が分かります。

n が大きいとき、X_1、X_2、$\cdots$、X_{k-1} はそれぞれ正規分布で近似することができ、それらの 1 次結合（定数項のない 1 次式）である Y_1、Y_2、$\cdots$、Y_{k-1} もそれ

283

ぞれ正規分布に従うと見なせます。Y_1、Y_2、$\cdots$、Y_{k-1} の1次結合である Z_1、Z_2、$\cdots$、Z_{k-1} も正規分布の再生性より、それぞれ正規分布に従います。$E[Z_i] = (E[Y_i]$ の1次結合$)=0$ ですから、Z_1、Z_2、$\cdots$、Z_{k-1} は、それぞれ $N(0,\ 1^2)$ に従います。

次に、Z_1、Z_2、$\cdots$、Z_{k-1} が独立であることを示します。

$(X_1,\ X_2,\ \cdots,\ X_{k-1})$ を連続型の $k-1$ 次元確率変数とみなします。$(X_1,\ X_2,\ \cdots,\ X_{k-1})$ の同時確率密度関数を $(Y_1,\ Y_2,\ \cdots,\ Y_{k-1})$ を経由して、$(Z_1,\ Z_2,\ \cdots,\ Z_{k-1})$ で書き換えましょう。

$Y_i = \dfrac{X_i - np_i}{\sqrt{np_i}}$ より、$\sqrt{np_i}\,dy_i = dx_i$ ですから、

$p(x_1,\ x_2,\ \cdots,\ x_{k-1})dx_1\cdots dx_{k-1}$

$$= \frac{1}{(\sqrt{2\pi n})^{k-1}\prod\limits_{i=1}^{k}\sqrt{p_i}}\exp\Big[-\frac{1}{2}\sum_{i=1}^{k}y_i{}^2\Big](\sqrt{np_1}\,dy_1)\cdots(\sqrt{np_{k-1}}\,dy_{k-1})$$

p.280 の①

$$= \frac{1}{(\sqrt{2\pi})^{k-1}\sqrt{p_k}}\exp\Big[-\frac{1}{2}\sum_{i=1}^{k}y_i{}^2\Big]dy_1\cdots dy_{k-1}$$

$(Y_1,\ Y_2,\cdots,\ Y_{k-1})$ の同時確率密度関数

$PQz = y$ なので、$(Y_1,\ Y_2,\ \cdots,\ Y_{k-1})$ から $(Z_1,\ Z_2,\ \cdots,\ Z_{k-1})$ への変換でのヤコビ行列は PQ です。直交行列 P の行列式が ±1 であることを用い、$\det(PQ) = \det P \det Q = \pm\sqrt{p_k}$ となります。

$f(z) = \dfrac{1}{\sqrt{2\pi}}e^{-\frac{1}{2}z^2}$ とおくと、同時確率密度関数は

$$\frac{1}{(\sqrt{2\pi})^{k-1}\sqrt{p_k}}\exp\Big[-\frac{1}{2}\sum_{i=1}^{k}y_i{}^2\Big]dy_1\cdots dy_{k-1}$$

$$= \frac{1}{(\sqrt{2\pi})^{k-1}\sqrt{p_k}}\exp\Big[-\frac{1}{2}\sum_{i=1}^{k-1}z_i{}^2\Big]|\det(PQ)|\,dz_1\cdots dz_{k-1}$$

$$= f(z_1)f(z_2)\cdots f(z_{k-1})dz_1\cdots dz_{k-1}$$

となります。これから、$(Z_1,\ Z_2,\ \cdots,\ Z_{k-1})$ の同時確率密度関数は $f(z_1)f(z_2)\cdots f(z_{k-1})$ となり Z_1、Z_2、$\cdots$、Z_{k-1} が独立であることが分かります。

よって、

$$T = \sum_{i=1}^{k}\Big(\frac{X_i - np_i}{\sqrt{np_i}}\Big)^2 = \sum_{i=1}^{k}Y_i{}^2 = \sum_{i=1}^{k-1}Z_i{}^2$$

は自由度 $k-1$ の χ^2 分布に従います。　　　　　　　　　　　［証明終わり］

　この定理を用いるには次のようにします。

　帰無仮説を、「A_i が起こる確率は p_i である」とします。

　このとき、n 回の試行で A_i が起こった回数を x_i 回であるとします。

　このことを次のような表にまとめておきます。

事象	A_1	A_2	A_3	……	A_k
観測度数	x_1	x_2	x_3	……	x_k
期待度数	np_1	np_2	np_3	……	np_k

これに対して、$T = \displaystyle\sum_{i=1}^{k} \dfrac{(x_i - np_i)^2}{np_i}$ を計算し、これが自由度 $k-1$ のカイ2乗分布 $\chi^2(k-1)$ に近似的に従うことを用いて検定を行います。

　観測度数が期待度数に一致すると T の値は 0 になり、観測度数が期待度数から外れるほど T の値は大きくなりますから、通常適合度検定では右側検定を採用します。この本でも適合度検定はすべて右側検定で行います。

　それでも観測度数が期待度数に近すぎることを疑う場合は左側検定を行ってもよいでしょう。例えば、サイコロを 60 回投げて 1 から 6 がそれぞれ 10 回ずつ出たら、データが意図的に操作されているのでないかと疑うのももっともな話です。このような場合を過適合といいます。

　この定理を用いて、サイコロが正しいサイコロであるか否かを検定してみましょう。

ホップ

問題 　適合度検定 （別 p.72）

　1～6 までの目が出るサイコロを 60 回投げたところ、出目は次のようになった。このサイコロが正しいサイコロであるか、有意水準 5% で検定せよ。

出目	1	2	3	4	5	6
回数	13	9	12	9	8	9

$$H_0 : P(A_i) = \frac{1}{6} \quad (1 \leqq i \leqq 6)$$

$H_1 : H_0$ の否定

と帰無仮説、対立仮説を設定します。

理論値（期待度数）$np_i = 60 \times \frac{1}{6} = 10$ を加えて表にまとめると、

出目	1	2	3	4	5	6
回数（観測度数）	13	9	12	9	8	9
回数（期待度数）	10	10	10	10	10	10

統計量 T を計算すると、

$$T = \sum_{i=1}^{k} \frac{(x_i - np_i)^2}{np_i}$$

$$= \frac{(13-10)^2}{10} + \frac{(9-10)^2}{10} + \frac{(12-10)^2}{10} + \frac{(9-10)^2}{10} + \frac{(8-10)^2}{10} + \frac{(9-10)^2}{10}$$

$$= 0.9 + 0.1 + 0.4 + 0.1 + 0.4 + 0.1 = 2$$

統計量 T は自由度 $6-1=5$ の χ^2 分布 $\chi^2(5)$ 分布に従います。

Z が $\chi^2(5)$ に従うとき、$P(11.07 \leqq Z) = 0.05$ なので、棄却域は $11.07 \leqq T$ です。2 は棄却域に入っていませんから、帰無仮説は採択されます。

この有意水準5％で、サイコロは間違っているサイコロであるとは言えません。

■独立性の検定

χ^2 分布を用いる検定で、適合度検定と並んで重要なのが独立性の検定です。

例えば、20代、30代、40代の人たちに、リンゴ、ミカン、なしのどれが好きか（択一）のアンケートを取ったところ、次頁の左（観測度数の表）の結果になりました。ここで、年代により好きな果物に傾向はあるのか、すなわち年代と果物の嗜好には関係があるのか否かを検定するときに用いるのが独立性の検定です。

推測統計

観測度数

	リ	ミ	な	計
20代	26	18	16	60
30代	29	17	14	60
40代	65	45	10	120
計	120	80	40	240

期待度数

	リ	ミ	な	計
20代	30	20	10	60
30代	30	20	10	60
40代	60	40	20	120
計	120	80	40	240

　年代と果物の嗜好が無関係（独立）なとき、観測度数の表から期待度数の表を求めるときの計算方法を確認しておきましょう。

　確率変数の独立のときの計算法と似ています。

　30代の人はアンケート回答者の中の $\dfrac{60}{240}=\dfrac{1}{4}$、リンゴが好きな人は $\dfrac{120}{240}=\dfrac{1}{2}$ です。つまり、240人のアンケートの中から1人のアンケートを取り出すとき、30代の人のアンケートである確率は $\dfrac{1}{4}$、リンゴが好きである確率は $\dfrac{1}{2}$ です。

　年代と果物の嗜好が独立であるとき、30代でリンゴが好きな人である確率は、$\dfrac{1}{4}\times\dfrac{1}{2}=\dfrac{1}{8}$ です。ですから、期待度数の表の「30代でリンゴの好きな人」の欄には、

$$240\times\dfrac{1}{4}\times\dfrac{1}{2}=30（人）$$

と計算した値を書き込みます。

　独立性の検定は、左の表が右の表からどれだけ離れているのかを χ^2 分布を用いて検定します。

　独立性の検定の原理は次の定理です。

287

> **定理 3.20　独立性の検定の原理**
>
> 　母集団が、特性 A について $A_i(1 \leq i \leq k)$、特性 B について B_j $(1 \leq j \leq l)$ と分かれているものとする。このとき、A_i の比率を p_i、B_j の比率を q_j とする（$\sum p_i = 1$, $\sum q_j = 1$）。
>
> 　大きさ n の標本を取り出したとき、$A_i \cap B_j$ に属する個数を確率変数 $X_{i,j}$ とすると、統計量 T
>
> $$T = \sum_{\substack{1 \leq i \leq k \\ 1 \leq j \leq l}} \frac{(X_{i,j} - np_i q_j)^2}{np_i q_j}$$
>
> $\sum$ は $1 \leq i \leq k$, $1 \leq j \leq l$ を満たす整数の組 (i, j) に関する和
>
> は、近似的に自由度 $(k-1)(l-1)$ の χ^2 分布に従う。

A＼B	B_1	$\cdots$	B_j	$\cdots$	B_{l-1}	B_l	計
A_1	$X_{1,1}$	$\cdots$	$X_{1,j}$	$\cdots$	$X_{1,l-1}$	$X_{1,l}$	np_1
$\vdots$							$\vdots$
A_i	$X_{i,1}$		$X_{i,j}$	$\cdots$	$X_{i,l-1}$	$X_{i,l}$	np_i
$\vdots$			$\vdots$		$\vdots$		$\vdots$
A_{k-1}	$X_{k-1,1}$	$\cdots$	$X_{k-1,j}$	$\cdots$	$X_{k-1,l-1}$	$X_{k-1,l}$	np_{k-1}
A_k	$X_{k,1}$	$\cdots$	$X_{k,j}$	$\cdots\cdots\cdots\cdots$		$X_{k,l}$	np_k
計	nq_1	$\cdots$	nq_j	$\cdots$	nq_{l-1}	nq_l	n

[証明について]　証明は、適合度の検定を拡張して行いますが、ここでは述べません。ただ、自由度の計算についてだけ述べておきます。

　T を構成する kl 個の確率変数 $X_{i,j}(1 \leq i \leq k$　$1 \leq j \leq l)$ は独立ではありません。確率変数 $X_{i,j}$ の場合でも、$k \times l$ の表で、横の総和、縦の総和は一定です。このことより、確率変数 $X_{i,j}$ の値を決定するには、確率変数 $X_{i,j}(1 \leq i \leq k-1$ $1 \leq j \leq l-1)$［アカい長方形の中］の値を決めれば、残りの確率変数の値も決まります。ですから、自由度が $(k-1)(l-1)$ となるのです。

推測統計

問題 ホップ 独立性の検定 （別 p.74）

20代、30代、40代の人たちに、リンゴ、ミカン、なしのどれが好きか（択一）のアンケートを取ったところ、次のような結果を得た。このとき、リンゴ、ミカン、なしの選好は、年代により差があるかどうかを有意水準5%で検定せよ。

	リ	ミ	な	計
20代	26	18	16	60
30代	29	17	14	60
40代	65	45	10	120
計	120	80	40	240

年代と、果物の選好が独立であると仮定すると下の表のようになります。

期待度数

	リ	ミ	な	計
20代	30	20	10	60
30代	30	20	10	60
40代	60	40	20	120
計	120	80	40	240

観測度数の表（問題の表）から、p.287のように計算して求める。

帰無仮説と対立仮説を立てると、

H_0：年代と、果物の選好が独立である

H_1：年代により果物の選好に差がある

H_0 のもとで、T を計算すると、

$$T = \frac{(26-30)^2}{30} + \frac{(18-20)^2}{20} + \frac{(16-10)^2}{10} + \frac{(29-30)^2}{30} + \frac{(17-20)^2}{20}$$

$$+ \frac{(14-10)^2}{10} + \frac{(65-60)^2}{60} + \frac{(45-40)^2}{40} + \frac{(10-20)^2}{20} = 12.46$$

H_0 のもとで、T は自由度 $(3-1)(3-1)=4$ の χ^2 分布に従います。

Z が自由度 4 の χ^2 分布に従うとき、$P(9.49 \leq Z) = 0.05$ なので、棄却域は $9.49 \leq T$

です。12.46 は棄却域に入りますから、H_0 は棄却されます。有意水準5％で、年代により果物の選好に差があることがいえます。

定理 3.20 で $k=2$、$l=2$ のとき、すなわち、

	B_1	B_2	計
A_1	a	b	$a+b$
A_2	c	d	$c+d$
計	$a+c$	$b+d$	N

$N=a+b+c+d$

のとき、独立性の検定のための統計量 T を計算すると、

$$T=\frac{\left(a-\dfrac{N(a+b)(a+c)}{N^2}\right)^2}{\dfrac{N(a+b)(a+c)}{N^2}}+\frac{\left(b-\dfrac{N(a+b)(b+d)}{N^2}\right)^2}{\dfrac{N(a+b)(b+d)}{N^2}}$$

$$+\frac{\left(c-\dfrac{N(c+d)(a+c)}{N^2}\right)^2}{\dfrac{N(c+d)(a+c)}{N^2}}+\frac{\left(d-\dfrac{N(c+d)(b+d)}{N^2}\right)^2}{\dfrac{N(c+d)(b+d)}{N^2}}$$

$$=\frac{N(ad-bc)^2}{(a+b)(c+d)(a+c)(b+d)}$$

となります。

平成30年、東京医科大学が入試で女子に不利な採点をしていたことが発覚しました。入試が男女公平に行われているのであれば、男子の合格率と女子の合格率は同じ、すなわち男女と合不合は独立になるはずです。

$A_1=$ 男子、$A_2=$ 女子、$B_1=$ 合格、$B_2=$ 不合格として上の式で T 値を計算して独立性の検定を用いると、男女公平に試験が行われているのか、統計学的なチェックをすることができます。

上の式を用いて実際に検定してみましょう。東京医科大学のことはもう分かっていて面白くありませんから、C 大学の医学部と D 医大の一般入試について、不自然な点がないかを独立性の検定でチェックしてみましょう。

推測統計

C 大医学部

	合格	不合格	計
男	145	980	1125
女	35	365	400
計	180	1345	1525

D 医大（前期）

	合格	不合格	計
男	71	1554	1625
女	30	886	916
計	101	2440	2541

2校について、Tの実際の値を計算してみましょう。

C 大医　　$T = \dfrac{1525(145 \cdot 365 - 980 \cdot 35)^2}{1125 \cdot 400 \cdot 180 \cdot 1345} = 4.86$

D 医大　　$T = \dfrac{2541(71 \cdot 886 - 1554 \cdot 30)^2}{1625 \cdot 916 \cdot 101 \cdot 2440} = 1.84$

この場合、$(k-1)(l-1) = (2-1)(2-1) = 1$ ですから、統計量 T は自由度 1 の χ^2 分布に従うと考えられます。Z が自由度 1 の χ^2 分布に従うとき、$P(3.841 \leqq Z)$ $= 0.05$ です。

帰無仮説を性別と合格不合格は独立である（男女で合格率は一致する）とすれば、T が 3.841 より大きい C 大医学部では帰無仮説を棄却、T が 3.841 より小さい D 医大では帰無仮説を採択となります。つまり、C 大医学部では有意水準 5% で、男女の合格率を一致させないような何らかの事情があるといえます。D 医大については、そうとはいえません。

医学部 76 校について、（女子の合格率）／（男子の合格率）［合格比率と呼ぶ］を表にしたインターネットの記事がありました。上で計算すると、合格比率は C 大医が 0.68、D 医大が 0.75 です。合格比率で言うと 0.71〜0.72 ぐらいに境目があるのでしょう。ちなみに東京医科大の一般入学の T の値は 54.13、合格比率は 0.29 でした。

みなさんも気になることを独立性の検定でチェックしてみましょう。不公平を暴くことができるかもしれません。

検定のまとめ

	用いる統計量	分布
μ の検定 （σ^2 が既知）	$$\dfrac{\overline{X}-\mu}{\dfrac{\sigma}{\sqrt{n}}}$$	$N(0,\ 1^2)$
μ の検定 （σ^2 が未知）	$$\dfrac{\overline{X}-\mu}{\dfrac{U}{\sqrt{n}}}\left(=\dfrac{\overline{X}-\mu}{\dfrac{S}{\sqrt{n-1}}}\right)$$	$t(n-1)$
σ^2 の検定 （μ が既知）	$$\dfrac{nS'^2}{\sigma^2}$$ （S'：μ で計算した標準偏差）	$\chi^2(n)$
σ^2 の検定 （μ が未知）	$$\dfrac{(n-1)U^2}{\sigma^2}\left(=\dfrac{nS^2}{\sigma^2}\right)$$	$\chi^2(n-1)$
p の検定	$$\dfrac{\overline{X}-p}{\sqrt{\dfrac{p(1-p)}{n}}}$$	$N(0,\ 1^2)$
$\mu_A-\mu_B$ の検定 （$\sigma_A{}^2$、$\sigma_B{}^2$ が既知）	$$\dfrac{\overline{X}_A-\overline{X}_B-(\mu_A-\mu_B)}{\sqrt{\dfrac{\sigma_A{}^2}{n_A}+\dfrac{\sigma_B{}^2}{n_B}}}$$	$N(0,\ 1^2)$
$\mu_A-\mu_B$ の検定 （$\sigma_A{}^2$、$\sigma_B{}^2$ が未知、 $\sigma_A{}^2=\sigma_B{}^2$）	$$\dfrac{\overline{X}_A-\overline{X}_B-(\mu_A-\mu_B)}{\sqrt{\left(\dfrac{1}{n_A}+\dfrac{1}{n_B}\right)\dfrac{(n_A-1)U_A{}^2+(n_B-1)U_B{}^2}{n_A+n_B-2}}}$$	自由度 n_A+n_B-2 の t 分布
$\mu_A-\mu_B$ の検定 （$\sigma_A{}^2$、$\sigma_B{}^2$ が未知、 $\sigma_A{}^2=\sigma_B{}^2$ であるか わからない） Welch の検定	$$\dfrac{\overline{X}_A-\overline{X}_B-(\mu_A-\mu_B)}{\sqrt{\dfrac{U_A{}^2}{n_A}+\dfrac{U_B{}^2}{n_B}}}$$	自由度 f の t 分布
$\mu_A-\mu_B$ の検定 （対のデータ）	$$\dfrac{\overline{X}_A-\overline{X}_B-(\mu_A-\mu_B)}{\dfrac{U}{\sqrt{n}}}$$	自由度 $n-1$ の t 分布

Welch の検定の f は、$\dfrac{\left(\dfrac{u_A{}^2}{n_A}+\dfrac{u_B{}^2}{n_B}\right)^2}{\dfrac{1}{n_A-1}\left(\dfrac{u_A{}^2}{n_A}\right)^2+\dfrac{1}{n_B-1}\left(\dfrac{u_B{}^2}{n_B}\right)^2}$ に一番近い整数

推測統計

j 個の標本の等平均検定	$\dfrac{S_B}{j-1} \Big/ \dfrac{S_W}{n-j}$ S_B：群間変動、S_W：群内変動	自由度 $(j-1,\ n-j)$ の F 分布
等分散検定	$\dfrac{U_A^{\,2}}{\sigma_A^{\,2}} \Big/ \dfrac{U_B^{\,2}}{\sigma_B^{\,2}}$	自由度 $(m-1,\ n-1)$ の F 分布
適合度検定	$\displaystyle\sum_{i=1}^{k} \frac{(X_i - np_i)^2}{np_i}$	自由度 $k-1$ の χ^2 分布
独立性の検定	$\displaystyle\sum_{\substack{1 \le i \le k \\ 1 \le j \le l}} \frac{(X_{i,\,j} - np_i q_j)^2}{np_i q_j}$	自由度 $(k-1)(l-1)$ の χ^2 分布

巻末資料

確率分布のまとめ

ベルヌーイ分布　$Be(p)$　　（本 p.74）

■解説■　1回の試行で事象 A が起こるとき 1, 起こらないとき 0 となる確率変数を X とする。1回で A が起こる確率を $P(A)=p$ とすると,
$$P(X=1)=p, \quad P(X=0)=1-p$$
（X は 0, 1 を取りうる）

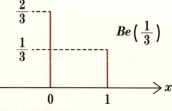

■平均・分散■　$E[X]=p, \quad V[X]=p(1-p)$　　（本 p.75）

■積率母関数■　$\varphi(t)=pe^t+1-p$

例　サイコロを1回投げて3の倍数が出るとき $X=1$, それ以外で $X=0$ とする。$X \sim Be(1/3)$

二項分布　$Bin(n, p)$　　（本 p.76）

■解説■　n 回の試行うち, 事象 A が起こる回数を X とする。1回で A が起こる確率を $P(A)=p$ とすると,
$$P(X=k) = {}_nC_k p^k (1-p)^{n-k} \quad (k=0, 1, \cdots, n)$$

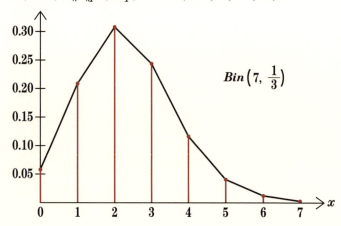

まとめ

■**平均・分散**■　$E[X]=np$, $V[X]=np(1-p)$　　（本 p.77, p.142）
■**積率母関数**■　$\varphi(t)=(pe^t+1-p)^n$　　（本 p.194）

n に関する再生性あり。

　例　サイコロを7回投げて、3の倍数が出る回数を X とする。
$X \sim Bin(7, 1/3)$

幾何分布　$Ge(p)$　　（本 p.79）

■**解説**■　試行をくり返すとき、初めて事象 A が起こるまでに A が起こらなかった回数を X とする。

1回で A が起こる確率を $P(A)=p$ とすると、
$P(X=k)=p(1-p)^k$　　（k は0以上の整数）

■**平均・分散**■　$E[X]=\dfrac{1-p}{p}$, $V[X]=\dfrac{1-p}{p^2}$　　（本 p.80）

■**積率母関数**■　$\varphi(t)=\dfrac{p}{1-(1-p)e^t}$　　$(t<-\log(1-p))$

再生性なし。無記憶性を持つ。

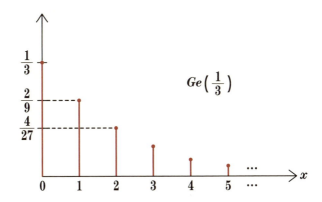

　例　サイコロを投げて1または2の目が出るまでに、他の目の出る回数を X とする。$X \sim Ge(1/3)$

297

負の二項分布　$NB(r, p)$　　（本 p.84）

■解説■　試行をくり返すとき，事象 A が r 回起こるまでに A が起こらなかった回数を X とする。

1回で A が起こる確率を $P(A)=p$ とすると，
$$P(X=k) = {}_{r+k-1}C_k p^r (1-p)^k \quad （k は 0 以上の整数）$$

■平均・分散■　$E[X] = \dfrac{r(1-p)}{p}$,　$V[X] = \dfrac{r(1-p)}{p^2}$

■積率母関数■　$\varphi(t) = \left(\dfrac{p}{1-(1-p)e^t}\right)^r$

r に関する再生性あり。　$NB(1, p) = Ge(p)$

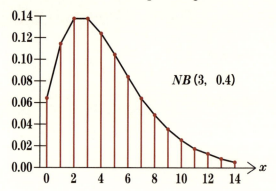

例　1 から 10 までの数が書かれた 10 枚のカードの中から復元抽出でカードを取り出すとき、1 から 4 までのカードのうちどれかが出ることが 3 回起こるまでに他の 5 から 10 までのカードのうちどれかが出る回数を X とする。$X \sim NB(3, 0.4)$

ポアソン分布　$Po(\lambda)$　　（本 p.88）

■解説■　単位時間当たり平均 λ 回起こるイベントが，実際の単位時間で起こる回数を X とする。

$$P(X=k) = \dfrac{\lambda^k}{k!} e^{-\lambda} \quad （k は 0 以上の整数）$$

■**平均・分散**■　　$E[X]=\lambda$,　$V[X]=\lambda$　　（本 p.89）

■**積率母関数**■　　$\varphi(t)=\exp[\lambda(e^t-1)]$　　（別 p.42）

　　　　　　　　λ に関する再生性あり。

　　　　　　　　$np=\lambda$ とおくと，$n\to\infty$ のとき，$Bin(n,\ p)\to Po(\lambda)$

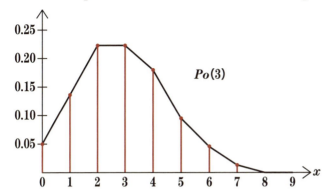

　　例　　時間平均3本の電話が掛かってくるオフィスで，ある日の14時から15時までにかかってくる電話の本数を X とする。$X\sim Po(3)$

一様分布　$U(a,\ b)$　（本 p.92）

■**解説**■　　区間 $[a,\ b]$ で均一の確率密度を持つ連続型確率変数 X の従う確率分布。

■**確率密度関数**■　　$f(x)=\dfrac{1}{b-a}$　$(a\leq x\leq b)$

■**平均・分散**■　　$E[X]=\dfrac{a+b}{2}$,　$V[X]=\dfrac{(b-a)^2}{12}$　　（本 p.96）

■**積率母関数**■　　$\varphi(t)=\dfrac{e^{bt}-e^{at}}{t(b-a)}$　　（別 p.44）

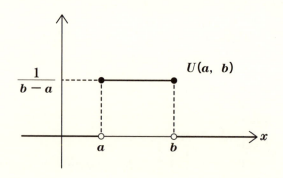

例　無作為に時計の秒針を見たときの値を X とする。
　　$X \sim U(0, 60)$

指数分布　$Ex(\lambda)$　（本 p.97）

■解説■　1回しか起こらないイベントについて、時刻 t で起こっていないとき t から $t+\Delta t$ までの間に起こる確率が $\lambda \Delta t$ であるとする。このとき、イベントが起こる時刻を X とすると、X が従う分布が $Ex(\lambda)$　（本 p.99）

■確率密度関数■　$f(x) = \lambda e^{-\lambda x}$　$(0 \leq x)$

■平均・分散■　$E[X] = \dfrac{1}{\lambda}$, $V[X] = \dfrac{1}{\lambda^2}$
　　　　　　　（本 p.96）

■積率母関数■　$\varphi(t) = \dfrac{\lambda}{\lambda - t}$　$(t < \lambda)$

再生性なし。無記憶性を持つ。

幾何分布の連続化。

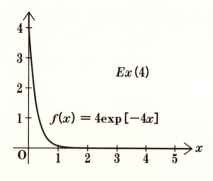

例　存在時間の平均が $\dfrac{1}{4}$（分）である原子核が、時刻 0（分）で存在しているとき、原子核が崩壊する時刻を X（分）とする。
　　$X \sim Ex(4)$

正規分布　$N(\mu, \sigma^2)$　（本 p.113）

■解説■　二項分布 $Bin(n, p)$ に従う確率変数を標準化した確率変数 X_n が $n \to \infty$ のとき収束するのが標準正規分布 $N(0, 1^2)$。標準化して標準正規分布になるのが、平均 μ、分散 σ^2 の正規分布 $N(\mu, \sigma^2)$。

■確率密度関数■　$f(x) = \dfrac{1}{\sqrt{2\pi}\sigma} \exp\left[-\dfrac{(x-\mu)^2}{2\sigma^2}\right]$　$(-\infty < x < \infty)$

■平均・分散■　$E[X] = \mu$, $V[X] = \sigma^2$　（本 p.114）

■積率母関数■　$\varphi(t) = \exp\left[\mu t + \dfrac{1}{2}\sigma^2 t^2\right]$　（本 p.194）

μ, σ^2 に関して強い再生性あり（1次結合がまた正規分布）。

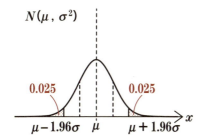
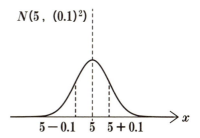

例　5cm のねじを作る工場で製品を測定したところ，標準偏差が 0.1cm であった。この工場の製品のねじから 1 本取って長さを測ったら Xcm であった。$X \sim N(5, (0.1)^2)$

カイ2乗分布　$\chi^2(n)$　（本 p.178）

■解説■　$Y_1, Y_2, \cdots, Y_n$ が独立に標準正規分布 $N(0, 1^2)$ に従うとき，$X = Y_1^2 + Y_2^2 + \cdots + Y_n^2$ が従う確率分布

■確率密度関数■　$f_n(x) = \dfrac{1}{2^{\frac{n}{2}} \Gamma\left(\frac{n}{2}\right)} x^{\frac{n}{2}-1} e^{-\frac{x}{2}}$　$(x > 0)$　（本 p.176〜178）

■平均・分散■　$E[X] = n$, $V[X] = 2n$　（別 p.14）

■積率母関数■　$\varphi(t) = (1-2t)^{-\frac{n}{2}}$　$\left(t < \dfrac{1}{2}\right)$　（別 p.42）

n に関して再生性あり。

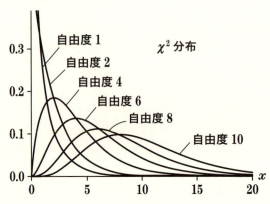

例　5cm のねじを作る工場で製品を測定したところ，標準偏差が 0.1cm であった。製品から 10 本を取って，
$X=$（誤差の平方和）$\times 100$ とおく。$X \sim \chi^2(10)$

ガンマ分布　$\Gamma(k, \theta)$　　（本 p.102）

■解説■　$Y_1, Y_2, \cdots, Y_k$ が独立に指数分布 $Ex\left(\dfrac{1}{\theta}\right)$ に従うとき，
$X = Y_1 + Y_2 + \cdots + Y_k$ が従う確率分布

■確率密度関数■　$f(x) = \dfrac{1}{\Gamma(k)\theta^k} x^{k-1} e^{-\frac{x}{\theta}}$　$(x \geq 0)$

■平均・分散■　$E[X] = k\theta,\ V[X] = k\theta^2$　　（別 p.16）

■母関数■　$\varphi(t) = (1-\theta t)^{-k}$　　（別 p.44）

k に関して再生性あり。

$\Gamma(1, \theta) = Ex\left(\dfrac{1}{\theta}\right),\ \Gamma\left(\dfrac{n}{2}, 2\right) = \chi^2(n)$

例　存在時間の平均が 15（分）$=0.25$（時間）である原子核が 8 個ある。時刻 0（分）で存在しているとき，8 個の原子核がすべて崩壊する時刻を X（分）とする。$X \sim \Gamma(8, 0.25)$

まとめ

t分布　$t(n)$　（本 p.221）

■解説■　2つの独立な確率変数 Y, Z があり，Y は自由度 n の χ^2 分布 $\chi^2(n)$，Z は標準正規分布 $N(0, 1^2)$ に従うとき，

$$X = \frac{Z}{\sqrt{\dfrac{Y}{n}}}$$ で定義される X が従う確率分布。

■確率密度関数■　$f_n(x) = \dfrac{\Gamma\left(\dfrac{n+1}{2}\right)}{\sqrt{n\pi}\,\Gamma\left(\dfrac{n}{2}\right)} \left(1 + \dfrac{x^2}{n}\right)^{-\frac{n+1}{2}}$　$(-\infty < x < \infty)$　（別 p.38）

■平均・分散■　$E[X] = 0\,(n \geq 2)$，$V[X] = \dfrac{n}{n-2}\,(n \geq 3)$

再生性なし。$n \to \infty$ のとき正規分布に近づく。

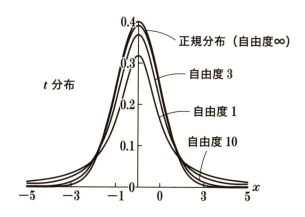

コーシー分布　$C(\mu, \sigma)$　（本 p.182）

■解説■　Y, Z が独立に $N(0, 1^2)$ に従うとき，$X = \sigma\left(\dfrac{Z}{Y}\right) + \mu$ で定義される X が従う確率分布。

■確率密度関数■　$f(x) = \dfrac{1}{\pi} \cdot \dfrac{\sigma}{\sigma^2 + (x-\mu)^2}$　$(-\infty < x < \infty)$

特に $\mu = 0$，$\sigma = 1$ のとき

$$f(x) = \dfrac{1}{\pi} \cdot \dfrac{1}{1 + x^2}$$　（本 p.181）

■平均・分散■　グラフの裾野が厚くて，$E[X]$，$V[X]$，$\varphi_x(t)$が計算できない。
$C(0, 1) = t(1)$

μ，σに関して再生性を持つ。

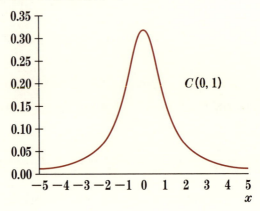

F分布　$F(m, n)$

■解説■　2つの独立な確率変数Y，Zがあり，確率変数Yが自由度mのχ^2分布，確率変数Zが自由度nのχ^2分布に従うとき，

$$X = \frac{\left(\dfrac{Y}{m}\right)}{\left(\dfrac{Z}{n}\right)}$$で定義されるXが従う確率分布。

■確率密度関数■　$f_{m,n}(x) = \dfrac{m^{\frac{m}{2}} n^{\frac{n}{2}}}{B\left(\dfrac{m}{2}, \dfrac{n}{2}\right)} \dfrac{x^{\frac{m}{2}-1}}{(mx+n)^{\frac{m+n}{2}}}$

$= \dfrac{\Gamma\left(\dfrac{m+n}{2}\right)}{\Gamma\left(\dfrac{m}{2}\right)\Gamma\left(\dfrac{n}{2}\right)} \left(\dfrac{m}{n}\right)^{\frac{m}{2}} x^{\frac{m}{2}-1} \left(1+\dfrac{m}{n}x\right)^{-\frac{m+n}{2}}$　$(x \geq 0)$　（別 p.40）

■平均・分散■　$E[X] = \dfrac{n}{n-2} \ (n \geq 3)$，　$V[X] = \dfrac{2n^2(m+n-2)}{m(n-2)^2(n-4)} \ (n \geq 5)$

再生性なし。

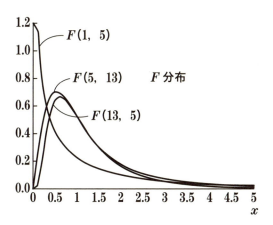

多項分布　$M(n, p_1, p_2, \cdots, p_{m-1})$　（本 p.136 は $m=3$ のとき）

■解説■　1回の試行で事象 $A_1, A_2, \cdots, A_m$ のどれか1つが起こる。$P(A_i)=p_i$ とおく（ただし、$\sum_{i=1}^{m} p_i=1$）。n 回中に事象 A_i が起こる回数を X_i 回とすると、

$P(X_1=k_1, X_2=k_2, \cdots, X_{m-1}=k_{m-1})$

$= \dfrac{n!}{k_1! k_2! \cdots k_m!} p_1^{k_1} p_2^{k_2} \cdots p_m^{k_m}$　（k_i は 0 以上の整数で、$\sum_{i=1}^{m} k_i = n$）

このとき $m-1$ 次元確率変数 $(X_1, X_2, \cdots, X_{m-1})$ の従う確率分布を多項分布といい、$M(n, p_1, p_2, \cdots, p_{m-1})$ で表す。

X_i の周辺確率質量関数は $Bin(n, p_i)$　（本 p.138）

■平均・分散・共分散■　$E[X_i]=np_i,\ V[X_i]=np_i(1-p_i),$

$\mathrm{Cov}[X_i, X_j]=-np_ip_j\ (i \neq j)$　（本 p.139）

例　サイコロを10回投げて、平方数が出る回数を X、素数が出る回数を Y とする。$(X, Y) \sim M(10, 1/3, 1/2)$

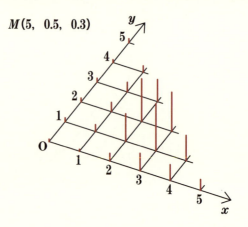

$M(5, 0.5, 0.3)$

2次元正規分布 $N(\mu_X, \mu_Y, \sigma_X^2, \sigma_Y^2, \rho)$ （本 p.154）

■解説■　同時確率密度関数が

$$f(x, y) = \frac{1}{2\pi\sigma_X\sigma_Y\sqrt{1-\rho^2}} \times$$

$$\exp\left[-\frac{1}{2(1-\rho^2)}\left\{\frac{(x-\mu_X)^2}{\sigma_X^2} - 2\rho\frac{(x-\mu_X)(y-\mu_Y)}{\sigma_X\sigma_Y} + \frac{(y-\mu_Y)^2}{\sigma_Y^2}\right\}\right]$$

で表される 2 次元確率変数 (X, Y) が従う確率分布

$$f_X(x) = \frac{1}{\sqrt{2\pi}\,\sigma_X}\exp\left[-\frac{(x-\mu_X)^2}{2\sigma_X^2}\right]$$

■平均・分散・共分散■　$E[X] = \mu_X, \ V[X] = \sigma_X^2$
$\mathrm{Cov}[X, Y] = \rho$
$\rho = 0$ のとき，X と Y は独立

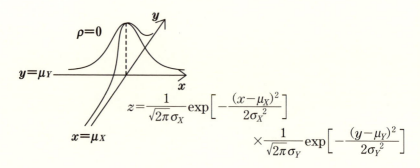

$\rho = 0$

$y = \mu_Y$

$x = \mu_X$

$$z = \frac{1}{\sqrt{2\pi}\,\sigma_X}\exp\left[-\frac{(x-\mu_X)^2}{2\sigma_X^2}\right]$$
$$\times \frac{1}{\sqrt{2\pi}\,\sigma_Y}\exp\left[-\frac{(y-\mu_Y)^2}{2\sigma_Y^2}\right]$$

まとめ

確率分布マップ

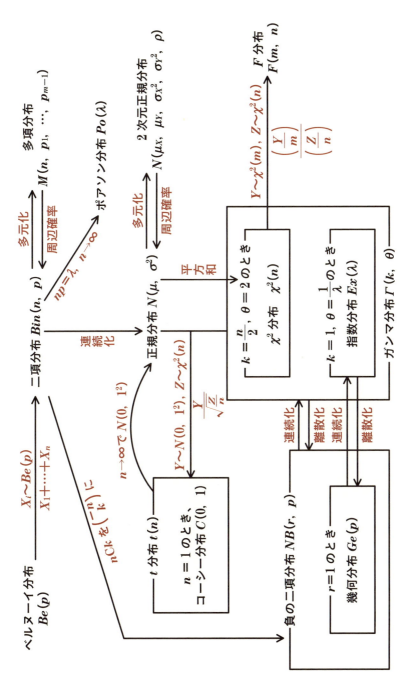

巻末表

$N(0, 1^2)$

● 標準正規分布（上側確率）

Z	0	0.01	0.02	0.03	0.04	0.05	0.06	0.07	0.08	0.09
0.0	0.50000	0.49601	0.49202	0.48803	0.48405	0.48006	0.47608	0.47210	0.46812	0.46414
0.1	0.46017	0.45620	0.45224	0.44828	0.44433	0.44038	0.43644	0.43251	0.42858	0.42465
0.2	0.42074	0.41683	0.41294	0.40905	0.40517	0.40129	0.39743	0.39358	0.38974	0.38591
0.3	0.38209	0.37828	0.37448	0.37070	0.36693	0.36317	0.35942	0.35569	0.35197	0.34827
0.4	0.34458	0.34090	0.33724	0.33360	0.32997	0.32636	0.32276	0.31918	0.31561	0.31207
0.5	0.30854	0.30503	0.30153	0.29806	0.29460	0.29116	0.28774	0.28434	0.28096	0.27760
0.6	0.27425	0.27093	0.26763	0.26435	0.26109	0.25785	0.25463	0.25143	0.24825	0.24510
0.7	0.24196	0.23885	0.23576	0.23270	0.22965	0.22663	0.22363	0.22065	0.21770	0.21476
0.8	0.21186	0.20897	0.20611	0.20327	0.20045	0.19766	0.19489	0.19215	0.18943	0.18673
0.9	0.18406	0.18141	0.17879	0.17619	0.17361	0.17106	0.16853	0.16602	0.16354	0.16109
1.0	0.15866	0.15625	0.15386	0.15151	0.14917	0.14686	0.14457	0.14231	0.14007	0.13786
1.1	0.13567	0.13350	0.13136	0.12924	0.12714	0.12507	0.12302	0.12100	0.11900	0.11702
1.2	0.11507	0.11314	0.11123	0.10935	0.10749	0.10565	0.10383	0.10204	0.10027	0.09853
1.3	0.09680	0.09510	0.09342	0.09176	0.09012	0.08851	0.08691	0.08534	0.08379	0.08226
1.4	0.08076	0.07927	0.07780	0.07636	0.07493	0.07353	0.07215	0.07078	0.06944	0.06811
1.5	0.06681	0.06552	0.06426	0.06301	0.06178	0.06057	0.05938	0.05821	0.05705	0.05592
1.6	0.05480	0.05370	0.05262	0.05155	0.05050	0.04947	0.04846	0.04746	0.04648	0.04551
1.7	0.04457	0.04363	0.04272	0.04182	0.04093	0.04006	0.03920	0.03836	0.03754	0.03673
1.8	0.03593	0.03515	0.03438	0.03362	0.03288	0.03216	0.03144	0.03074	0.03005	0.02938
1.9	0.02872	0.02807	0.02743	0.02680	0.02619	0.02559	0.02500	0.02442	0.02385	0.02330
2.0	0.02275	0.02222	0.02169	0.02118	0.02068	0.02018	0.01970	0.01923	0.01876	0.01831
2.1	0.01786	0.01743	0.01700	0.01659	0.01618	0.01578	0.01539	0.01500	0.01463	0.01426
2.2	0.01390	0.01355	0.01321	0.01287	0.01255	0.01222	0.01191	0.01160	0.01130	0.01101
2.3	0.01072	0.01044	0.01017	0.00990	0.00964	0.00939	0.00914	0.00889	0.00866	0.00842
2.4	0.00820	0.00798	0.00776	0.00755	0.00734	0.00714	0.00695	0.00676	0.00657	0.00639
2.5	0.00621	0.00604	0.00587	0.00570	0.00554	0.00539	0.00523	0.00508	0.00494	0.00480
2.6	0.00466	0.00453	0.00440	0.00427	0.00415	0.00402	0.00391	0.00379	0.00368	0.00357
2.7	0.00347	0.00336	0.00326	0.00317	0.00307	0.00298	0.00289	0.00280	0.00272	0.00264
2.8	0.00256	0.00248	0.00240	0.00233	0.00226	0.00219	0.00212	0.00205	0.00199	0.00193
2.9	0.00187	0.00181	0.00175	0.00169	0.00164	0.00159	0.00154	0.00149	0.00144	0.00139
3.0	0.00135	0.00131	0.00126	0.00122	0.00118	0.00114	0.00111	0.00107	0.00104	0.00100

● t 分布(上側パーセント点)

上側確率 p / 自由度 k	0.1	0.05	0.025	0.02	0.01	0.005
1	3.078	6.314	12.706	15.895	31.821	63.657
2	1.886	2.920	4.303	4.849	6.965	9.925
3	1.638	2.353	3.182	3.482	4.541	5.841
4	1.533	2.132	2.776	2.999	3.747	4.604
5	1.476	2.015	2.571	2.757	3.365	4.032
6	1.440	1.943	2.447	2.612	3.143	3.707
7	1.415	1.895	2.365	2.517	2.998	3.499
8	1.397	1.860	2.306	2.449	2.896	3.355
9	1.383	1.833	2.262	2.398	2.821	3.250
10	1.372	1.812	2.228	2.359	2.764	3.169
11	1.363	1.796	2.201	2.328	2.718	3.106
12	1.356	1.782	2.179	2.303	2.681	3.055
13	1.350	1.771	2.160	2.282	2.650	3.012
14	1.345	1.761	2.145	2.264	2.624	2.977
15	1.341	1.753	2.131	2.249	2.602	2.947
16	1.337	1.746	2.120	2.235	2.583	2.921
17	1.333	1.740	2.110	2.224	2.567	2.898
18	1.330	1.734	2.101	2.214	2.552	2.878
19	1.328	1.729	2.093	2.205	2.539	2.861
20	1.325	1.725	2.086	2.197	2.528	2.845
21	1.323	1.721	2.080	2.189	2.518	2.831
22	1.321	1.717	2.074	2.183	2.508	2.819
23	1.319	1.714	2.069	2.177	2.500	2.807
24	1.318	1.711	2.064	2.172	2.492	2.797
25	1.316	1.708	2.060	2.167	2.485	2.787
26	1.315	1.706	2.056	2.162	2.479	2.779
27	1.314	1.703	2.052	2.158	2.473	2.771
28	1.313	1.701	2.048	2.154	2.467	2.763
29	1.311	1.699	2.045	2.150	2.462	2.756
30	1.310	1.697	2.042	2.147	2.457	2.750

● χ^2 分布(上側パーセント点)

上側確率 p \ 自由度 k	0.995	0.990	0.975	0.95	0.050	0.025	0.010	0.005
1	*	*	*	0.0039	3.8415	5.0239	6.6349	7.8794
2	0.0100	0.0201	0.0506	0.1026	5.9915	7.3778	9.2103	10.5966
3	0.0717	0.1148	0.2158	0.3518	7.8147	9.3484	11.3449	12.8382
4	0.2070	0.2971	0.4844	0.7107	9.4877	11.1433	13.2767	14.8603
5	0.4117	0.5543	0.8312	1.1455	11.0705	12.8325	15.0863	16.7496
6	0.6757	0.8721	1.2373	1.6354	12.5916	14.4494	16.8119	18.5476
7	0.9893	1.2390	1.6899	2.1674	14.0671	16.0128	18.4753	20.2777
8	1.3444	1.6465	2.1797	2.7326	15.5073	17.5345	20.0902	21.9550
9	1.7349	2.0879	2.7004	3.3251	16.9190	19.0228	21.6660	23.5894
10	2.1559	2.5582	3.2470	3.9403	18.3070	20.4832	23.2093	25.1882
11	2.6032	3.0535	3.8157	4.5748	19.6751	21.9200	24.7250	26.7568
12	3.0738	3.5706	4.4038	5.2260	21.0261	23.3367	26.2170	28.2995
13	3.5650	4.1069	5.0088	5.8919	22.3620	24.7356	27.6882	29.8195
14	4.0747	4.6604	5.6287	6.5706	23.6848	26.1189	29.1412	31.3193
15	4.6009	5.2293	6.2621	7.2609	24.9958	27.4884	30.5779	32.8013
16	5.1422	5.8122	6.9077	7.9617	26.2962	28.8454	31.9999	34.2672
17	5.6972	6.4078	7.5642	8.6718	27.5871	30.1910	33.4087	35.7185
18	6.2648	7.0149	8.2307	9.3905	28.8693	31.5264	34.8053	37.1565
19	6.8440	7.6327	8.9065	10.1170	30.1435	32.8523	36.1909	38.5823
20	7.4338	8.2604	9.5908	10.8508	31.4104	34.1696	37.5662	39.9968
21	8.0337	8.8972	10.2829	11.5913	32.6706	35.4789	38.9322	41.4011
22	8.6427	9.5425	10.9823	12.3380	33.9244	36.7807	40.2894	42.7957
23	9.2604	10.1957	11.6886	13.0905	35.1725	38.0756	41.6384	44.1813
24	9.8862	10.8564	12.4012	13.8484	36.4150	39.3641	42.9798	45.5585
25	10.5197	11.5240	13.1197	14.6114	37.6525	40.6465	44.3141	46.9279
26	11.1602	12.1981	13.8439	15.3792	38.8851	41.9232	45.6417	48.2899
27	11.8076	12.8785	14.5734	16.1514	40.1133	43.1945	46.9629	49.6449
28	12.4613	13.5647	15.3079	16.9279	41.3371	44.4608	48.2782	50.9934
29	13.1211	14.2565	16.0471	17.7084	42.5570	45.7223	49.5879	52.3356
30	13.7867	14.9535	16.7908	18.4927	43.7730	46.9792	50.8922	53.6720

● F分布その1前半(上側パーセント点、$p = 0.025$)

自由度l \ 自由度k	1	2	3	4	5	6	7	8	9	10
1	647.7890	799.5000	864.1630	899.5833	921.8479	937.1111	948.2169	956.6562	963.2846	968.6274
2	38.5063	39.0000	39.1655	39.2484	39.2982	39.3315	39.3552	39.3730	39.3869	39.3980
3	17.4434	16.0441	15.4392	15.1010	14.8848	14.7347	14.6244	14.5399	14.4731	14.4189
4	12.2179	10.6491	9.9792	9.6045	9.3645	9.1973	9.0741	8.9796	8.9047	8.8439
5	10.0070	8.4336	7.7636	7.3879	7.1464	6.9777	6.8531	6.7572	6.6811	6.6192
6	8.8131	7.2599	6.5988	6.2272	5.9876	5.8198	5.6955	5.5996	5.5234	5.4613
7	8.0727	6.5415	5.8898	5.5226	5.2852	5.1186	4.9949	4.8993	4.8232	4.7611
8	7.5709	6.0595	5.4160	5.0526	4.8173	4.6517	4.5286	4.4333	4.3572	4.2951
9	7.2093	5.7147	5.0781	4.7181	4.4844	4.3197	4.1970	4.1020	4.0260	3.9639
10	6.9367	5.4564	4.8256	4.4683	4.2361	4.0721	3.9498	3.8549	3.7790	3.7168
11	6.7241	5.2559	4.6300	4.2751	4.0440	3.8807	3.7586	3.6638	3.5879	3.5257
12	6.5538	5.0959	4.4742	4.1212	3.8911	3.7283	3.6065	3.5118	3.4358	3.3736
13	6.4143	4.9653	4.3472	3.9959	3.7667	3.6043	3.4827	3.3880	3.3120	3.2497
14	6.2979	4.8567	4.2417	3.8919	3.6634	3.5014	3.3799	3.2853	3.2093	3.1469
15	6.1995	4.7650	4.1528	3.8043	3.5764	3.4147	3.2934	3.1987	3.1227	3.0602
16	6.1151	4.6867	4.0768	3.7294	3.5021	3.3406	3.2194	3.1248	3.0488	2.9862
17	6.0420	4.6189	4.0112	3.6648	3.4379	3.2767	3.1556	3.0610	2.9849	2.9222
18	5.9781	4.5597	3.9539	3.6083	3.3820	3.2209	3.0999	3.0053	2.9291	2.8664
19	5.9216	4.5075	3.9034	3.5587	3.3327	3.1718	3.0509	2.9563	2.8801	2.8172
20	5.8715	4.4613	3.8587	3.5147	3.2891	3.1283	3.0074	2.9128	2.8365	2.7737
21	5.8266	4.4199	3.8188	3.4754	3.2501	3.0895	2.9686	2.8740	2.7977	2.7348
22	5.7863	4.3828	3.7829	3.4401	3.2151	3.0546	2.9338	2.8392	2.7628	2.6998
23	5.7498	4.3492	3.7505	3.4083	3.1835	3.0232	2.9023	2.8077	2.7313	2.6682
24	5.7166	4.3187	3.7211	3.3794	3.1548	2.9946	2.8738	2.7791	2.7027	2.6396
25	5.6864	4.2909	3.6943	3.3530	3.1287	2.9685	2.8478	2.7531	2.6766	2.6135
26	5.6586	4.2655	3.6697	3.3289	3.1048	2.9447	2.8240	2.7293	2.6528	2.5896
27	5.6331	4.2421	3.6472	3.3067	3.0828	2.9228	2.8021	2.7074	2.6309	2.5676
28	5.6096	4.2205	3.6264	3.2863	3.0626	2.9027	2.7820	2.6872	2.6106	2.5473
29	5.5878	4.2006	3.6072	3.2674	3.0438	2.8840	2.7633	2.6686	2.5919	2.5286
30	5.5675	4.1821	3.5894	3.2499	3.0265	2.8667	2.7460	2.6513	2.5746	2.5112

● F 分布その1後半（上側パーセント点、$p = 0.025$）

自由度 l \ 自由度 k	11	12	13	14	15	16	17	18	19	20
1	973.0252	976.7079	979.8368	982.5278	984.8668	986.9187	988.7331	990.3490	991.7973	993.1028
2	39.4071	39.4146	39.4210	39.4265	39.4313	39.4354	39.4391	39.4424	39.4453	39.4479
3	14.3742	14.3366	14.3045	14.2768	14.2527	14.2315	14.2127	14.1960	14.1810	14.1674
4	8.7935	8.7512	8.7150	8.6838	8.6565	8.6326	8.6113	8.5924	8.5753	8.5599
5	6.5678	6.5245	6.4876	6.4556	6.4277	6.4032	6.3814	6.3619	6.3444	6.3286
6	5.4098	5.3662	5.3290	5.2968	5.2687	5.2439	5.2218	5.2021	5.1844	5.1684
7	4.7095	4.6658	4.6285	4.5961	4.5678	4.5428	4.5206	4.5008	4.4829	4.4667
8	4.2434	4.1997	4.1622	4.1297	4.1012	4.0761	4.0538	4.0338	4.0158	3.9995
9	3.9121	3.8682	3.8306	3.7980	3.7694	3.7441	3.7216	3.7015	3.6833	3.6669
10	3.6649	3.6209	3.5832	3.5504	3.5217	3.4963	3.4737	3.4534	3.4351	3.4185
11	3.4737	3.4296	3.3917	3.3588	3.3299	3.3044	3.2816	3.2612	3.2428	3.2261
12	3.3215	3.2773	3.2393	3.2062	3.1772	3.1515	3.1286	3.1081	3.0896	3.0728
13	3.1975	3.1532	3.1150	3.0819	3.0527	3.0269	3.0039	2.9832	2.9646	2.9477
14	3.0946	3.0502	3.0119	2.9786	2.9493	2.9234	2.9003	2.8795	2.8607	2.8437
15	3.0078	2.9633	2.9249	2.8915	2.8621	2.8360	2.8128	2.7919	2.7730	2.7559
16	2.9337	2.8890	2.8506	2.8170	2.7875	2.7614	2.7380	2.7170	2.6980	2.6808
17	2.8696	2.8249	2.7863	2.7526	2.7230	2.6968	2.6733	2.6522	2.6331	2.6158
18	2.8137	2.7689	2.7302	2.6964	2.6667	2.6404	2.6168	2.5956	2.5764	2.5590
19	2.7645	2.7196	2.6808	2.6469	2.6171	2.5907	2.5670	2.5457	2.5265	2.5089
20	2.7209	2.6758	2.6369	2.6030	2.5731	2.5465	2.5228	2.5014	2.4821	2.4645
21	2.6819	2.6368	2.5978	2.5638	2.5338	2.5071	2.4833	2.4618	2.4424	2.4247
22	2.6469	2.6017	2.5626	2.5285	2.4984	2.4717	2.4478	2.4262	2.4067	2.3890
23	2.6152	2.5699	2.5308	2.4966	2.4665	2.4396	2.4157	2.3940	2.3745	2.3567
24	2.5865	2.5411	2.5019	2.4677	2.4374	2.4105	2.3865	2.3648	2.3452	2.3273
25	2.5603	2.5149	2.4756	2.4413	2.4110	2.3840	2.3599	2.3381	2.3184	2.3005
26	2.5363	2.4908	2.4515	2.4171	2.3867	2.3597	2.3355	2.3137	2.2939	2.2759
27	2.5143	2.4688	2.4293	2.3949	2.3644	2.3373	2.3131	2.2912	2.2713	2.2533
28	2.4940	2.4484	2.4089	2.3743	2.3438	2.3167	2.2924	2.2704	2.2505	2.2324
29	2.4752	2.4295	2.3900	2.3554	2.3248	2.2976	2.2732	2.2512	2.2313	2.2131
30	2.4577	2.4120	2.3724	2.3378	2.3072	2.2799	2.2554	2.2334	2.2134	2.1952

● F 分布その2前半（上側パーセント点、$p = 0.05$）

自由度 k / 自由度 l	1	2	3	4	5	6	7	8	9	10
1	161.4476	199.5000	215.7073	224.5832	230.1619	233.9860	236.7684	238.8827	240.5433	241.8817
2	18.5128	19.0000	19.1643	19.2468	19.2964	19.3295	19.3532	19.3710	19.3848	19.3959
3	10.1280	9.5521	9.2766	9.1172	9.0135	8.9406	8.8867	8.8452	8.8123	8.7855
4	7.7086	6.9443	6.5914	6.3882	6.2561	6.1631	6.0942	6.0410	5.9988	5.9644
5	6.6079	5.7861	5.4095	5.1922	5.0503	4.9503	4.8759	4.8183	4.7725	4.7351
6	5.9874	5.1433	4.7571	4.5337	4.3874	4.2839	4.2067	4.1468	4.0990	4.0600
7	5.5914	4.7374	4.3468	4.1203	3.9715	3.8660	3.7870	3.7257	3.6767	3.6365
8	5.3177	4.4590	4.0662	3.8379	3.6875	3.5806	3.5005	3.4381	3.3881	3.3472
9	5.1174	4.2565	3.8625	3.6331	3.4817	3.3738	3.2927	3.2296	3.1789	3.1373
10	4.9646	4.1028	3.7083	3.4780	3.3258	3.2172	3.1355	3.0717	3.0204	2.9782
11	4.8443	3.9823	3.5874	3.3567	3.2039	3.0946	3.0123	2.9480	2.8962	2.8536
12	4.7472	3.8853	3.4903	3.2592	3.1059	2.9961	2.9134	2.8486	2.7964	2.7534
13	4.6672	3.8056	3.4105	3.1791	3.0254	2.9153	2.8321	2.7669	2.7144	2.6710
14	4.6001	3.7389	3.3439	3.1122	2.9582	2.8477	2.7642	2.6987	2.6458	2.6022
15	4.5431	3.6823	3.2874	3.0556	2.9013	2.7905	2.7066	2.6408	2.5876	2.5437
16	4.4940	3.6337	3.2389	3.0069	2.8524	2.7413	2.6572	2.5911	2.5377	2.4935
17	4.4513	3.5915	3.1968	2.9647	2.8100	2.6987	2.6143	2.5480	2.4943	2.4499
18	4.4139	3.5546	3.1599	2.9277	2.7729	2.6613	2.5767	2.5102	2.4563	2.4117
19	4.3807	3.5219	3.1274	2.8951	2.7401	2.6283	2.5435	2.4768	2.4227	2.3779
20	4.3512	3.4928	3.0984	2.8661	2.7109	2.5990	2.5140	2.4471	2.3928	2.3479
21	4.3248	3.4668	3.0725	2.8401	2.6848	2.5727	2.4876	2.4205	2.3660	2.3210
22	4.3009	3.4434	3.0491	2.8167	2.6613	2.5491	2.4638	2.3965	2.3419	2.2967
23	4.2793	3.4221	3.0280	2.7955	2.6400	2.5277	2.4422	2.3748	2.3201	2.2747
24	4.2597	3.4028	3.0088	2.7763	2.6207	2.5082	2.4226	2.3551	2.3002	2.2547
25	4.2417	3.3852	2.9912	2.7587	2.6030	2.4904	2.4047	2.3371	2.2821	2.2365
26	4.2252	3.3690	2.9752	2.7426	2.5868	2.4741	2.3883	2.3205	2.2655	2.2197
27	4.2100	3.3541	2.9604	2.7278	2.5719	2.4591	2.3732	2.3053	2.2501	2.2043
28	4.1960	3.3404	2.9467	2.7141	2.5581	2.4453	2.3593	2.2913	2.2360	2.1900
29	4.1830	3.3277	2.9340	2.7014	2.5454	2.4324	2.3463	2.2783	2.2229	2.1768
30	4.1709	3.3158	2.9223	2.6896	2.5336	2.4205	2.3343	2.2662	2.2107	2.1646

● F分布その2後半（上側パーセント点、$p = 0.05$）

自由度k 自由度l	11	12	13	14	15	16	17	18	19	20
1	242.9835	243.9060	244.6898	245.3640	245.9499	246.4639	246.9184	247.3232	247.6861	248.0131
2	19.4050	19.4125	19.4189	19.4244	19.4291	19.4333	19.4370	19.4402	19.4431	19.4458
3	8.7633	8.7446	8.7287	8.7149	8.7029	8.6923	8.6829	8.6745	8.6670	8.6602
4	5.9358	5.9117	5.8911	5.8733	5.8578	5.8441	5.8320	5.8211	5.8114	5.8025
5	4.7040	4.6777	4.6552	4.6358	4.6188	4.6038	4.5904	4.5785	4.5678	4.5581
6	4.0274	3.9999	3.9764	3.9559	3.9381	3.9223	3.9083	3.8957	3.8844	3.8742
7	3.6030	3.5747	3.5503	3.5292	3.5107	3.4944	3.4799	3.4669	3.4551	3.4445
8	3.3130	3.2839	3.2590	3.2374	3.2184	3.2016	3.1867	3.1733	3.1613	3.1503
9	3.1025	3.0729	3.0475	3.0255	3.0061	2.9890	2.9737	2.9600	2.9477	2.9365
10	2.9430	2.9130	2.8872	2.8647	2.8450	2.8276	2.8120	2.7980	2.7854	2.7740
11	2.8179	2.7876	2.7614	2.7386	2.7186	2.7009	2.6851	2.6709	2.6581	2.6464
12	2.7173	2.6866	2.6602	2.6371	2.6169	2.5989	2.5828	2.5684	2.5554	2.5436
13	2.6347	2.6037	2.5769	2.5536	2.5331	2.5149	2.4987	2.4841	2.4709	2.4589
14	2.5655	2.5342	2.5073	2.4837	2.4630	2.4446	2.4282	2.4134	2.4000	2.3879
15	2.5068	2.4753	2.4481	2.4244	2.4034	2.3849	2.3683	2.3533	2.3398	2.3275
16	2.4564	2.4247	2.3973	2.3733	2.3522	2.3335	2.3167	2.3016	2.2880	2.2756
17	2.4126	2.3807	2.3531	2.3290	2.3077	2.2888	2.2719	2.2567	2.2429	2.2304
18	2.3742	2.3421	2.3143	2.2900	2.2686	2.2496	2.2325	2.2172	2.2033	2.1906
19	2.3402	2.3080	2.2800	2.2556	2.2341	2.2149	2.1977	2.1823	2.1683	2.1555
20	2.3100	2.2776	2.2495	2.2250	2.2033	2.1840	2.1667	2.1511	2.1370	2.1242
21	2.2829	2.2504	2.2222	2.1975	2.1757	2.1563	2.1389	2.1232	2.1090	2.0960
22	2.2585	2.2258	2.1975	2.1727	2.1508	2.1313	2.1138	2.0980	2.0837	2.0707
23	2.2364	2.2036	2.1752	2.1502	2.1282	2.1086	2.0910	2.0751	2.0608	2.0476
24	2.2163	2.1834	2.1548	2.1298	2.1077	2.0880	2.0703	2.0543	2.0399	2.0267
25	2.1979	2.1649	2.1362	2.1111	2.0889	2.0691	2.0513	2.0353	2.0207	2.0075
26	2.1811	2.1479	2.1192	2.0939	2.0716	2.0518	2.0339	2.0178	2.0032	1.9898
27	2.1655	2.1323	2.1035	2.0781	2.0558	2.0358	2.0179	2.0017	1.9870	1.9736
28	2.1512	2.1179	2.0889	2.0635	2.0411	2.0210	2.0030	1.9868	1.9720	1.9586
29	2.1379	2.1045	2.0755	2.0500	2.0275	2.0073	1.9893	1.9730	1.9581	1.9446
30	2.1256	2.0921	2.0630	2.0374	2.0148	1.9946	1.9765	1.9601	1.9452	1.9317

315

索引

■英字・記号

$Be(p)$	74
$Bin(n, p)$	76
$Ex(\lambda)$	97
$F(m, n)$	222
$Ge(p)$	79
$M(n, p, q)$	136
$M(n, p_1, p_2, \cdots, p_{m-1})$	140
$N(0, 1^2)$	112
$N(\mu, \sigma^2)$	113,220
$N(\mu_X, \mu_Y, \sigma_X^2, \sigma_Y^2, \rho)$	154
$NB(r, p)$	84
$Po(\lambda)$	88
$t(n)$	221
$U(a, b)$	92
$\Gamma(k, \theta)$	102
$\chi^2(n)$	178,220

■あ行

一様分布	91
Welch の検定	257,262
ウォリスの公式	58
F 分布	222
エルゴード性	124

■か行

カイ 2 乗分布	178,220
回帰直線	37
階級	24
階級値	24
階級幅	24
概収束	126
ガウス積分	57
確率質量	70
確率質量関数	70
確率収束	126
確率分布	66
確率変数	66,70
確率密度関数	91
片側検定	248
ガンマ関数	53
ガンマ分布	102
幾何分布	79
棄却	244
棄却域	246
期待値	67,70
帰無仮説	243
共分散	34
共分散(確率変数の)	133

316

空事象 ················· 13	周辺確率 ················· 129
区間推定 ········ 207,229	順列($_n\mathrm{P}_r$) ············· 8
組合せ($_n\mathrm{C}_r$) ··········· 8	条件付き確率 ············· 19
群間変動 ················· 270	乗法公式 ················· 20
群内変動 ················· 270	信頼区間 ················· 230
k 次モーメント	信頼係数 ················· 230
X の— ············· 70	推定 ················· 206
μ まわりの— ······· 70	推定量 ················· 212
検出力 ················· 249	スターリングの公式 ······· 60
検定 ················· 242	正規分布 ········· 113,220
検定統計量 ················· 247	正規母集団 ················· 210
コーシー分布 ················· 182	積事象 ················· 14
根元事象 ················· 13	積率母関数 ················· 193
	説明変数 ················· 38
	全事象 ················· 13
■さ行	全数調査 ················· 206
再生性 ········ 175,198	全変動 ················· 270
採択 ················· 244	相関係数 ················· 35
最頻値(モード) ·········· 26	相関係数(確率変数の)······· 134
最尤法 ················· 216	相対度数分布表 ············· 25
差の検定 ················· 257	
三項分布 ················· 136	
散布図 ················· 33	**■た行**
事象 ················· 13	第 1 種の誤り ············· 248
指数分布 ················· 97	第 2 種の誤り ············· 249
重積分 ················· 48	大数の弱法則 ············· 123
従属変数 ················· 38	大数の強法則 ············· 126

対立仮説	243	二項定理	12,47
多項係数	137	二項分布	75
多項分布	136,140	2次元正規分布	154
チェビシェフの不等式	121	ネイピア数	43

中央値(メジアン) ················· 26

中心極限定理 ···················· 201

t分布 ·························· 221

データ ·························· 24

 —の大きさ ··············24,27

 —の標準化 ················ 32

適合度検定 ······················ 278

点推定 ·························· 207

統計量 ·························· 211

同時確率質量関数 ················ 128

同時確率分布 ···················· 128

同時確率密度関数 ················ 150

独立(事象の) ···················· 17

独立(確率変数の) ················ 160

独立性の検定 ···················· 288

独立変数 ························ 38

度数 ···························· 24

度数分布表 ······················ 24

等分散検定 ······················ 276

■な行

二項係数 ······················12,46

■は行

排反事象 ························ 15

左側検定 ························ 247

非復元抽出 ······················ 161

標準化(確率変数の) ·············· 72

標準正規分布 ···················· 112

標準偏差(データの) ·············· 26

標準偏差(確率変数の) ············ 70

標本 ···························· 206

標本調査 ························ 206

標本分散 ························ 206

標本分布 ······················211,247

標本平均 ························ 206

復元抽出 ························ 161

負の二項分布 ···················· 84

不偏推定量 ······················ 214

不偏分散 ························ 208

分散

 確率変数の— ··············68,70

 データの— ················ 26

分散共分散行列 ·················· 146

分散分析	268,274	**■や行**	
平均	27	ヤコビ行列	52
平均値	26	ヤコビヤン	52
ベータ関数	55	有意水準	243
ベルヌーイ試行	74	尤度	216
ベルヌーイ分布	74	余事象	14
偏差	26,68		
偏差平方和	27,226	**■ら行**	
変動	270	離散型確率変数	67
ポアソン分布	88	両側検定	248
母集団	206	累積分布関数	104
―の大きさ	206	連続型確率分布(2変数の)	150
母数	206	連続型確率変数	91
母標準偏差	206		
母比率	206	**■わ行**	
母分散	206	和事象	14
母平均	206		

■ま行

マクローリン展開	44
右側検定	248
無記憶性	83,101
無相関	134
目的変数	38

カバー	●下野ツヨシ（ツヨシ＊グラフィックス）
本文フォーマット	●下野ツヨシ（ツヨシ＊グラフィックス）
本文制作	●株式会社 明昌堂

1冊でマスター　大学の統計学

2018 年 11 月 9 日　初版　第 1 刷発行
2022 年 5 月 7 日　初版　第 3 刷発行

著　者	石井 俊全
発行者	片岡 巌
発行所	株式会社技術評論社
	東京都新宿区市谷左内町 21-13
	電話　03-3513-6150　販売促進部
	03-3267-2270　書籍編集部
印刷・製本	昭和情報プロセス株式会社

定価はカバーに表示してあります。

本書の一部、または全部を著作権法の定める範囲を超え、無断で複写、複製、転載、テープ化、ファイルに落とすことを禁じます。

©2018 石井 俊全

造本には細心の注意を払っておりますが、万が一、乱丁（ページの乱れ）や落丁（ページの抜け）がございましたら、小社販売促進部までお送りください。送料小社負担にてお取り替えいたします。

ISBN978-4-297-10112-1 C3041
Printed in Japan

大学の統計学

別冊

問題演習と解答

[使い方]
同じテーマで、
演習問題と確認問題が組になっています。

演習問題が難しいと思った人は
講義編に戻ってみるとよいでしょう。

独習用として当冊子から解答をはずしたものを
PDFにて配布しています
(https://gihyo.jp/book/2018/978-4-297-10112-1)

技術評論社

演習 ▶ 確率　（講義編 p.14、16 参照）

(1) 赤玉6個、白玉4個を入れた袋から無作為に4個の玉を取り出す。このとき、取り出した玉の中に少なくとも1個は白玉がある確率を求めよ。

(2) サイコロを n 回投げるとき、出た目の積が6の倍数である確率を求めよ。

(1) 全事象を U とすると、$n(U) = {}_{10}C_4 = \dfrac{10 \cdot 9 \cdot 8 \cdot 7}{4 \cdot 3 \cdot 2 \cdot 1} = 210$

事象 A を4個のうちに1つも白玉がない事象、すなわちすべてが赤玉である事象とすると、少なくとも1個白玉がある事象は $\overline{A}$ である。

6個の赤玉から4個を取り出す場合の数は、$n(A) = {}_6C_4 = {}_6C_2 = \dfrac{6 \cdot 5}{2 \cdot 1} = 15$

求める確率は、$P(\overline{A}) = 1 - P(A) = 1 - \dfrac{15}{210} = 1 - \dfrac{1}{14} = \dfrac{13}{14}$

(2) 事象 A、B を

　　A：n 回中1回も2の倍数が出ない
　　B：n 回中1回も3の倍数が出ない

とおくと、それぞれの余事象は、

　　$\overline{A}$：n 回中少なくとも1つ2の倍数が出る
　　$\overline{B}$：n 回中少なくとも1つ3の倍数が出る

なので、

出た目の積が6の倍数　$\Longleftrightarrow$　n 回中少なくとも1つ2の倍数があり、
　　　　　　　　　　　　　かつ　少なくとも1つ3の倍数がある
　　　　　　　　　　$\Longleftrightarrow$　$\overline{A} \cap \overline{B}$

サイコロの目のうち2の倍数でないものは、1、3、5
　　　　　　　　　3の倍数でないものは、1、2、4、5
　　2の倍数でも3の倍数でもないものは、1、5　　なので、

$$P(A) = \left(\dfrac{3}{6}\right)^n \qquad P(B) = \left(\dfrac{4}{6}\right)^n \qquad P(A \cap B) = \left(\dfrac{2}{6}\right)^n$$

よって、求める確率は、

$$P(\overline{A} \cap \overline{B}) = 1 - P(A \cup B) = 1 - \{P(A) + P(B) - P(A \cap B)\}$$

$$= 1 - P(A) - P(B) + P(A \cap B) = 1 - \left(\dfrac{3}{6}\right)^n - \left(\dfrac{4}{6}\right)^n + \left(\dfrac{2}{6}\right)^n$$

確認 ▶ 確率

(1) サイコロを5回投げる。出た目の種類が4種類になる確率を求めよ。
(2) サイコロを n 回投げるとき次の確率を求めよ。
　　(ア) 出た目の最大が5である確率
　　(イ) 出た目の最小が2、最大が5である確率

(1) 全事象を U とすると、$n(U)=6^5$
出た目の4種類の選び方で ${}_6C_4$(通り)、4種類のうち2回出る目の選び方で4通り、2回出る目が5回のうち何回と何回で出るかで ${}_5C_2$(通り)、1回出る目の並び方で $3!$(通り)である。よって、出た目の種類が4種類となる事象を A とすると、
$$n(A)={}_6C_4\cdot 4\cdot {}_5C_2\cdot 3!=15\cdot 4\cdot 10\cdot 6$$
求める確率は、$P(A)=\dfrac{n(A)}{n(U)}=\dfrac{15\cdot 4\cdot 10\cdot 6}{6^5}=\dfrac{25}{54}$

(2) (ア) 出た目の最大を M、最小を m とする。出た目の最大が k 以下となる事象を $D_{M\leq k}$ などと表す。$D_{M\leq 4}\cup D_{M=5}=D_{M\leq 5}$、$D_{M\leq 4}\cap D_{M=5}=\phi$
これより、$P(D_{M\leq 4})+P(D_{M=5})=P(D_{M\leq 5})$ であり、
「出た目の最大が5以下」は「出た目は1〜5のどれか」と言い換えられるので、
$$P(D_{M=5})=P(D_{M\leq 5})-P(D_{M\leq 4})=\left(\dfrac{5}{6}\right)^n-\left(\dfrac{4}{6}\right)^n$$

(イ) (ア)と同様に考えて、
$$P(D_{2\leq m,\ M\leq 4})+P(D_{2\leq m,\ M=5})=P(D_{2\leq m,\ M\leq 5})$$
「出た目の最小が2以上、最大が5以下」は、「出た目は2〜5のどれか」と言い換えられるので、
$$P(D_{2\leq m,\ M=5})=P(D_{2\leq m,\ M\leq 5})-P(D_{2\leq m,\ M\leq 4})=\left(\dfrac{4}{6}\right)^n-\left(\dfrac{3}{6}\right)^n$$
最小を2から3に変えると同様に、
$$P(D_{3\leq m,\ M=5})=P(D_{3\leq m,\ M\leq 5})-P(D_{3\leq m,\ M\leq 4})=\left(\dfrac{3}{6}\right)^n-\left(\dfrac{2}{6}\right)^n$$
最小の方も2に合わせると、
$$P(D_{2=m,\ M=5})=P(D_{2\leq m,\ M=5})-P(D_{3\leq m,\ M=5})$$
$$=\left\{\left(\dfrac{4}{6}\right)^n-\left(\dfrac{3}{6}\right)^n\right\}-\left\{\left(\dfrac{3}{6}\right)^n-\left(\dfrac{2}{6}\right)^n\right\}=\left(\dfrac{4}{6}\right)^n-2\left(\dfrac{3}{6}\right)^n+\left(\dfrac{2}{6}\right)^n$$

演習 ▶ 条件付き確率・原因の確率 （講義編 p.18、21 参照）

(1) ＋と書かれた赤玉が5個、＋と書かれた白玉が2個、－と書かれた赤玉が4個、－と書かれた白玉が3個、計14個の玉が袋の中に入っている。この中から2個の玉を取り出したところ、2つとも白玉であった。このとき、2つとも－と書かれている確率を求めよ。

(2) うっかり君は訪問先を出るときに、被ってきた帽子を4分の1の確率で置き忘れる。ある日帽子を被って出かけたうっかり君が、3軒の訪問を終えて帰ってきたところ、帽子を忘れたことに気づいた。3軒目の訪問先で帽子を忘れた確率を求めよ。

(1) 2つとも白玉である事象を A、2つとも－と書かれている事象を B とする。
$A \cap B$ は、－と書かれた3個の白玉から2個取り出すので、$n(A \cap B) = {}_3C_2 = 3$
A は、$2+3=5$ 個の白玉から2個取り出すので、$n(A) = {}_5C_2 = 10$

$$P(B|A) = \frac{n(B \cap A)}{n(A)} = \frac{3}{10}$$

(2) i 軒目の訪問先で帽子を忘れるという事象を A_i
訪問先のどこかで帽子を忘れるという事象を B
とする。

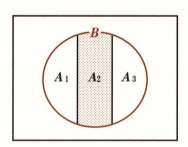

$$P(A_1) = \frac{1}{4},\ P(A_2) = \frac{3}{4} \times \frac{1}{4} = \frac{3}{16},\ P(A_3) = \frac{3}{4} \times \frac{3}{4} \times \frac{1}{4} = \frac{9}{64}$$

であり、A_1、A_2、A_3 は排反であり、$B = A_1 \cup A_2 \cup A_3$ なので、

$$P(B) = P(A_1) + P(A_2) + P(A_3) = \frac{1}{4} + \frac{3}{16} + \frac{9}{64} = \frac{16+12+9}{64} = \frac{37}{64}$$

$$P(A_3|B) = \frac{P(A_3 \cap B)}{P(B)} = \frac{P(A_3)}{P(B)} = \frac{9}{64} \Big/ \frac{37}{64} = \frac{9}{37}$$

※3軒目で忘れる確率は3分の1よりも小さくなる。これは3軒目で忘れるには、1、2軒目で忘れないという条件が必要だからである。

確認 ▶条件付き確率・原因の確率

(1) ある学校では男女比は 3：7 である。また、女子で自転車通学をしている人は学校全体の 25% である。この学校の女子を無作為に 1 人選んだとき、自転車通学をしている確率は何%か。

(2) 2% の人が罹患している疾病がある。この疾病について検査するとき、罹患していない人でも陽性と出る確率が 5%、罹患している人が陽性と出る確率は 90% であるとする。ある人がこの検査を受けて陽性と出た。この人がこの疾病に罹患している確率は何%か。

(1) 自転車通学をしているという事象を A、女子であるという事象を B とする。

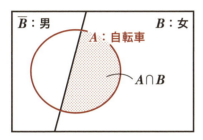

$P(A \cap B) = 0.25 \qquad P(B) = 0.7$

$$P(A|B) = \frac{P(A \cap B)}{P(B)} = \frac{0.25}{0.7} = \frac{5}{14} = 35.7\%$$

有効数字を 2 ケタとして 36%。

(2) 罹患しているという事象を A、陽性と出る事象を B とする。

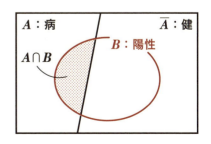

$P(A \cap B) = 0.02 \times 0.90 = 0.018$
$P(\overline{A} \cap B) = 0.98 \times 0.05 = 0.049$

$$P(A|B) = \frac{P(A \cap B)}{P(B)} = \frac{P(A \cap B)}{P(A \cap B) + P(\overline{A} \cap B)} = \frac{0.018}{0.018 + 0.049} = \frac{18}{67} = 26.8\%$$

有効数字を 1 ケタとして 30%。

演習 ▶1変量のデータ（ヒストグラム、代表値、標準偏差） （講義編 p.29 参照）

15人のクラスで数学のテストをしたところ、点数の結果は次のようであった。
56、68、47、30、47、85、77、65
28、36、52、51、57、52、44

(1) 20点以上30点未満、30点以上40点未満、……というように階級を取って、度数分布表、ヒストグラムを描け。
(2) このデータの平均 $\bar{x}$、メジアン、モードを求めよ。
(3) このデータの分散 s_x^2、標準偏差 s_x を求めよ。

(1)

階級	度数
20〜30	1
30〜40	2
40〜50	3
50〜60	5
60〜70	2
70〜80	1
80〜90	1

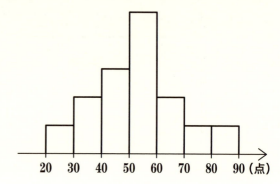

(2) $\bar{x} = (56+68+47+30+47+85+77+65+28+36+52+51+57+52+44) \div 15$
   $= 53$

データの大きさが15なので、メジアンは小さい方から $(15+1) \div 2 = 8$（番目）のデータ、52である。メジアンは52。

モードは、最頻（度数が一番大きい）の階級の階級値であり、度数が一番大きい階級は50以上60未満なので55。

(3) 偏差の平方和は、
$3^2 + 15^2 + (-6)^2 + (-23)^2 + (-6)^2 + 32^2 + 24^2 + 12^2 + (-25)^2$
$\qquad + (-17)^2 + (-1)^2 + (-2)^2 + 4^2 + (-1)^2 + (-9)^2 = 3596$

分散 s_x^2 は、$s_x^2 = 3596 \div 15 = 239.73$　　　標準偏差 s_x は、$s_x = \sqrt{239.73} = 15.48$

〔別解〕 $s_x^2 = \overline{x^2} - (\bar{x})^2$ を用いる。$\overline{x^2}$ は平方和の平均であり、
$\overline{x^2} = (56^2 + 68^2 + 47^2 + 30^2 + 47^2 + 85^2 + 77^2 + 65^2$
$\qquad + 28^2 + 36^2 + 52^2 + 51^2 + 57^2 + 52^2 + 44^2) \div 15 = 3048.73$
$s_x^2 = \overline{x^2} - (\bar{x})^2 = 3048.73 - 53^2 = 239.73$

確 認 ▶1変量のデータ（ヒストグラム、代表値、標準偏差）

部員が16人いるサークルで心拍数を測定した。結果は次のようであった。

63、67、68、73、62、55、74、71、
70、64、58、63、64、73、74、57

(1) 55以上60点未満、60以上65未満、……というように階級を取って、度数分布表、ヒストグラムを描け。

(2) このデータの平均 $\bar{x}$、メジアン、モードを求めよ。

(3) このデータの分散 s_x^2、標準偏差 s_x を求めよ。

(1)

階級	度数
55〜60	3
60〜65	5
65〜70	2
70〜75	6

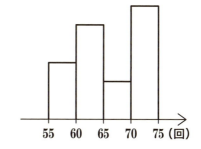

(2) $\bar{x}=(63+67+68+73+62+55+74+71$
$+70+64+58+63+64+73+74+57)\div 16=66$

メジアンは小さい方から $16\div 2=8$（番目）と9（番目）のデータの平均である。小さい方から8（番目）と9（番目）は64と67であり、メジアンは $(64+67)\div 2=65.5$。

モードは、最頻（度数が一番多い）の階級の階級値なので、72.5。

(3) 偏差の平方和は、

$(-3)^2+1^2+2^2+7^2+(-4)^2+(-11)^2+8^2+5^2$
$+4^2+(-2)^2+(-8)^2+(-3)^2+(-2)^2+7^2+8^2+(-9)^2=580$

分散 s_x^2 は、$s_x^2=580\div 16=36.25$

標準偏差は、$s_x=\sqrt{36.25}=6.02$

〔別解〕 $s_x^2=\overline{x^2}-(\bar{x})^2$ を用いる。

$\overline{x^2}=(63^2+67^2+68^2+73^2+62^2+55^2+74^2+71^2$
$+70^2+64^2+58^2+63^2+64^2+73^2+74^2+57^2)\div 16=4392.25$

$s_x^2=\overline{x^2}-(\bar{x})^2=4392.25-66^2=36.25$

演習 ▶2変量のデータ（散布図、相関係数、回帰直線） （講義編 p.41 参照）

ある駅の不動産屋で8件の賃貸物件（1LDK）の駅からの徒歩時間（分）と1か月の賃貸料（万）を調べたところ、（徒歩時間, 賃貸料）は、

(1, 8)、(3, 6)、(3, 5)、(4, 7)、(6, 6)、(7, 5)、(7, 6)、(9, 5)

であった。徒歩時間を変量 x、賃貸料を変量 y とし、次の問いに答えよ。

(1) 散布図を描け。
(2) 相関係数 r_{xy} を求めよ。
(3) 回帰直線を求め、散布図に描き込め。

(1) 下図
(2) $\bar{x} = (1+3+3+4+6+7+7+9) \div 8 = 5$
$\bar{y} = (8+6+5+7+6+5+6+5) \div 8 = 6$

よって、各物件の偏差は、

$x_i - \bar{x}$	−4	−2	−2	−1	1	2	2	4
$y_i - \bar{y}$	2	0	−1	1	0	−1	0	−1

これをもとに、$s_x{}^2$, $s_y{}^2$, s_{xy}, r_{xy} を計算すると、

$s_x{}^2 = \{(-4)^2+(-2)^2+(-2)^2+(-1)^2+1^2+2^2+2^2+4^2\} \div 8 = 6.25$

$s_y{}^2 = \{2^2+0^2+(-1)^2+1^2+0^2+(-1)^2+0^2+(-1)^2\} \div 8 = 1$

$s_{xy} = \{(-4)2+(-2)0+(-2)(-1)+(-1)1$
$\qquad +1\cdot 0+2(-1)+2\cdot 0+4(-1)\} \div 8 = -1.625$

$r_{xy} = \dfrac{s_{xy}}{s_x s_y} = \dfrac{-1.625}{\sqrt{6.25}\sqrt{1}} = \dfrac{-1.625}{2.5} = -0.65$

(3) 回帰直線は、

$y = \dfrac{s_{xy}}{s_x{}^2}(x - \bar{x}) + \bar{y}$

$\quad = -\dfrac{1.625}{6.25}(x-5) + 6$

$\quad = -0.26x + 7.3$

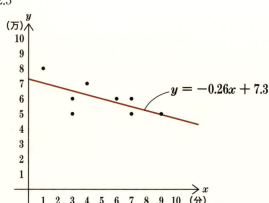

確認 ▶2変量のデータ（散布図、相関係数、回帰直線）

10人が数学と英語のテストをしたところ、点数の組（数学, 英語）は、
 (93, 87)、(77, 67)、(65, 78)、(68, 62)、(55, 68)
 (52, 52)、(46, 57)、(42, 50)、(32, 54)、(20, 45)
であった。数学の点数を変量 x、英語の点数を変量 y とし、次の問いに答えよ。
(1) 散布図を描け。
(2) 相関係数 r_{xy} を求めよ。
(3) 回帰直線を求め、散布図に描き込め。

(1) 下図
(2) $\bar{x} = (93+77+65+68+55+52+46+42+32+20) \div 10 = 55$
$\bar{y} = (87+67+78+62+68+52+57+50+54+45) \div 10 = 62$

よって、各人の偏差は、

$x_i - \bar{x}$	38	22	10	13	0	−3	−9	−13	−23	−35
$y_i - \bar{y}$	25	5	16	0	6	−10	−5	−12	−8	−17

2乗するときは − を省略して表記すると、s_x^2、s_y^2、s_{xy}、r_{xy} は、
$s_x^2 = \{38^2+22^2+10^2+13^2+0^2+3^2+9^2+13^2+23^2+35^2\} \div 10 = 421$
$s_y^2 = \{25^2+5^2+16^2+0^2+6^2+10^2+5^2+12^2+8^2+17^2\} \div 10 = 156.4$
$s_{xy} = \{38 \cdot 25 + 22 \cdot 5 + 10 \cdot 16 + 13 \cdot 0 + 0 \cdot 6 + (-3)(-10)$
 $+ (-9)(-5) + (-13)(-12) + (-23)(-8) + (-35)(-17)\} \div 10 = 223$

$r_{xy} = \dfrac{s_{xy}}{s_x s_y} = \dfrac{223}{\sqrt{421}\sqrt{156.4}} = 0.869 \rightarrow 0.87$

(3) 回帰直線は、

$y = \dfrac{s_{xy}}{s_x^2}(x - \bar{x}) + \bar{y}$

$= \dfrac{223}{421}(x - 55) + 62$

$= 0.53x + 32.87$

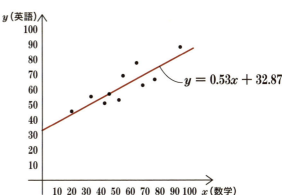

演習 ▶ 確率密度関数の決定　（講義編 p.96、106 参照）

(1) 連続型確率変数 X の確率密度関数が、
$$f(x) = \begin{cases} c - x & (0 \leq x \leq 1) \\ 0 & (x < 0,\ 1 < x) \end{cases}$$
であるとする。定数 c を求めよ。また、$E[X]$、$V[X]$、累積分布関数 $F(x)$ を求めよ。

(2) 連続型確率変数 X の確率密度関数が、
$$f(x) = \begin{cases} \dfrac{c}{1+x^2} & (0 \leq x \leq \sqrt{3}) \\ 0 & (x < 0,\ \sqrt{3} < x) \end{cases}$$
であるとする。定数 c を求めよ。また、$E[X]$、$V[X]$、累積分布関数 $F(x)$ を求めよ。

(1) $\displaystyle \int_{-\infty}^{\infty} f(x)dx = \int_0^1 f(x)dx = \int_0^1 (c-x)dx = \left[cx - \frac{1}{2}x^2\right]_0^1 = c - \frac{1}{2}$

これが 1 に等しいので、$c - \dfrac{1}{2} = 1 \qquad c = \dfrac{3}{2} \qquad f(x) = \dfrac{3}{2} - x$

$\displaystyle E[X] = \int_{-\infty}^{\infty} xf(x)dx = \int_0^1 xf(x)dx = \int_0^1 x\left(\frac{3}{2} - x\right)dx = \left[\frac{3}{4}x^2 - \frac{1}{3}x^3\right]_0^1 = \frac{3}{4} - \frac{1}{3} = \frac{5}{12}$

$\displaystyle E[X^2] = \int_{-\infty}^{\infty} x^2 f(x)dx = \int_0^1 x^2 f(x)dx = \int_0^1 x^2\left(\frac{3}{2} - x\right)dx = \left[\frac{1}{2}x^3 - \frac{1}{4}x^4\right]_0^1$

$= \dfrac{1}{2} - \dfrac{1}{4} = \dfrac{1}{4}$

$V[X] = E[X^2] - \{E[X]\}^2 = \dfrac{1}{4} - \left(\dfrac{5}{12}\right)^2 = \dfrac{11}{144}$

$x \leq 0$ のとき、$F(x) = 0$

$0 \leq x \leq 1$ のとき、
$$F(x) = \int_0^x f(t)dt = \int_0^x \left(\frac{3}{2} - t\right)dt = \left[\frac{3}{2}t - \frac{1}{2}t^2\right]_0^x = \frac{3}{2}x - \frac{1}{2}x^2$$

$x \geq 1$ のとき、$F(x) = 1$

(2) $\displaystyle\int_{-\infty}^{\infty}f(x)dx=\int_{0}^{\sqrt{3}}f(x)dx=\int_{0}^{\sqrt{3}}\frac{c}{1+x^2}dx=\Big[c\tan^{-1}x\Big]_{0}^{\sqrt{3}}=\frac{c\pi}{3}$

これが 1 に等しいので、$c=\dfrac{3}{\pi}$ $f(x)=\dfrac{3}{\pi(1+x^2)}$

$\displaystyle E[X]=\int_{-\infty}^{\infty}xf(x)dx=\int_{0}^{\sqrt{3}}xf(x)dx=\int_{0}^{\sqrt{3}}\frac{3x}{\pi(1+x^2)}dx=\int_{0}^{\sqrt{3}}\frac{3}{2\pi}\cdot\frac{2x}{1+x^2}dx$

$\displaystyle\quad=\Big[\frac{3}{2\pi}\log(1+x^2)\Big]_{0}^{\sqrt{3}}=\frac{3}{2\pi}\log4=\frac{3}{\pi}\log2$

$\displaystyle E[X^2]=\int_{-\infty}^{\infty}x^2f(x)dx=\int_{0}^{\sqrt{3}}x^2f(x)dx=\int_{0}^{\sqrt{3}}\frac{3x^2}{\pi(1+x^2)}dx$

$\displaystyle\quad=\frac{3}{\pi}\int_{0}^{\sqrt{3}}\Big(1-\frac{1}{1+x^2}\Big)dx=\frac{3}{\pi}\Big[x-\tan^{-1}x\Big]_{0}^{\sqrt{3}}=\frac{3}{\pi}\Big(\sqrt{3}-\frac{\pi}{3}\Big)=\frac{3\sqrt{3}}{\pi}-1$

$\displaystyle V[X]=E[X^2]-\{E[X]\}^2=\frac{3\sqrt{3}}{\pi}-1-\Big(\frac{3}{\pi}\log2\Big)^2$

$x\leqq0$ のとき、$F(x)=0$

$0\leqq x\leqq\sqrt{3}$ のとき、

$\displaystyle F(x)=\int_{0}^{x}f(t)dt=\int_{0}^{x}\frac{3}{\pi(1+t^2)}dt=\Big[\frac{3}{\pi}\tan^{-1}t\Big]_{0}^{x}=\frac{3}{\pi}\tan^{-1}x$

$x\geqq\sqrt{3}$ のとき、$F(x)=1$

11

確 認 ▶確率密度関数の決定

(1) 連続型確率変数 X の確率密度関数が、
$$f(x) = \begin{cases} cx^2 & (0 \leq x \leq 2) \\ 0 & (x < 0,\ 2 < x) \end{cases}$$
であるとする。定数 c を求めよ。また、$E[X]$、$V[X]$、累積分布関数 $F(x)$ を求めよ。

(2) 連続型確率変数 X の確率密度関数が、
$$f(x) = \begin{cases} \dfrac{c}{\sqrt{1-x^2}} & (0 \leq x \leq 1) \\ 0 & (x < 0,\ 1 < x) \end{cases}$$
であるとする。定数 c を求めよ。また、$E[X]$、$V[X]$、累積分布関数 $F(x)$ を求めよ。

(1) $\displaystyle\int_{-\infty}^{\infty} f(x)dx = \int_0^2 f(x)dx = \int_0^2 cx^2 dx = \left[\dfrac{c}{3}x^3\right]_0^2 = \dfrac{8c}{3}$

これが1に等しいので、$\dfrac{8c}{3} = 1$　　$c = \dfrac{3}{8}$　　$f(x) = \dfrac{3}{8}x^2$

$\displaystyle E[X] = \int_{-\infty}^{\infty} xf(x)dx = \int_0^2 xf(x)dx = \int_0^2 \dfrac{3}{8}x^3 dx = \left[\dfrac{3}{32}x^4\right]_0^2 = \dfrac{3}{2}$

$\displaystyle E[X^2] = \int_{-\infty}^{\infty} x^2 f(x)dx = \int_0^2 x^2 f(x)dx = \int_0^2 \dfrac{3}{8}x^4 dx = \left[\dfrac{3}{40}x^5\right]_0^2 = \dfrac{12}{5}$

$V[X] = E[X^2] - \{E[X]\}^2 = \dfrac{12}{5} - \left(\dfrac{3}{2}\right)^2 = \dfrac{3}{20}$

$x \leq 0$ のとき、$F(x) = 0$

$0 \leq x \leq 2$ のとき、

$\displaystyle F(x) = \int_0^x f(t)dt = \int_0^x \dfrac{3}{8}t^2 dt = \left[\dfrac{1}{8}t^3\right]_0^x = \dfrac{1}{8}x^3$

$x \geq 2$ のとき、$F(x) = 1$

(2) $\displaystyle\int_{-\infty}^{\infty} f(x)dx = \int_0^1 f(x)dx = \int_0^1 \dfrac{c}{\sqrt{1-x^2}} dx = \left[c\sin^{-1}x\right]_0^1 = \dfrac{c\pi}{2}$

これが 1 に等しいので、$\dfrac{c\pi}{2}=1$ $c=\dfrac{2}{\pi}$ $f(x)=\dfrac{2}{\pi\sqrt{1-x^2}}$

$$E[X]=\int_{-\infty}^{\infty}xf(x)\,dx=\int_0^1 xf(x)\,dx=\int_0^1 \dfrac{2x}{\pi\sqrt{1-x^2}}\,dx=\left[-\dfrac{2}{\pi}\sqrt{1-x^2}\right]_0^1=\dfrac{2}{\pi}$$

$$E[X^2]=\int_{-\infty}^{\infty}x^2f(x)\,dx=\int_0^1 x^2f(x)\,dx=\int_0^1 \dfrac{2x^2}{\pi\sqrt{1-x^2}}\,dx$$

$$\int\sqrt{1-x^2}\,dx=\dfrac{1}{2}(x\sqrt{1-x^2}+\sin^{-1}x)+C$$

$$=\dfrac{2}{\pi}\int_0^1\left(-\dfrac{1-x^2}{\sqrt{1-x^2}}+\dfrac{1}{\sqrt{1-x^2}}\right)dx=\dfrac{2}{\pi}\int_0^1\left(-\sqrt{1-x^2}+\dfrac{1}{\sqrt{1-x^2}}\right)dx$$

$$=\dfrac{2}{\pi}\left[-\dfrac{1}{2}(x\sqrt{1-x^2}+\sin^{-1}x)+\sin^{-1}x\right]_0^1=\dfrac{2}{\pi}\cdot\dfrac{1}{2}\cdot\dfrac{\pi}{2}=\dfrac{1}{2}$$

$$V[X]=E[X^2]-\{E[X]\}^2=\dfrac{1}{2}-\left(\dfrac{2}{\pi}\right)^2=\dfrac{1}{2}-\dfrac{4}{\pi^2}$$

$x\leqq0$ のとき、$F(x)=0$

$0\leqq x\leqq1$ のとき、

$$F(x)=\int_0^x f(t)\,dt=\int_0^x \dfrac{2}{\pi\sqrt{1-t^2}}\,dt=\left[\dfrac{2}{\pi}\sin^{-1}t\right]_0^x=\dfrac{2}{\pi}\sin^{-1}x$$

$x\geqq1$ のとき、$F(x)=1$

演習 ▶ χ^2分布の平均・分散、F分布の平均・分散 （講義編 p.96 参照）

(1) $x \geqq 0$ で定義された確率変数 X の確率密度関数が
$$f(x) = kx^{\frac{n}{2}-1}e^{-\frac{1}{2}x} \quad (n \text{ は正の整数})$$
であるとき、k を求めよ。また、$E[X]$、$V[X]$ を求めよ。

(2) $x \geqq 0$ で定義された確率変数 X の確率密度関数が
$$f(x) = \frac{kx^{\frac{m}{2}-1}}{(n+mx)^{\frac{m+n}{2}}} \quad (n \geqq 3,\ n,\ m \text{ は整数})$$
であるとき、k を求めよ。また、$E[X]$、$V[X]$ を求めよ。

(1) $\displaystyle\int_0^\infty f(x)dx = \underline{\int_0^\infty kx^{\frac{n}{2}-1}e^{-\frac{1}{2}x}dx} = \int_0^\infty k(2t)^{\frac{n}{2}-1}e^{-t}2dt = k2^{\frac{n}{2}}\int_0^\infty t^{\frac{n}{2}-1}e^{-t}dt$

　　　　　　　　　　　　　　　　$x=2t$、$dx=2dt$　　　　　　　　　　　　　定義1.17

$\qquad\qquad\qquad\quad = k2^{\frac{n}{2}}\Gamma\left(\dfrac{n}{2}\right)$

これが1なので、$k = \dfrac{1}{2^{\frac{n}{2}}\Gamma\left(\frac{n}{2}\right)}$

$E[X] = \displaystyle\int_0^\infty xf(x)dx = \int_0^\infty kx \cdot x^{\frac{n}{2}-1}e^{-\frac{1}{2}x}dx = k\int_0^\infty x^{\left(\frac{n}{2}+1\right)-1}e^{-\frac{1}{2}x}dx$

　　　　　　　　　　　　　　　　　　　　　　　　　下線部で $\dfrac{n}{2} \Rightarrow \dfrac{n}{2}+1$ とする

$\qquad\quad = \dfrac{2^{\frac{n}{2}+1}\Gamma\left(\frac{n}{2}+1\right)}{2^{\frac{n}{2}}\Gamma\left(\frac{n}{2}\right)} = \dfrac{2\cdot\frac{n}{2}\Gamma\left(\frac{n}{2}\right)}{\Gamma\left(\frac{n}{2}\right)} = n$

　　　　　　　公式1.18

$E[X^2] = \displaystyle\int_0^\infty kx^2\cdot x^{\frac{n}{2}-1}e^{-\frac{1}{2}x}dx = k\int_0^\infty x^{\left(\frac{n}{2}+2\right)-1}e^{-\frac{1}{2}x}dx = \dfrac{2^{\frac{n}{2}+2}\Gamma\left(\frac{n}{2}+2\right)}{2^{\frac{n}{2}}\Gamma\left(\frac{n}{2}\right)}$

　　　　　　　　　　　　　　　　　　　下線部で $\dfrac{n}{2} \Rightarrow \dfrac{n}{2}+2$ とする

$\qquad\ = \dfrac{2^2\left(\frac{n}{2}+1\right)\frac{n}{2}\Gamma\left(\frac{n}{2}\right)}{\Gamma\left(\frac{n}{2}\right)} = n(n+2)$

　公式1.18

$V[X] = E[X^2] - \{E[X]\}^2 = n(n+2) - n^2 = 2n$

(2) $\displaystyle\int_0^\infty f(x)dx = \int_0^\infty \dfrac{kx^{\frac{m}{2}-1}}{(n+mx)^{\frac{m+n}{2}}}dx$

$\qquad\qquad\qquad = \displaystyle\int_0^\infty \dfrac{k}{m^{\frac{m}{2}}n^{\frac{n}{2}}}\left(\dfrac{mx}{n+mx}\right)^{\frac{m}{2}-1}\left(\dfrac{n}{n+mx}\right)^{\frac{n}{2}-1}\dfrac{nm}{(n+mx)^2}dx$

$\left[t = \dfrac{mx}{n+mx} = 1 - \dfrac{n}{n+mx} \text{ とおく。} x:0\to\infty \text{ のとき、} t:0\to 1 \text{ であり、}\right.$

微分して、$dt = \dfrac{nm}{(n+mx)^2}dx$ なので $\Big]$

$$= \frac{k}{m^{\frac{m}{2}}n^{\frac{n}{2}}}\int_0^1 t^{\frac{m}{2}-1}(1-t)^{\frac{n}{2}-1}dt \underset{\text{定義 1.19}}{=} \frac{kB\left(\frac{m}{2},\frac{n}{2}\right)}{m^{\frac{m}{2}}n^{\frac{n}{2}}} \quad \text{これが 1 なので、} \quad k = \frac{m^{\frac{m}{2}}n^{\frac{n}{2}}}{B\left(\frac{m}{2},\frac{n}{2}\right)}$$

$t = \dfrac{mx}{n+mx} = 1 - \dfrac{n}{n+mx}$ より、$\dfrac{1}{1-t} = \dfrac{n+mx}{n}$、$\dfrac{t}{1-t} = \dfrac{mx}{n}$、$x = \dfrac{nt}{m(1-t)}$

であり、

$$E[X] = \int_0^\infty xf(x)dx = \frac{1}{B\left(\frac{m}{2},\frac{n}{2}\right)}\int_0^1 \frac{nt}{m(1-t)}\cdot t^{\frac{m}{2}-1}(1-t)^{\frac{n}{2}-1}dt$$

$$= \frac{n}{mB\left(\frac{m}{2},\frac{n}{2}\right)}\int_0^1 t^{\left(\frac{m}{2}+1\right)-1}(1-t)^{\left(\frac{n}{2}-1\right)-1}dt \underset{\text{定義 1.19}}{=} \frac{nB\left(\frac{m}{2}+1,\frac{n}{2}-1\right)}{mB\left(\frac{m}{2},\frac{n}{2}\right)} \quad \left[\begin{array}{l}\text{ベータ関数}\,B(p,q)\\ \text{で、}p,q\text{ は正。}\\ \frac{n}{2}-1>0\text{ より、}\\ n\geqq 3\end{array}\right]$$

$$\underset{\text{公式 1.20}}{=} \frac{n\Gamma\left(\frac{m}{2}+\frac{n}{2}\right)}{m\Gamma\left(\frac{m}{2}\right)\Gamma\left(\frac{n}{2}\right)}\cdot\frac{\Gamma\left(\frac{m}{2}+1\right)\Gamma\left(\frac{n}{2}-1\right)}{\Gamma\left(\frac{m}{2}+\frac{n}{2}\right)} = \frac{n}{m}\cdot\underset{\text{公式 1.18}}{\frac{\frac{m}{2}}{\frac{n}{2}-1}} = \frac{n}{n-2} \quad (n\geqq 3)$$

$$E[X^2] = \int_0^\infty x^2 f(x)dx = \frac{1}{B\left(\frac{m}{2},\frac{n}{2}\right)}\int_0^1 \frac{n^2 t^2}{m^2(1-t)^2}\cdot t^{\frac{m}{2}-1}(1-t)^{\frac{n}{2}-1}dt$$

$$= \frac{n^2}{m^2 B\left(\frac{m}{2},\frac{n}{2}\right)}\int_0^1 t^{\left(\frac{m}{2}+2\right)-1}(1-t)^{\left(\frac{n}{2}-2\right)-1}dt \quad \left[\begin{array}{l}\text{ベータ関数}\,B(p,q)\text{で、}p,q\\ \text{は正。}\frac{n}{2}-2>0\text{ より、}n\geqq 5\end{array}\right]$$

$$= \frac{n^2 B\left(\frac{m}{2}+2,\frac{n}{2}-2\right)}{m^2 B\left(\frac{m}{2},\frac{n}{2}\right)} = \frac{n^2\Gamma\left(\frac{m}{2}+\frac{n}{2}\right)}{m^2\Gamma\left(\frac{m}{2}\right)\Gamma\left(\frac{n}{2}\right)}\cdot\frac{\Gamma\left(\frac{m}{2}+2\right)\Gamma\left(\frac{n}{2}-2\right)}{\Gamma\left(\frac{m}{2}+\frac{n}{2}\right)}$$

$$= \frac{n^2}{m^2}\cdot\frac{\frac{m}{2}\left(\frac{m}{2}+1\right)}{\left(\frac{n}{2}-1\right)\left(\frac{n}{2}-2\right)} = \frac{n^2(m+2)}{m(n-2)(n-4)} \quad (n\geqq 5)$$

$$V[X] = E[X^2] - \{E[X]\}^2 = \frac{n^2(m+2)}{m(n-2)(n-4)} - \left(\frac{n}{n-2}\right)^2$$

$$= \frac{n^2}{m(n-2)^2(n-4)}\{(m+2)(n-2)-m(n-4)\}$$

$$= \frac{2n^2(n+m-2)}{m(n-2)^2(n-4)} \quad (n\geqq 5)$$

確認 ▶確率密度関数　ガンマ分布の平均・分散、t分布の平均・分散

(1) $x \geq 0$ で定義された連続型確率変数 X の確率密度関数が
$$f(x) = cx^{k-1}e^{-\frac{x}{\theta}} \quad (k>0、\theta>0)$$
であるとき、c を定めよ。また、$E[X]$、$V[X]$ を求めよ。

(2) 実数全体で定義された連続型確率変数 X の確率密度関数が
$$f(x) = k\left(1 + \frac{x^2}{n}\right)^{-\frac{n+1}{2}} \quad (n \geq 3)$$
であるとき、k を定めよ。また、$E[X]$、$V[X]$ を求めよ。

(1) $\displaystyle\int_0^\infty cx^{k-1}e^{-\frac{x}{\theta}}dx = c\int_0^\infty (\theta t)^{k-1}e^{-t}\theta dt = c\theta^k\int_0^\infty t^{k-1}e^{-t}dt = c\theta^k\Gamma(k)$
　　　　　　　　　　$x=\theta t、dx=\theta dt$　　　　　　　　　　　　　　定義 1.17

これが 1 になるので、$c = \dfrac{1}{\Gamma(k)\theta^k}$　　$f(x) = \dfrac{1}{\Gamma(k)\theta^k}x^{k-1}e^{-\frac{x}{\theta}}$

$\displaystyle E[X] = \int_0^\infty \frac{1}{\Gamma(k)\theta^k}x^k e^{-\frac{x}{\theta}}dx = \frac{1}{\Gamma(k)\theta^k}\int_0^\infty (\theta t)^k e^{-t}\theta dt$

$\displaystyle = \frac{\theta}{\Gamma(k)}\int_0^\infty t^{(k+1)-1}e^{-t}dt = \frac{\theta\Gamma(k+1)}{\Gamma(k)} = k\theta$
　　　　　　　　定義 1.17　　　　　公式 1.18

$\displaystyle E[X^2] = \int_0^\infty \frac{1}{\Gamma(k)\theta^k}x^{k+1}e^{-\frac{x}{\theta}}dx = \frac{1}{\Gamma(k)\theta^k}\int_0^\infty (\theta t)^{k+1}e^{-t}\theta dt$

$\displaystyle = \frac{\theta^2}{\Gamma(k)}\int_0^\infty t^{(k+2)-1}e^{-t}dt = \frac{\theta^2\Gamma(k+2)}{\Gamma(k)} = k(k+1)\theta^2$

$V[X] = E[X^2] - \{E[X]\}^2 = k(k+1)\theta^2 - (k\theta)^2 = k\theta^2$

(2) $\displaystyle\int_{-\infty}^\infty k\left(1 + \frac{x^2}{n}\right)^{-\frac{n+1}{2}}dx = 2k\int_0^\infty \left(1 + \frac{x^2}{n}\right)^{-\frac{n+1}{2}}dx = ①$

ここで $\dfrac{1}{t} = 1 + \dfrac{x^2}{n}$ とおくと、$x = \sqrt{n}\left(\dfrac{1}{t} - 1\right)^{\frac{1}{2}}$、$x: 0 \to \infty$ のとき、$t: 1 \to 0$

であり、微分して、

$dx = \dfrac{\sqrt{n}}{2}\left(\dfrac{1}{t} - 1\right)^{-\frac{1}{2}}\left(-\dfrac{1}{t^2}\right)dt = -\dfrac{\sqrt{n}}{2}(1-t)^{-\frac{1}{2}}t^{-\frac{3}{2}}dt$

となることを用い、

$$① = 2k \int_1^0 \left(\frac{1}{t}\right)^{-\frac{n+1}{2}} \left\{ -\frac{\sqrt{n}}{2}(1-t)^{-\frac{1}{2}} t^{-\frac{3}{2}} \right\} dt$$

$$= k\sqrt{n} \int_0^1 t^{\frac{n+1}{2}-\frac{3}{2}} (1-t)^{-\frac{1}{2}} dt$$

$$= k\sqrt{n} \int_0^1 t^{\frac{n}{2}-1} (1-t)^{\frac{1}{2}-1} dt = k\sqrt{n}\, B\left(\frac{n}{2},\ \frac{1}{2}\right)$$

定義 1.19

これが 1 になるので、$k = \dfrac{1}{\sqrt{n}\, B\left(\frac{n}{2},\ \frac{1}{2}\right)}$

$$E[X] = \int_{-\infty}^{\infty} kx \left(1+\frac{x^2}{n}\right)^{-\frac{n+1}{2}} dx = \left[-\frac{nk}{n-1}\left(1+\frac{x^2}{n}\right)^{-\frac{n-1}{2}} \right]_{-\infty}^{\infty} = 0 \quad (n \geq 3)$$

$$E[X^2] = \int_{-\infty}^{\infty} kx^2 \left(1+\frac{x^2}{n}\right)^{-\frac{n+1}{2}} dx = 2k \int_0^{\infty} x^2 \left(1+\frac{x^2}{n}\right)^{-\frac{n+1}{2}} dx$$

$$= 2k \int_1^0 n\left(\frac{1}{t}-1\right)\left(\frac{1}{t}\right)^{-\frac{n+1}{2}} \left\{ -\frac{\sqrt{n}}{2}(1-t)^{-\frac{1}{2}} t^{-\frac{3}{2}} \right\} dt$$

$$= kn\sqrt{n} \int_0^1 t^{-1+\frac{n+1}{2}-\frac{3}{2}} (1-t)^{\frac{1}{2}} dt = kn\sqrt{n} \int_0^1 t^{\left(\frac{n}{2}-1\right)-1} (1-t)^{\frac{3}{2}-1} dt$$

$$= \frac{1}{\sqrt{n}\, B\left(\frac{n}{2},\ \frac{1}{2}\right)} n\sqrt{n}\, B\left(\frac{n}{2}-1,\ \frac{3}{2}\right) = \frac{n\Gamma\left(\frac{n+1}{2}\right)}{\Gamma\left(\frac{n}{2}\right)\Gamma\left(\frac{1}{2}\right)} \frac{\Gamma\left(\frac{n}{2}-1\right)\Gamma\left(\frac{3}{2}\right)}{\Gamma\left(\frac{n+1}{2}\right)}$$

定義 1.19 　　　　　　　　　　　　　　公式 1.20

$$= \frac{n \cdot \frac{1}{2}}{\frac{n}{2}-1} = \frac{n}{n-2}$$

公式 1.18

$$\left[\begin{array}{l} \text{ベータ関数 } B(p,\ q) \text{ で,} \\ p,\ q \text{ は正。} \frac{n}{2}-1 > 0 \\ \text{より, } n \geq 3 \end{array} \right]$$

$$V[X] = E[X^2] - \{E[X]\}^2 = \frac{n}{n-2} \quad (n \geq 3)$$

演習 ▶同時確率分布 （講義編 p.135 参照）

X、Y の同時確率分布が下の表で与えられている。

$X \backslash Y$	2	7	10
1	$\frac{1}{15}$	$\frac{2}{15}$	$\frac{3}{15}$
6	$\frac{3}{15}$	$\frac{4}{15}$	$\frac{2}{15}$

このとき、$E[X]$、$E[Y]$、$V[X]$、$V[Y]$、$\mathrm{Cov}[X,\ Y]$、$\rho[X,\ Y]$ を求めよ。

X、Y の周辺確率分布を書き込むと次のようになる。

$X \backslash Y$	2	7	10	計
1	$\frac{1}{15}$	$\frac{2}{15}$	$\frac{3}{15}$	$\frac{6}{15}$
6	$\frac{3}{15}$	$\frac{4}{15}$	$\frac{2}{15}$	$\frac{9}{15}$
	$\frac{4}{15}$	$\frac{6}{15}$	$\frac{5}{15}$	1

$$E[X] = 1 \cdot \frac{6}{15} + 6 \cdot \frac{9}{15} = 4$$

$$V[X] = (1-4)^2 \cdot \frac{6}{15} + (6-4)^2 \cdot \frac{9}{15} = 6$$

$$E[Y] = 2 \cdot \frac{4}{15} + 7 \cdot \frac{6}{15} + 10 \cdot \frac{5}{15} = \frac{8+42+50}{15} = \frac{20}{3}$$

$$E[Y^2] = 2^2 \cdot \frac{4}{15} + 7^2 \cdot \frac{6}{15} + 10^2 \cdot \frac{5}{15} = \frac{16+294+500}{15} = 54$$

$$V[Y] = E[Y^2] - \{E[Y]\}^2 = 54 - \left(\frac{20}{3}\right)^2 = \frac{486-400}{9} = \frac{86}{9}$$

$$E[XY] = 1 \cdot 2 \cdot \frac{1}{15} + 1 \cdot 7 \cdot \frac{2}{15} + 1 \cdot 10 \cdot \frac{3}{15} + 6 \cdot 2 \cdot \frac{3}{15} + 6 \cdot 7 \cdot \frac{4}{15} + 6 \cdot 10 \cdot \frac{2}{15}$$

$$= \frac{2+14+30+36+168+120}{15} = \frac{370}{15} = \frac{74}{3}$$

$$\mathrm{Cov}[X,\ Y] = E[XY] - E[X]E[Y] = \frac{74}{3} - 4 \cdot \frac{20}{3} = \frac{74-80}{3} = -2$$

$$\rho[X,\ Y] = \frac{\mathrm{Cov}[X,\ Y]}{\sqrt{V[X]}\sqrt{V[Y]}} = \frac{-2}{\sqrt{6}\sqrt{\frac{86}{9}}} = -\frac{\sqrt{3}}{\sqrt{43}} (= -0.2641)$$

確認 ▶同時確率分布

4枚のカードに1から4の数字が書かれている。4枚の中から同時に2枚を取り、大きい方の数を X、小さい方の数を Y とする。
このとき、$E[X]$, $E[Y]$, $V[X]$, $V[Y]$, $\mathrm{Cov}[X, Y]$, $\rho[X, Y]$ を求めよ。

4枚から2枚を取る取り方は ${}_4C_2 = 6$(通り) なので、(X, Y) の確率分布の表を作り、周辺確率分布を書き込むと以下のようになる。

$X \backslash Y$	1	2	3	計
2	$\frac{1}{6}$	0	0	$\frac{1}{6}$
3	$\frac{1}{6}$	$\frac{1}{6}$	0	$\frac{2}{6}$
4	$\frac{1}{6}$	$\frac{1}{6}$	$\frac{1}{6}$	$\frac{3}{6}$
	$\frac{3}{6}$	$\frac{2}{6}$	$\frac{1}{6}$	1

$$E[X] = 2 \cdot \frac{1}{6} + 3 \cdot \frac{2}{6} + 4 \cdot \frac{3}{6} = \frac{10}{3}$$

$$V[X] = \left(2 - \frac{10}{3}\right)^2 \cdot \frac{1}{6} + \left(3 - \frac{10}{3}\right)^2 \cdot \frac{2}{6} + \left(4 - \frac{10}{3}\right)^2 \cdot \frac{3}{6} = \frac{16 + 2 + 12}{3^2 \cdot 6} = \frac{5}{9}$$

$$E[Y] = 1 \cdot \frac{3}{6} + 2 \cdot \frac{2}{6} + 3 \cdot \frac{1}{6} = \frac{5}{3}$$

$$V[Y] = \left(1 - \frac{5}{3}\right)^2 \cdot \frac{3}{6} + \left(2 - \frac{5}{3}\right)^2 \cdot \frac{2}{6} + \left(3 - \frac{5}{3}\right)^2 \cdot \frac{1}{6} = \frac{12 + 2 + 16}{3^2 \cdot 6} = \frac{5}{9}$$

$$E[XY] = 2 \cdot 1 \cdot \frac{1}{6} + 3 \cdot 1 \cdot \frac{1}{6} + 3 \cdot 2 \cdot \frac{1}{6} + 4 \cdot 1 \cdot \frac{1}{6} + 4 \cdot 2 \cdot \frac{1}{6} + 4 \cdot 3 \cdot \frac{1}{6}$$

$$= \frac{2 + 3 + 6 + 4 + 8 + 12}{6} = \frac{35}{6}$$

$$\mathrm{Cov}[X, Y] = E[XY] - E[X]E[Y] = \frac{35}{6} - \frac{10}{3} \cdot \frac{5}{3} = \frac{105 - 100}{2 \cdot 3^2} = \frac{5}{2 \cdot 3^2}$$

$$\rho[X, Y] = \frac{\mathrm{Cov}[X, Y]}{\sqrt{V[X]}\sqrt{V[Y]}} = \frac{\frac{5}{2 \cdot 3^2}}{\sqrt{\frac{5}{9}} \cdot \sqrt{\frac{5}{9}}} = \frac{5}{2 \cdot 3^2} \cdot \frac{9}{5} = \frac{1}{2} (= 0.5)$$

演習 ▶期待値の和　（講義編 p.142 参照）

(1) サイコロを n 回投げるという試行を考える。この試行で出た目の種類の数を確率変数 X とおくとき、$E[X]$ を求めよ。

(2) 1から7までの数が書かれた7枚のカード、$\boxed{1}$, $\boxed{2}$, …, $\boxed{7}$ がある。これを裏返して山にする。そこから1枚手元に取る。次に、山からカードを1枚取り、それが手元のカードより小さい数であれば手元のカードと入れ替える。これを山のカードがなくなるまで繰り返す。カードを入れ替えた回数を確率変数 X とおくとき、$E[X]$ を求めよ。

(1) 確率変数 X_i（$1 \leq i \leq 6$）を、サイコロの目 i が n 回中に少なくとも1回出るときに1、全く出ないときに0と定める。すると、$X = X_1 + X_2 + \cdots + X_6$

n 回中に i の目が全く出ない確率は $\left(\dfrac{5}{6}\right)^n$ なので、各 X_i の期待値は、

$$E[X_i] = 1 \times \left\{1 - \left(\dfrac{5}{6}\right)^n\right\} + 0 \times \left(\dfrac{5}{6}\right)^n = 1 - \left(\dfrac{5}{6}\right)^n$$

$$E[X] = E[X_1 + X_2 + \cdots + X_6] = E[X_1] + E[X_2] + \cdots + E[X_6]$$

$$= 6E[X_1] = 6\left\{1 - \left(\dfrac{5}{6}\right)^n\right\}$$

[なお、X_1, X_2, …, X_6 は独立ではない。独立でなくとも、期待値の和の公式は使える！]

(2) 確率変数 X_i（$1 \leq i \leq 7$）を、カード $\boxed{i}$ を手元に取るとき1、取らないとき0と定める。すると、$X = $（手元に取ったカードの枚数）$- 1 = X_1 + X_2 + \cdots + X_7 - 1$

$X_i = 1$ となる確率は、$\boxed{1}$ から $\boxed{i}$ までの i 枚のカードの中で、$\boxed{i}$ が一番初めに出てくる確率に等しい。これは i 枚の並べ方のみに着目して、$P(X_i = 1) = \dfrac{1}{i}$ と求まる。

$$E[X_i] = 0 \times \left(1 - \dfrac{1}{i}\right) + 1 \times \dfrac{1}{i} = \dfrac{1}{i}$$

$$E[X] = E[X_1 + X_2 + \cdots + X_7 - 1] = E[X_1] + E[X_2] + \cdots + E[X_7] - 1$$

$$= \left(\sum_{i=1}^{7} \dfrac{1}{i}\right) - 1 = 1 + \dfrac{1}{2} + \dfrac{1}{3} + \dfrac{1}{4} + \dfrac{1}{5} + \dfrac{1}{6} + \dfrac{1}{7} - 1 = \dfrac{223}{140}（\fallingdotseq 1.59）$$

(1) A、Bを合わせて10個並べて作る順列2^{10}個の中から等確率で1個を選ぶ試行を考える。この試行で、「同じ文字の連なり」の個数を確率変数Xとおく。このとき、$E[X]$を求めよ。例えば、AABBAAABAB において連なりは、AA、BB、AAA、B、A、B と数え、$X=6$ である。

(2) サイコロをくり返し投げる。すべての目が出るまでにかかる回数を確率変数Xとおく。$E[X]$を求めよ（ヒント：幾何分布の期待値を用いる）。

(1)
	①	②	③	④	⑤	⑥	⑦	⑧	⑨	
A	A	B	B	A	A	A	B	A	B
X_1	X_2	X_3	X_4	X_5	X_6	X_7	X_8	X_9
0 + 1 + 0 + 1 + 0 + 0 + 1 + 1 + 1 + 1 = 6

文字と文字の間は①から⑨まで全部で9個ある。

確率変数X_iを、⑦で連なりの区切りが出来るとき1、出来ないとき0と定める。
すると、（連なりの個数）=（区切りの個数）+1 なので、$X=X_1+X_2+\cdots+X_9+1$
⑦を挟んだ2文字のパターンは AA、AB、BA、BB で等確率である。

$X_i=1$ となる確率は、⑦を挟んだ2文字が AB、BA のときで、$\dfrac{1}{2}$

$$E[X_i]=1\times\dfrac{1}{2}+0\times\dfrac{1}{2}=\dfrac{1}{2}$$

$$E[X]=E[X_1+\cdots+X_9+1]=E[X_1]+\cdots+E[X_9]+1=\dfrac{1}{2}\times 9+1=\dfrac{11}{2}(=5.5)$$

(2) i種類目が出た後、$i+1$種類目が出るまでの回数をX_i ($1\leqq i\leqq 5$) とおく。
i種類まで出たとき、サイコロを1回振ってまだ出ていない目が出る事象（A_iとする）が起こる確率は$\dfrac{6-i}{6}$。A_iが起こるまでの試行回数の期待値は，第2章確率分布 p.82 の赤下線部より、$E[X_i]=\dfrac{6}{6-i}$

$$E[X]=E[1+X_1+X_2+X_3+X_4+X_5]=1+E[X_1]+E[X_2]+E[X_3]+E[X_4]+E[X_5]$$

$$=1+\dfrac{6}{6-1}+\dfrac{6}{6-2}+\dfrac{6}{6-3}+\dfrac{6}{6-4}+\dfrac{6}{6-5}=1+\dfrac{6}{5}+\dfrac{6}{4}+2+3+6=14.7$$

ステップ

演習 ▶ E、V の公式 （講義編 p.148 参照）

確率変数 X、Y について、

$$E[X]=3,\ E[X^2]=10,\ E[Y]=2,\ E[Y^2]=9,\ E[XY]=5$$

である。このとき、確率変数 Z、W を

$$Z=X+2Y-1 \qquad W=2X-3Y-2$$

と定める。

(1) $V[Z]$、$V[W]$ を求めよ。

(2) $\rho[Z,\ W]$ を求めよ。

---

(1) $V[X]=E[X^2]-\{E[X]\}^2=10-3^2=1$

$V[Y]=E[Y^2]-\{E[Y]\}^2=9-2^2=5$

$\mathrm{Cov}[X,\ Y]=E[XY]-E[X]E[Y]=5-3\cdot2=-1$ 定理 2.25

$V[Z]=V[X+2Y-1]=V[X]+2\cdot2\,\mathrm{Cov}[X,\ Y]+2^2V[Y]=1+4\cdot(-1)+4\cdot5=17$

$V[W]=V[2X-3Y-2]=2^2V[X]+2\cdot2\cdot(-3)\mathrm{Cov}[X,\ Y]+3^2V[Y]$

$\qquad =4\cdot1-12\cdot(-1)+9\cdot5=61$

(2) $E[Z]=E[X+2Y-1]=E[X]+2E[Y]-1=3+2\cdot2-1=6$

$E[W]=E[2X-3Y-2]=2E[X]-3E[Y]-2=2\cdot3-3\cdot2-2=-2$

$E[ZW]=E[(X+2Y-1)(2X-3Y-2)]$

$\qquad =E[2X^2+XY-6Y^2-4X-Y+2]$

$\qquad =2E[X^2]+E[XY]-6E[Y^2]-4E[X]-E[Y]+2$

$\qquad =2\cdot10+5-6\cdot9-4\cdot3-2+2=-41$

$\mathrm{Cov}[Z,\ W]=E[ZW]-E[Z]E[W]=-41-6\cdot(-2)=-29$

$$\rho[Z,\ W]=\frac{\mathrm{Cov}[Z,\ W]}{\sqrt{V[Z]}\sqrt{V[W]}}=\frac{-29}{\sqrt{17}\sqrt{61}}=\frac{-29}{\sqrt{1037}}=-0.900$$

〔別解〕 $\mathrm{Cov}[aX+bY+c,\ dX+eY+f]=ad\,V[X]+(ae+bd)\mathrm{Cov}[X,\ Y]+be\,V[Y]$

を用いる。 定理 2.26（4）

$\qquad \mathrm{Cov}[Z,\ W]=\mathrm{Cov}[X+2Y-1,\ 2X-3Y-2]$

$\qquad\qquad\qquad =1\cdot2V[X]+\{1(-3)+2\cdot2\}\mathrm{Cov}[X,\ Y]+2(-3)V[Y]$

$\qquad\qquad\qquad =2\cdot1+1\cdot(-1)-6\cdot5=-29$

以下略。

ジャンプ　**確認**　▶ E、V の公式

確率変数 X、Y について、
$$E[X]=2、E[X^2]=7、E[Y]=-1、E[Y^2]=3$$
であるとき、
$$\mathrm{Cov}[X-2Y-1,\ 4X+Y-3]$$
の取りうる範囲を求めよ。

定理 2.26(4) を用いて、

$\mathrm{Cov}[X-2Y-1,\ 4X+Y-3]$
　$=1\cdot4V[X]+\{1\cdot1+(-2)\cdot4\}\mathrm{Cov}[X,\ Y]+(-2)\cdot1V[Y]$
　$=4V[X]-7\mathrm{Cov}[X,\ Y]-2V[Y]$

ここで、

$V[X]=E[X^2]-\{E[X]\}^2=7-2^2=3$
$V[Y]=E[Y^2]-\{E[Y]\}^2=3-(-1)^2=2$

ですから、

$\mathrm{Cov}[X-2Y-1,\ 4X+Y-3]$
　$=4\cdot3-7\,\mathrm{Cov}[X,\ Y]-2\cdot2=8-7\,\mathrm{Cov}[X,\ Y]$

また、相関係数 $\rho[X,\ Y]$ の取りうる範囲を考えて、

$$-1\leqq\rho[X,\ Y]\leqq1$$

$$-1\leqq\frac{\mathrm{Cov}[X,\ Y]}{\sqrt{V[X]}\sqrt{V[Y]}}\leqq1$$

$$-\sqrt{V[X]}\sqrt{V[Y]}\leqq\mathrm{Cov}[X,\ Y]\leqq\sqrt{V[X]}\sqrt{V[Y]}$$
$$-\sqrt{3}\sqrt{2}\leqq\mathrm{Cov}[X,\ Y]\leqq\sqrt{3}\sqrt{2}$$

これより、

$$-7\sqrt{6}\leqq7\,\mathrm{Cov}[X,\ Y]\leqq7\sqrt{6}$$
$$8-7\sqrt{6}\leqq8-7\,\mathrm{Cov}[X,\ Y]\leqq8+7\sqrt{6}$$

ですから、　$8-7\sqrt{6}\leqq\mathrm{Cov}[X-2Y-1,\ 4X+Y-3]\leqq8+7\sqrt{6}$

演習 ▶ 同時確率密度関数 （講義編 p.153 参照）

2次元の連続型確率変数 (X, Y) の同時確率密度関数を
$$f(x, y) = \begin{cases} kx(x+y) & (0 \leq x \leq 1, \ 0 \leq y \leq 1) \\ 0 & (\text{上記以外で}) \end{cases}$$
とする。

(1) k を求めよ。
(2) X の周辺密度関数 $f_X(x)$、Y の周辺密度関数 $f_Y(y)$ を求めよ。
(3) 相関係数 $\rho[X, Y]$ を求めよ。

(1) $\int_{-\infty}^{\infty}\int_{-\infty}^{\infty} f(x, y) dxdy = \int_0^1 \int_0^1 kx(x+y) dxdy = k\int_0^1 \left[\frac{1}{3}x^3 + \frac{1}{2}yx^2\right]_0^1 dy$

$= k\int_0^1 \left(\frac{1}{3} + \frac{1}{2}y\right) dy = k\left[\frac{1}{3}y + \frac{1}{4}y^2\right]_0^1 = k\left(\frac{1}{3} + \frac{1}{4}\right) = \frac{7k}{12}$

これが 1 に等しいので、$k = \dfrac{12}{7}$

(2) $0 \leq x \leq 1$ のとき、

$$f_X(x) = \frac{12}{7}\int_0^1 x(x+y) dy = \frac{12}{7}\left[x^2 y + \frac{1}{2}xy^2\right]_0^1 = \frac{12}{7}\left(x^2 + \frac{1}{2}x\right)$$

$x < 0$、$1 < x$ のとき、$f_X(x) = 0$

$0 \leq y \leq 1$ のとき、

$$f_Y(y) = \frac{12}{7}\int_0^1 x(x+y) dx = \frac{12}{7}\left[\frac{1}{3}x^3 + \frac{1}{2}yx^2\right]_0^1 = \frac{12}{7}\left(\frac{1}{3} + \frac{1}{2}y\right)$$

$y < 0$、$1 < y$ のとき、$f_Y(y) = 0$

(3) $E[X] = \int_{-\infty}^{\infty} x f_X(x) dx = \frac{12}{7}\int_0^1 x\left(x^2 + \frac{1}{2}x\right) dx = \frac{12}{7}\left(\frac{1}{4} + \frac{1}{2}\cdot\frac{1}{3}\right) = \frac{5}{7}$

$E[X^2] = \int_{-\infty}^{\infty} x^2 f_X(x) dx = \frac{12}{7}\int_0^1 x^2\left(x^2 + \frac{1}{2}x\right) dx = \frac{12}{7}\left(\frac{1}{5} + \frac{1}{2}\cdot\frac{1}{4}\right) = \frac{39}{70}$

$E[Y] = \int_{-\infty}^{\infty} y f_Y(y) dy = \frac{12}{7}\int_0^1 y\left(\frac{1}{3} + \frac{1}{2}y\right) dy = \frac{12}{7}\left(\frac{1}{3}\cdot\frac{1}{2} + \frac{1}{2}\cdot\frac{1}{3}\right) = \frac{4}{7}$

$E[Y^2] = \int_{-\infty}^{\infty} y^2 f_Y(y) dy = \frac{12}{7}\int_0^1 y^2\left(\frac{1}{3} + \frac{1}{2}y\right) dy = \frac{12}{7}\left(\frac{1}{3}\cdot\frac{1}{3} + \frac{1}{2}\cdot\frac{1}{4}\right) = \frac{17}{42}$

$$E[XY] = \int_{-\infty}^{\infty} \int_{-\infty}^{\infty} xy f(x, \ y) \, dx dy = \frac{12}{7} \int_{0}^{1} \int_{0}^{1} xy \cdot x(x+y) \, dx dy$$

$$= \frac{12}{7} \int_{0}^{1} \int_{0}^{1} (x^3 y + x^2 y^2) \, dx dy = \frac{12}{7} \left(\frac{1}{4} \cdot \frac{1}{2} + \frac{1}{3} \cdot \frac{1}{3} \right) = \frac{17}{42}$$

$$V[X] = E[X^2] - \{E[X]\}^2 = \frac{39}{70} - \left(\frac{5}{7} \right)^2 = \frac{23}{490}$$

$$V[Y] = E[Y^2] - \{E[Y]\}^2 = \frac{17}{42} - \left(\frac{4}{7} \right)^2 = \frac{23}{294}$$

$$\mathrm{Cov}[X, \ Y] = E[XY] - E[X]E[Y] = \frac{17}{42} - \frac{5}{7} \cdot \frac{4}{7} = -\frac{1}{294}$$

$$\rho[X, \ Y] = \frac{\mathrm{Cov}[X, \ Y]}{\sqrt{V[X]} \sqrt{V[Y]}} = \left(-\frac{1}{294} \right) \Big/ \left(\sqrt{\frac{23}{490}} \sqrt{\frac{23}{294}} \right) = -\frac{7\sqrt{10} \cdot 7\sqrt{6}}{294 \cdot 23}$$

$$= -\frac{2\sqrt{15}}{6 \cdot 23} = -\frac{\sqrt{15}}{69} (= -0.0561)$$

確 認 ▶同時確率密度関数

2次元の連続型確率変数 (X, Y) の同時確率密度関数を、xy 平面全体で定義される
$$f(x, y) = k\exp[-x^2 + 2xy - 5y^2]$$
とする。

(1) k を求めよ。
(2) X の周辺密度関数 $f_X(x)$、Y の周辺密度関数 $f_Y(y)$ を求めよ。
(3) 相関係数 $\rho[X, Y]$ を求めよ。

(1) $\displaystyle\int_{-\infty}^{\infty}\int_{-\infty}^{\infty} f(x, y)dxdy = \int_{-\infty}^{\infty}\int_{-\infty}^{\infty} ke^{-x^2+2xy-5y^2}dxdy$

$\displaystyle = k\int_{-\infty}^{\infty}\left(\int_{-\infty}^{\infty} e^{-(x-y)^2-4y^2}dx\right)dy = k\int_{-\infty}^{\infty}\underbrace{\left(\int_{-\infty}^{\infty} e^{-(x-y)^2}dx\right)}_{\text{公式1.22}}e^{-4y^2}dy$

$\displaystyle = k\sqrt{\pi}\underbrace{\int_{-\infty}^{\infty} e^{-4y^2}dy}_{\text{公式1.22}} = k\sqrt{\pi}\cdot\frac{\sqrt{\pi}}{2} = \frac{k\pi}{2}$

これが1に等しいので、$\dfrac{k\pi}{2} = 1$ $k = \dfrac{2}{\pi}$ よって、$f(x, y) = \dfrac{2}{\pi}e^{-x^2+2xy-5y^2}$

(2) $\displaystyle f_X(x) = \int_{-\infty}^{\infty} f(x, y)dy = \int_{-\infty}^{\infty}\frac{2}{\pi}e^{-x^2+2xy-5y^2}dy = \frac{2}{\pi}\underbrace{\int_{-\infty}^{\infty} e^{-5\left(y-\frac{1}{5}x\right)^2-\frac{4}{5}x^2}dy}_{\text{公式1.22}}$

$\displaystyle = \frac{2}{\pi}\cdot\frac{\sqrt{\pi}}{\sqrt{5}}e^{-\frac{4}{5}x^2} = \frac{2}{\sqrt{5}\sqrt{\pi}}e^{-\frac{4}{5}x^2}$

$\displaystyle f_Y(y) = \int_{-\infty}^{\infty} f(x, y)dx = \int_{-\infty}^{\infty}\frac{2}{\pi}e^{-(x-y)^2-4y^2}dx = \frac{2}{\pi}\cdot\sqrt{\pi}\,e^{-4y^2} = \frac{2}{\sqrt{\pi}}e^{-4y^2}$

(3) $\displaystyle E[X] = \int_{-\infty}^{\infty} xf_X(x)dx = \int_{-\infty}^{\infty} x\cdot\frac{2}{\sqrt{5}\sqrt{\pi}}e^{-\frac{4}{5}x^2}dx = \left[-\frac{\sqrt{5}}{4\sqrt{\pi}}e^{-\frac{4}{5}x^2}\right]_{-\infty}^{\infty} = 0$

$\displaystyle E[Y] = \int_{-\infty}^{\infty} yf_Y(y)dy = \int_{-\infty}^{\infty} y\cdot\frac{2}{\sqrt{\pi}}e^{-4y^2}dy = \left[-\frac{1}{4\sqrt{\pi}}e^{-4y^2}\right]_{-\infty}^{\infty} = 0$

$\displaystyle V[X] = \int_{-\infty}^{\infty}(x-0)^2 f_X(x)dx = \int_{-\infty}^{\infty} x^2\frac{2}{\sqrt{5}\sqrt{\pi}}e^{-\frac{4}{5}x^2}dx$

$\displaystyle = \frac{2}{\sqrt{5}\sqrt{\pi}}\int_{-\infty}^{\infty}\left(-\frac{5}{8}x\right)\left(-\frac{8}{5}xe^{-\frac{4}{5}x^2}\right)dx$ $\left(e^{-\frac{4}{5}x^2}\right)' = -\frac{8}{5}xe^{-\frac{4}{5}x^2}$

$$= \frac{2}{\sqrt{5}\sqrt{\pi}}\left[-\frac{5}{8}xe^{-\frac{4}{5}x^2}\right]_{-\infty}^{\infty} - \frac{2}{\sqrt{5}\sqrt{\pi}}\underline{\int_{-\infty}^{\infty}-\frac{5}{8}e^{-\frac{4}{5}x^2}dx}$$

公式 1.22

$$= \frac{2}{\sqrt{5}\sqrt{\pi}}\cdot\frac{5}{8}\cdot\frac{\sqrt{5}\sqrt{\pi}}{2} = \frac{5}{8}$$

$$V[Y] = \int_{-\infty}^{\infty}(y-0)^2 f_Y(y)dy = \int_{-\infty}^{\infty}y^2\frac{2}{\sqrt{\pi}}e^{-4y^2}dy$$

$$= \frac{2}{\sqrt{\pi}}\int_{-\infty}^{\infty}\left(-\frac{1}{8}y\right)(-8ye^{-4y^2})dy \quad {\color{#c0392b}(e^{-4y^2})' = -8ye^{-4y^2}}$$

$$= \frac{2}{\sqrt{\pi}}\left[-\frac{1}{8}ye^{-4y^2}\right]_{-\infty}^{\infty} - \frac{2}{\sqrt{\pi}}\int_{-\infty}^{\infty}-\frac{1}{8}e^{-4y^2}dy$$

$$= \frac{2}{\sqrt{\pi}}\cdot\frac{1}{8}\int_{-\infty}^{\infty}e^{-4y^2}dy = \frac{2}{\sqrt{\pi}}\cdot\frac{1}{8}\cdot\frac{\sqrt{\pi}}{2} = \frac{1}{8}$$

$$\mathrm{Cov}[X,\ Y] = \int_{-\infty}^{\infty}\int_{-\infty}^{\infty}(x-0)(y-0)f(x,\ y)dxdy$$

$$= \int_{-\infty}^{\infty}\int_{-\infty}^{\infty}(x-y)y\frac{2}{\pi}e^{-(x-y)^2-4y^2}dxdy + \int_{-\infty}^{\infty}\int_{-\infty}^{\infty}y^2\frac{2}{\pi}e^{-(x-y)^2-4y^2}dxdy$$

公式 1.22 より $\sqrt{\pi}$

$$\left[\begin{array}{l}{\color{#c0392b}\text{第 1 項は } t = x-y \text{ とおくと、}\dfrac{2}{\pi}\int_{-\infty}^{\infty}\left(\int_{-\infty}^{\infty}te^{-t^2}dt\right)ye^{-4y^2}dy \text{ となるので、} t \text{ で}}\\ {\color{#c0392b}\text{の積分は } E[X] = 0 \text{ のときと同様に } 0}\end{array}\right]$$

$$= \frac{2}{\pi}\cdot\sqrt{\pi}\underline{\int_{-\infty}^{\infty}y^2 e^{-4y^2}dy} = \frac{1}{8}$$

$V[Y]$ と同じ

$$\rho[X,\ Y] = \frac{\mathrm{Cov}[X,\ Y]}{\sqrt{V[X]}\sqrt{V[Y]}} = \frac{1}{8}\bigg/\left(\sqrt{\frac{5}{8}}\sqrt{\frac{1}{8}}\right) = \frac{1}{\sqrt{5}}(=0.447)$$

演習 ▶確率変数の変換(1次元、その1)　（講義編 p.171 参照）

連続型確率変数 X の確率密度関数を、
$$f(x) = \begin{cases} ce^{-5x} & (x \geq 0) \\ 0 & (x < 0) \end{cases}$$
とする。

(1) c を定め、$E[X]$、$V[X]$ を求めよ。

(2) 確率変数 Y を $Y = 2X + 3$ で定めるとき、確率密度関数 $g(y)$、$E[Y]$、$V[Y]$ を求めよ。

(1) $\int_{-\infty}^{\infty} f(x)dx = \int_0^{\infty} ce^{-5x}dx = \left[-\frac{c}{5}e^{-5x}\right]_0^{\infty} = \frac{c}{5}$

確率密度関数の性質よりこれが 1 になるので、$\frac{c}{5} = 1 \quad c = 5$

X の確率密度関数は $f(x) = 5e^{-5x} \quad (x \geq 0) \quad$ [これは指数分布 $Ex(5)$]

$E[X] = \int_{-\infty}^{\infty} xf(x)dx = \int_0^{\infty} x \cdot 5e^{-5x}dx = 5\left[x\left(-\frac{1}{5}e^{-5x}\right)\right]_0^{\infty} - 5\int_0^{\infty}\left(-\frac{1}{5}e^{-5x}\right)dx$

　　　　　　　　　　　　　　　　　　　　　　　$x \to \infty$ では公式 1.13 を用いる

$\quad = \int_0^{\infty} e^{-5x}dx = \left[-\frac{1}{5}e^{-5x}\right]_0^{\infty} = \frac{1}{5}$

$E[X^2] = \int_{-\infty}^{\infty} x^2 f(x)dx = \int_0^{\infty} x^2 \cdot 5e^{-5x}dx$

$\quad = 5\left[x^2\left(-\frac{1}{5}e^{-5x}\right)\right]_0^{\infty} - 5\int_0^{\infty} 2x\left(-\frac{1}{5}e^{-5x}\right)dx$

　　　　$x \to \infty$ では公式 1.13

$\quad = \frac{2}{5}\int_0^{\infty} x \cdot 5e^{-5x}dx = \frac{2}{5} \cdot \frac{1}{5} = \frac{2}{25}$

　　　　$E[X]$ の結果を用いる

$V[X] = E[X^2] - \{E[X]\}^2 = \frac{2}{25} - \left(\frac{1}{5}\right)^2 = \frac{1}{25}$

(2) $y = 2x + 3$ より、$x = \frac{1}{2}(y - 3)$　これを微分して、$dx = \frac{1}{2}dy$

置換積分の要領で、

$\quad 5e^{-5x}dx = 5e^{-5\frac{1}{2}(y-3)}\frac{1}{2}dy = \frac{5}{2}e^{-\frac{5}{2}(y-3)}dy$

28

$x = \dfrac{1}{2}(y-3) \geq 0$ を解いて、$y \geq 3$

よって、Y の確率密度関数 $g(y)$ は、

$$g(y) = \begin{cases} \dfrac{5}{2}e^{-\frac{5}{2}(y-3)} & (y \geq 3) \\ 0 & (y < 0) \end{cases}$$

$E[Y] = E[2X+3] = 2E[X]+3 = 2 \cdot \dfrac{1}{5} + 3 = \dfrac{17}{5}$

$V[Y] = V[2X+3] = 2^2 V[X] = 4 \cdot \dfrac{1}{25} = \dfrac{4}{25}$

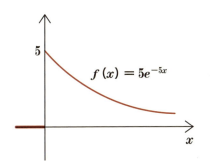
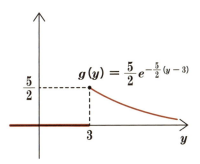

確認 ▶確率変数の変換（1次元、その1）

連続型確率変数 X の確率密度関数を、
$$f(x) = \begin{cases} c\sin x & (0 \leq x \leq \pi) \\ 0 & (x<0,\ \pi<x) \end{cases}$$
とする。

(1) c を定め、$E[X]$、$V[X]$ を求めよ。
(2) 確率変数 Y を $Y=3X-1$ で定めるとき、確率密度関数 $g(y)$、$E[Y]$、$V[Y]$ を求めよ。

(1) $\displaystyle \int_{-\infty}^{\infty} f(x)dx = \int_0^\pi c\sin x\, dx = \Big[-c\cos x\Big]_0^\pi = c-(-c) = 2c$

確率密度関数の性質より、これが1なので、$2c=1 \quad c=\dfrac{1}{2}$

X の確率密度関数は $f(x)=\dfrac{1}{2}\sin x \quad (0\leq x\leq \pi)$

$\displaystyle E[X] = \int_{-\infty}^{\infty} xf(x)dx = \int_0^\pi x\cdot\dfrac{1}{2}\sin x\, dx = \dfrac{1}{2}\Big[x(-\cos x)\Big]_0^\pi - \dfrac{1}{2}\int_0^\pi (-\cos x)dx$

$\qquad = \dfrac{1}{2}\pi + \dfrac{1}{2}\Big[\sin x\Big]_0^\pi = \dfrac{1}{2}\pi$

$\displaystyle E[X^2] = \int_{-\infty}^{\infty} x^2 f(x)dx = \int_0^\pi x^2 \cdot \dfrac{1}{2}\sin x\, dx$

$\qquad = \dfrac{1}{2}\Big[x^2(-\cos x)\Big]_0^\pi - \dfrac{1}{2}\int_0^\pi 2x(-\cos x)dx$

$\qquad = \dfrac{1}{2}\pi^2 + \Big[x\sin x\Big]_0^\pi - \int_0^\pi \sin x\, dx = \dfrac{1}{2}\pi^2 - \Big[-\cos x\Big]_0^\pi = \dfrac{1}{2}\pi^2 - 2$

$V[X] = E[X^2] - \{E[X]\}^2 = \dfrac{1}{2}\pi^2 - 2 - \left(\dfrac{1}{2}\pi\right)^2 = \dfrac{1}{4}\pi^2 - 2$

(2) $y=3x-1$ より、$x=\frac{1}{3}(y+1)$ これを微分して、$dx=\frac{1}{3}dy$

置換積分の要領で、

$$\frac{1}{2}\sin x\, dx = \frac{1}{2}\sin\left\{\frac{1}{3}(y+1)\right\}\frac{1}{3}dy = \frac{1}{6}\sin\left\{\frac{1}{3}(y+1)\right\}dy$$

また、

$0\leq\frac{1}{3}(y+1)\leq\pi$ を解いて、$-1\leq y\leq 3\pi-1$

よって、Y の確率密度関数は、

$$g(y)=\begin{cases} \dfrac{1}{6}\sin\left\{\dfrac{1}{3}(y+1)\right\} & (-1\leq y\leq 3\pi-1) \\ 0 & (y<-1,\ 3\pi-1<y) \end{cases}$$

$$E[Y]=E[3X-1]=3E[X]-1=3\cdot\frac{1}{2}\pi-1=\frac{3}{2}\pi-1$$

$$V[Y]=V[3X-1]=3^2V[X]=9\left(\frac{1}{4}\pi^2-2\right)=\frac{9}{4}\pi^2-18$$

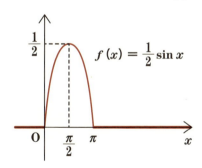
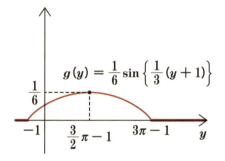

演習 ▶ 確率変数の変換(1次元、その2)　（講義編 p.172 参照）

(1) 連続型確率変数 X の確率密度関数が $f(x) = \dfrac{1}{\pi(1+x^2)}(-\infty < x < \infty)$

のとき、確率変数 $Y = X^2$ の確率密度関数 $g(y)$ を求めよ。

(2) 連続型確率変数 X の確率密度関数が $f(x) = \begin{cases} \dfrac{1}{2} e^{-\frac{x}{2}} & (x \geq 0) \\ 0 & (x < 0) \end{cases}$

のとき、確率変数 $Y = \sqrt{X}$ の確率密度関数 $g(y)$ を求めよ。

(1) $g(y) = \{f(\sqrt{y}) + f(-\sqrt{y})\} \dfrac{1}{2\sqrt{y}}$
　　p.173 アンダーライン

$= \left(\dfrac{1}{\pi\{1+(\sqrt{y})^2\}} + \dfrac{1}{\pi\{1+(-\sqrt{y})^2\}} \right) \dfrac{1}{2\sqrt{y}}$

$= \dfrac{1}{\pi}(1+y)^{-1} y^{-\frac{1}{2}} \quad (y \geq 0)$

［答はこれでよいがさらに続けると］

$= \dfrac{1^{\frac{1}{2}} \cdot 1^{\frac{1}{2}}}{B\left(\frac{1}{2}, \frac{1}{2}\right)} \dfrac{y^{\frac{1}{2}-1}}{(y+1)^{\frac{1+1}{2}}}$

［コーシー分布（p.182）の確率密度関数］
$f(x) = \dfrac{1}{\pi(1+x^2)}$

［自由度(m, n) の F 分布の確率密度関数］
$f_{m, n}(x) = \dfrac{m^{\frac{m}{2}} n^{\frac{n}{2}}}{B\left(\frac{m}{2}, \frac{n}{2}\right)} \dfrac{x^{\frac{m}{2}-1}}{(mx+n)^{\frac{m+n}{2}}}$

X がコーシー分布 $C(0, 1)$ に従うとき、$Y = X^2$ は自由度$(1, 1)$ の F 分布になる。

(2) X の確率密度関数が $f(x)$ のとき、$Y = h(X)$ ［$h(x)$ は単調関数］の確率密度関数 $g(y)$ は、$X = h(Y)$ として、$g(y) = f(h^{-1}(y)) \dfrac{dh^{-1}(y)}{dy}$

$X = Y^2$ なので、

$g(y) = f(y^2) 2y = \dfrac{1}{2} e^{-\frac{y^2}{2}} \cdot 2y = y e^{-\frac{y^2}{2}} \quad (y \geq 0)$

確 認 ▶確率変数の変換（1次元、その2）

(1) 連続型確率変数 X の確率密度関数が $f(x)=\dfrac{1}{\sqrt{n}\,B\left(\frac{1}{2},\frac{n}{2}\right)}\left(1+\dfrac{x^2}{n}\right)^{-\frac{n+1}{2}}$

　　 $(-\infty<x<\infty)$ のとき、確率変数 $Y=X^2$ の確率密度関数 $g(y)$ を求めよ。

(2) 連続型確率変数 X の確率密度関数が $f(x)=\begin{cases}\dfrac{1}{\sqrt{2\pi}}x^{-\frac{1}{2}}e^{-\frac{x}{2}} & (x>0)\\ 0 & (x\le 0)\end{cases}$

のとき、確率変数 $Y=\sqrt{X}$ の確率密度関数 $g(y)$ を求めよ。

(1) $g(y)=\{f(\sqrt{y})+f(-\sqrt{y})\}\dfrac{1}{2\sqrt{y}}=f(\sqrt{y})\dfrac{1}{\sqrt{y}}$

p.173 アンダーライン

$=\dfrac{1}{\sqrt{n}\,B\left(\frac{1}{2},\frac{n}{2}\right)}\left(1+\dfrac{y}{n}\right)^{-\frac{n+1}{2}}\dfrac{1}{\sqrt{y}}$

$=\dfrac{1^{\frac{1}{2}}\cdot n^{\frac{n}{2}}}{B\left(\frac{1}{2},\frac{n}{2}\right)}\dfrac{y^{\frac{1}{2}-1}}{(y+n)^{\frac{1+n}{2}}}$ 　 $(y\ge 0)$

X が自由度 n の t 分布に従うとき、

$Y=X^2$ は自由度 $(1,\ n)$ の F 分布に従う。

(2) X の確率密度関数が $f(x)$ のとき、$Y=h(X)$

[$h(x)$ は単調関数] の確率密度関数 $g(y)$ は、

$X=h(Y)$ として、$g(y)=f(h^{-1}(y))\dfrac{dh^{-1}(y)}{dy}$

$X=Y^2$ なので、

$g(y)=\dfrac{1}{\sqrt{2\pi}}(y^2)^{-\frac{1}{2}}e^{-\frac{1}{2}y^2}\cdot 2y=\dfrac{\sqrt{2}}{\sqrt{\pi}}e^{-\frac{1}{2}y^2}$ 　 $(y>0)$

X が自由度 1 の χ^2 分布 $\left(\Gamma\left(\dfrac{1}{2},\ 2\right)\text{分布}\right)$ に従うとき、$Y=\sqrt{X}$ は標準正規分布の正の部分（の2倍）になる。

[自由度 n の t 分布の
　　　　確率密度関数]

$f_n(x)=\dfrac{1}{\sqrt{n}\,B\left(\frac{1}{2},\frac{n}{2}\right)}\left(1+\dfrac{x^2}{n}\right)^{-\frac{n+1}{2}}$

$(-\infty<x<\infty)$

[自由度 $(m,\ n)$ の F 分布の
　　　　確率密度関数]

$f_{m,n}(x)=\dfrac{m^{\frac{m}{2}}n^{\frac{n}{2}}}{B\left(\frac{m}{2},\frac{n}{2}\right)}\dfrac{x^{\frac{m}{2}-1}}{(mx+n)^{\frac{m+n}{2}}}$

$(x>0)$

[ガンマ分布 $\Gamma(n,\ \alpha)$ の
　　　　確率密度関数]

$f_{n,\alpha}(x)=\dfrac{1}{\Gamma(n)\alpha^n}x^{n-1}e^{-\frac{x}{\alpha}}$ 　 $(x>0)$

演習 ▶確率変数の四則演算　（講義編 p.176、179、181 参照）

2つの独立な連続型確率変数 X、Y がそれぞれ、指数分布 $Ex(\lambda)$、$Ex(\mu)$ に従うとする。確率変数 Z を $X+Y$、$X-Y$、X/Y とするとき、それぞれの場合に確率密度関数 $g(z)$ を求めよ。

X、Y の確率密度関数 $f_1(x)$、$f_2(y)$ は、

$$f_1(x) = \begin{cases} \lambda e^{-\lambda x} & (x \geq 0) \\ 0 & (x < 0) \end{cases} \qquad f_2(y) = \begin{cases} \mu e^{-\mu y} & (y \geq 0) \\ 0 & (y < 0) \end{cases}$$

$Z = X+Y$ のとき、$y = z-x \geq 0$ より、$x \leq z$ であり、

$$\begin{aligned}
g(z) &= \int_{-\infty}^{\infty} f_1(x) f_2(z-x) dx = \int_0^z f_1(x) f_2(z-x) dx \\
&= \int_0^z \lambda e^{-\lambda x} \mu e^{-\mu(z-x)} dx = \lambda \mu e^{-\mu z} \int_0^z e^{-(\lambda-\mu)x} dx \\
&= \lambda \mu e^{-\mu z} \left[-\frac{1}{\lambda-\mu} e^{-(\lambda-\mu)x} \right]_0^z \\
&= -\frac{\lambda \mu}{\lambda-\mu} e^{-\mu z}(e^{-(\lambda-\mu)z} - 1) = -\frac{\lambda \mu (e^{-\lambda z} - e^{-\mu z})}{\lambda-\mu} \quad (z \geq 0)
\end{aligned}$$

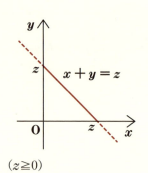

$Z = X-Y$ のとき、$x = y+z \geq 0$ より、$y \geq -z$ であり、

$z \leq 0$ のとき、$-z \geq 0$ であり、

$$\begin{aligned}
g(z) &= \int_{-\infty}^{\infty} f_1(y+z) f_2(y) dy = \int_{-z}^{\infty} f_1(y+z) f_2(y) dy \\
&= \int_{-z}^{\infty} \lambda e^{-\lambda(y+z)} \mu e^{-\mu y} dy = \lambda \mu e^{-\lambda z} \int_{-z}^{\infty} e^{-(\lambda+\mu)y} dy \\
&= \lambda \mu e^{-\lambda z} \left[-\frac{1}{\lambda+\mu} e^{-(\lambda+\mu)y} \right]_{-z}^{\infty} = \frac{\lambda \mu}{\lambda+\mu} e^{-\lambda z} e^{(\lambda+\mu)z} \\
&= \frac{\lambda \mu e^{\mu z}}{\lambda+\mu}
\end{aligned}$$

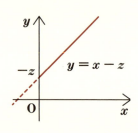

$z > 0$ のとき、

$$\begin{aligned}
g(z) &= \int_{-\infty}^{\infty} f_1(y+z) f_2(y) dy = \int_0^{\infty} f_1(y+z) f_2(y) dy \\
&= \int_0^{\infty} \lambda e^{-\lambda(y+z)} \mu e^{-\mu y} dy = \lambda \mu e^{-\lambda z} \int_0^{\infty} e^{-(\lambda+\mu)y} dy \\
&= \lambda \mu e^{-\lambda z} \left[-\frac{1}{\lambda+\mu} e^{-(\lambda+\mu)y} \right]_0^{\infty} = \frac{\lambda \mu}{\lambda+\mu} e^{-\lambda z}
\end{aligned}$$

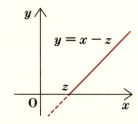

$Z=X/Y$ のとき、

$z<0$ のとき、x、y の一方は負なので $f_1(x)f_2(y)=0$ となり、$g(z)=0$

$z\geqq 0$ のとき、$z=x/y\geqq 0$ より、$0<y<\infty$

$$g(z)=\int_{-\infty}^{\infty} f_1(zy)f_2(y)|y|dy = \int_0^{\infty} f_1(zy)f_2(y)ydy$$

$$=\int_0^{\infty} \lambda e^{-\lambda zy}\mu e^{-\mu y}ydy = \lambda\mu\int_0^{\infty} e^{-y(\lambda z+\mu)}ydy$$

$$=\lambda\mu\left[-\frac{1}{\lambda z+\mu}e^{-y(\lambda z+\mu)}y\right]_0^{\infty}$$

$$\qquad\qquad -\lambda\mu\int_0^{\infty} -\frac{1}{\lambda z+\mu}e^{-y(\lambda z+\mu)}dy$$

$$=\lambda\mu\left[-\frac{1}{(\lambda z+\mu)^2}e^{-y(\lambda z+\mu)}\right]_0^{\infty} = \frac{\lambda\mu}{(\lambda z+\mu)^2}$$

[$\lambda z+\mu>0$ なので、$e^{-y(\lambda z+\mu)} \to 0 \quad (y\to\infty)$]

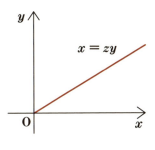

確認 ▶ 確率変数の四則演算

2つの独立な連続型確率変数 X、Y がそれぞれ、一様分布 $U(0, 1)$ に従うとする。このとき、確率変数 Z を $X+Y$、$X-Y$、XY、X/Y とするとき、それぞれの場合に確率密度関数 $f(z)$ を求めよ。

一様分布の確率変数の合成は、累積分布関数を持ち出すと考えやすい。
$Z=X+Y$ のとき、z の分布関数を $F(z)$ とすると、

$$F(z)=P(X+Y\leq z)=\int_{x+y\leq z,\ 0\leq x\leq 1,\ 0\leq y\leq 1} 1\cdot 1 dxdy$$

なので、これは $0\leq x\leq 1$、$0\leq y\leq 1$ での $x+y\leq z$ を満たす部分(下左図)の面積になる。

$$F(z)=\begin{cases} 0 & (z<0) \\ \dfrac{1}{2}z^2 & (0\leq z<1) \\ 1-\dfrac{1}{2}(2-z)^2 & (1\leq z<2) \\ 1 & (2\leq z) \end{cases}$$

微分して、$f(z)=\begin{cases} 0 & (z<0) \\ z & (0\leq z<1) \\ 2-z & (1\leq z<2) \\ 0 & (2\leq z) \end{cases}$

$Z=X-Y$ のとき、$F(z)=P(X-Y\leq z)$ は、$0\leq x\leq 1$、$0\leq y\leq 1$ での $x-y\leq z$ を満たす部分(下右図)の面積であり、

$$F(z)=\begin{cases} 0 & (z<-1) \\ \dfrac{1}{2}(1+z)^2 & (-1\leq z<0) \\ 1-\dfrac{1}{2}(1-z)^2 & (0\leq z<1) \\ 1 & (1\leq z) \end{cases}$$

微分して、$f(z)=\begin{cases} 0 & (z<-1) \\ 1+z & (-1\leq z<0) \\ 1-z & (0\leq z<1) \\ 0 & (1\leq z) \end{cases}$

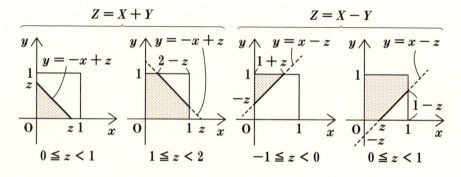

$Z=XY$ のとき、$0 \leq z < 1$ とすると、$F(z)=P(XY \leq z)$ は、$0 \leq x \leq 1$、$0 \leq y \leq 1$ での $xy \leq z$ を満たす部分（下左図）の面積であり、

$$F(z) = z + \int_z^1 \frac{z}{x} dx = z + z \Big[\log x \Big]_z^1 = z - z \log z$$

微分して、$f(z) = 1 - z \cdot \dfrac{1}{z} - \log z = -\log z \quad (0 \leq z \leq 1)$

$$F(z) = \begin{cases} 0 & (z<0) \\ z - z\log z & (0 \leq z < 1) \\ 1 & (1 \leq z) \end{cases} \quad \text{微分して、} f(z) = \begin{cases} 0 & (z<0) \\ -\log z & (0 \leq z < 1) \\ 0 & (1 \leq z) \end{cases}$$

$Z=X/Y$ のとき、$F(z)=P(X/Y \leq z)$ は、$0 \leq x \leq 1$、$0 \leq y \leq 1$ での $x \leq yz$ を満たす部分（下右図）の面積であり、

$$F(z) = \begin{cases} 0 & (z<0) \\ \dfrac{1}{2}z & (0 \leq z < 1) \\ 1 - \dfrac{1}{2z} & (1 \leq z) \end{cases} \quad \text{微分して、} f(z) = \begin{cases} 0 & (z<0) \\ \dfrac{1}{2} & (0 \leq z < 1) \\ \dfrac{1}{2z^2} & (1 \leq z) \end{cases}$$

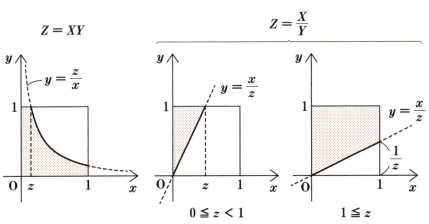

演習 ▶確率変数の変換（t分布の確率密度関数の導出）　（講義編 p.183、186 参照）

2つ確率変数 Y、Z が独立で、Y が自由度 n の χ^2 分布、Z が標準正規分布 $N(0, 1^2)$ に従うとき、$X = \dfrac{Z}{\sqrt{\dfrac{Y}{n}}}$ で定義される確率変数 X の確率密度関数を求めよ。

$X = \dfrac{Z}{\sqrt{\dfrac{Y}{n}}}$ の確率密度関数を求めるには、$X = \dfrac{Z}{\sqrt{\dfrac{Y}{n}}}$、$W = Y$ と変数変換したあと、X の周辺確率密度関数を求める。

自由度 n の χ^2 分布の確率密度関数は、$f(y) = \dfrac{1}{2^{\frac{n}{2}} \Gamma\left(\frac{n}{2}\right)} y^{\frac{n}{2}-1} e^{-\frac{y}{2}}$　$(y > 0)$

標準正規分布の確率密度関数は、$g(z) = \dfrac{1}{\sqrt{2\pi}} e^{-\frac{1}{2}z^2}$　$(-\infty < z < \infty)$

$f(y)g(z)dydz$ を、$X = \dfrac{Z}{\sqrt{\dfrac{Y}{n}}}$、$W = Y$ によって変数変換する。

$y > 0$、$-\infty < z < \infty$ より、x、w の定義域は $-\infty < x < \infty$、$0 < w < \infty$

$Y = W$、$Z = X\sqrt{\dfrac{W}{n}}$ なので、ヤコビアン $\det J$ は、

$$\det J = \begin{vmatrix} \dfrac{\partial y}{\partial x} & \dfrac{\partial y}{\partial w} \\ \dfrac{\partial z}{\partial x} & \dfrac{\partial z}{\partial w} \end{vmatrix} = \begin{vmatrix} 0 & 1 \\ \sqrt{\dfrac{w}{n}} & \dfrac{x}{2\sqrt{nw}} \end{vmatrix} = -\sqrt{\dfrac{w}{n}}$$

(Y, Z) の同時確率密度関数 $f(y)g(z)dydz$ を (X, W) に変数変換すると、

$$f(y)g(z)dydz = \dfrac{1}{2^{\frac{n}{2}} \Gamma\left(\frac{n}{2}\right)} y^{\frac{n}{2}-1} e^{-\frac{y}{2}} \dfrac{1}{\sqrt{2\pi}} e^{-\frac{1}{2}z^2} dydz$$

$$= \dfrac{1}{2^{\frac{n}{2}} \Gamma\left(\frac{n}{2}\right)} w^{\frac{n}{2}-1} e^{-\frac{w}{2}} \dfrac{1}{\sqrt{2\pi}} e^{-\frac{1}{2n}x^2 w} \underbrace{\sqrt{\dfrac{w}{n}}}_{|\det J|} dxdw$$

$$= \dfrac{1}{\sqrt{2n\pi}} \cdot \dfrac{1}{2^{\frac{n}{2}} \Gamma\left(\frac{n}{2}\right)} w^{\frac{n-1}{2}} e^{-\frac{w}{2}\left(1 + \frac{x^2}{n}\right)} dxdw$$

これが同時確率密度関数 $p(x, w)dxdw$ に等しいので、

X の周辺密度関数 $h(x)$ を求めると、

$$h(x) = \int_{-\infty}^{\infty} p(x, \ w) dw$$

$$= \frac{1}{\sqrt{2n\pi}} \frac{1}{2^{\frac{n}{2}} \Gamma\left(\frac{n}{2}\right)} \int_0^{\infty} w^{\frac{n-1}{2}} e^{-\frac{1}{2}\left(1+\frac{x^2}{n}\right)w} dw$$

$$= \frac{1}{\sqrt{2n\pi}} \cdot \frac{1}{2^{\frac{n}{2}} \Gamma\left(\frac{n}{2}\right)} \cdot \frac{\Gamma\left(\frac{n+1}{2}\right)}{\left\{\frac{1}{2}\left(1+\frac{x^2}{n}\right)\right\}^{\frac{n+1}{2}}}$$

$$= \frac{\Gamma\left(\frac{n+1}{2}\right)}{\sqrt{n}\,\Gamma\left(\frac{1}{2}\right)\Gamma\left(\frac{n}{2}\right)} \left(1+\frac{x^2}{n}\right)^{-\frac{n+1}{2}}$$

$$= \frac{1}{\sqrt{n}\,B\left(\frac{1}{2},\frac{n}{2}\right)} \left(1+\frac{x^2}{n}\right)^{-\frac{n+1}{2}} \quad (-\infty < x < \infty)$$

$$\int_0^{\infty} w^p e^{-aw} dw \quad (aw = t \ とおく)$$

$$= \int_0^{\infty} \left(\frac{t}{a}\right)^p e^{-t} \frac{1}{a} dt$$

$$= \frac{1}{a^{p+1}} \int_0^{\infty} t^{(p+1)-1} e^{-t} dt = \frac{\Gamma(p+1)}{a^{p+1}}$$

$$p \Rightarrow \frac{n-1}{2}, \ a \Rightarrow \frac{1}{2}\left(1+\frac{x^2}{n}\right)$$

$$\sqrt{\pi} = \Gamma\left(\frac{1}{2}\right)$$

確 認 ▶ 確率変数の変換（F分布の確率密度関数の導出）

2つの確率変数 Y、Z が独立で、Y が自由度 m の χ^2 分布、Z が自由度 n の χ^2 分布に従うとき、$X = \dfrac{\left(\dfrac{Y}{m}\right)}{\left(\dfrac{Z}{n}\right)}$ で定義される確率変数 X の確率密度関数を求めよ。

$X = \dfrac{\left(\dfrac{Y}{m}\right)}{\left(\dfrac{Z}{n}\right)}$ の確率密度関数を求めるには、$X = \dfrac{\left(\dfrac{Y}{m}\right)}{\left(\dfrac{Z}{n}\right)}$、$W = Z$ と変数変換したあと、X の周辺確率密度関数を求める。

自由度 m の χ^2 分布の確率密度関数は、$f(y) = \dfrac{1}{2^{\frac{m}{2}} \Gamma\left(\frac{m}{2}\right)} y^{\frac{m}{2}-1} e^{-\frac{y}{2}}$ $(0 < y)$

自由度 n の χ^2 分布の確率密度関数は、$g(z) = \dfrac{1}{2^{\frac{n}{2}} \Gamma\left(\frac{n}{2}\right)} z^{\frac{n}{2}-1} e^{-\frac{z}{2}}$ $(0 < z)$

$f(y)g(z)dydz$ を、$X = \dfrac{\left(\dfrac{Y}{m}\right)}{\left(\dfrac{Z}{n}\right)} = \dfrac{nY}{mZ}$、$W = Z$ で変数変換する。

$0 < y$, $0 < z$ より、x、w の定義域は、$0 < x$, $0 < w$ となる。

$Y = \dfrac{m}{n} XW$、$Z = W$ と表されるので、ヤコビアン $\det J$ は、

$$\det J = \begin{vmatrix} \dfrac{\partial y}{\partial x} & \dfrac{\partial y}{\partial w} \\ \dfrac{\partial z}{\partial x} & \dfrac{\partial z}{\partial w} \end{vmatrix} = \begin{vmatrix} \dfrac{m}{n}w & \dfrac{m}{n}x \\ 0 & 1 \end{vmatrix} = \dfrac{m}{n}w$$

これを用いて、(Y, Z) の同時確率密度関数 $f(y)g(z)dydz$ を (X, W) に変換すると、

$$f(y)g(z)dydz = \dfrac{1}{2^{\frac{m}{2}} \Gamma\left(\frac{m}{2}\right)} y^{\frac{m}{2}-1} e^{-\frac{y}{2}} \dfrac{1}{2^{\frac{n}{2}} \Gamma\left(\frac{n}{2}\right)} z^{\frac{n}{2}-1} e^{-\frac{z}{2}} dydz$$

$$= \dfrac{1}{2^{\frac{m}{2}} \Gamma\left(\frac{m}{2}\right)} \left(\dfrac{m}{n} xw\right)^{\frac{m}{2}-1} e^{-\frac{m}{2n}xw} \dfrac{1}{2^{\frac{n}{2}} \Gamma\left(\frac{n}{2}\right)} w^{\frac{n}{2}-1} e^{-\frac{w}{2}} \underbrace{\dfrac{m}{n}w}_{|\det J|} dxdw$$

$$= \dfrac{\left(\dfrac{m}{n}\right)^{\frac{m}{2}} x^{\frac{m}{2}-1}}{2^{\frac{m+n}{2}} \Gamma\left(\frac{m}{2}\right) \Gamma\left(\frac{n}{2}\right)} w^{\frac{m+n}{2}-1} e^{-\frac{1}{2}\left(1+\frac{m}{n}x\right)w} dxdw$$

これが同時確率密度関数 $p(x, w)dxdw$ に等しいので、X の周辺密度関数 $h(x)$ を求めると、

$$h(x) = \int_{-\infty}^{\infty} p(x, w)dw$$

$$= \frac{\left(\frac{m}{n}\right)^{\frac{m}{2}} x^{\frac{m}{2}-1}}{2^{\frac{m+n}{2}} \Gamma\left(\frac{m}{2}\right)\Gamma\left(\frac{n}{2}\right)} \int_{0}^{\infty} w^{\frac{m+n}{2}-1} e^{-\frac{1}{2}\left(1+\frac{m}{n}x\right)w} dw$$

$$= \frac{\left(\frac{m}{n}\right)^{\frac{m}{2}} x^{\frac{m}{2}-1}}{2^{\frac{m+n}{2}} \Gamma\left(\frac{m}{2}\right)\Gamma\left(\frac{n}{2}\right)} \cdot \frac{\Gamma\left(\frac{m+n}{2}\right)}{\left\{\frac{1}{2}\left(1+\frac{m}{n}x\right)\right\}^{\frac{m+n}{2}}}$$

$$= \frac{\Gamma\left(\frac{m+n}{2}\right)}{\Gamma\left(\frac{m}{2}\right)\Gamma\left(\frac{n}{2}\right)} \left(\frac{m}{n}\right)^{\frac{m}{2}} \frac{x^{\frac{m}{2}-1}}{\left(1+\frac{m}{n}x\right)^{\frac{m+n}{2}}}$$

$$= \frac{m^{\frac{m}{2}} n^{\frac{n}{2}}}{B\left(\frac{m}{2}, \frac{n}{2}\right)} \frac{x^{\frac{m}{2}-1}}{(mx+n)^{\frac{m+n}{2}}} \quad (x>0)$$

$\int_{0}^{\infty} w^{p} e^{-aw} dw \quad (aw=t$ とおく$)$

$= \int_{0}^{\infty} \left(\frac{t}{a}\right)^{p} e^{-t} \frac{1}{a} dt$

$= \frac{1}{a^{p+1}} \int_{0}^{\infty} t^{(p+1)-1} e^{-t} dt = \frac{\Gamma(p+1)}{a^{p+1}}$

$p \Rightarrow \frac{m+n}{2}-1$、$a \Rightarrow \frac{1}{2}\left(1+\frac{m}{n}x\right)$

演習 ▶積率母関数 （講義編 p.194、195 参照）

(1) ポアソン分布 $Po(\lambda)$ の積率母関数 $\varphi_X(t)$ を求め、$Po(\lambda)$ の平均、分散を計算せよ。

（確率質量関数は、$P(X=k)=\dfrac{\lambda^k}{k!}e^{-\lambda}$ （$\lambda>0$、k は 0 以上の整数））

(2) 自由度 n の χ^2 分布 $\chi^2(n)$ の積率母関数 $\varphi_X(t)$ を求め、$\chi^2(n)$ の平均、分散を計算せよ。

（確率密度関数は、$f_n(x)=\dfrac{1}{2^{\frac{n}{2}}\Gamma\left(\frac{n}{2}\right)}x^{\frac{n}{2}-1}e^{-\frac{x}{2}}$ （$x>0$））

(1) $\varphi_X(t)=E[e^{tX}]=\sum_{k=0}^{\infty}e^{kt}P(X=k)$

$$=\sum_{k=0}^{\infty}\frac{\lambda^k}{k!}e^{-\lambda}e^{kt}=e^{-\lambda}\sum_{k=0}^{\infty}\frac{(\lambda e^t)^k}{k!}=\exp[-\lambda]\cdot\exp[\lambda e^t]=\exp[\lambda(e^t-1)]$$

$\varphi'_X(t)=\exp[\lambda(e^t-1)]\cdot\lambda e^t$

$E[X]=\varphi'_X(0)=\lambda$

$\varphi''_X(t)=\exp[\lambda(e^t-1)]\lambda e^t\cdot\lambda e^t+\exp[\lambda(e^t-1)]\cdot\lambda e^t$

$E[X^2]=\varphi''_X(0)=\lambda^2+\lambda$

$V[X]=E[X^2]-\{E[X]\}^2=\varphi''_X(0)-\{\varphi'_X(0)\}^2=\lambda^2+\lambda-\lambda^2=\lambda$

(2) $\varphi_X(t)=E[e^{tX}]=\int_{-\infty}^{\infty}f(x)e^{tx}dx$

$$=\int_0^{\infty}\frac{1}{2^{\frac{n}{2}}\Gamma\left(\frac{n}{2}\right)}x^{\frac{n}{2}-1}e^{-\frac{x}{2}}\cdot e^{tx}dx=\int_0^{\infty}\frac{1}{2^{\frac{n}{2}}\Gamma\left(\frac{n}{2}\right)}x^{\frac{n}{2}-1}e^{-\frac{1}{2}(1-2t)x}dx$$

$$\left[u=\frac{(1-2t)x}{2} \text{とおくと、}\frac{2}{1-2t}du=dx\right]$$

$$=\frac{1}{2^{\frac{n}{2}}\Gamma\left(\frac{n}{2}\right)}\int_0^{\infty}\left(\frac{2u}{1-2t}\right)^{\frac{n}{2}-1}e^{-u}\frac{2}{1-2t}du=\frac{(1-2t)^{-\frac{n}{2}}}{\Gamma\left(\frac{n}{2}\right)}\underbrace{\int_0^{\infty}u^{\frac{n}{2}-1}e^{-u}du}_{\Gamma\left(\frac{n}{2}\right)}$$

$$=(1-2t)^{-\frac{n}{2}}$$

$\varphi'_X(t)=-\dfrac{n}{2}(1-2t)^{-\frac{n}{2}-1}(-2)=n(1-2t)^{-\frac{n}{2}-1}$

$E[X]=\varphi'_X(0)=n$

$$\varphi''_X(t) = n\left(-\frac{n}{2} - 1\right)(1-2t)^{-\frac{n}{2}-2}(-2) = n(n+2)(1-2t)^{-\frac{n}{2}-2}$$

$$E[X^2] = \varphi''_X(0) = n(n+2)$$

$$V[X] = E[X^2] - \{E[X]\}^2 = \varphi''_X(0) - \{\varphi'_X(0)\}^2 = n(n+2) - n^2 = 2n$$

確認 ▶積率母関数

(1) ガンマ分布 $\Gamma(n, \alpha)$ の積率母関数 $\varphi_X(t)$ を求め、$\Gamma(n, \alpha)$ の平均、分散を計算せよ。

$$\left(\text{確率密度関数は、} f(x) = \frac{1}{\Gamma(n)\alpha^n} x^{n-1} e^{-\frac{x}{\alpha}} \ (x \geq 0)\right)$$

(2) 一様分布 $U(a, b)$ の積率母関数を求め、$U(a, b)$ の平均、分散を計算せよ。

$$\left(\text{確率密度関数は、} f(x) = \begin{cases} \dfrac{1}{b-a} & (a \leq x \leq b) \\ 0 & (x < a, \ b < x) \end{cases}\right)$$

(1) $\varphi_X(t) = E[e^{tX}] = \displaystyle\int_{-\infty}^{\infty} f(x) e^{tx} dx$

$\displaystyle = \int_0^{\infty} \frac{1}{\Gamma(n)\alpha^n} x^{n-1} e^{-\frac{x}{\alpha}} \cdot e^{tx} dx = \frac{1}{\Gamma(n)\alpha^n} \int_0^{\infty} x^{n-1} e^{-\frac{1}{\alpha}(1-\alpha t)x} dx$

$\left[u = \dfrac{(1-\alpha t)x}{\alpha} \text{とおくと、} \dfrac{\alpha}{(1-\alpha t)} du = dx \right]$

$\displaystyle = \frac{1}{\Gamma(n)\alpha^n} \int_0^{\infty} \left(\frac{\alpha u}{1-\alpha t}\right)^{n-1} e^{-u} \frac{\alpha}{1-\alpha t} du = \frac{(1-\alpha t)^{-n}}{\Gamma(n)} \underbrace{\int_0^{\infty} u^{n-1} e^{-u} du}_{\Gamma(n)}$

$= (1-\alpha t)^{-n}$

$\varphi'_X(t) = -n(1-\alpha t)^{-n-1}(-\alpha) = n\alpha(1-\alpha t)^{-n-1}$

$E[X] = \varphi'_X(0) = n\alpha$

$\varphi''_X(t) = n\alpha(-n-1)(1-\alpha t)^{-n-2}(-\alpha) = n(n+1)\alpha^2(1-\alpha t)^{-n-2}$

$E[X^2] = \varphi''_X(0) = n(n+1)\alpha^2$

$V[X] = E[X^2] - \{E[X]\}^2 = \varphi''_X(0) - \{\varphi'_X(0)\}^2 = n(n+1)\alpha^2 - (n\alpha)^2 = n\alpha^2$

(2) $\varphi_X(t) = E[e^{tX}] = \displaystyle\int_{-\infty}^{\infty} f(x) e^{tx} dx$

$\displaystyle = \int_a^b \frac{1}{b-a} e^{tx} dx = \frac{1}{b-a} \left[\frac{e^{tx}}{t}\right]_a^b = \frac{e^{bt} - e^{at}}{(b-a)t}$

$\varphi'_X(t) = \dfrac{d}{dt}\left((e^{bt} - e^{at}) \cdot \dfrac{1}{(b-a)t}\right) = \dfrac{be^{bt} - ae^{at}}{(b-a)t} - (e^{bt} - e^{at})\dfrac{1}{(b-a)t^2}$

44

ここで、$\displaystyle\lim_{t\to 0}\frac{be^{bt}-ae^{at}}{(b-a)t}=\lim_{t\to 0}\frac{b^2e^{bt}-a^2e^{at}}{b-a}=\frac{b^2-a^2}{b-a}=b+a$

ロピタルの定理

$x\to a$ で、$f(x)\to 0$、$g(x)\to 0$ となるとき、

$$\lim_{x\to a}\frac{f(x)}{g(x)}=\lim_{x\to a}\frac{f'(x)}{g'(x)}$$

$\displaystyle\lim_{t\to 0}\frac{e^{bt}-e^{at}}{(b-a)t^2}=\lim_{t\to 0}\frac{be^{bt}-ae^{at}}{2(b-a)t}=\frac{b+a}{2}$

ロピタルの定理 　　上の結果より

であることを用い、

$$E[X]=\lim_{t\to 0}\varphi'(t)=b+a-\frac{b+a}{2}=\frac{b+a}{2}$$

$$\varphi''_X(t)=\frac{d^2}{dt^2}\Big(\underbrace{(e^{bt}-e^{at})}_{f}\cdot\underbrace{\frac{1}{(b-a)t}}_{g}\Big)\qquad (fg)''=f''g+2f'g'+fg''$$

$$=\underbrace{\frac{b^2e^{bt}-a^2e^{at}}{(b-a)t}}_{f''g}+\underbrace{2(be^{bt}-ae^{at})\frac{-1}{(b-a)t^2}}_{2f'g'}+\underbrace{(e^{bt}-e^{at})\frac{2}{(b-a)t^3}}_{fg''}$$

ここで、$\displaystyle\lim_{t\to 0}\frac{b^2e^{bt}-a^2e^{at}}{(b-a)t}=\lim_{t\to 0}\frac{b^3e^{bt}-a^3e^{at}}{b-a}=\frac{b^3-a^3}{b-a}=b^2+ba+a^2$

ロピタルの定理

$\displaystyle\lim_{t\to 0}\frac{be^{bt}-ae^{at}}{(b-a)t^2}=\lim_{t\to 0}\frac{b^2e^{bt}-a^2e^{at}}{2(b-a)t}=\frac{1}{2}(b^2+ba+a^2)$

ロピタルの定理

$\displaystyle\lim_{t\to 0}\frac{e^{bt}-e^{at}}{(b-a)t^3}=\lim_{t\to 0}\frac{be^{bt}-ae^{at}}{3(b-a)t^2}=\frac{1}{6}(b^2+ba+a^2)$

であることを用い、

$$E[X^2]=\lim_{t\to 0}\varphi''_X(t)=\Big(1-2\cdot\frac{1}{2}+2\cdot\frac{1}{6}\Big)(b^2+ba+a^2)=\frac{1}{3}(b^2+ba+a^2)$$

$$V[X]=E[X^2]-\{E[X]\}^2=\frac{1}{3}(b^2+ba+a^2)-\Big(\frac{b+a}{2}\Big)^2$$

$$=\frac{1}{12}(b^2-2ab+a^2)=\frac{1}{12}(b-a)^2$$

演習 ▶不偏推定量 （講義編 p.213 参照）

同じ母集団から抽出した大きさ m の標本 M と大きさ n の標本 N がある。M、N のそれぞれの不偏分散を確率変数と見たものを U_M^2、U_N^2 とする。このとき、

$$T = \frac{(m-1)U_M^2 + (n-1)U_N^2}{m+n-2}$$

は、母分散 σ^2 の不偏推定量であることを示せ。

M の値を確率変数 $X_1, X_2, \cdots, X_m$ でおくと、$\overline{X} = \dfrac{1}{m}\sum_{i=1}^{m} X_i$ として、

$$(m-1)U_M^2 = (X_1 - \overline{X})^2 + (X_2 - \overline{X})^2 + \cdots + (X_m - \overline{X})^2$$
$$= X_1^2 + \cdots + X_m^2 - 2(X_1 + \cdots + X_m)\overline{X} + m(\overline{X})^2$$
$$= X_1^2 + \cdots + X_m^2 - 2m(\overline{X})^2 + m(\overline{X})^2 = X_1^2 + \cdots + X_m^2 - m(\overline{X})^2$$

ここで、母平均を μ とすると、

$E[X_i^2] = V[X_i] + \{E[X_i]\}^2 = \sigma^2 + \mu^2$

$E[\overline{X}] = E\left[\dfrac{1}{m}(X_1 + \cdots + X_m)\right] = \dfrac{1}{m}(E[X_1] + \cdots + E[X_m]) = \dfrac{1}{m}m\mu = \mu$

$V[\overline{X}] = V\left[\dfrac{1}{m}(X_1 + \cdots + X_m)\right] = \dfrac{1}{m^2}(V[X_1] + \cdots + V[X_m]) = \dfrac{1}{m^2}m\sigma^2 = \dfrac{\sigma^2}{m}$

$E[(\overline{X})^2] = V[\overline{X}] + \{E[\overline{X}]\}^2 = \dfrac{\sigma^2}{m} + \mu^2$

$E[(m-1)U_M^2] = E[X_1^2 + \cdots + X_m^2 - m(\overline{X})^2] = mE[X_i^2] - mE[(\overline{X})^2]$
$\qquad\qquad\qquad = m(\sigma^2 + \mu^2) - m\left(\dfrac{\sigma^2}{m} + \mu^2\right) = (m-1)\sigma^2$

同様に、$E[(n-1)U_N^2] = (n-1)\sigma^2$

これらを用いて、

$E[(m+n-2)T] = E[(m-1)U_M^2 + (n-1)U_N^2]$
$\qquad\qquad\quad = (m-1)\sigma^2 + (n-1)\sigma^2 = (m+n-2)\sigma^2$

$(m+n-2)$ で割って、$E[T] = \sigma^2$ となるので T は σ^2 の不偏推定量である。

確認 ▶不偏推定量

母集団が $N(\mu, \sigma^2)$ に従っているとする。ここから n 個を取り出し、その値を確率変数 $X_1, X_2, \cdots, X_n$ とする。確率変数 $\overline{X}, S^2$ を

$$\overline{X} = \frac{1}{n}(X_1 + X_2 + \cdots + X_n),\ S^2 = \frac{1}{n}\{(X_1 - \overline{X})^2 + (X_2 - \overline{X})^2 + \cdots + (X_n - \overline{X})^2\}$$

とするとき、確率変数

$$T = \frac{\sqrt{n}\,\Gamma\left(\frac{n-1}{2}\right)}{\sqrt{2}\,\Gamma\left(\frac{n}{2}\right)} S$$

は、母集団の標準偏差 σ の不偏推定量であることを示せ。
(ヒント:別冊 p.40 の χ^2 分布の確率密度関数を用いる。)

確率変数 Y を $Y = \dfrac{nS^2}{\sigma^2}$ とおくと、定理 3.08 より Y は自由度 $n-1$ の χ^2 分布に従う。

自由度 $n-1$ の χ^2 分布の確率密度関数は、$f_{n-1}(x) = \dfrac{1}{2^{\frac{n-1}{2}}\Gamma\left(\frac{n-1}{2}\right)} x^{\frac{n-1}{2}-1} e^{-\frac{x}{2}}$

$(x \geq 0)$

$$E[S] = E\left[\frac{\sigma\sqrt{Y}}{\sqrt{n}}\right] = \int_0^\infty \frac{\sigma\sqrt{y}}{\sqrt{n}} \cdot \frac{1}{2^{\frac{n-1}{2}}\Gamma\left(\frac{n-1}{2}\right)} y^{\frac{n-1}{2}-1} e^{-\frac{y}{2}} dy$$

$$= \frac{\sigma}{\sqrt{n}\,2^{\frac{n-1}{2}}\Gamma\left(\frac{n-1}{2}\right)} \int_0^\infty y^{\frac{n}{2}-1} e^{-\frac{y}{2}} dy \qquad \text{\textcolor{orange}{$y = 2t$ とおく}}$$

$$= \frac{\sigma}{\sqrt{n}\,2^{\frac{n-1}{2}}\Gamma\left(\frac{n-1}{2}\right)} \int_0^\infty (2t)^{\frac{n}{2}-1} e^{-t} \cdot 2\, dt$$

$$= \frac{\sqrt{2}\,\sigma}{\sqrt{n}\,\Gamma\left(\frac{n-1}{2}\right)} \int_0^\infty t^{\frac{n}{2}-1} e^{-t} dt = \frac{\sqrt{2}\,\sigma\,\Gamma\left(\frac{n}{2}\right)}{\sqrt{n}\,\Gamma\left(\frac{n-1}{2}\right)}$$

よって、$E\left[\dfrac{\sqrt{n}\,\Gamma\left(\frac{n-1}{2}\right)}{\sqrt{2}\,\Gamma\left(\frac{n}{2}\right)} S\right] = \sigma$ なので、$T = \dfrac{\sqrt{n}\,\Gamma\left(\frac{n-1}{2}\right)}{\sqrt{2}\,\Gamma\left(\frac{n}{2}\right)} S$ は σ の不偏推定量である。

演 習 ▶ **最尤推定量** （講義編 p.218 参照）

(1) 母集団が正規分布 $N(\mu, \sigma^2)$ に従っているものとする。母平均は既知であるとする。標本が $x_1, x_2, \cdots, x_n$ のとき、母分散 σ^2 を最尤法で推定せよ。

(2) 母集団がポアソン分布 $Po(\lambda)$ に従っているものとする。標本が $x_1, x_2, \cdots, x_n$ のとき、パラメータ λ を最尤法で推定せよ。

---

(1) 確率変数 X が正規分布 $N(\mu, \sigma^2)$ に従っていると、$f(x) = \dfrac{1}{\sqrt{2\pi}\sigma} e^{-\frac{(x-\mu)^2}{2\sigma^2}}$

標本が $(x_1, x_2, \cdots, x_n)$ のときの尤度関数 L を作り、対数をとると、

$$L = \frac{1}{\sqrt{2\pi}\sigma} e^{-\frac{(x_1-\mu)^2}{2\sigma^2}} \cdots \cdots \frac{1}{\sqrt{2\pi}\sigma} e^{-\frac{(x_n-\mu)^2}{2\sigma^2}} = \left(\frac{1}{\sqrt{2\pi}\sigma}\right)^n \exp\left[-\sum_{i=1}^{n} \frac{(x_i-\mu)^2}{2\sigma^2}\right]$$

$$\log L = -\frac{1}{2\sigma^2} \sum_{i=1}^{n} (x_i - \mu)^2 - \frac{n}{2} \log \sigma^2 - n \log \sqrt{2\pi}$$

L［つまり $\log L$］を最大にするような σ^2 を求めるために、σ^2 で微分して、

$$\frac{d(\log L)}{d(\sigma^2)} = \frac{1}{2(\sigma^2)^2} \sum_{i=1}^{n} (x_i - \mu)^2 - \frac{n}{2\sigma^2}$$

σ^2 の最尤推定量は、$\dfrac{d(\log L)}{d(\sigma^2)} = 0$ となる σ^2 であり、

$$\frac{1}{2(\sigma^2)^2} \sum_{i=1}^{n} (x_i - \mu)^2 - \frac{n}{2\sigma^2} = 0 \qquad \sigma^2 = \frac{1}{n} \sum_{i=1}^{n} (x_i - \mu)^2$$

(2) 確率変数 X が $Po(\lambda)$ に従っているとき、$P(X=k) = \dfrac{\lambda^k}{k!} e^{-\lambda}$

標本が $(x_1, x_2, \cdots, x_n)$ のときの尤度関数 L を作り、対数をとると、

$$L = \frac{\lambda^{x_1}}{x_1!} e^{-\lambda} \cdots \cdots \frac{\lambda^{x_n}}{x_n!} e^{-\lambda} = \frac{\lambda^{x_1 + \cdots + x_n}}{x_1! \cdots x_n!} e^{-n\lambda}$$

$$\log L = (x_1 + \cdots + x_n) \log \lambda - n\lambda - \log(x_1! \cdots x_n!)$$

L［つまり $\log L$］を最大にする λ を求めるために、λ で微分して、

$$\frac{d(\log L)}{d\lambda} = \frac{1}{\lambda}(x_1 + \cdots + x_n) - n$$

λ の最尤推定量は、$\dfrac{d(\log L)}{d\lambda} = 0$ となる λ であり、

$$\frac{1}{\lambda}(x_1 + \cdots + x_n) - n = 0 \qquad \lambda = \frac{1}{n}(x_1 + \cdots + x_n) = \overline{x}$$

確認 ▶最尤推定量

母集団が正規分布 $N(\mu,\ \sigma^2)$ に従っているものとする。母平均 μ、母分散 σ^2 はともに未知であるものとする。標本が $x_1,\ x_2,\ \cdots,\ x_n$ のとき、母平均 μ、母分散 σ^2 を最尤法で推定せよ。

確率変数 X が正規分布 $N(\mu,\ \sigma^2)$ に従っているとき、確率密度関数は、

$$f(x) = \frac{1}{\sqrt{2\pi}\,\sigma} e^{-\frac{(x-\mu)^2}{2\sigma^2}}$$

標本が $(x_1,\ x_2,\ \cdots,\ x_n)$ のときの尤度関数 L は、

$$L = \frac{1}{\sqrt{2\pi}\,\sigma} e^{-\frac{(x_1-\mu)^2}{2\sigma^2}} \cdots \cdot \frac{1}{\sqrt{2\pi}\,\sigma} e^{-\frac{(x_n-\mu)^2}{2\sigma^2}} = \left(\frac{1}{\sqrt{2\pi}\,\sigma}\right)^n \exp\left[-\sum_{i=1}^{n} \frac{(x_i-\mu)^2}{2\sigma^2}\right]$$

これの対数を取って、

$$\log L = -\frac{1}{2\sigma^2}\sum_{i=1}^{n}(x_i-\mu)^2 - \frac{n}{2}\log\sigma^2 - n\log\sqrt{2\pi}$$

μ、σ^2 の 2 変数関数である $\log L$ を μ、σ^2 で偏微分して、

$$\frac{\partial(\log L)}{\partial \mu} = \frac{1}{\sigma^2}\sum_{i=1}^{n}(x_i-\mu),\quad \frac{\partial(\log L)}{\partial(\sigma^2)} = \frac{1}{2(\sigma^2)^2}\sum_{i=1}^{n}(x_i-\mu)^2 - \frac{n}{2\sigma^2}$$

L [つまり $\log L$] を最大にする μ、σ^2 のとき、

$$\frac{\partial(\log L)}{\partial \mu} = 0 \qquad \frac{\partial(\log L)}{\partial(\sigma^2)} = 0$$

を満たす。

$$\frac{1}{\sigma^2}\sum_{i=1}^{n}(x_i-\mu) = 0 \qquad \frac{1}{2(\sigma^2)^2}\sum_{i=1}^{n}(x_i-\mu)^2 - \frac{n}{2\sigma^2} = 0$$

(第 1 式) = 0 より、μ の最尤推定量は、

$$\left(\sum_{i=1}^{n} x_i\right) - n\mu = 0 \qquad \mu = \frac{1}{n}\sum_{i=1}^{n} x_i = \overline{x} \quad (\text{標本平均})$$

(第 2 式) = 0 で $\mu = \overline{x}$ より、σ^2 の最尤推定量は、

$$\frac{1}{2(\sigma^2)^2}\sum_{i=1}^{n}(x_i-\overline{x})^2 - \frac{n}{2\sigma^2} = 0 \qquad \sigma^2 = \frac{1}{n}\sum_{i=1}^{n}(x_i-\overline{x})^2 \quad (\text{標本分散})$$

演習 ▶ 母平均の区間推定 （講義編 p.231、235 参照）

正規分布に従う母集団から抽出した標本のデータが、

$$35 \quad 32 \quad 38 \quad 41 \quad 29 \quad 34 \quad 31 \quad 32 \quad 34$$

であった。

(1) 母分散 σ^2 が 11 であるとして、母平均 μ を信頼係数 95% で区間推定せよ。

(2) 母分散 σ^2 が未知であるとして、母平均 μ を信頼係数 95% で区間推定せよ。

標本の大きさ $n=9$、平均 $\overline{x}=34$、分散 $s^2=12$、標準偏差 $s=3.464$

(1) 標本を確率変数 $X_i(1 \leq i \leq n)$ とし、$\overline{X}=\dfrac{1}{n}\sum_{i=1}^{n}X_i$ とおくと、$T=\dfrac{\overline{X}-\mu}{\dfrac{\sigma}{\sqrt{n}}}$ は

$N(0, 1^2)$ に従う。$Z \sim N(0, 1^2)$ のとき、

$P(-1.96 \leq Z \leq 1.96)=0.95$ より、

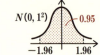

$$-1.96 \leq \dfrac{\overline{X}-\mu}{\dfrac{\sigma}{\sqrt{n}}} \leq 1.96 \qquad \overline{X}-\dfrac{\sigma}{\sqrt{n}} \times 1.96 \leq \mu \leq \overline{X}+\dfrac{\sigma}{\sqrt{n}} \times 1.96$$

となる確率は 95% である。$n=9$、$\sigma=\sqrt{11}=3.3166$、$\overline{X}=\overline{x}=34$ とおいて、

$$34-\dfrac{3.316}{\sqrt{9}} \times 1.96 \leq \mu \leq 34+\dfrac{3.316}{\sqrt{9}} \times 1.96 \qquad 31.83 \leq \mu \leq 36.17$$

母平均 μ の 95% 信頼区間は [31.83, 36.17]

(2) 標本を確率変数 $X_i(1 \leq i \leq n)$ とし、$\overline{X}=\dfrac{1}{n}\sum_{i=1}^{n}X_i$、$S^2=\dfrac{1}{n}\sum_{i=1}^{n}(X_i-\overline{X})^2$ とおく

と、$T=\dfrac{\overline{X}-\mu}{\dfrac{S}{\sqrt{n-1}}}$ は自由度 $n-1$ の t 分布 $t(n-1)$ に従う。

$Z \sim t(8)$ のとき、$P(-2.306 \leq Z \leq 2.306)=0.95$ より、

$$-2.306 \leq \dfrac{\overline{X}-\mu}{\dfrac{S}{\sqrt{n-1}}} \leq 2.306 \qquad \overline{X}-\dfrac{S}{\sqrt{n-1}} \times 2.306 \leq \mu \leq \overline{X}+\dfrac{S}{\sqrt{n-1}} \times 2.306$$

となる確率は 95% である。$n=9$、$S=s=3.464$、$\overline{X}=\overline{x}=34$ とおいて、

$$34-\dfrac{3.464}{\sqrt{8}} \times 2.306 \leq \mu \leq 34+\dfrac{3.464}{\sqrt{8}} \times 2.306 \qquad 31.18 \leq \mu \leq 36.82$$

母平均 μ の 95% 信頼区間は [31.18, 36.82]

確認 ▶ 母平均の区間推定

正規分布に従う母集団から抽出した標本のデータが、

    61   65   68   59   70   64   54   57   62   66   67

であった。

(1) 母分散 σ^2 が 20 であるとして、母平均 μ を信頼係数 99% で区間推定せよ。

(2) 母分散 σ^2 が未知であるとして、母平均 μ を信頼係数 99% で区間推定せよ。

標本の大きさ $n=11$、平均 $\bar{x}=63$、分散 $s^2=22$、標準偏差 $s=4.690$

(1) 標本を確率変数 $X_i (1 \leq i \leq n)$ とし、$\bar{X}=\dfrac{1}{n}\sum_{i=1}^{n}X_i$ とおくと、$T=\dfrac{\bar{X}-\mu}{\dfrac{\sigma}{\sqrt{n}}}$ は

$N(0, 1^2)$ に従う。$Z \sim N(0, 1^2)$ のとき、
$P(-2.58 \leq Z \leq 2.58)=0.99$ より、

$-2.58 \leq \dfrac{\bar{X}-\mu}{\dfrac{\sigma}{\sqrt{n}}} \leq 2.58$ $\bar{X}-\dfrac{\sigma}{\sqrt{n}} \times 2.58 \leq \mu \leq \bar{X}+\dfrac{\sigma}{\sqrt{n}} \times 2.58$

となる確率は 99% である。$n=11$、$\sigma=\sqrt{20}=4.472$、$\bar{X}=\bar{x}=63$ とおいて、

$63-\dfrac{4.472}{\sqrt{11}} \times 2.58 \leq \mu \leq 63+\dfrac{4.472}{\sqrt{11}} \times 2.58$ $59.52 \leq \mu \leq 66.48$

母平均 μ の 99% 信頼区間は [59.52, 66.48]

(2) 標本を確率変数 $X_i (1 \leq i \leq n)$ とし、$\bar{X}=\dfrac{1}{n}\sum_{i=1}^{n}X_i$、$S^2=\dfrac{1}{n}\sum_{i=1}^{n}(X_i-\bar{X})^2$ とおく

と、$T=\dfrac{\bar{X}-\mu}{\dfrac{S}{\sqrt{n-1}}}$ は自由度 $n-1$ の t 分布 $t(n-1)$ に従う。

$Z \sim t(10)$ のとき、$P(-3.169 \leq Z \leq 3.169)=0.99$ より、

$-3.169 \leq \dfrac{\bar{X}-\mu}{\dfrac{S}{\sqrt{n-1}}} \leq 3.169$ $\bar{X}-\dfrac{S}{\sqrt{n-1}} \times 3.169 \leq \mu \leq \bar{X}+\dfrac{S}{\sqrt{n-1}} \times 3.169$

となる確率は 99% である。$n=11$、$S=s=\sqrt{22}=4.690$、$\bar{X}=\bar{x}=63$ とおいて、

$63-\dfrac{4.69}{\sqrt{10}} \times 3.169 \leq \mu \leq 63+\dfrac{4.69}{\sqrt{10}} \times 3.169$ $58.30 \leq \mu \leq 67.70$

母平均 μ の 99% 信頼区間は [58.30, 67.70]

演習 ▶ 母分散の区間推定 (講義編 p.236、238 参照)

正規分布に従う母集団から抽出した標本のデータが、

$$83 \quad 82 \quad 91 \quad 87 \quad 84 \quad 83 \quad 81 \quad 88 \quad 86$$

であった。

(1) 母平均 μ が 86 であるとして、母分散 σ^2 を信頼係数 95% で区間推定せよ。

(2) 母平均 μ が未知であるとして、母分散 σ^2 を信頼係数 95% で区間推定せよ。

(1) $T = \dfrac{9S'^2}{\sigma^2} = \dfrac{(X_1-\mu)^2 + (X_2-\mu)^2 + \cdots + (X_9-\mu)^2}{\sigma^2}$ は、$\chi^2(9)$ に従う。

x_i	83	82	91	87	84	83	81	88	86	計
$x_i - \mu$	-3	-4	5	1	-2	-3	-5	2	0	
$(x_i-\mu)^2$	9	16	25	1	4	9	25	4	0	93 ($=9s'^2$)

$Z \sim \chi^2(9)$ のとき、$P(2.700 \leq Z \leq 19.023) = 0.95$ なので、

$$2.700 \leq \dfrac{9S'^2}{\sigma^2} \leq 19.023 \qquad \dfrac{9S'^2}{19.023} \leq \sigma^2 \leq \dfrac{9S'^2}{2.700}$$

となる確率は 95% である。$9S'^2$ の値は $9s'^2 = 93$ として、母分散 σ^2 を信頼係数 95% で区間推定すると、$\left[\dfrac{93}{19.023},\ \dfrac{93}{2.700}\right] = [4.89,\ 34.44]$

(2) $T = \dfrac{(n-1)U^2}{\sigma^2} = \dfrac{nS^2}{\sigma^2}$ は自由度 $n-1$ の χ^2 分布に従うので、

$n=9$ として $T = \dfrac{8U^2}{\sigma^2} = \dfrac{9S^2}{\sigma^2}$ は自由度 8 の χ^2 分布に従う。

$Z \sim \chi^2(8)$ のとき、$P(2.180 \leq Z \leq 17.535) = 0.95$ なので、

$$2.180 \leq \dfrac{9S^2}{\sigma^2} \leq 17.535 \qquad \dfrac{9S^2}{17.535} \leq \sigma^2 \leq \dfrac{9S^2}{2.180}$$

となる確率は 95% である。$\bar{x} = 85$ と、公式 1.07 より $s^2 = s'^2 - (\bar{x} - \mu)^2$ が成り立つことを用いて、

$$9s^2 = 9s'^2 - 9(\bar{x} - \mu)^2 = 93 - 9(85-86)^2 = 84$$

$9S^2$ の値は $9s^2 = 84$ なので、母平均 μ を未知として、

母分散 σ^2 を信頼係数 95% で区間推定すると、$\left[\dfrac{84}{17.535},\ \dfrac{84}{2.180}\right] = [4.79,\ 38.53]$

確認 ▶ 母分散の区間推定

正規分布に従う母集団から抽出した標本のデータが、

48　36　46　38　47　37　43　41

であった。
(1) 母平均 μ が 43 であるとして、母分散 σ^2 を信頼係数 99% で区間推定せよ。
(2) 母平均 μ が未知であるとして、母分散 σ^2 を信頼係数 99% で区間推定せよ。

(1) $T = \dfrac{8S'^2}{\sigma^2} = \dfrac{(X_1-\mu)^2+(X_2-\mu)^2+\cdots+(X_8-\mu)^2}{\sigma^2}$ は、$\chi^2(8)$ に従う。

x_i	48	36	46	38	47	37	43	41	計
$x_i-\mu$	5	-7	3	-5	4	-6	0	-2	
$(x_i-\mu)^2$	25	49	9	25	16	36	0	4	164 $(=8s'^2)$

$Z \sim \chi^2(8)$ のとき、$P(1.344 \leq Z \leq 21.955) = 0.99$ なので、

$$1.344 \leq \dfrac{8S'^2}{\sigma^2} \leq 21.955 \qquad \dfrac{8S'^2}{21.955} \leq \sigma^2 \leq \dfrac{8S'^2}{1.344}$$

となる確率は 99% である。$8S'^2$ の値は $8s'^2 = 164$ として、母分散 σ^2 を信頼係数 99% で区間推定すると、$\left[\dfrac{164}{21.955}, \dfrac{164}{1.344}\right] = [7.47,\ 122.02]$

(2) $T = \dfrac{(n-1)U^2}{\sigma^2} = \dfrac{nS^2}{\sigma^2}$ は自由度 $n-1$ の χ^2 分布に従うので、

$n=8$ として $\dfrac{7U^2}{\sigma^2} = \dfrac{8S^2}{\sigma^2}$ は自由度 7 の χ^2 分布に従う。

$Z \sim \chi^2(7)$ のとき、$P(0.989 \leq Z \leq 20.278) = 0.99$ なので、

$$0.989 \leq \dfrac{8S^2}{\sigma^2} \leq 20.278 \qquad \dfrac{8S^2}{20.278} \leq \sigma^2 \leq \dfrac{8S^2}{0.989}$$

となる確率は 99% である。$\overline{x} = 42$ と、公式 1.07 より $s^2 = s'^2 - (\overline{x}-\mu)^2$ が成り立つことを用いて、

$$8s^2 = 8s'^2 - 8(\overline{x}-\mu)^2 = 164 - 8(42-43)^2 = 156$$

$8S^2$ の値は $8s^2 = 156$ なので、母平均 μ を未知として、母分散 σ^2 を信頼係数 99% で区間推定すると、$\left[\dfrac{156}{20.278}, \dfrac{156}{0.989}\right] = [7.69,\ 157.74]$

演習 ▶ 母比率の推定・検定 （講義編 p.240 参照）

特性 A を持つ比率が p である十分大きな母集団がある。大きさ 200 の標本を採ったところ、特性 A を持つものが 140 であった。
(1) 母比率 p を信頼度 95％で区間推定せよ。
(2) 母比率 p が 0.60 であることを有意水準 5％で両側検定せよ。

独立な確率変数 $X_1, X_2, \cdots, X_n$ がそれぞれベルヌーイ分布 $Be(p)$ に従うとき、確率変数 $\overline{X}, T$ を

$$\overline{X}=\frac{1}{n}(X_1+X_2+\cdots+X_n),\quad T=\frac{\overline{X}-p}{\sqrt{\frac{p(1-p)}{n}}}$$

とおく。n が十分大きいとき、T は近似的に $N(0, 1^2)$ に従うことを用いる。

(1) $Z \sim N(0, 1^2)$ のとき、$P(-1.96 \leq Z \leq 1.96)=0.95$ なので、

$$-1.96 \leq \frac{\overline{X}-p}{\sqrt{\frac{p(1-p)}{n}}} \leq 1.96 \quad \overline{X}-\sqrt{\frac{p(1-p)}{n}}\times 1.96 \leq p \leq \overline{X}+\sqrt{\frac{p(1-p)}{n}}\times 1.96$$

となる確率は 95％である。標本から $n=200$、$\overline{X}=\overline{x}=\dfrac{140}{200}=0.70$ とする。

また、左辺、右辺の p は母比率を標本比率 0.7 で点推定する。

$$0.7-\sqrt{\frac{0.7(1-0.7)}{200}}\times 1.96 \leq p \leq 0.7+\sqrt{\frac{0.7(1-0.7)}{200}}\times 1.96 \quad 0.636 \leq p \leq 0.764$$

母比率を信頼度 95％で区間推定すると、[0.636, 0.764] となる。

(2) 帰無仮説 $H_0 : p=0.6$
　　対立仮説 $H_1 : p \neq 0.6$

とする。$T=\dfrac{\overline{X}-p}{\sqrt{\dfrac{p(1-p)}{n}}}$ で、$n=200$、$\overline{X}=\overline{x}=\dfrac{140}{200}=0.7$、$p=0.6$ を代入すると、

$$T=\frac{0.7-0.6}{\sqrt{\dfrac{0.6(1-0.6)}{200}}}=2.89$$

$Z \sim N(0, 1^2)$ のとき、$P(Z \leq -1.96, 1.96 \leq Z)=0.05$ なので、棄却域は $T \leq -1.96$、$1.96 \leq T$ である。2.89 は棄却域に含まれるので、H_0 は棄却される。
有意水準 5％で母比率は 0.60 でないと言える。

確認 ▶母比率の推定・検定

数万人の有権者がいる選挙区で、無作為に 400 人を抽出し、政党 A の支持率 p を調査したところ、政党 A を支持する人は 80 人であった。
(1) この選挙区の政党 A の支持率 p を信頼度 99% で区間推定せよ。
(2) 支持率 p が 0.30 より小さいと言えるかを有意水準 1% で片側検定せよ。

独立な確率変数 X_1、X_2、$\cdots$、X_n がそれぞれベルヌーイ分布 $Be(p)$ に従うとき、確率変数 $\overline{X}$、T を

$$\overline{X} = \frac{1}{n}(X_1 + X_2 + \cdots + X_n), \quad T = \frac{\overline{X} - p}{\sqrt{\frac{p(1-p)}{n}}}$$

とおく。n が十分大きいとき、T は近似的に $N(0, 1^2)$ に従うことを用いる。

(1) $Z \sim N(0, 1^2)$ のとき、$P(-2.58 \leq Z \leq 2.58) = 0.99$ なので、

$$-2.58 \leq \frac{\overline{X} - p}{\sqrt{\frac{p(1-p)}{n}}} \leq 2.58 \quad \overline{X} - \sqrt{\frac{p(1-p)}{n}} \times 2.58 \leq p \leq \overline{X} + \sqrt{\frac{p(1-p)}{n}} \times 2.58$$

となる確率は 99% である。標本から $n = 400$、$\overline{X} = \overline{x} = \dfrac{80}{400} = 0.20$ とする。

また、左辺、右辺の p は母比率を標本比率 0.2 で点推定する。

$$0.2 - \sqrt{\frac{0.2(1-0.2)}{400}} \times 2.58 \leq p \leq 0.2 + \sqrt{\frac{0.2(1-0.2)}{400}} \times 2.58 \quad 0.148 \leq p \leq 0.252$$

政党 A の支持率を信頼度 99% で区間推定すると、$[0.148, \ 0.252]$ となる。

(2) 帰無仮説 $H_0 : p = 0.3$

  対立仮説 $H_1 : p < 0.3$

とする。$T = \dfrac{\overline{X} - p}{\sqrt{\dfrac{p(1-p)}{n}}}$ で、$n = 400$、$\overline{X} = \overline{x} = \dfrac{80}{400} = 0.2$、$p = 0.3$ を代入すると、

$$T = \frac{0.2 - 0.3}{\sqrt{\dfrac{0.3(1-0.3)}{400}}} = -4.36$$

$Z \sim N(0, 1^2)$ のとき、$P(Z \leq -2.33) = 0.01$ なので、棄却域は $T \leq -2.33$ である。
-4.36 は棄却域に入るので H_0 は棄却される。
有意水準 1% で、この選挙区の政党 A の支持率は 0.30 より小さいと言える。

演習 ▶第1種の誤り、第2種の誤り　（講義編 p.249 参照）

(1) 正規分布に従う母集団の平均 μ を検定する。帰無仮説 H_0、対立仮説 H_1 を

$H_0 : \mu = 45$

$H_1 : \mu = 47$

とする。母分散 400 とし、100 個の大きさの標本を取ることにする。標本平均が 48 以上のとき H_0 を棄却することにする。このとき、第1種の誤りを起こす確率と第2種の誤りを起こす確率を求めよ。

(2) 袋の中に赤玉、白玉が合計で 10 個入っている。赤玉の個数 a を検定する。帰無仮説 H_0、対立仮説 H_1 を

$H_0 : a = 4$

$H_1 : a = 2$

とする。6 個の玉を取り出し、赤玉の個数が 0 個または 1 個のとき、H_0 を棄却する。

このとき、第1種の誤りを起こす確率と第2種の誤りを起こす確率を求めよ。

(1) 母集団が $N(\mu, 20^2)$ に従うので、大きさ 100 の標本の標本平均 $\overline{X}$ は、

$N(\mu, 20^2/10^2) = N(\mu, 2^2)$ に従う。

第1種の誤りが起こる確率は、H_0 が正しいのに H_0 を棄却する確率、すなわち $H_0 : \mu = 45$ のもとで、標本平均 $\overline{X}$ が 48 以上になる確率である。

$$P(48 \leq \overline{X}) = P\left(\frac{48-45}{2} \leq \frac{\overline{X}-45}{2}\right) = P\left(1.5 \leq \frac{\overline{X}-45}{2}\right)$$

標準化した $\dfrac{\overline{X}-\mu}{\sigma}$ は $N(0, 1^2)$ に従う。Z が $N(0, 1^2)$ に従うとき、

$$P(1.5 \leq Z) = 0.067 (6.7\%)$$

これが第1種の誤りが起こる確率である。

第2種の誤りが起こる確率は、H_0 が誤り（H_1 が正しい）であるのに、H_0 を採択する確率、すなわち $H_1 : \mu = 47$ のもとで、標本平均 $\overline{X}$ が 48 以下になる確率である。

$$P(\overline{X} \leq 48) = P\left(\frac{\overline{X}-47}{2} \leq \frac{48-47}{2}\right) = P\left(\frac{\overline{X}-47}{2} \leq 0.5\right)$$

Z が $N(0, 1^2)$ に従うとき、$P(Z \leq 0.5) = 1 - P(0.5 \leq Z) = 0.6915 (69.2\%)$

56

これが第2種の誤りが起こる確率である。

(2)　第1種の誤りが起こる確率は、H_0 が正しいのに H_0 を棄却する確率、すなわち $H_0 : a = 4$ のもとで、取り出した6個中に赤玉の個数が0または1個ある確率である。求めると、

$$\frac{{}_4C_0 \times {}_6C_6 + {}_4C_1 \times {}_6C_5}{{}_{10}C_6} = \frac{1 \times 1 + 4 \times 6}{210} = \frac{25}{210} = 0.119 \, (12\%)$$

第2種の誤りが起こる確率は、H_0 が誤り（H_1 が正しい）であるのに、H_0 を採択する確率、すなわち $H_1 : a = 2$ のもとで、取り出した6個中に赤玉が2個ある確率である。求めると、

$$\frac{{}_2C_2 \times {}_8C_4}{{}_{10}C_6} = \frac{1 \times 70}{210} = \frac{1}{3} = 0.333 \, (33\%)$$

確 認 ▶第1種の誤り、第2種の誤り

(1) 正規分布に従う母集団の分散 σ^2 を検定する。帰無仮説 H_0、対立仮説 H_1 を

$H_0 : \sigma^2 = 70$

$H_1 : \sigma^2 > 70$

とする。20個の大きさの標本を取ることにする。標本の不偏分散 u^2 が 100 以上のとき H_0 を棄却することにする。このとき、第1種の誤りを起こす確率と第2種の誤りを起こす確率を求めよ。ただし、第2種の誤りの確率を求めるときは、$\sigma^2 = 90$ として計算せよ。ただし、$\chi^2(19)$ の分布を調べるときは、Excel などを用いよ。

(2) X市における H 球団のファンの比率 p を検定する。無作為に7人を選んで検定をする。帰無仮説 H_0、対立仮説 H_1 を

$H_0 : p = 0.6$

$H_1 : p = 0.2$

とする。「H のファンであるか」という質問に対し、ファンであると答えた人が 0 人または 1 人の場合に H_0 を棄却する。
このとき、第1種の誤りが起こる確率、第2種の誤りが起こる確率を求めよ。

(1) 第1種の誤りを起こす確率は、H_0 が正しいのに H_0 を棄却する確率、すなわち $H_0 : \sigma^2 = 70$ のもとで、$100 \leqq u^2$ となる確率である。母分散が σ^2、不偏分散が U^2 のとき、$\dfrac{19U^2}{\sigma^2}$ は自由度 19 のカイ2乗分布に従うので、

$$P(100 \leqq U^2) = P\left(\dfrac{19 \times 100}{70} \leqq \dfrac{19U^2}{\sigma^2}\right) \leqq P\left(27.14 \leqq \dfrac{19U^2}{\sigma^2}\right)$$

$\chi^2(19)$
0.101
27.14

Z が自由度 19 の χ^2 分布に従うとき、$P(27.14 \leqq Z)$ の値を求めるには、Excel を用いて、

CHISQ.DIST.RT(27.14, 19) = 0.101434

   右側のパーセントを返す↑   値   自由度

となる。$P(27.14 \leqq Z) = 0.101434$ なので、

第1種の誤りを起こす確率は $0.101(10\%)$

第2種の誤りが起こる確率は、H_0 が誤り（H_1 が正しい）であるのに、H_0 を

採択する確率、すなわち $H_1 : \sigma^2 = 90$ のもとで、$u^2 \leq 100$ になる確率である。

$$P(U^2 \leq 100) = P\left(\frac{19U^2}{\sigma^2} \leq \frac{19 \times 100}{90}\right) \leq P\left(\frac{19U^2}{\sigma^2} \leq 21.11\right)$$

Z が自由度 19 の χ^2 分布に従うとき、$P(Z \leq 21.11)$ の値を求める
には、Excel を用いて、

$$\text{CHISQ.DIST}(21.11, 19) = 0.330755$$

となるので、$P(Z \leq 21.11) = 1 - P(21.11 \leq Z) = 0.669245$ となる。

　第 2 種の誤りを起こす確率は $0.6692 (67\%)$

(2)　7 人中のファンである人数 X は、確率分布 $Bin(7,\ p)$ に従う。

　第 1 種の誤りを起こす確率は、H_0 が正しいのに H_0 を棄却する確率、すなわち
$H_0 : p = 0.6$ のもとで $X = 0$ または $X = 1$ となる確率（ファンの人数が 0 または 1
人）となる確率である。これを求めて、

$$(1-p)^7 + {}_7C_1 p(1-p)^6 = (0.4)^7 + {}_7C_1 \times 0.6 \times (0.4)^6 = 0.019 (2\%)$$

　第 2 種の誤りを起こす確率は、H_0 が誤り（H_1 が正しい）であるのに、H_0 を採
択する確率、すなわち $H_1 : p = 0.2$ のもとで $2 \leq X \leq 7$ となる確率、すなわちファ
ンの人数が 2 人以上の確率である。これを求めて、

$${}_7C_2 p^2(1-p)^5 + {}_7C_3 p^3(1-p)^4 + {}_7C_4 p^4(1-p)^3 + {}_7C_5 p^5(1-p)^2 + {}_7C_6 p^6(1-p) + p^7$$
$$= 1 - (1-p)^7 - {}_7C_1 p(1-p)^6$$
$$= 1 - (0.8)^7 - 7 \times 0.2 \times (0.8)^6 = 0.4233 (40\%)$$

演習 ▶ 母平均 μ の検定(母分散 σ^2 既知、未知)　(講義編 p.245、251 参照)

学年全体で 100 点満点のテストをした。この中から 10 人を抜き出して点数を調べたところ、

$$84、74、93、55、65、72、58、43、75、81$$

であった。ただし、学年全体の点数分布は正規分布で近似できるものとして考えよ。

(1) 学年全体の点数の分散 σ^2 が 18^2 であると分かっているとき、学年の平均点 μ が 60 点より大きいと言えるかを有意水準 5% で片側検定せよ。

(2) 学年全体の点数の分散 σ^2 が分からないとき、学年の平均点 μ が 60 点より大きいと言えるかを有意水準 5% で片側検定せよ。

標本平均は、$\overline{x}=70$ である。(1)、(2) ともに、帰無仮説、対立仮説を

$H_0：\mu=60$

$H_1：\mu>60$

とする。(1) では正規分布を、(2) では t 分布を用いる。

(1) $T=\dfrac{\overline{X}-\mu}{\dfrac{\sigma}{\sqrt{n}}}$ は $N(0,\ 1^2)$ に従う。

$T=\dfrac{\overline{X}-\mu}{\dfrac{\sigma}{\sqrt{n}}}$ は帰無仮説と $\overline{x}=70$ のもとで、$T=\dfrac{\overline{X}-\mu}{\dfrac{\sigma}{\sqrt{n}}}=\dfrac{70-60}{\dfrac{18}{\sqrt{10}}}=1.76$

ここで、Z が $N(0,\ 1^2)$ に従うとき、$P(1.64\leqq Z)=0.05$ なので、棄却域は $1.64\leqq T$ である。1.76 は棄却域に入るので、帰無仮説は棄却される。

有意水準 5% で学年の平均点 μ が 60 点より大きいと言える。

(2) $T=\dfrac{\overline{X}-\mu}{\dfrac{U}{\sqrt{n}}}$ が自由度 9 の t 分布に従う。標本の不偏分散 u^2 は、$u^2=224$ であり、

T は帰無仮説と $\overline{x}=70$ のもとで、$T=\dfrac{70-60}{\dfrac{\sqrt{224}}{\sqrt{10}}}=2.112$

ここで、Z が自由度 9 の t 分布に従うとき、$P(1.83\leqq Z)=0.05$ である。棄却域は $1.83\leqq T$ である。2.112 は棄却域に入るので、帰無仮説は棄却される。

有意水準 5% で学年の平均点 μ が 60 点より大きいと言える。

確認 ▶ 母平均 μ の検定（母分散 σ^2 既知、未知）

A さんがある晩ダーツを 7 ゲームしたところ、点数は

351、398、412、374、328、360、346

であった。以下の場合について検定をせよ。ただし、A さんのダーツの点数は正規分布で近似できるものとして考えよ。

(1) A さんのダーツの点数の分散 σ^2 が 26^2 であると分かっているとき、平均点 μ が 346 点より大きいと言えるかを有意水準 5% で片側検定せよ。

(2) A さんのダーツの点数の分散 σ^2 が分からないとき、平均点 μ が 346 点より大きいと言えるかを有意水準 5% で片側検定せよ。

標本平均は、$\overline{x}=367$ である。(1)、(2) ともに、帰無仮説、対立仮説を

$H_0 : \mu = 346$

$H_1 : \mu > 346$

とする。(1) では正規分布を、(2) では t 分布を用いる。

(1) $T = \dfrac{\overline{X}-\mu}{\dfrac{\sigma}{\sqrt{n}}}$ は $N(0, 1^2)$ に従う。

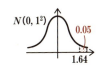

$T = \dfrac{\overline{X}-\mu}{\dfrac{\sigma}{\sqrt{n}}}$ は帰無仮説と $\overline{x}=367$ のもとで、$T = \dfrac{\overline{X}-\mu}{\dfrac{\sigma}{\sqrt{n}}} = \dfrac{367-346}{\dfrac{26}{\sqrt{7}}} = 2.136$

ここで、Z が $N(0, 1^2)$ に従うとき、$P(1.64 \leq Z) = 0.05$ なので、棄却域は $1.64 \leq T$ である。2.136 は棄却域に含まれるので、帰無仮説は棄却される。

有意水準 5% でこの晩の A さんのゲームは上達したと言える。

(2) $T = \dfrac{\overline{X}-\mu}{\dfrac{U}{\sqrt{n}}}$ は自由度 6 の t 分布に従う。標本の不偏分散 u^2 は、$u^2 = 884$ であり、

T は帰無仮説と $\overline{x}=367$ のもとで、$T = \dfrac{367-346}{\dfrac{\sqrt{884}}{\sqrt{7}}} = 1.868$

ここで、Z が自由度 6 の t 分布に従うとき、$P(1.94 \leq Z) = 0.05$ なので、棄却域は $1.94 \leq T$ である。1.868 は棄却域に入らないので、帰無仮説は採択される。

「有意水準 5% で μ が 346 より大きい」とは結論できない。

演習 ▶ 母分散 σ^2 の検定(母平均 μ 既知,未知) （講義編 p.253、254 参照）

Aさんがある日、砲丸投げを6投したところ、

7.88　　6.92　　7.53　　6.56　　7.13　　7.21

という成績であった。今までのAさんの砲丸投げの分散 σ^2 が 0.98 であるか、0.98 より小さいか、(1)、(2) のそれぞれの場合について、有意水準5%で検定せよ。

(1) Aさんの今までの平均点 μ が 7.01 点であると分かっているとき。

(2) Aさんの今までの平均点 μ が分からないとき。

(1) でも (2) でも、帰無仮説と対立仮説は

$H_0 : \sigma^2 = 0.98$

$H_1 : \sigma^2 < 0.98$

(1) $T = \dfrac{(X_1-\mu)^2 + \cdots + (X_6-\mu)^2}{\sigma^2}$ が自由度6の χ^2 分布に従う。

$$(x_1-\mu)^2 + (x_2-\mu)^2 + \cdots + (x_6-\mu)^2$$

を計算する。この偏差平方和は、標本平均の代わりに母平均（$\mu = 7.01$）を用いるところに注意。

x_i	7.88	6.92	7.53	6.56	7.13	7.21	計
$x_i - \mu$	0.87	-0.09	0.52	-0.45	0.12	0.20	
$(x_i - \mu)^2$	0.7569	0.0081	0.2704	0.2025	0.0144	0.04	1.2923

帰無仮説のもとで T を計算すると、

$$T = \dfrac{(X_1-\mu)^2 + \cdots + (X_6-\mu)^2}{\sigma^2} = \dfrac{1.2923}{0.98} = 1.318$$

$Z \sim \chi^2(6)$ のとき、$P(Z \leq 1.64) = 0.05$ なので、帰無仮説は棄却される。

有意水準5%で、分散 σ^2 は 0.98 より小さいと言える。

(2) $T = \dfrac{5U^2}{\sigma^2} = \dfrac{6S^2}{\sigma^2}$ は自由度5の χ^2 分布に従う。

標本平均 $\overline{x}$ を用いて偏差平方和を計算する。標本平均は、$\overline{x} = 7.21$

x_i	7.88	6.92	7.53	6.56	7.13	7.21	計
$x_i - \overline{x}$	0.67	-0.29	0.32	-0.65	-0.08	0	
$(x_i - \overline{x})^2$	0.4489	0.0841	0.1024	0.4225	0.0064	0	1.0643

不偏分散を u^2、標本分散を s^2 とすると、$5u^2(=6s^2)=1.0643$。
帰無仮説のもとで T を計算すると、

$$T=\frac{5u^2}{\sigma^2}=\frac{1.0643}{0.98}=1.086$$

$Z \sim \chi^2(5)$ のとき、$P(Z \leq 1.15)=0.05$ なので、帰無仮説は棄却される。
有意水準 5% で、分散 σ^2 は 0.98 より小さいと言える。

確認 ▶母分散 σ^2 の検定（母平均 μ 既知、未知）

Aさんがある日、ボーリングを8ゲームしたところ、
　　　　144、180、176、139、153、166、175、147
という得点であった。今までのAさんのボーリングの得点の分散 σ^2 が720であるか、720より小さいか。(1)、(2) のそれぞれの場合について、有意水準5％で検定せよ。

(1) Aさんの今までの平均点 μ が155点であると分かっているとき。
(2) Aさんの今までの平均点 μ が分からないとき。

(1) でも (2) でも、帰無仮説と対立仮説は
　　$H_0 : \sigma^2 = 720$
　　$H_1 : \sigma^2 < 720$

(1) 　$T = \dfrac{(X_1-\mu)^2 + \cdots + (X_8-\mu)^2}{\sigma^2}$ は自由度8の χ^2 分布に従う。

$$(x_1-\mu)^2 + (x_2-\mu)^2 + \cdots + (x_8-\mu)^2$$

を計算しておく。この偏差平方和は、標本平均の代わりに母平均（$\mu=155$）を用いて計算するところに注意する。

x_i	144	180	176	139	153	166	175	147	計
$x_i - \mu$	-11	25	21	-16	-2	11	20	-8	
$(x_i-\mu)^2$	121	625	441	256	4	121	400	64	2032

帰無仮説のもとで T を計算すると、

$$T = \dfrac{(X_1-\mu)^2 + \cdots + (X_8-\mu)^2}{\sigma^2} = \dfrac{2032}{720} = 2.82$$

$Z \sim \chi^2(8)$ のとき、$P(Z \leq 2.73) = 0.05$ なので、2.82 は棄却域に入らず帰無仮説は採択される。

「有意水準5％で、分散 σ^2 が720より小さい」とは結論できない。

(2) $T=\dfrac{7U^2}{\sigma^2}=\dfrac{8S^2}{\sigma^2}$ は自由度 7 の χ^2 分布に従う。

標本平均 $\bar{x}$ を用いて偏差平方和を計算する。標本平均は、$\bar{x}=160$

x_i	144	180	176	139	153	166	175	147	計
$x_i-\bar{x}$	-16	20	16	-21	-7	6	15	-13	
$(x_i-\bar{x})^2$	256	400	256	441	49	36	225	169	1832

不偏分散を u^2、標本分散を s^2 とすると、$7u^2(=8s^2)=1832$

$$T=\frac{7u^2}{\sigma^2}=\frac{1832}{720}=2.54$$

$Z\sim\chi^2(7)$ のとき、$P(Z\leqq 2.17)=0.05$ なので、2.54 は棄却域に入らず帰無仮説は採択される。

「有意水準 5% で、分散 σ^2 が 720 より小さい」とは結論できない。

演習 ▶母平均の差の検定 （講義編 p.260、262、265 参照）

A市とB市の中学校で業者テストをした。
A市の中から無作為に選んだ生徒13人のテストの平均点は70点、
B市の中から無作為に選んだ生徒9人のテストの平均点は55点であった。
このとき、A市の全体の平均点とB市の全体の平均点が等しいか、次の場合について、それぞれ有意水準5%で両側検定せよ。ただし、A市もB市も点数の分布は正規分布であるとして考えよ。
(1) A市の全体の点数の分散が250、B市の全体の点数の分散が300と分かっているとき。
(2) A市の13人の不偏分散が290、B市の9人の不偏分散が350であり、A市の点数の分散とB市の点数の分散が等しいと分かっているとき。
(3) A市の13人の不偏分散が290、B市の9人の不偏分散が350であり、A市の点数の分散とB市の点数の分散が等しいかどうか分かっていないとき。

A市、B市の全体の平均点をそれぞれ μ_A、μ_B、分散を σ_A^2、σ_B^2 とする。
(1)～(3)まで、帰無仮説、対立仮説を
$H_0 : \mu_A = \mu_B$
$H_1 : \mu_A \neq \mu_B$
とする。A、Bの標本の大きさを $n_A=13$、$n_B=9$、平均を $\overline{x}_A=70$、$\overline{x}_B=55$ とおく。

(1) 帰無仮説のもとで、$T = \dfrac{\overline{X}_A - \overline{X}_B}{\sqrt{\dfrac{\sigma_A^2}{n_A} + \dfrac{\sigma_B^2}{n_B}}}$ は $N(0, 1^2)$ に従う。

$\sigma_A^2 = 250$、$\sigma_B^2 = 300$ であり、$T = \dfrac{70-55}{\sqrt{\dfrac{250}{13} + \dfrac{300}{9}}} = 2.068$

Z が $N(0, 1^2)$ に従うとき、$P(1.96 \leq Z) = 0.025$、$P(Z \leq -1.96, 1.96 \leq Z) = 0.05$ なので、棄却域は $T \leq -1.96$、$1.96 \leq T$ である。2.068 は棄却域に入るので、帰無仮説は棄却される。
有意水準5%でA市とB市の平均点は異なっていると言える。

(2) 帰無仮説のもとで、

$$T = \dfrac{\overline{X}_A - \overline{X}_B}{\sqrt{\left(\dfrac{1}{n_A} + \dfrac{1}{n_B}\right)\dfrac{(n_A-1)U_A^2 + (n_B-1)U_B^2}{n_A + n_B - 2}}}$$

は、自由度 $n_A+n_B-2=13+9-2=20$ の t 分布に従う。$u_A{}^2=290$、$u_B{}^2=350$ であり、

$$T=\frac{70-55}{\sqrt{\left(\frac{1}{13}+\frac{1}{9}\right)\frac{(13-1)\times 290+(9-1)\times 350}{13+9-2}}}=1.95$$

Z が自由度 20 の t 分布に従うとき、$P(2.09\leq Z)=0.025$、$P(Z\leq -2.09, 2.09\leq Z)=0.05$ なので、棄却域は $T\leq -2.09$、$2.09\leq T$ である。1.95 は棄却域に入らないので帰無仮説を採択する。

有意水準 5% で A 市と B 市の平均点は異なっているとは結論できない。

(3) 帰無仮説のもとで、

$$T=\frac{\overline{X}_A-\overline{X}_B}{\sqrt{\frac{U_A{}^2}{n_A}+\frac{U_B{}^2}{n_B}}}$$

は、自由度 f の t 分布に近似的に従う。ここで f は、

$$g=\left(\frac{u_A{}^2}{n_A}+\frac{u_B{}^2}{n_B}\right)^2 \Big/ \left(\frac{1}{n_A-1}\left(\frac{u_A{}^2}{n_A}\right)^2+\frac{1}{n_B-1}\left(\frac{u_B{}^2}{n_B}\right)^2\right)$$

に一番近い整数とする。ここでは、

$$g=\frac{\left(\frac{290}{13}+\frac{350}{9}\right)^2}{\frac{1}{12}\left(\frac{290}{13}\right)^2+\frac{1}{8}\left(\frac{350}{9}\right)^2}=16.24$$

なので、T は自由度 16 の t 分布に近似的に従うとして考える。

$$T=\frac{70-55}{\sqrt{\frac{290}{13}+\frac{350}{9}}}=1.92$$

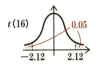

ここで Z が自由度 16 の t 分布に従うとき、$P(2.12\leq Z)=0.025$、$P(Z\leq -2.12, 2.12\leq Z)=0.05$ なので、棄却域は $T\leq -2.12$、$2.12\leq T$ である。1.92 は棄却域に入らないので、帰無仮説は採択される。

有意水準 5% で A 市と B 市の平均点は異なっているとは結論できない。

ジャンプ　確認　▶母平均の差の検定

A さんと B さんは走り幅跳びの選手である。
ある日、A さんが 8 回、B さんが 11 回の跳躍をして記録を取ったところ、A さんの飛距離の平均は 7.71m、B さんの飛距離の平均は 8.12m であった。
A さんよりも B さんの方が走り幅跳びの実力が上（平均が上）であるか、次の 3 つの場合について、それぞれ有意水準 5% で検定せよ。

(1) 今までの A さんの飛距離の分散が 0.13、今までの B さんの飛距離の分散が 0.21 と分かっているとき。

(2) A さんの 8 回の跳躍の不偏分散が 0.21、B さんの 11 回の跳躍の不偏分散が 0.29 であり、今までの A さんの飛距離の分散と B さんの飛距離の分散が等しいと分かっているとき。

(3) A さんの 8 回の跳躍の不偏分散が 0.21、B さんの 11 回の跳躍の不偏分散が 0.29 であり、今までの A さんの飛距離の分散と B さんの飛距離の分散が等しいかどうか分かっていないとき。

A さん、B さんの飛距離の平均をそれぞれ μ_A、μ_B、分散を σ_A^2、σ_B^2 とする。
(1) 〜 (3) まで、帰無仮説、対立仮説を

$H_0 : \mu_A = \mu_B$

$H_1 : \mu_A < \mu_B$

とする。A、B の標本の大きさを $n_A = 8$、$n_B = 11$、平均を $\overline{x}_A = 7.71$、$\overline{x}_B = 8.12$ とおく。

(1) 帰無仮説のもとで、$T = \dfrac{\overline{X}_A - \overline{X}_B}{\sqrt{\dfrac{\sigma_A^2}{n_A} + \dfrac{\sigma_B^2}{n_B}}}$ は $N(0, 1^2)$ に従う。

$\sigma_A^2 = 0.13$、$\sigma_B^2 = 0.21$ であり、$T = \dfrac{7.71 - 8.12}{\sqrt{\dfrac{0.13}{8} + \dfrac{0.21}{11}}} = -2.180$

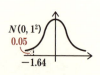

Z が $N(0, 1^2)$ に従うとき、$P(Z \leq -1.64) = 0.05$ なので、棄却域は $T \leq -0.164$ である。-2.18 は棄却域に入るので、帰無仮説は棄却される。

有意水準 5% で、B さんの方が A さんよりも実力が上（平均が上）であると言える。

(2) 帰無仮説のもとで、

$$T=\frac{\overline{X}_\text{A}-\overline{X}_\text{B}}{\sqrt{\left(\dfrac{1}{n_\text{A}}+\dfrac{1}{n_\text{B}}\right)\dfrac{(n_\text{A}-1)U_\text{A}{}^2+(n_\text{B}-1)U_\text{B}{}^2}{n_\text{A}+n_\text{B}-2}}}$$

は、自由度 $n_\text{A}+n_\text{B}-2=8+11-2=17$ の t 分布に従う。不偏分散を $u_\text{A}{}^2=0.21$、$u_\text{B}{}^2=0.29$ とおく。

$$T=\frac{7.71-8.12}{\sqrt{\left(\dfrac{1}{8}+\dfrac{1}{11}\right)\dfrac{(8-1)\times0.21+(11-1)\times0.29}{8+11-2}}}=-1.74$$

Z が自由度 17 の t 分布に従うとき、$P(Z\leqq-1.74)=0.05$ なので、棄却域は $T\leqq-1.74$ である。-1.74 は棄却域に入るので、帰無仮説は棄却される。

有意水準 5% で、B さんの方が A さんよりも実力が上（平均が上）であると言える。

(3)　帰無仮説のもとで、

$$T=\frac{\overline{X}_\text{A}-\overline{X}_\text{B}}{\sqrt{\dfrac{U_\text{A}{}^2}{n_\text{A}}+\dfrac{U_\text{B}{}^2}{n_\text{B}}}}$$

は、自由度 f の t 分布に近似的に従う。ここで f は、

$$g=\left(\frac{u_\text{A}{}^2}{n_\text{A}}+\frac{u_\text{B}{}^2}{n_\text{B}}\right)^2\bigg/\left(\frac{1}{n_\text{A}-1}\left(\frac{u_\text{A}{}^2}{n_\text{A}}\right)^2+\frac{1}{n_\text{B}-1}\left(\frac{u_\text{B}{}^2}{n_\text{B}}\right)^2\right)$$

に一番近い整数とする。ここでは、

$$g=\frac{\left(\dfrac{0.21}{8}+\dfrac{0.29}{11}\right)^2}{\dfrac{1}{7}\left(\dfrac{0.21}{8}\right)^2+\dfrac{1}{10}\left(\dfrac{0.29}{11}\right)^2}=16.48$$

なので、T は自由度 16 の t 分布に近似的に従うとして考える。

$$T=\frac{7.71-8.12}{\sqrt{\dfrac{0.21}{8}+\dfrac{0.29}{11}}}=-1.79$$

ここで Z が自由度 16 の t 分布に従うとき、$P(Z\leqq-1.75)=0.05$ なので、棄却域は $T\leqq-1.75$ である。-1.79 は棄却域に入るので、帰無仮説は棄却される。

有意水準 5% で、B さんの方が A さんよりも実力が上（平均が上）であると言える。

演習　▶等分散検定　（講義編 p.277 参照）

ある飲食チェーン店のオフィス街にある A 店と住宅地にある B 店の売り上げの分散を検定する。A 店の 5 日間の売り上げと B 店の 7 日間の売り上げがそれぞれ以下のようであった。A 店の方が売り上げ（単位：万円）の分散が小さいと言えるかを、有意水準 5% で検定せよ。

A 店　35、47、29、43、41
B 店　44、32、53、64、50、46、40

A、B の標本平均を $\overline{x_A}$、$\overline{x_B}$、不偏分散を u_A^2、u_B^2 とする。

$\overline{x_A} = (35+47+29+43+41) \div 5 = 39$

$u_A^2 = \{(-4)^2 + 8^2 + (-10)^2 + 4^2 + 2^2\} \div 4 = 50$

$\overline{x_B} = (44+32+53+64+50+46+40) \div 7 = 47$

$u_B^2 = \{(-3)^2 + (-15)^2 + 6^2 + 17^2 + 3^2 + (-1)^2 + (-7)^2\} \div 6 = 103$

A の母分散を σ_A^2、B の母分散を σ_B^2 とする。

帰無仮説、対立仮説は、

$H_0 : \sigma_A^2 = \sigma_B^2$

$H_1 : \sigma_A^2 < \sigma_B^2$

帰無仮説（$\sigma_A^2 = \sigma_B^2$）のもとでは、$T = \dfrac{U_A^2}{\sigma_A^2} \Big/ \dfrac{U_B^2}{\sigma_B^2} = \dfrac{U_A^2}{U_B^2}$ が自由度 $(5-1, 7-1) = (4, 6)$ の F 分布に従う。実際の値を代入すると、

$$T = \frac{u_A^2}{u_B^2} = \frac{50}{103} = 0.485$$

ここで、Z が自由度 $(4, 6)$ の F 分布に従うとき、

$$P(Z \leq 0.162) = 0.05$$

なので、棄却域は $T \leq 0.162$ である。0.485 は棄却域に入らないので、帰無仮説は採択される。「有意水準 5% で A 店の売り上げの分散が小さい」とは結論できない。

補足　F 分布の表に上側 5% しかない場合には、「X が $F(4, 6)$、Y が $F(6, 4)$ に従うとき、$P(6.16 \leq Y) = 0.05$ なので、$P(6.16 \leq Y) = P\left(X \leq \dfrac{1}{6.16}\right) = P(X \leq 0.162)$」という事実を用いる。

［p.310 巻末表参照］

確認 ▶等分散検定

> A市、B市で市民の垂直飛びの分散を検定する。
> A市民の中から10人を無作為に選んで垂直飛びの高さを計測したところ、標本分散 s_A^2 は94であった。また、B市民の中から15人を無作為に選んで垂直飛びの高さを計測したところ、標本分散 s_B^2 は31であった。
> このとき、A市の市民の方が垂直飛びの分散が大きいと言えるかを有意水準5%で検定せよ。

A、Bの母分散を σ_A^2、σ_B^2、A、Bの標本の不偏分散を u_A^2、u_B^2 とする。
帰無仮説、対立仮説は、
  $H_0 : \sigma_A^2 = \sigma_B^2$
  $H_1 : \sigma_A^2 > \sigma_B^2$ （Aの分散の方が大きい）

帰無仮説（$\sigma_A^2 = \sigma_B^2$）のもとでは、$T = \dfrac{U_A^2}{\sigma_A^2} \Big/ \dfrac{U_B^2}{\sigma_B^2} = \dfrac{U_A^2}{U_B^2}$ が自由度 $(10-1, 15-1) = (9, 14)$ の F 分布に従う。

u_A^2、u_B^2 を s_A^2、s_B^2 から計算すると、

$$u_A^2 = \frac{10}{9} s_A^2 = \frac{10}{9} \times 94 = 104.4$$

$$u_B^2 = \frac{15}{14} s_B^2 = \frac{15}{14} \times 31 = 33.2$$

実際の値を代入すると、

$$T = \frac{u_A^2}{u_B^2} = \frac{104.4}{33.2} = 3.14$$

ここで、Z が自由度 $(9, 14)$ の F 分布に従うとき、
$$P(2.65 \leq Z) = 0.05$$

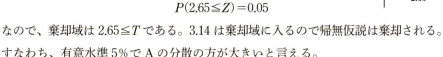

なので、棄却域は $2.65 \leq T$ である。3.14 は棄却域に入るので帰無仮説は棄却される。
すなわち、有意水準5%でAの分散の方が大きいと言える。

演習 ▶ 適合度検定 （講義編 p.285 参照）

6枚のコインがある。これらのコインを一度に投げることを1回の試行とする。試行を1280回くり返し、表の枚数を記録すると次のようになった。6枚のコインが正しいコイン（表裏の出る確率が2分の1ずつであるコイン）であるかどうか、有意水準5％で検定せよ。

枚数	0	1	2	3	4	5	6
回数	17	101	251	409	343	132	27

6枚のコインがすべて正しいと仮定する。6枚のコインを投げたとき、表の枚数を X とすると、X は二項分布 $Bin\left(6, \dfrac{1}{2}\right)$ に従う。$P(X=i) = {}_6C_i\left(\dfrac{1}{2}\right)^6$ であり、

X	0	1	2	3	4	5	6
P	$\dfrac{1}{64}$	$\dfrac{6}{64}$	$\dfrac{15}{64}$	$\dfrac{20}{64}$	$\dfrac{15}{64}$	$\dfrac{6}{64}$	$\dfrac{1}{64}$

これをもとに1280回の試行の結果と理論値をまとめると次の表のようになる。

枚数	0	1	2	3	4	5	6
回数（観測度数）	17	101	251	409	343	132	27
回数（期待度数）	20	120	300	400	300	120	20

これから検定統計量 T を計算すると、

$$T = \frac{(17-20)^2}{20} + \frac{(101-120)^2}{120} + \frac{(251-300)^2}{300} + \frac{(409-400)^2}{400}$$

$$+ \frac{(343-300)^2}{300} + \frac{(132-120)^2}{120} + \frac{(27-20)^2}{20} = 21.48$$

帰無仮説、対立仮説を

H_0：6枚のコインはすべて正しいコインである。

H_1：6枚のうち少なくとも1枚は正しくないコインである。

とする。

帰無仮説のもとで、T は自由度 $7-1=6$ の χ^2 分布に従う。Z が自由度6の χ^2 分布に従うとき、$P(12.59 \leq Z) = 0.05$ なので、棄却域は $12.59 \leq T$ である。21.48 は棄却域に入るので、帰無仮説は棄却される。つまり、有意水準5％で、この6枚のコインのうち少なくとも1枚は正しいコインではないと言える。

確 認 ▶ 適合度検定

ある店で1日当たりの来客数を200日間記録した結果は次の表の通り。

来客	0	1	2	3	4	5以上
日数	24	45	56	40	23	12

この表の分布が平均2のポアソン分布 $Po(2)$ であると見なしてよいか、有意水準5%で検定せよ。$Po(2)$ の確率質量関数の値は次の表を用いよ。

k	0	1	2	3	4	5以上
P	0.135	0.271	0.271	0.180	0.090	0.053

帰無仮説、対立仮説を

H_0：分布が平均2のポアソン分布に従っている

H_1：分布が平均2のポアソン分布に従っていない

とする。実現値と理論値の表を作ると次のようになる

来客数	0	1	2	3	4	5以上
日数（観測度数）	24	45	56	40	23	12
日数（期待度数）	27.0	54.2	54.2	36.0	18.0	10.6

これをもとに検定統計量を計算すると、

$$T = \frac{(24-27)^2}{27} + \frac{(45-54.2)^2}{54.2} + \frac{(56-54.2)^2}{54.2}$$

$$+ \frac{(40-36)^2}{36} + \frac{(23-18)^2}{18} + \frac{(12-10.6)^2}{10.6} = 3.97$$

ここで T は、帰無仮説のもとで近似的に自由度 $6-1=5$ の χ^2 分布に従う。Z が自由度5の χ^2 分布に従うとき、$P(11.07 \leq Z) = 0.05$ なので、棄却域は $11.07 \leq T$ である。3.97 は棄却域に入らないので、帰無仮説は採択される。分布は平均2のポアソン分布に従っていないとは言えない。

コメント この問題では、初めから5人以上の部分をまとめているが、5人以上のところを分けて書くと、右表のようになる。期待度数が5未満になっている場合は、5以上になるように階級をまとめなければならない。5未満では誤差が大きすぎて使えないからである。

来客数	5	6	7
日数	7.2	2.4	0.7

演習 ▶独立性の検定 （講義編 p.289 参照）

さけ、いわし、たいのうちどれが好きであるか、288人にアンケート（択一回答）を取った。25歳未満、25歳以上50歳未満、50歳以上に分けて集計すると次の表のようになった。魚の選好は年齢によらないものであるかを、有意水準5％で検定せよ。

年齢＼魚	さけ	いわし	たい	計
25歳未満	20	28	24	72
25歳以上50歳未満	18	51	99	168
50歳以上	10	17	21	48
計	48	96	144	288

欄を集計し、魚の選好と年齢が独立であるとして、表を作ると次のようになる。

期待度数 年齢＼魚	さ	い	た	計
～25	12	24	36	72
25～50	28	56	84	168
50～	8	16	24	48
計	48	96	144	288

帰無仮説、対立仮説を

　H_0：魚の選好と年齢が独立である

　H_1：魚の選好と年齢が独立ではない

とする。検定統計量を計算すると

$$T = \frac{(20-12)^2}{12} + \frac{(28-24)^2}{24} + \frac{(24-36)^2}{36} + \frac{(18-28)^2}{28} + \frac{(51-56)^2}{56} + \frac{(99-84)^2}{84}$$

$$+ \frac{(10-8)^2}{8} + \frac{(17-16)^2}{16} + \frac{(21-24)^2}{24} = 17.63$$

T は自由度 $(3-1)(3-1)=4$ の χ^2 分布に従う。

Z が自由度4の χ^2 分布に従うとき、$P(9.49 \leq Z) = 0.05$ なので、棄却域は $9.49 \leq T$ である。

17.63 は棄却域に入るので、帰無仮説 H_0 は棄却される。すなわち、有意水準5％で、魚の選好は年齢と関係があると言える。

ジャンプ 確認 ▶独立性の検定

日本人300人とフランス人300人に、血液型を問うアンケートをしたところ、次のような結果を得た。日本とフランスで、各血液型の割合が同じであると言えるか、有意水準5%で検定せよ。

国＼血液型	A	B	O	AB	計
日本	114	66	93	27	300
フランス	132	24	131	13	300
計	246	90	224	40	600

欄を集計し、国と血液型の分布が独立であるとして表を作ると、

期待度数

国＼血液型	A	B	O	AB	計
日本	123	45	112	20	300
フランス	123	45	112	20	300
計	246	90	224	40	600

帰無仮説、対立仮説を

H_0：国と血液型が独立である（血液型の分布は日本もフランスも同じである）

H_1：国と血液型が独立ではない（血液型の分布は日本とフランスで異なる）

とする。検定統計量を計算すると

$$T = \frac{(114-123)^2}{123} + \frac{(66-45)^2}{45} + \frac{(93-112)^2}{112} + \frac{(27-20)^2}{20}$$

$$+ \frac{(132-123)^2}{123} + \frac{(24-45)^2}{45} + \frac{(131-112)^2}{112} + \frac{(13-20)^2}{20} = 32.26$$

T は自由度 $(2-1)(4-1)=3$ の χ^2 分布に従う。
Z が自由度3の χ^2 分布に従うとき、$P(7.81 \leq Z) = 0.05$
なので、棄却域は $7.81 \leq T$ である。

32.26 は棄却域に入るので、帰無仮説 H_0 は棄却される。すなわち、有意水準5%で、日本とフランスでは血液型の分布が異なっていると言える。